[著]…D.コックス•J.リトル•D.オシー
[訳]…大杉英史•北村知徳•日比孝之

グレブナー基底 2

代数幾何と可換代数における
グレブナー基底の有効性

丸善出版

Translation from the English language edition:
Using Algebraic Geometry by David Cox, John Little and Donal O'Shea
Copyright © 1998 Springer-Verlag New York, Inc.
Springer-Verlag is a company in the BertelsmannSpringer publishing group
All Rights Reserved

はじめに

近年，多項式方程式を扱う斬新なアルゴリズムの発見は，安価ながら高速なコンピューターの急激な普及と相まって，代数幾何の研究と実践にささやかな革命を巻き起こした．更に，アルゴリズム的方法と技巧は代数幾何が応用される範囲を飛躍的に拡大し，魅惑的な応用が次々と誕生した．

本著 *Using Algebraic Geometry* の目的は代数幾何の多面的な効用を披露するとともに，グレブナー基底と終結式の応用を巡る新しい潮流を強調することにある．その目的を円滑に遂行するため，本著では，代数学入門の一般講義の範囲をやや越えるけれども，きわめて有益である代数的対象と技巧をも紹介する．我々は，非専門家に，そして，異なった専門領域の読者にも享受される数学書を執筆することを願ったのである．

本著をあまり分厚くしないために，議論の展開に不可欠な代数幾何の基礎的結果については証明を割愛し，参考文献を明示するに留めた．代数幾何とグレブナー基底に馴染みの浅い読者には，これらの話題への優れた入門書である

- *Introduction to Gröbner Bases*, by Adams and Loustaunau [AL]

- *Gröbner Bases*, by Becker and Weispfenning [BW]

- *Ideals, Varieties and Algorithms*, by Cox, Little and O'Shea [CLO]

のいずれかを参照しつつ本著を読み進めることを推薦する．他方，これらの入門書に含まれる一般知識を除いては，読者が困惑することなく本著を読破

できるよう周到な配慮をし，入念に解説するよう心掛けた．反面，本著を当該分野のすべての仕事を網羅した完璧な著書に仕上げる努力は根っから放棄し，詳細な情報については，躊躇うことなく，研究論文を挙げるに留めた．

本著が扱う題材の簡潔な要約は後に掲げる．

本著の水準

本著は大学院生を一般読者に想定しその水準で執筆されている．従って，抽象代数などを含む学部講義で紹介される数学的題材を読者が熟知していることが望ましい．反面，初年度の大学院生にも十分理解できるように，大学院レベルの代数，特に，加群の理論を読者が習得していることは前提とはしない．大学院教科書として本著 Using Algebraic Geometry では，我々の著書 [CLO] を含む学部教科書と比較すると，より洗練された話題をより深く解説している．

しかし，用心深い手助けを厭わなければ，本著を学部教科書として採用することも可能である．何人かの学部学生に本著の草稿を読んで貰った所，第1章と第2章は兎も角，第3章以降はほとんどの学生が四苦八苦しつつも，多少の助言を受ければ何とか読み進むことができた．このことから察知すると，簡単な練習問題を補充し，配慮が行き届いた解説を加えるならば，本著で扱った応用のほとんどは学部上級の応用数学講義の優れた話題と成り得る．同様に，本著は学部レベルの輪読クラスや卒論コースでも使うことができる．本著をテキストとして使用する教官にとって，本著がこの素敵な数学に優秀な学部学生を誘うための創造的方法を探す一助となることを願うのである．

本著の使用方法

本著では多様な話題を扱っており，大雑把ながら以下のように分類できる．

- 第1章，第2章では，グレブナー基底(基礎的な定義，アルゴリズム，定理)とともに，方程式を解くこと，固有値の方法，$\mathbb{R}$ 上の解を解説する．

- 第3章，第7章では，終結式(多重終結式，疎終結式を含む)の理論に加え，多面体，混合体積，トーリック多様体，方程式を解くことと終結

式との相互関係を議論する．

- 第4章，第5章，第6章では，可換代数，特に，局所環，標準基底，加群，シチジー，自由分解，ヒルベルト函数とその幾何学的応用などを考察する．
- 第8章，第9章では，整数計画，組合せ論，多項式スプライン，代数的符号理論を含む応用数学の話題を扱う．

本著の構成の際立った特徴は第3章という比較的早い段階で終結式を登場させたことである．その理由は，終結式による方法がグレブナー基底による方法よりもずっと効果的と思われる多くの応用があるからである．グレブナー基底は代数幾何に深い理論的衝撃を齎したけれど，実践的応用面では終結式が優越する嫌いがある．終結式と深く拘る魅惑的な数学もある．

本著のほとんどの章はそれぞれ独立している．従って，講義で本著を教授する方法は千差万別である．本著には学期単位の講義で扱うには余りに多すぎる題材が含まれているので，適宜選択することが不可欠である．以下，本著を使った講義例を3つ挙げる．

- 方程式を解くこと．当該講義ではグレブナー基底と終結式を使って多項式方程式系を解くことに焦点を置く．第1章，第2章，第3章，第7章が講義の核心である．特に，§2.5, §3.5, §3.6, §7.6が重要である．時間が許せば，重複度についての§4.1と§4.2を含めることも可能である．
- 可換代数．古典的な可換代数の話題を講義する．第1章，第2章，第4章，第5章，第6章に従い，終結式を扱う§4.2のみを省く．第6章の最後の節は当該講義を締め括るに相応しいものである．
- 応用数学．応用に力点を置く講義では整数計画，組合せ論，スプライン，符号理論を扱うのが妥当である．第1章と第2章をざっと眺めた後，第8章と第9章を重点的に講義する．第8章では§7.1で導入される多面体に馴れていることが望ましい．他方，第8章と第9章では加群が自然に現れるので，第5章の最初の2つの節を講義する必要がある．加えて，第8章と第9章にはヒルベルト函数（本著第6章乃至[CLO,

Chapter 9] 参照)も登場する.

本著に沿って講義をする様々な方法のなかの 3 つの例を紹介した. 本著を貫く別の路に遭遇した教官からその路について聞かせて貰うことができたら著者らにとって望外の喜びとなる.

参考文献

文献表での参照は著者の姓の最初の 3 つの文字(たとえば, Hilbert ならば [Hil])を使い, 同じ著者による複数の論文があるときは番号を添付(たとえば, Macaulay の最初の論文は [Mac1])とする. 著者が複数のときは, 個々の著者の姓の頭文字(たとえば, Buchsbaum と Eisenbud ならば [BE])を使う. 更に, 異なる複数の著者のグループが同じイニシャルになるときには, 区別するために別の文字(たとえば, Bonnesen と Fenchel ならば [BoF], Burden と Faires ならば [BuF])を使う.

文献表では著書または論文の著者の姓のアルファベット順に掲載する. 従って, たとえば, Billera–Sturmfels [BS] は Blahut[Bla] よりも前に掲載されている.

コメントと訂正

コメント, 批評, 訂正については, 著者らのいずれかにメールを送って頂けると幸いである.

David Cox	dac@cs.amherst.edu
John Little	little@math.holycross.edu
Don O'Shea	doshea@mhc.mtholyoke.edu

原著のタイプミスや誤りのそれぞれについて, 最初に指摘した報告者に 1 ドルを支払う. 他方, 読者が本著 *Using Algebraic Geometry* のホームページ

http://www.cs.amherst.edu/~dac/uag.html

にときどきアクセスすることを奨励する．当該サイトには最新情報と訂正表に加え，他の有益なサイトへのリンクについても掲載されている．

謝辞

本著の草稿を読んでコメントを寄せてくれた皆さんに感謝します．詳細なコメントと批評を教示してくれた Susan Colley, Alicia Dickenstein, Ioannis Emiris, Tom Garrity, Pat Fitzpatrick, Gert-Martin Greuel, Paul Pedersen, Maurice Rojas, Jerry Shurman, Michael Singer, Michael Stanfield, Bernd Sturmfels（と学生），Moss Sweedler（と学生），Wiland Schmale には深く感謝する．

他方，National Science Foundation grant DUE-9666132 による援助とともに，Susan Colley, Keith Devlin, Arnie Ostebee, Bernd Sturmfels, Jim White から支援と助言を授かったことを有り難く思い，深く感謝する．

1997 年 11 月

David Cox
John Little
Donal O'Shea

訳者序文

　原著 *Using Algebraic Geometry* は1998年に出版された．我々が邦訳作業を開始したのは1999年12月である．邦訳に際し，原著者のホームページに掲載されている正誤表を参照するとともに，我々独自の正誤表も作成し原著の誤植などに修正を施した．誤訳などの不備のない邦訳となるよう可能な限りの努力はしたが，思わぬ誤りがあるかも知れない．いずれにしても，読者の便宜を考慮し邦訳の正誤表などを公にすることは不可欠に思われる．そこで，シュプリンガー東京の公式ホームページに本邦訳のサイト

http://www.springer-tokyo.co.jp/math/support/grobner.html

を設け，邦訳に発見された誤りなどを随時掲載していく所存である．そのサイトには邦訳の正誤表とともに，簡単に入手可能な和文の参考文献，邦訳の付録として練習問題の略解なども適宜掲載することを検討している．

　邦訳では Exercise を練習問題と訳した．原著には600題を越す練習問題が掲載され，やや難しいと思われる問題には丁寧なヒントも添付されている．原著の「はじめに」では練習問題のことは触れられてはいないが，練習問題は本文の証明の細部を補足するもの，興味深い例を挙げているものなど，いずれも手頃な良問であり，取捨選択しつつも少しでも多くの練習問題を読者自身が手を動かして解くことが望ましい．

　グレブナー基底の概念は，今や，代数幾何，可換代数，組合せ論，整数計画などを研究する際の強力な道具の一つであり，学部レベルの代数学入門で講義される環と加群の理論などの必須項目として定着しつつある．本邦訳が

グレブナー基底に興味を持つ理工系の研究者，教育者，大学院生にいささかなりとも有益であることを願う．

2000 年 8 月

大杉英史
北村知徳
日比孝之

目　次

第6章　自由分解 …… *317*

§6.1　加群の表現と分解 …… *317*

§6.2　ヒルベルトのシチジー定理 …… *332*

§6.3　次数付分解 …… *342*

§6.4　ヒルベルト多項式と幾何学的応用 …… *359*

第7章　多面体，終結式，方程式 …… *391*

§7.1　多面体の幾何 …… *391*

§7.2　疎終結式 …… *402*

§7.3　トーリック多様体 …… *413*

§7.4　ミンコフスキー和と混合体積 …… *427*

§7.5　ベルンシュタインの定理 …… *441*

§7.6　終結式の計算と方程式の求解 …… *460*

第8章　整数計画，組合せ論，スプライン …… *483*

§8.1　整数計画 …… *483*

§8.2　整数計画と組合せ論 …… *502*

§8.3　多変数スプライン …… *515*

第 9 章　代数的符号理論　　　　　　　　　　　　　　　543

§9.1　有限体 543

§9.2　誤り訂正符号 553

§9.3　巡回符号 564

§9.4　リード・ソロモンの復号アルゴリズム 579

§9.5　代数幾何からの符号 596

第1巻の目次

第1章 序 　　1
- §1.1 多項式とイデアル 2
- §1.2 単項式順序と多項式の割算 8
- §1.3 グレブナー基底 15
- §1.4 アフィン多様体 22

第2章 多項式方程式を解く 　　　　　　　　　　　　　　　　　　　　　　　　　　　　　　　　　　　　　　　33
- §2.1 消去法によって多項式系を解く 33
- §2.2 有限次元代数 47
- §2.3 グレブナー基底変換 62
- §2.4 固有値によって方程式を解く 69
- §2.5 実根の位置と分離 85

第3章 終結式 　　　97
- §3.1 2つの多項式の終結式 97
- §3.2 多重多項式終結式 107
- §3.3 終結式の性質 121
- §3.4 終結式の計算 131
- §3.5 終結式によって方程式を解く 146
- §3.6 固有値によって方程式を解く 165

第4章 局所環上の計算 　　　　　　　　　　　　　　　　　　　　　　　　　　　　　　　　　　　　　　177
- §4.1 局所環 177
- §4.2 重複度とミルナー数 188
- §4.3 局所環上の項順序と割算 205
- §4.4 局所環上の標準基底 223

第5章 加群 　　243
- §5.1 環上の加群 243
- §5.2 加群における単項式順序とグレブナー基底 267
- §5.3 シチジーの計算 285
- §5.4 局所環上の加群 299

第6章

自由分解

　第5章では，R加群Mを研究するためには，Mの生成元$f_1,\ldots,f_t$だけではなく，その生成元が満たす関係も必要であることを納得した．関係の集合$\mathrm{Syz}(f_1,\ldots,f_t)$は自然な方法で$R$加群になり，従って，関係の集合を理解するためには，その生成元$g_1,\ldots,g_s$だけではなくこれらの生成元上の関係の集合$\mathrm{Syz}(g_1,\ldots,g_s)$，いわゆる第2シチジーが必要である．第2シチジーも再びR加群になり，それを理解するには生成元の集合と関係，すなわち第3シチジーが必要である．加群Mの連続するシチジー加群の生成元と関係の（分解と呼ばれる）系列を得る．本章では，分解と分解から得られるMに関する情報を研究する．本章全般に渡って，Rは多項式環$k[x_1,\ldots,x_n]$或いは$k[x_1,\ldots,x_n]$の局所化の1つを表す．

§6.1　加群の表現と分解

　極小生成集合上のシチジー加群に非零元が存在することに加えて，加群の理論と体上のベクトル空間の理論を区別する重要な事柄の1つは，加群の多くの性質が準同型や完全系列の観点からたびたび言明されることである．そのような叙述は主として教養のためのように思われるけれども，実は大変日常的で都合が良い．最初の節ではこの概念を紹介する．
　第1に，完全系列の定義を復習する．

(6.1.1) 定義　R加群と準同型の系列

$$\cdots \longrightarrow M_{i+1} \xrightarrow{\varphi_{i+1}} M_i \xrightarrow{\varphi_i} M_{i-1} \longrightarrow \cdots$$

を考える．

a. その系列が M_i において**完全**(exact)であるとは，$\mathrm{im}(\varphi_{i+1}) = \mathrm{ker}(\varphi_i)$ であるときに言う．

b. 全体の系列が**完全**であるとは，その系列の最初と最後以外のおのおのの M_i において完全であるときに言う．

或る系列が完全であると言うことで，準同型の多くの性質を表すことができる．たとえば，R 加群の準同型 $\varphi: M \to N$ が全射，単射，同型であることは次のように表現できる．

- $\varphi: M \to N$ が上への写像(または全射)であるための必要十分条件は

$$M \xrightarrow{\varphi} N \to 0$$

が完全系列となることである．但し，$N \to 0$ は N のすべての元を 0 に移す準同型である．これを証明する．全射であることは $\mathrm{im}(\varphi) = N$ を表している．他方，その系列が N で完全になるということは，$\mathrm{im}(\varphi) = \mathrm{ker}(N \to 0) = N$ となることである．従って，φ が全射であることとその系列が完全であることは同値である．

- $\varphi: M \to N$ が 1 対 1（または単射）であるための必要十分条件は

$$0 \to M \xrightarrow{\varphi} N$$

が完全系列となることである．但し，$0 \to M$ は 0 を M の加法単位元に移す準同型である．これも同様に証明は簡単である．

- $\varphi: M \to N$ が同型であるための必要十分条件は，

$$0 \to M \xrightarrow{\varphi} N \to 0$$

が完全系列となることである．写像 φ が同型であるということは，この写像が 1 対 1 かつ上への写像であるということである．すると，全射と単射の議論から所期の結果が従う．

完全系列は至る所に現れる．任意の R 加群の準同型，或いは一方が他方の部分加群である加群の対があったとき，付随する完全系列を次のように構成する．

(6.1.2) 命題 a. 任意の R 加群の準同型 $\varphi : M \to N$ について

$$0 \to \ker(\varphi) \to M \xrightarrow{\varphi} N \to \mathrm{coker}(\varphi) \to 0$$

なる完全系列が存在する．但し，$\ker(\varphi) \to M$ は包含写像で，$N \to \mathrm{coker}(\varphi) = N/\mathrm{im}(\varphi)$ は商加群への自然な全準同型(§5.1 練習問題 12)である．

b. R 加群 P とその部分加群 Q について

$$0 \to Q \to P \xrightarrow{\nu} P/Q \to 0$$

なる完全系列が存在する．但し，$Q \to P$ は包含写像で，ν は商加群への自然な準同型である．

証明 a の系列が $\ker(\varphi)$ で完全であることは $\ker(\varphi) \to M$ が単射であることから従う．次に，M で完全であることは準同型の核の定義である．同様に，N で完全であることは準同型の余核の定義から従う(§5.1 の練習問題 28)．他方，$\mathrm{coker}(\varphi)$ で完全であることは $N \to \mathrm{coker}(\varphi)$ が全射であることから従う．a から b が従うことは練習問題で考察する． □

R 加群 M の元を選ぶことは準同型の観点から述べると都合が良い．

(6.1.3) 命題 M を R 加群とする．

a. M の元を選ぶことは準同型 $R \to M$ を選ぶことと同値である．

b. M の t 個の元を選ぶことは準同型 $R^t \to M$ を選ぶことと同値である．

c. M の t 個の生成元の集合を選ぶことは全準同型 $R^t \to M$ (すなわち，完全系列 $R^t \to M \to 0$)を選ぶことと同値である．

d. M が自由加群であるとき,M の t 個の元を持つ基底を選ぶことは同型 $R^t \to M$ を選ぶことと同値である.

証明 a を示すために,単位元 1 は環 R の際立った元であることに注意する.加群 M の元 f を選ぶことは,$\varphi(1) = f$ を満たす R 加群の準同型 $\varphi : R \to M$ を選ぶことと同値である.実際,$\varphi(1)$ はすべての $g \in R$ の φ による値を定める,すなわち

$$\varphi(g) = \varphi(g \cdot 1) = g \cdot \varphi(1) = gf$$

である.すると,M の t 個の元を選ぶことは R から M への t 個の R 加群の準同型を選ぶこと,換言すると,R^t から M への R 加群の準同型を選ぶことである.これで b が証明できた.更に,R^t を列ベクトルの空間と思い,R^t の標準基底を $e_1, e_2, \ldots, e_t$ と表すと,M の t 個の元 $f_1, \ldots, f_t$ を選ぶことは,すべての $i = 1, \ldots, t$ に対して $\varphi(e_i) = f_i$ とすることで定義される R 加群の準同型 $\varphi : R^t \to M$ を選ぶことに対応する.写像 φ の像は部分加群 $\langle f_1, \ldots, f_t \rangle \subset M$ である.従って,M の t 個の生成元の集合を選ぶことは,R 加群の全準同型 $R^t \to M$ を選ぶこと,すなわち,完全系列

$$R^t \to M \to 0$$

を選ぶことと同じである.これで c も証明できた.d も直ちに従う. □

練習問題では,射影的という条件を準同型と完全系列の観点から議論する.表現行列をこの言葉に関して解釈すると我々の目的に更に有益となる.用語を 1 つ準備する.

(6.1.4) 定義 R 加群 M の**表現**(presentation)とは,生成元 $f_1, \ldots, f_t$ の集合に $f_1, \ldots, f_t$ の間の関係から成るシチジー加群 $\text{Syz}(f_1, \ldots, f_t)$ の生成元の集合を加えたものである.

シチジー加群 $\text{Syz}(f_1, \ldots, f_t)$ の生成元を列として並べることで加群 M の表現行列を得る.すなわち表現行列を知ることは,本質的には M の表現を知ることと同値である.定義 (6.1.4) を完全系列の観点から解釈し直すために,

命題(6.1.3)の c から生成元 $f_1,\ldots,f_t$ は全準同型 $\varphi: R^t \to M$ を与えること，すなわち，完全系列
$$R^t \xrightarrow{\varphi} M \to 0$$
を表していることに注意する．写像 φ は $(g_1,\ldots,g_t) \in R^t$ を $\sum_{i=1}^{t} g_i f_i \in M$ に移す．生成元 $f_1,\ldots,f_t$ 上のシチジーは φ の核の元であるから
$$\mathrm{Syz}(f_1,\ldots,f_t) = \ker(\varphi: R^t \to M)$$
である．命題(6.1.3)の c からシチジー加群の生成元の集合を選ぶことは，R^s から $\ker(\varphi) = \mathrm{Syz}(f_1,\ldots,f_t)$ への全準同型 ψ を選ぶことに対応している．しかし，ψ が全射であることは $\mathrm{im}(\psi) = \ker(\varphi)$ であること，すなわち，加群の系列

(6.1.5) $$R^s \xrightarrow{\psi} R^t \xrightarrow{\varphi} M \to 0$$

が R^t で完全であるという条件である．従って，M の表現は(6.1.5)のような形の完全系列と同値である．他方，R^s と R^t の標準基底に関する ψ の行列は M の表現行列である．

次に，すべての有限生成 R 加群は表現を持つことを示す．

(6.1.6) 命題 有限生成 R 加群 M を考える．

a. M は(6.1.5)で与えられる形の表現を持つ．

b. M は自由 R 加群の準同型の像である．実際，$f_1,\ldots,f_t$ を M の生成元の集合とすると，$M \cong R^t/S$ である(但し，$S = \mathrm{Syz}(f_1,\ldots,f_t) \subset R^t)$．或るいは，(6.1.5)の ψ を表す行列を A とすると，$AR^s = \mathrm{im}(\psi)$, $M \cong R^t/AR^s$ である．

証明 加群 M の有限生成集合 $f_1,\ldots,f_t$ を選ぶ．a は R^t のすべての部分加群，特に $\mathrm{Syz}(f_1,\ldots,f_t) \subset R^t$ は有限生成であること(§5.2 参照)から従う．従って，シチジー加群の有限生成集合を選ぶことができ，(6.1.5)の完全系列を得る．

b は a と命題(5.1.10)から従う． □

簡単な例を1つ挙げる．環 $R = k[x,y]$ のイデアル $I = \langle x^2-x, xy, y^2-y \rangle$ を考える．幾何学的な言葉で言うと，I は k^2 の多様体 $V = \{(0,0),(1,0),(0,1)\}$ のイデアルである．イデアル I は次のような完全系列で与えられる表現を持つ．

(6.1.7) $$R^2 \xrightarrow{\psi} R^3 \xrightarrow{\varphi} I \to 0$$

但し，φ は 1×3 行列

$$A = \begin{pmatrix} x^2-x & xy & y^2-y \end{pmatrix}$$

によって定義される準同型で，ψ は 3×2 行列

$$B = \begin{pmatrix} y & 0 \\ -x+1 & y-1 \\ 0 & -x \end{pmatrix}$$

で定義される．練習問題で(6.1.7)が I の表現であることを証明する．

練習問題 1 $S = \mathrm{Syz}(x^2-x, xy, y^2-y)$ とする．

a. 行列の積 AB は 1×2 零行列に等しくなることを証明し，このことが $\mathrm{im}(\psi)$ (行列 B の列で生成される加群) が S に含まれることを示している理由を解説せよ．

b. S が B の列で生成されることを示すために，シュライエルの定理(5.3.3)を使うことができる．イデアル I の生成元は I の辞書式グレブナー基底を成すことを示せ．

c. イデアル I の生成元に関する S 多項式から得られるシチジー $\mathbf{s}_{12}, \mathbf{s}_{13}, \mathbf{s}_{23}$ を計算せよ．シュライエルの定理から，これらのシチジーは S を生成する．

d. この計算結果を考慮し，I の異なる表現

$$R^3 \xrightarrow{\psi'} R^3 \xrightarrow{\varphi} I \to 0$$

がどのようにして得られるかを解説し，準同型 ψ' を表す 3×3 行列を求めよ．

e. 行列 B の列は S の生成元 $\mathbf{s}_{12}, \mathbf{s}_{13}, \mathbf{s}_{23}$ とどのように関係するか. 行列 B がたった 2 つの列しか持たないのはなぜか. [ヒント: R^3 において $\mathbf{s}_{13} \in \langle \mathbf{s}_{12}, \mathbf{s}_{23} \rangle$ であることを示せ.]

加群を明示するには, 生成元と, その生成元の間の関係の両者を知ることが必要である. しかし, 加群 M を表現するときには, シチジー加群の生成元の集合のみを必要とした. シチジー加群の生成元の間の関係の集合も必要とすべきではなかったのか？ これがいわゆる第 2 シチジー(second syzygy)である.

たとえば, 練習問題 1 の d の表現には, $\mathrm{Syz}(x^2 - x, xy, y^2 - y)$ の生成元 $\mathbf{s}_{ij}$ の間の関係

(6.1.8) $$y\mathbf{s}_{12} - \mathbf{s}_{13} + x\mathbf{s}_{23} = 0$$

が存在するから, $(y, -1, x)^t \in R^3$ は第 2 シチジーである.

同様にして, 第 2 シチジーの生成集合だけでなくこれらの生成元の間の関係を知りたい. 想像のできるように, 加群とその第 1 シチジー, 第 2 シチジー, などの関係も加群と準同型の完全系列の観点から考察できる. その着想は簡単で, 表現を与える完全系列の構成を繰り返すだけである. たとえば, M の表現に対応する列(6.1.5)から始めると, 第 2 シチジーも知りたければ, その列にもう一段階必要とする.

$$R^r \xrightarrow{\lambda} R^s \xrightarrow{\psi} R^t \xrightarrow{\varphi} M \to 0.$$

但し, $\lambda : R^r \to R^s$ の像は ψ の核(第 2 シチジー加群)に等しくなる. 同様にして第 3 シチジー, 第 4 シチジー,... と続けると, 長い完全系列が構成でき, いわゆる M の自由分解に到達する. 自由分解の定義を正確に述べると,

(6.1.9) 定義 R 加群 M の**自由分解**(free resolution)とは,

$$\cdots \to F_2 \xrightarrow{\varphi_2} F_1 \xrightarrow{\varphi_1} F_0 \xrightarrow{\varphi_0} M \to 0$$

なる形の完全系列のことである. 但し, すべての i について $F_i \cong R^{r_i}$ は自由 R 加群である. 特に, $F_{\ell+1} = F_{\ell+2} = \cdots = 0, F_\ell \neq 0$ を満たす ℓ が存在するとき, その分解を**長さ ℓ の有限(自由)分解**(finite (free) resolution of length ℓ) と言う. 長さ ℓ の有限分解では, 通常その分解を

$$0 \to F_\ell \to F_{\ell-1} \to \cdots \to F_1 \to F_0 \to M \to 0$$

と表す.

たとえば, $R = k[x,y]$ のイデアル

$$I = \langle x^2 - x, xy, y^2 - y \rangle$$

の表現 (6.1.7) を考える.

$$a_1 \begin{pmatrix} y \\ -x+1 \\ 0 \end{pmatrix} + a_2 \begin{pmatrix} 0 \\ y-1 \\ -x \end{pmatrix} = \begin{pmatrix} 0 \\ 0 \\ 0 \end{pmatrix}$$

が $a_i \in R$ なる B の列上の任意のシチジーであるとき, 第1成分を考えると, $ya_1 = 0$, すると $a_1 = 0$ である. 同様に第3成分から $a_2 = 0$ である. 従って, (6.1.7) の ψ の核は零加群である. すると, B の列は $\mathrm{Syz}(x^2-x, xy, y^2-y)$ の基底であって, 第1シチジー加群は自由加群である. その結果, (6.1.7) は

(6.1.10) $$0 \to R^2 \xrightarrow{\psi} R^3 \xrightarrow{\varphi} I \to 0$$

なる完全系列に拡張される. 定義 (6.1.9) から (1.10) は I の長さ1の有限自由分解である.

練習問題 2 イデアル I は練習問題 1 の d で与えられる表現を拡張することで得られる長さ2の自由分解

(6.1.11) $$0 \to R \xrightarrow{\lambda} R^3 \xrightarrow{\psi} R^3 \xrightarrow{\varphi} I \to 0$$

を持つことを示せ. 但し, 準同型 λ は (6.1.8) で与えられるシチジーから生じる.

上で述べた行列 B についての結果を一般化すると, 次のような有限自由分解の特徴付けを得る.

(6.1.12) 命題 有限自由分解

$$0 \to F_\ell \xrightarrow{\varphi_\ell} F_{\ell-1} \xrightarrow{\varphi_{\ell-1}} F_{\ell-2} \to \cdots \to F_0 \xrightarrow{\varphi_0} M \to 0$$

において $\ker(\varphi_{\ell-1})$ は自由加群である.逆に,M が或る ℓ について $\ker(\varphi_{\ell-1})$ が自由加群であるような自由分解を持つとき,M は長さ ℓ の有限自由分解を持つ.

証明 長さ ℓ の有限自由分解があるとき,φ_ℓ は F_ℓ において完全であることから1対1である.従って,その像は F_ℓ と同型で自由加群である.他方,$F_{\ell-1}$ において完全であるから $\ker(\varphi_{\ell-1}) = \mathrm{im}(\varphi_\ell)$,すると $\ker(\varphi_{\ell-1})$ は自由加群である.逆に,$\ker(\varphi_{\ell-1})$ が自由加群であるとき,部分分解

$$F_{\ell-1} \xrightarrow{\varphi_{\ell-1}} F_{\ell-2} \to \cdots \to F_0 \xrightarrow{\varphi_0} M \to 0$$

は F_ℓ を自由加群 $\ker(\varphi_{\ell-1})$ とし,$F_\ell \to F_{\ell-1}$ を包含写像にすることで,長さ ℓ の有限自由分解

$$0 \to F_\ell \to F_{\ell-1} \xrightarrow{\varphi_{\ell-1}} F_{\ell-2} \to \cdots \to F_0 \xrightarrow{\varphi_0} M \to 0$$

に完成できる. $\square$

(6.1.11)及び無駄のない分解(6.1.10)は I のグレブナー基底上のシチジー $\mathbf{s}_{ij}$ の計算から生起した.再度,シュライエルの定理から同じ過程を任意の R 部分加群 M の自由分解を構成するために適応できる.いま,$\mathcal{G} = \{g_1, \ldots, g_s\}$ が任意の単項式順序に関する M のグレブナー基底であるとき,$\mathbf{s}_{ij}$ は(定理(5.3.3)の順序 $>_{\mathcal{G}}$ に関する)第1シチジー加群のグレブナー基底である.その過程を繰り返し,第2シチジー加群,第3シチジー加群,... が構成できる.換言すると,シュライエルの定理は自由分解の任意の有限個の項を計算するための**アルゴリズム**の基本を構成する.このアルゴリズムは Singular, CoCoA, REDUCE のパッケージ CALI, Macaulay のコマンド res で実行される.

たとえば,$k[x, y, z, w]$ の斉次イデアル

$$M = \langle z^3 - yw^2, yz - xw, y^3 - x^2z, xz^2 - y^2w \rangle$$

を考える.これは $\mathbb{P}^3$ の有理2次曲線のイデアルである.M の自由加群を計算し表現する Macaulay のセッションがある.

```
% res M MR
1.2.3...4...5...
computation complete after degree 5

% pres MR

----------------------------------

  z3-yw2  yz-xw  y3-x2z  xz2-y2w

----------------------------------

  0   -x  0   -y
  xz  yw  y2  z2
  -w  0   -z  0
  -y  z   -x  w

----------------------------------

  -z
  -y
   w
   x

----------------------------------
```

出力は

(6.1.13) $$0 \to R \to R^4 \to R^4 \to M \to 0$$

なる形の有限自由分解における行列を,分解の"前"から"後ろ"の順に表示している.特に,1番目の行列(1×4 行列)は M の生成元,2番目の行列の列は第1シチジー加群の生成元,3番目の行列(4×1 行列)は第2シチジー加群(これは自由加群である)の生成元である.

練習問題 3 a. 列 (6.1.13) の各段階で「入ってくる」写像の像は「出ていく」写像の核に含まれることを手計算で確認せよ.

b. M の生成元は次数逆辞書式順序 ($x > y > z > w$) に関する M のグレブナー基底を成すことを示せ. シュライエルの定理を使って第1シチジー加群を計算せよ. 第1シチジー加群が予期した $6 = \binom{4}{2}$ 個の元 $\mathbf{s}_{ij}$ ではなく, たった4個の元 (4×4 行列の列) で生成されるのはなぜか.

生成元が斉次ではないイデアル (もっと一般に次数付でない加群) の分解や局所環上の加群の分解を計算するためには, プログラム Singular, CALI を使うことができる. たとえば, $k[x,y,z]$ のイデアル

(6.1.14) $$I = \langle z^3 - y, yz - x, y^3 - x^2z, xz^2 - y^2 \rangle$$

の分解を計算する Singular のセッションがある (イデアル I は上で述べた M の生成元を非斉次化することで得られる).

```
> ring r=0, (x,y,z), dp;
> ideal I=(z3-y,yz-x,y3-x2z,xz2-y2);
> res(I,0);
[1]:
   _[1]=z3-y
   _[2]=yz-x
   _[3]=y3-x2z
   _[4]=xz2-y2
[2]:
   _[1]=x*gen(1)-y*gen(2)-z*gen(4)
   _[2]=z2*gen(2)-y*gen(1)+1*gen(4)
   _[3]=xz*gen(2)-y*gen(4)-1*gen(3)
[3]:
   _[1]=0
```

入力の1行目は体の標数が 0, 環の変数が x, y, z, 単項式順序が次数逆辞書式順序であることを示している. コマンド res の添数 "0" はその分解が変数と同じ個数のステップを持つべきであると述べている (この理由は次の節で明らかになる). 出力は生成する列の集合である (gen(1), gen(2), gen(3), gen(4) は $k[x,y,z]^4$ の標準基底の列 e_1, e_2, e_3, e_4 のことである).

幾つかの付加的な例については練習問題で扱う. 以上の考察は**有限な分解**が常に存在するか否かという問題を提起している. 我々は潜在的な無限の後退の状況にあるのか? それとも上で述べた例と同様にこの過程は常に結局は終了するのか? その答が「否」であるが R は多項式環ではない例は練習問題 11 で扱う. 次節でこの問題に再び戻ることにする.

§6.1 の練習問題(追加)

練習問題 4 a. 2 番目の • を証明せよ. すなわち, $\varphi: M \to N$ が 1 対 1 であるためには, $0 \to M \to N$ が完全であることが必要十分であることを示せ.

b. 命題(6.1.2) の b が a からどのように従うかを解説せよ.

練習問題 5 R 加群 N の R 部分加群 M_1 と M_2 があったとき, 直和 $M_1 \oplus M_2$ と和 $M_1 + M_2 \subset N$ を考える (§5.1 の練習問題 4, §5.1 の練習問題 14).

a. 写像 $\varepsilon: M_1 \cap M_2 \to M_1 \oplus M_2$ を $\varepsilon(m) = (m, m)$ と定義するとき, ε は R 加群の準同型であることを示せ.

b. $\delta(m_1, m_2) = m_1 - m_2$ と定義される $\delta: M_1 \oplus M_2 \to M_1 + M_2$ は R 加群の準同型であることを示せ.

c. 系列
$$0 \to M_1 \cap M_2 \xrightarrow{\varepsilon} M_1 \oplus M_2 \xrightarrow{\delta} M_1 + M_2 \to 0$$
は完全であることを示せ.

練習問題 6 R 加群 N の R 部分加群 M_1 と M_2 を考える.

a. $\psi_1(m_1) = m_1 + 0 \in M_1 + M_2$, $\psi_2(m_2) = 0 + m_2 \in M_1 + M_2$ と定義される写像 $\psi_i: M_i \to M_1 + M_2$ $(i = 1, 2)$ は 1 対 1 の加群の準同型であることを示せ. 従って, M_1 と M_2 は $M_1 + M_2$ の部分加群である.

b. 包含写像 $M_2 \to M_1 + M_2$ と自然な準同型 $M_1 + M_2 \to (M_1 + M_2)/M_1$ を合成することで得られる準同型 $\varphi : M_2 \to (M_1 + M_2)/M_1$ を考える. 準同型 φ の核を求め, R 加群の同型 $(M_1 + M_2)/M_1 \cong M_2/(M_1 \cap M_2)$ を示せ.

練習問題 7 a. R 加群と準同型の "長" 完全系列

$$0 \to M_n \xrightarrow{\varphi_n} M_{n-1} \xrightarrow{\varphi_{n-1}} M_{n-2} \xrightarrow{\varphi_{n-2}} \cdots \xrightarrow{\varphi_1} M_0 \to 0$$

を考える. 各 $i = 1, \ldots, n$ について "短" 完全系列

$$0 \to \ker(\varphi_i) \to M_i \to \ker(\varphi_{i-1}) \to 0$$

が存在することを示せ. 但し, 射 $M_i \to \ker(\varphi_{i-1})$ は準同型 φ_i で与えられる.

b. 逆に,

$$0 \to \ker(\varphi_i) \to M_i \xrightarrow{\varphi_i} N_i \to 0$$

$(N_i = \ker(\varphi_{i-1}) \subset M_{i-1})$ があったとき, これらの短完全系列を継ぎ合せて長完全系列

$$0 \to \ker(\varphi_{n-1}) \to M_{n-1} \xrightarrow{\varphi_{n-1}} M_{n-2} \xrightarrow{\varphi_{n-2}} \cdots \xrightarrow{\varphi_2} M_1 \xrightarrow{\varphi_1} \mathrm{im}(\varphi_1) \to 0$$

にすることができる. これを示せ.

c. 連続するシチジー加群の表現を継ぎ合せることで, 加群の分解がどのようにして得られるかを解説せよ.

練習問題 8 体 k 上の有限次元ベクトル空間 V_i $(i = 0, \ldots, n)$ を考え,

$$0 \to V_n \xrightarrow{\varphi_n} V_{n-1} \xrightarrow{\varphi_{n-1}} V_{n-2} \xrightarrow{\varphi_{n-2}} \cdots \xrightarrow{\varphi_1} V_0 \to 0$$

を k 線型写像の完全系列とする. このとき, V_i の次元の交代和は

$$\sum_{\ell=0}^{n} (-1)^\ell \dim_k(V_\ell) = 0$$

を満たすことを示せ．[ヒント：練習問題 7 と線型写像 $\varphi: V \to W$ の**次元定理**(dimension theorem)

$$\dim_k(V) = \dim_k(\ker(\varphi)) + \dim_k(\operatorname{im}(\varphi))$$

を使う．]

練習問題 9 部分加群 $M \subset R^n$ の有限自由分解

$$0 \to F_\ell \to \cdots \to F_2 \to F_1 \to F_0 \to M \to 0$$

から商加群 R^n/M の有限自由分解を得る方法を示せ．[ヒント：命題(6.1.2) から完全系列 $0 \to M \to R^n \to R^n/M \to 0$ が存在する．練習問題 7 の b を使ってその 2 つの列を継ぎ合せよ．]

練習問題 10 手計算または計算代数システムを使うことで，次の各加群の自由分解を求めよ．

a. $M = \langle xy, xz, yz \rangle \subset k[x, y, z]$.

b. $M = \langle xy - uv, xz - uv, yz - uv \rangle \subset k[x, y, z, u, v]$.

c. $M = \langle xy - xv, xz - yv, yz - xu \rangle \subset k[x, y, z, u, v]$.

d. M は行列
$$M = \begin{pmatrix} a^2 + b^2 & a^3 - 2bcd & a - b \\ c^2 - d^2 & b^3 + acd & c + d \end{pmatrix}$$
の列で生成される $k[a, b, c, d]^2$ の部分加群．

e. $M = \langle x^2, y^2, z^2, xy, xz, yz \rangle \subset k[x, y, z]$.

f. $M = \langle x^3, y^3, x^2y, xy^2 \rangle \subset k[x, y, z]$.

練習問題 11 多項式環以外の環 R 上で考えるとき，有限自由分解を持たない加群を見つけることは困難ではない．たとえば，$R = k[x]/\langle x^2 \rangle$, $M = \langle x \rangle \subset R$ を考える．

a. x による乗法で与えられる写像 $\varphi : R \to M$ の核は何か.

b. 系列
$$\cdots \xrightarrow{x} R \xrightarrow{x} R \xrightarrow{x} M \to 0$$
は R 上の M の無限自由分解であることを示せ. 但し, x は x による乗法写像を表している.

c. R 上の M の**任意**の自由分解は無限であることを示せ. [ヒント : M の任意の自由分解は適当な意味で b の分解を含むことを示すことが 1 つの方法である.]

練習問題 12 R 加群の完全系列
$$0 \longrightarrow M \xrightarrow{f} N \xrightarrow{g} P \longrightarrow 0$$
が**分裂する** (split) とは, $g \circ \varphi = \mathrm{id}$ を満たす準同型 $\varphi : P \to N$ が存在するときに言う.

a. この完全系列が分裂するという条件は f が包含写像 $a \mapsto (a, 0)$ となり, g が射影 $(a, b) \mapsto b$ となる同型 $N \simeq M \oplus P$ が存在するという条件と同値である. これを示せ.

b. この完全系列が分裂するという条件は $\psi \circ f = \mathrm{id}$ を満たす準同型 $\psi : N \to M$ が存在することと同値である. これを示せ. [ヒント : a を使え.]

c. 加群 P が射影加群 (すなわち, 或る R 加群との直和が自由加群になる (定義 (5.4.12))) であるためには, 上で述べた形のすべての完全系列が分裂することが必要十分である. これを示せ.

d. 加群 P が射影加群であるためには, 任意の準同型 $f : P \to M_1$ と任意の全準同型 $g : M_2 \to M_1$ について, $f = g \circ h$ なる準同型 $h : P \to M_2$ が存在することが必要十分である. これを示せ.

§6.2 ヒルベルトのシチジー定理

§6.1 ではすべての R 加群が有限自由分解を持つか否かという問題を提起し，§6.1 の練習問題 11 では R が有限次元代数 $R = k[x]/\langle x^2 \rangle$ であるとき，その答は「持たない」であることを示した．しかし，$R = k[x_1, \ldots, x_n]$ のとき状況はずっと良い．本節では多項式環だけ考える．主な結果はヒルベルトによる次の有名な定理である．

(6.2.1) 定理（ヒルベルトのシチジー定理） 多項式環 $R = k[x_1, \ldots, x_n]$ 上のすべての有限生成 R 加群は長さが高々 n の有限自由分解を持つ．

解説が必要である．§6.1 の例で示したように，与えられた加群の有限自由分解がすべて同じ長さであることは真実ではない．シチジー定理は n 変数多項式環上のすべての有限生成加群は長さが n 以下の或る自由分解が存在することを保証しているだけである．定義(6.1.9)から，長さが n 以下ということは，R 加群 M は

$$0 \to F_\ell \to \cdots \to F_1 \to F_0 \to M, \quad \ell \leq n$$

なる形の自由分解を持つということである．この完全系列には $\ell + 1 (\leq n+1)$ 個の自由加群が現れる．すると，シチジー定理は高々 $n+1$ 個の自由加群が現れる自由分解が存在することを保証している．

ここで紹介する証明はシュライエルによるものである．その証明は，シュライエルの定理(5.3.3)を使って §6.1 で述べたグレブナー基底による方法を経由して構成される分解についての以下の結果に基づいている．

(6.2.2) 補題 任意の単項式順序に関する部分加群 $M \subset R^t$ のグレブナー基底 $\mathcal{G}$ について，$\mathcal{G}$ の元を並べ換えて，$\mathrm{LT}(g_i)$ と $\mathrm{LT}(g_j)$ が同じ標準基底ベクトル e_k を含み，更に，$i < j$ であるときには常に $\mathrm{LM}(g_i)/e_k >_{lex} \mathrm{LM}(g_j)/e_k$ となるような s 個の元の組 $G = (g_1, \ldots, g_s)$ を構成する．但し，$>_{lex}$ は R 上の $x_1 > \cdots > x_n$ なる辞書式順序である．変数 $x_1, \ldots, x_m$ が $\mathcal{G}$ の主項に現れないとき，$x_1, \ldots, x_{m+1}$ は定理(5.3.3)で使った順序 $>_{\mathcal{G}}$ に関する $\mathbf{s}_{ij} \in \mathrm{Syz}(G)$ の主項に現れない．

6.2 ヒルベルトのシチジー定理

補題の証明 定理 (5.3.3) の証明の第 1 段階から

(6.2.3) $$\mathrm{LT}_{>_{\mathcal{G}}}(\mathbf{s}_{ij}) = (m_{ij}/\mathrm{LT}(g_i))E_i$$

である. 但し, $m_{ij} = \mathrm{LCM}(\mathrm{LT}(g_i), \mathrm{LT}(g_j))$ で, E_i は R^s の標準基底ベクトルである. いつものように, $\mathrm{LT}(g_i)$ と $\mathrm{LT}(g_j)$ が R^t の同じ標準基底ベクトル e_k を含み, 更に, $i < j$ であるような $\mathbf{s}_{ij}$ だけを考えれば十分である. 集合 G の要素の順序付けについての仮定から $\mathrm{LM}(g_i)/e_k >_{lex} \mathrm{LM}(g_j)/e_k$ である. さて, $x_1, \ldots, x_m$ は主項に現れないから

$$\mathrm{LM}(g_i)/e_k = x_{m+1}^a n_i$$
$$\mathrm{LM}(g_j)/e_k = x_{m+1}^b n_j$$

($a \geq b$, n_i, n_j は $x_{m+2}, \ldots, x_n$ しか含まない R の単項式) と表すことができる. このとき, $\mathrm{LCM}(\mathrm{LT}(g_i), \mathrm{LT}(g_j))$ は x_{m+1}^a を含むので, (6.2.3) から $\mathrm{LT}_{>_{\mathcal{G}}}(\mathbf{s}_{ij})$ は $x_1, \ldots, x_m, x_{m+1}$ を含まない. □

これでヒルベルトのシチジー定理 (6.2.1) の証明の準備はできた.

定理の証明 加群 M は R 加群として有限生成である. すると, (6.1.5) から M の生成集合 $(f_1, \ldots, f_{r_0})$ と $F_0 = R^{r_0}$ 上の任意の単項式順序に関する $\mathrm{Syz}(f_1, \ldots, f_{r_0}) = \mathrm{im}(\varphi_1) \subset F_0 = R^{r_0}$ のグレブナー基底 $\mathcal{G}_0 = \{g_1, \ldots, g_{r_1}\}$ の選び方に対応する M の表現

(6.2.4) $$F_1 \xrightarrow{\varphi_1} F_0 \to M \to 0$$

が存在する. グレブナー基底 $\mathcal{G}_0$ の元を補題 (6.2.2) のように並べ換えベクトル G_0 を得る. シュライエルの定理を適応して (順序 $>_{\mathcal{G}_0}$ に関する) 加群 $\mathrm{Syz}(G_0) \subset F_1 = R^{r_1}$ のグレブナー基底 $\mathcal{G}_1$ を計算する. グレブナー基底 $\mathcal{G}_1$ は被約であると仮定してよい. 補題 (5.2.2) から $\mathcal{G}_1$ の主項には少なくとも x_1 は現れない. 更に, そのグレブナー基底が r_2 個の元を含むならば, $F_2 = R^{r_2}$, $\mathrm{im}(\varphi_2) = \mathrm{Syz}(G_1)$ である完全系列

$$F_2 \xrightarrow{\varphi_2} F_1 \xrightarrow{\varphi_1} F_0 \to M \to 0$$

を得る. この過程を繰り返すと $\varphi_i : F_i \to F_{i-1}$ ($\mathrm{im}(\varphi_i) = \mathrm{Syz}(G_{i-1})$) を得

る.他方,$\mathcal{G}_i \subset R^{r_i}$ は $\mathrm{Syz}(G_{i-1})$ のグレブナー基底である.おのおのの段階で $\mathcal{G}_{i-1}$ を並べ換え,補題(6.2.2)の仮定が満たされるようなベクトル G_{i-1} を構成する.

　グレブナー基底の主項に現れる変数の個数はおのおのの段階で少なくとも 1 つずつ減るので,帰納法の議論から,或る数 $\ell \leq n$ だけ段階を経ると,被約グレブナー基底の主項は $x_1, \ldots, x_n$ のいずれの変数も含まない.この時点で(6.2.4)を完全系列

$$(6.2.5) \qquad F_\ell \xrightarrow{\varphi_\ell} F_{\ell-1} \to \cdots \to F_1 \xrightarrow{\varphi_1} F_0 \to M \to 0$$

に拡張し,$\mathcal{G}_\ell$ の主項は F_ℓ の標準基底の非零定数倍になる.このとき,$\mathrm{Syz}(G_{\ell-1})$ は自由加群であって,$\mathcal{G}_\ell$ はグレブナー基底だけでなく加群の基底でもある(練習問題 8).従って,命題(6.1.12)から,左に 0 を添加することで(6.2.5)を別の完全系列に拡張することができる.以上で M の自由分解で長さ $\ell \leq n$ であるものが構成できた. □

　シチジー定理を解説する付加的な例が幾つかある.§6.1 の本文で扱った例では,R の変数の個数よりも真に小さい長さの分解を常に求めた.しかし,ある状況では,起こり得るもっとも短い分解の長さがちょうど n となることがある.

練習問題 1 (6.1.7)のイデアル $I = \langle x^2 - x, xy, y^2 - y \rangle \subset k[x, y]$ を考え,$M = k[x, y]/I$ とする.これも $R = k[x, y]$ 上の加群である.§6.1 の練習問題 9 を使って,M は

$$0 \to R^2 \to R^3 \to R \to M \to 0$$

なる形の長さ 2 の自由分解を持つことを示せ.

　この場合,局所化(第 4 章)を使って,M は長さ 1 以下の自由分解を持たないことが判る.概略は練習問題 9 で考察する.

　他方,特に短い有限自由分解を持つことが,イデアルや加群について何か特別なことを暗示しているかを問題にするかも知れない.たとえば,M が長さ 0 の分解 $0 \to R^r \to M \to 0$ を持つとき,M は R 加群として R^r と同

型である．従って，M は自由加群であり，確かにこれは特別な性質である．§5.1 から，イデアルについてこれが成り立つのは $M = \langle f \rangle$ と単項イデアルであるときのみである．同様にして，長さ 1 の自由分解について何が言えるかを問題にすることもできる．次の例は或るイデアルの集合について長さ 1 の自由分解の特別な特徴を示している．

練習問題 2 イデアル $I \subset k[x, y, z, w]$ を次のような生成元を持つ射影空間 $\mathbb{P}^3$ のねじれ 3 次曲線のイデアルとする．

$$I = \langle g_1, g_2, g_3 \rangle = \langle xz - y^2, xw - yz, yw - z^2 \rangle$$

a. 与えられた生成元は I の次数逆辞書式グレブナー基底を成すことを示せ．

b. シュライエルの定理を使って I の与えられた生成元上の第 1 シチジー加群のグレブナー基底を求めよ．

c. $\mathbf{s}_{12}, \mathbf{s}_{23}$ は $\mathrm{Syz}(xz - y^2, xw - yz, yw - z^2)$ の基底を成すことを示せ．

d. 上の計算を使って

$$0 \to R^2 \xrightarrow{A} R^3 \to I \to 0$$

なる形の I の有限自由分解を構成せよ．

e. A の 2×2 小行列式は（符号を除くと）ちょうど g_i になることを示せ．

練習問題 3（この練習問題については，恐らく計算代数システムを使うのが妥当である．） 空間 k^2 において，点

$$p_1 = (0, 0),\ p_2 = (1, 0),\ p_3 = (0, 1),$$
$$p_4 = (2, 1),\ p_5 = (1, 2),\ p_6 = (3, 3)$$

を考え，各 i について $I_i = \mathbf{I}(\{p_i\})$ とする．たとえば，$I_3 = \langle x, y - 1 \rangle$ である．

a. イデアル

$$J = \mathbf{I}(\{p_1, \ldots, p_6\}) = I_1 \cap \cdots \cap I_6$$

の次数逆辞書式グレブナー基底を求めよ．

b. イデアル J の自由分解

$$0 \to R^3 \stackrel{A}{\to} R^4 \to J \to 0$$

を計算せよ．但し，A の各成分は x,y についての全次数が高々1である．

c. A の 3×3 小行列式は(符号を除くと) J の生成元に等しいことを示せ．

練習問題2と3で扱ったものは，次の一般的な結果(ヒルベルト・ブルハの定理の一部分)の例である．

(6.2.6) 命題 環 $R = k[x_1, \ldots, x_n]$ のイデアル I が，或る m について

$$0 \to R^{m-1} \stackrel{A}{\to} R^m \stackrel{B}{\to} I \to 0$$

なる形の自由分解を持つと仮定する．このとき，$B = \begin{pmatrix} g\tilde{f}_1 & \ldots & g\tilde{f}_m \end{pmatrix}$ なる非零元 $g \in R$ が存在する．但し，$\tilde{f}_i$ は i 行目を取り除くことで得られる A の $(m-1) \times (m-1)$ 部分行列の行列式である．体 k が代数的閉体で $\mathbf{V}(I)$ の次元が $n-2$ ならば，$g = 1$ としてもよい．

証明 練習問題10で証明の概略を考える．　　　　　　　　　　　　　□

完全な形のヒルベルト・ブルハの定理も命題(6.2.6)で与えられる形の分解が存在するための十分条件を与えている．たとえば，商環 R/I が余次元2の**コーエン・マコーレー環**(Cohen–Macaulay)であるとき，このような分解が存在する．たとえば，$I \subset k[x,y,z]$ が $\mathbb{P}^2$ の有限集合(第4章で定義した重複度が1より大きい点が1つ，或いはそれ以上ある場合も含む)のイデアルならば，この条件は満たされる．コーエン・マコーレー環の定義は割愛するので，興味のある読者は [Eis] を参照して欲しい．([Eis] では，多項式環または局所環の或るイデアルの集合の自由分解の形について，既知な結果が詳細に論じられている．) 特に，R 加群 M の最短有限自由分解の長さは M の**射影次元**(projective dimension)と呼ばれる重要な不変量である．

§6.2 の練習問題(追加)

練習問題4 次数逆辞書式グレブナー基底

$$\{g_1, g_2, g_3\} = \{x^2 + 3/2xy + 1/2y^2 - 3/2x - 3/2y, xy^2 - x, y^3 - y\}$$

で生成される $k[x,y]$ のイデアルを I とする．イデアル I は §6.2 で ($k = \mathbb{C}$ について) 考えた．多様体 $\mathbf{V}(I)$ は各点の重複度が 1 である k^2 の 5 個の点を含む有限集合であった．

a. シュライエルの定理を適応して，$\mathrm{Syz}(g_1, g_2, g_3)$ は行列

$$A = \begin{pmatrix} y^2 - 1 & 0 \\ -x - 3y/2 + 3/2 & y \\ -y/2 + 3/2 & -x \end{pmatrix}$$

の列で生成されることを示せ．

b. 行列 A の列は $\mathrm{Syz}(g_1, g_2, g_3)$ の加群としての基底を成すことを示し，I は長さ 1 の有限自由分解

$$0 \to R^2 \xrightarrow{A} R^3 \to I \to 0$$

を持つことを示せ．

c. A の 2×2 小行列の行列式は (符号を除くと) ちょうど g_i になることを示せ．

練習問題 5 (6.1.8) の分解は命題 (6.2.6) で与えられる形をしていることを確認せよ．(この場合も，分解されている加群は各点の重複度が 1 である k^2 の有限個の点から成る集合のイデアルである．)

練習問題 6 イデアル

$$I = \langle z^3 - y, yz - x, y^3 - x^2 z, xz^2 - y^2 \rangle$$

を (6.1.14) で考えた $k[x, y, z]$ のイデアルとする．

a. I の生成元は次数逆辞書式順序に関するグレブナー基底であることを示せ．

b. Singular のコマンド sres はシュライエルのアルゴリズムを使って自由分解を構成する．Singular のセッションは以下のようになる．

```
> ring r=0, (x,y,z), (dp, C);
> ideal I=(z3-y,yz-x,y3-x2z,xz2-y2);
> sres(I,0);
[1]:
   _[1]=yz-x
   _[2]=z3-y
   _[3]=xz2-y2
   _[4]=y3-x2z
[2]:
   _[1]=-z2*gen(1)+y*gen(2)-1*gen(3)
   _[2]=-xz*gen(1)+y*gen(3)+1*gen(4)
   _[3]=-x*gen(2)+y*gen(1)+z*gen(3)
   _[4]=-y2*gen(1)+x*gen(3)+z*gen(4)
[3]:
   _[1]=x*gen(1)+y*gen(3)-z*gen(2)+1*gen(4)
```

表示された生成元はシュライエルの定理(5.3.3)で決めた順序付けに関するグレブナー基底であることを示せ.

c. この場合, シュライエルの定理を使うと §6.1 で表示されたものよりも長い分解が構成される理由を解説せよ.

練習問題 7 環 $R = k[x, y]$ のイデアル

$$I = \langle x^4 - x^3y, x^3y - x^2y^2, x^2y^2 - xy^3, xy^3 - y^4 \rangle$$

について, 命題(6.2.6)で与えられる形の長さ 1 の自由分解を求めよ. この場合の命題(6.2.6)の行列 A と元 $g \in R$ を求めよ. $g \neq 1$ であるのはなぜか.

練習問題 8 或る単項式順序に関する部分加群 $M \subset R^l$ のモニックな被約グレブナー基底 $\mathcal{G}$ について, $\mathcal{G}$ のすべての元の主項は R^l の標準基底ベクトルの定数倍であると仮定する.

a. e_i が $\mathcal{G}$ の或る元の主項ならば, これは $\mathcal{G}$ のちょうど 1 つの元の主項であることを示せ.

b. $\mathrm{Syz}(\mathcal{G}) = \{0\} \subset R^s$ であることを示せ.

c. M が自由加群であることを示せ.

練習問題 9 この練習問題では,
$$I = \langle x^2 - x, xy, y^2 - y \rangle \subset R = k[x, y]$$
の商環 R/I の自由分解はすべて長さが2以上であることを示す1つの方法の概略を述べる. 換言すると, 練習問題1の分解 $0 \to R^2 \to R^3 \to R \to R/I \to 0$ はできる限り短くしたものである. 本著の第4章の着想の幾つかを使う必要がある.

a. M を R 加群, P を R の極大イデアルとする. 局所環 R_P の構成を一般化し, M の P における**局所化** M_P を "分数" m/f の集合で定義する. (但し, $m \in M$, $f \notin P$ であって, M において $g(f'm - fm') = 0$ となる $g \in R$, $g \notin P$ が存在するときには常に $m/f = m'/f'$ とする.) このとき, M_P は局所環 R_P 上の加群の構造を持つことを示せ. 次に, M が自由 R 加群ならば M_P は自由 R_P 加群であることを示せ.

b. R 加群の準同型 $\varphi: M \to N$ があったとき, 任意の $m/f \in M_P$ について $\varphi_P(m/f) = \varphi(m)/f$ と定義される局所化された加群の誘導された準同型 $\varphi_P : M_P \to N_P$ が存在することを示せ. [ヒント: この定義が代表元の選び方に依存しないことを示せ.]

c. R 加群の完全系列
$$M_1 \xrightarrow{\varphi_1} M_2 \xrightarrow{\varphi_2} M_3$$
から誘導される局所化された系列
$$(M_1)_P \xrightarrow{(\varphi_1)_P} (M_2)_P \xrightarrow{(\varphi_2)_P} (M_3)_P$$
も完全であることを示せ.

d. $I = \langle x^2 - x, xy, y^2 - y \rangle$ の商環 $M = R/I$ の最短自由分解の長さが2であることを示す. 背理法を使うため, 長さ1の自由分解 $0 \to F_1 \to F_0 \to$

$M \to 0$ が存在すると仮定する．このとき，$F_0 = R$ と仮定してもよい理由を解説せよ．

e. c から $P = \langle x, y \rangle \supset I$ で局所化すると，分解 $0 \to (F_1)_P \to R_P \to M_P \to 0$ を得ることを示せ．更に，M_P は R_P 加群として $R_P/\langle x, y \rangle R_P \cong k$ と同型であることを示せ．

f. このとき，$(F_1)_P \to R_P$ の像は $\langle x, y \rangle$ でなければならない．加群 $\langle x, y \rangle$ は自由 R_P 加群でないので矛盾が生じる．これを示せ．

練習問題 10 多項式環 $R = k[x_1, \ldots, x_n]$ において変数の部分集合で生成されるイデアル
$$I_m = \langle x_1, x_2, \ldots, x_m \rangle$$
$(1 \leq m \leq n)$ を考える．

a. $k[x_1, \ldots, x_5]$ のイデアル $I_2, \ldots, I_5$ の分解を明確に記述せよ．

b. 一般に，I_m は
$$0 \to R^{\binom{m}{m}} \to \cdots \to R^{\binom{m}{3}} \to R^{\binom{m}{2}} \to R^m \to I \to 0$$
なる形の長さ $m-1$ の自由分解を持つことを示せ．但し，$R^{\binom{m}{k}}$ の基底 B_k を $\{1, \ldots, m\}$ の k 個の元から成る部分集合で添字を付け
$$B_k = \{e_{i_1 \ldots i_k} : 1 \leq i_1 < i_2 < \cdots < i_k \leq m\}$$
とするとき，その分解の写像 $\varphi_k : R^{\binom{m}{k}} \to R^{\binom{m}{k-1}}$ は
$$\varphi_k(e_{i_1 \ldots i_k}) = \sum_{j=1}^{k} (-1)^{j+1} x_{i_j} e_{i_1 \ldots i_{j-1} i_{j+1} \ldots i_k}$$
(添字 j, i_j の項は割愛され，$(k-1)$ 個の元の部分集合を齎す)と定義される．この分解は**コスツル複体**(Koszul complex)の例である．コスツル複体の話題についての多くの情報が [Eis] にある．

練習問題 11 この練習問題では，命題(6.2.6)の証明の概略を述べる．基本的

な着想は，分解
$$0 \to R^{m-1} \xrightarrow{A} R^m \xrightarrow{B} I \to 0$$
の行列 A で定義される K^{m-1} から K^m への線型写像を考え，K 上の線型代数を使うことである．但し，$K = k(x_1, \ldots, x_n)$ は有理函数体（R の分数の体）である．

a. 斉次線型方程式系 $XA = 0$（$X \in K^m$ は行ベクトルとして表されている）の解空間 V の K 上の次元は 1 であることを示せ．[ヒント：A の列 $A_1, \ldots, A_{m-1}$ は R 上線型独立だからこれらの列は K 上線型独立でもある．]

b. $B = \begin{pmatrix} f_1 & \ldots & f_m \end{pmatrix}$ とし，完全性から $BA = 0$ に注意する．$\tilde{f}_i = (-1)^{i+1} \det(A_i)$ と置く（A_i は A から i 行目を取り除くことで得られる A の $(m-1) \times (m-1)$ 部分行列）．$X = (\tilde{f}_1, \ldots, \tilde{f}_m)$ も $XA = 0$ の解空間 V の元であることを示せ．[ヒント：A の任意の列を 1 つ A に添加し $m \times m$ 行列 $\widetilde{A}$ を構成し，$\det(\widetilde{A})$ を新しく加えた列に沿って小行列式に展開せよ．]

c. すべての $i = 1, \ldots, m$ について $r\tilde{f}_i = f_i$ となる $r \in K$ が存在することを示せ．

d. $r = g/h$（$g, h \in R$）と表す．但し，この分数はもっとも低い項にある．更に，方程式 $g\tilde{f}_i = hf_i$ を考える．背理法で，h が非零定数であることを示したい．いま，h が非零定数でないとし，p を h の任意の既約因子とする．$A_1, \ldots, A_{m-1}$ は $\langle p \rangle$ を法として線型従属であること，換言すると，すべてが $\langle p \rangle$ に属するのではない $r_1, \ldots, r_{m-1}$ と $B \in R^m$ を適当に選ぶと，$r_1 A_1 + \cdots + r_{m-1} A_{m-1} = pB$ となる．これを示せ．

e. d を継続して，$B \in \mathrm{Syz}(f_1, \ldots, f_m)$ であって，或る $s_i \in R$ について $B = s_1 A_1 + \cdots + s_{m-1} A_{m-1}$ であることを示せ．

f. e を継続して，$(r_1 - ps_1, \ldots, r_{m-1} - ps_{m-1})^T$ は A の列上のシチジーであることを示せ．これらの列は R 上線型独立であるので，すべての i について $r_i - ps_i = 0$ である．これは r_i の選び方に矛盾することを示せ．

342 第 6 章 自由分解

g. 最後に，$\mathbf{V}(I)$ の次元が $n-2$ の場合，g も非零定数であることを示せ．従って，各 f_i に非零定数を掛けることで命題 (6.2.6) で $g=1$ とすることができる．

§**6.3** 次数付分解

代数幾何では，射影多様体 $V \subset \mathbb{P}^n$ の斉次イデアル $I = \mathbf{I}(V)$ と $k[x_0, \ldots, x_n]$ 上の他の加群を研究するために，自由加群がよくしばしば使われる．我々にとって基本的な事実は，これらの分解は環 $R = k[x_0, \ldots, x_n]$ 上の次数付，すなわち，全次数 s の斉次多項式に 0 を加えたものから成る加法部分群 (k 部分空間) $R_s = k[x_0, \ldots, x_n]_s$ への直和分解

$$(6.3.1) \qquad R = \bigoplus_{s \geq 0} R_s$$

から生じる特別な構造を持つことである．本節を始めるに際し，このような分解を述べるために都合の良い概念や用語を幾つか導入する．

(6.3.2) **定義** R 上の**次数付加群** (graded module) とは，以下の a と b の条件を満たす加法群としての部分群の族 $\{M_t : t \in \mathbb{Z}\}$ を持つ加群 M のことである．部分群 M_t の元をその次数付けにおける次数 t の**斉次元** (homogeneous element) と呼ぶ．

a. 加法群として

$$M = \bigoplus_{t \in \mathbb{Z}} M_t$$

である．

b. すべての $s \geq 0$ と $t \in \mathbb{Z}$ について $R_s M_t \subset M_{s+t}$ である．すなわち，a における M の分解は R の元による積と両立する．

定義から各 M_t は部分環 $R_0 = k \subset R$ 上の加群であるから，M の k 部分空間である．更に，加群 M が有限生成ならば M_t は k 上の有限次元ベクトル空間である．

斉次イデアル $I \subset R$ は次数付加群のもっとも簡単な例である．任意の $f \in I$ について f の斉次成分がすべて I の元であるならば，I は斉次イデアルである（たとえば，[CLO, Chapter 8, §3, Definition 1]）．斉次イデアルの他の重要な性質の幾つかを要約する．

- （斉次イデアル）イデアル $I \subset k[x_0, \ldots, x_n]$ について，次は同値である．

    a. I は斉次イデアルである．

    b. $I = \langle f_1, \ldots, f_s \rangle$ である（但し，f_i は斉次多項式）．

    c. （任意の単項式順序に関する）I の被約グレブナー基底は斉次多項式から成る．

（たとえば，[CLO, Chapter 8, §3, Theorem 2] を参照せよ．）

斉次イデアル I が次数付加群の構造を持つことを示すために $I_t = I \cap R_t$ と置く．これは，$t \geq 0$ のとき I に含まれる次数 t の斉次元全体に 0 を加えた集合，$t < 0$ のとき $I_t = \{0\}$ である．斉次イデアルの定義から $I = \oplus_{t \in \mathbb{Z}} I_t$ であって，$R_s I_t \subset I_{s+t}$ はイデアルの定義と多項式の積の性質から直接導かれる．

いま，$(R^m)_t = (R_t)^m$ と思うと，自由加群 R^m も R 上の次数付加群である．これを R^m 上の**標準的な**次数付加群の構造と呼ぶことにする．適当な斉次性を備えた生成集合を持つ自由加群 R^m の部分加群などが他の次数付加群の例となる．斉次イデアルについての上で述べた結果の類似として，

(6.3.3) 命題 部分加群 $M \subset R^m$ について次は同値である．

a. R^m 上の標準的な次数付けは，$M_t = (R_t)^m \cap M$（各成分が次数 t の斉次多項式（または 0）である M の元の集合）とすることで得られる M 上の次数付加群の構造を引き起こす．

b. R^m において $M = \langle f_1, \ldots, f_r \rangle$ である．但し，各 f_i は同じ次数 d_i の斉次多項式のベクトルである．

c. （R^m 上の任意の単項式順序に関する）被約グレブナー基底は各ベクトルの成分がすべて同じ次数を持つ斉次多項式のベクトルから成る．

証明 証明は練習問題8で考察する. □

部分加群,直和,商加群は次のようにして次数付加群に拡張される.次数付加群 M の部分加群 N が**次数付部分加群**(graded submodule)であるとは,加法部分群 $N_t = M_t \cap N$(但し,$t \in \mathbb{Z}$)が N 上の次数付加群の構造を定義するときに言う.たとえば,命題(6.3.3)から R^m の部分加群 $M = \langle f_1, \ldots, f_r \rangle$(各 f_i は同じ次数 d_i の斉次多項式のベクトルである)は R^m の次数付部分加群である.

練習問題1 a. 次数付加群の集合 $M_1, \ldots, M_m$ があったとき,いつものように直和 $N = M_1 \oplus \cdots \oplus M_m$ を作る.いま,N において

$$N_t = (M_1)_t \oplus \cdots \oplus (M_m)_t$$

とするとき,N_t は N 上の次数付加群の構造を定義することを示せ.

b. 次数付加群 M の次数付部分加群 N について,商加群 M/N も加法部分群

$$(M/N)_t = M_t/N_t = M_t/(M_t \cap N)$$

の集合で定義される次数付加群の構造を持つことを示せ.

任意の次数付 R 加群 M があったとき,部分加群の族の添字を次のようにずらすことで,抽象的な R 加群として M と同型な加群で異なる次数付けを持つものを作ることができる.

(6.3.4) 命題 次数付 R 加群 $M = \bigoplus_{t \in \mathbb{Z}} M_t$ と整数 d について,$M(d)_t = M_{d+t}$ と置く.このとき,$M(d)$ を

$$M(d) = \bigoplus_{t \in \mathbb{Z}} M(d)_t$$

なる直和とすると,$M(d)$ も次数付 R 加群である.

証明 証明は練習問題9で考察する. □

たとえば,加群 $(R^m)(d) = R(d)^m$ を R 上の**シフトした**(shifted)次数付自由加群(或いは,**ねじれ**(twisted)次数付自由加群)と呼ぶ.依然として,標準

基底ベクトル e_i は $R(d)^m$ の加群としての基底をなす．しかし，$R(d)_{-d} = R_0$ であるので，今やこれらのベクトルはその次数付けでは次数 $-d$ の斉次元である．もっと一般に，練習問題 1 の a では任意の整数 $d_1, \ldots, d_m$ について

$$R(d_1) \oplus \cdots \oplus R(d_m)$$

なる形の次数付自由加群を考える．ここでは，各 i について基底ベクトル e_i は次数 $-d_i$ の斉次元である．

練習問題 2 この練習問題は命題 (6.3.3) を一般化する．いま，整数 $d_1, \ldots, d_m$ と $f_1, \ldots, f_s \in R^m$ で

$$f_i = (f_{i1}, \ldots, f_{im})^T$$

(但し，f_{ij} は斉次多項式，各 i について $\deg f_{i1} + d_1 = \cdots = \deg f_{im} + d_m$) となるものがあるとする．このとき，$M = \langle f_1, \ldots, f_s \rangle$ は $F = R(d_1) \oplus \cdots \oplus R(d_m)$ の次数付部分加群であることを証明せよ．次に，F の次数付部分加群はすべてこのような形の生成元を持つことを示せ．

本節後半で考察する例が示すように，我々が扱うねじれ自由加群は一般に

$$R(-d_1) \oplus \cdots \oplus R(-d_m)$$

なる形をしている．ここでは，標準基底の元 $e_1, \ldots, e_m$ の次数はそれぞれ $d_1, \ldots, d_m$ である．

次に，準同型が加群上の次数付けとどのように関係するかを考える．

(6.3.5) 定義 環 R 上の次数付加群 M と N について，準同型 $\varphi: M \to N$ が次数 d の**次数付準同型** (graded homomorphism) であるとは，すべての $t \in \mathbb{Z}$ について $\varphi(M_t) \subset N_{t+d}$ であるときに言う．

たとえば，M が次数 $d_1, \ldots, d_m$ の斉次元 $f_1, \ldots, f_m$ で生成される次数付 R 加群であると仮定する．このとき，標準基底の元 e_i を $f_i \in M$ に移す次数付準同型

$$\varphi: R(-d_1) \oplus \cdots \oplus R(-d_m) \longrightarrow M$$

を得る．写像 φ は全射であって，e_i の次数は d_i であるから φ の次数は 0 である．

練習問題 3 有限生成 R 加群 M について，いつものように M_t を M の次数 t の斉次元の集合とする．

a. M_t は体 k 上の有限次元ベクトル空間で，$t \ll 0$ について $M_t = \{0\}$ であることを証明せよ．[ヒント：上で述べた全射 φ を使え．]

b. $\psi : M \to M$ を次数 0 の次数付準同型とする．ψ が同型であるためには，すべての t について $\psi : M_t \to M_t$ が全射になることが必要十分であることを証明せよ．次に，ψ が同型であるためには，ψ が全射になることが必要十分であることを示せ．

成分がすべて環 R の次数 d の斉次多項式である $m \times p$ 行列 A は次数付準同型の他の例を与えられる．いま，A は行列の積による次数 d の次数付準同型 φ を定義する．

$$\varphi : R^p \to R^m$$
$$f \mapsto Af$$

もし望むなら，A はシフトされた加群 $R(-d)^p$ から R^m への次数 0 の次数付準同型を定義すると考えることもできる．同様に，j 列目の成分がすべて次数 d_j の斉次多項式であるが，その次数は列ごとで変化するとき，A は次数 0 の次数付準同型

$$R(-d_1) \oplus \cdots \oplus R(-d_p) \to R^m$$

を定義する．もっと一般に，次数 0 の次数付準同型

$$R(-d_1) \oplus \cdots \oplus R(-d_p) \to R(-c_1) \oplus \cdots \oplus R(-c_m)$$

は，すべての i, j について i, j 成分 $a_{ij} \in R$ が次数 $d_j - c_i$ の斉次多項式である $m \times p$ 行列 A で定義される．列の次数の集合 d_j と行の次数の集合 c_i についてこの条件を満たす行列 A を R 上の**次数付行列**と呼ぶ．

次数付行列を詳細に議論する理由は，これらの行列は R 上の次数付加群の自由分解に現れるからである．たとえば，Macaulay を使って計算できる，(6.1.15) の $R = k[x, y, z, w]$ の斉次イデアル

$$M = \langle z^3 - yw^2, yz - xw, y^3 - x^2 z, xz^2 - y^2 w \rangle$$

の分解を考える．そのイデアルは次数 0 の次数付準同型

$$R(-3) \oplus R(-2) \oplus R(-3)^2 \to R$$

の像である．シフトは上述のように順序付けられた生成元の次数の負数である．その分解の次に現れる行列

$$A = \begin{pmatrix} 0 & -x & 0 & -y \\ xz & yw & y^2 & z^2 \\ -w & 0 & -z & 0 \\ -y & z & -x & w \end{pmatrix}$$

(この行列の列は M の生成元上のシチジー加群を生成する) は次数 0 の次数付準同型

$$R(-4)^4 \xrightarrow{A} R(-3) \oplus R(-2) \oplus R(-3)^2$$

を定義する．換言すると，上で述べた記号ではすべての j について $d_j = 4$ で，$c_1 = c_3 = c_4 = 3, c_2 = 2$ である．すると，A の $1, 3, 4$ 行目の成分はすべて次数 $4 - 3 = 1$ の斉次多項式で，2 行目の成分の次数は $4 - 2 = 2$ である．その分解全体は

(6.3.6) $\quad 0 \to R(-5) \to R(-4)^4 \to R(-3) \oplus R(-2) \oplus R(-3)^2 \to M \to 0$

(但し，すべての矢印は次数 0 の次数付準同型) なる形に書くことができる．

次数付分解を定義する．

(6.3.7) 定義 次数付 R 加群 M の**次数付分解**(graded resolution) とは

$$\cdots \to F_2 \xrightarrow{\varphi_2} F_1 \xrightarrow{\varphi_1} F_0 \xrightarrow{\varphi_0} M \to 0$$

なる形の分解であって，各 F_ℓ がねじれ次数付自由加群 $R(-d_1) \oplus \cdots \oplus R(-d_p)$，各準同型 φ_ℓ が次数 0 の次数付準同型である (すると，φ_ℓ は上で述べた次数付行列で定義される) ものである．

分解 (6.3.6) は明らかに次数付分解である．素晴らしいことに，すべての有限生成次数付 R 加群は有限な長さの次数付分解を持つ．

(6.3.8) 定理（次数付ヒルベルトのシチジー定理）多項式環 $R = k[x_1, \ldots, x_n]$ 上のすべての有限生成次数付加群は長さが高々 n の有限次数付分解を持つ．

証明 定理 (6.2.1)（次数付でない場合のシチジー定理）の証明はほとんど修正を施すことなくそのまま有効である．命題 (6.3.3) と練習問題 2 で与えた一般化から，シュライエルの定理を使って，$R(-d_1) \oplus \cdots \oplus R(-d_p)$ の次数付部分加群の順序付けられた斉次グレブナー基底 $(g_1, \ldots, g_s)$ 上のシチジー加群の生成元を求めると，シチジー $\mathbf{s}_{ij}$ も斉次であって，同じ形の別の次数付部分加群に"生存する"ことがその理由である．証明の詳細は練習問題 5 で議論する． □

Macaulay のコマンド res, nres は定理 (6.3.8) の証明で概略を述べた方法で有限次数付分解を計算する．しかし，Macaulay で構成される分解は非常に特別な種類のものである．

(6.3.9) 定義 次数付加群 M の次数付分解

$$\cdots \to F_\ell \xrightarrow{\varphi_\ell} F_{\ell-1} \to \cdots \to F_0 \to M \to 0$$

が**極小** (minimal) であるとは，すべての $\ell \geq 1$ について φ_ℓ の次数付行列の非零成分の次数が正であるときに言う．

たとえば，分解 (6.3.6) は極小分解である．しかし，すべての分解が極小であるとは限らない．たとえば，

練習問題 4 (6.1.11) の分解を斉次化して次数付分解を構成することができることを示し，その分解が極小でない理由を解説せよ．次に，斉次化すると (6.1.10) の分解は極小になることを示せ．

Macaulay では，nres は極小分解を計算する．他方，res で構成される分解は極小でないかも知れないが，第 1 段階の後は極小，すなわち，すべての $\ell \geq 2$ について定義 (6.3.9) を満たす．

極小分解は多くの良い性質を持つことがすぐに判る．しかし，まずそれらが"極小"と呼ばれる理由を解説する．加群の生成元の集合が**極小**である

は，どの真の部分集合もその加群を生成しないときに言う．次数付分解

$$\cdots \to F_\ell \xrightarrow{\varphi_\ell} F_{\ell-1} \to \cdots \to F_0 \to M \to 0$$

があったとき，各 φ_ℓ は全射 $F_\ell \to \mathrm{im}(\varphi_\ell)$ を誘導し，その結果 φ_ℓ は F_ℓ の標準基底を $\mathrm{im}(\varphi_\ell)$ の生成集合に移す．このとき，次のようにして極小性を特徴付けることができる．

(6.3.10) 命題 上で述べた分解が極小であるための必要十分条件は，各 $\ell \geq 0$ について φ_ℓ が F_ℓ の標準基底を $\mathrm{im}(\varphi_\ell)$ の極小生成集合に移すことである．

証明 必要性を証明し，十分性の証明は練習問題として残す．或る $\ell \geq 1$ について，φ_ℓ の次数付行列 A_ℓ の非零成分は正の次数の成分を持つと仮定する．このとき，$\varphi_{\ell-1}$ は $F_{\ell-1}$ の標準基底を $\mathrm{im}(\varphi_{\ell-1})$ の極小生成集合に移すことを示す．そこで，$e_1, \ldots, e_m$ を $F_{\ell-1}$ の標準基底ベクトルとする．仮に，$\varphi_{\ell-1}(e_1), \ldots, \varphi_{\ell-1}(e_m)$ が極小生成集合でないとすると，或る $\varphi_{\ell-1}(e_i)$ を他のもので表すことができる．必要なら基底を並べ換えて，

$$\varphi_{\ell-1}(e_1) = \sum_{i=2}^m a_i \varphi_{\ell-1}(e_i), \quad a_i \in R$$

と仮定する．このとき，$\varphi_{\ell-1}(e_1 - a_2 e_2 - \cdots - a_m e_m) = 0$ となる．すると，$(1, -a_2, \ldots, -a_m) \in \ker(\varphi_{\ell-1})$ である．完全性から $(1, -a_2, \ldots, -a_m) \in \mathrm{im}(\varphi_\ell)$ である．行列 A_ℓ は φ_ℓ の行列であるので，A_ℓ の列は $\mathrm{im}(\varphi_\ell)$ を生成する．これらの列の非零成分は正の次数を持つと仮定している．ベクトル $(1, -a_2, \ldots, -a_m)$ の第 1 成分は非零定数であるので，このベクトルは A_ℓ の列の R 線型結合では有り得ない．この矛盾から $\varphi_{\ell-1}(e_1), \ldots, \varphi_{\ell-1}(e_m)$ は $\mathrm{im}(\varphi_{\ell-1})$ の極小生成集合である． □

命題 (6.3.10) は，極小分解が大変直感的であることを示唆している．たとえば，$\ell - 1$ 段階の R 加群 M の次数付分解

$$F_{\ell-1} \xrightarrow{\varphi_{\ell-1}} F_{\ell-2} \to \cdots \to F_0 \to M \to 0$$

を構成したとする．このとき，$\ker(\varphi_{\ell-1})$ の生成集合を選び，F_ℓ の標準基底を選ばれた生成元に移すことで $\varphi_\ell : F_\ell \to \ker(\varphi_{\ell-1}) \subset F_{\ell-1}$ を定義するこ

とで更に1段階拡張する．効果的にするためには極小生成集合を選ぶべきで，その構成のすべての段階で極小生成集合を選ぶと，命題(6.3.10)は極小分解を得ることを保証する．

練習問題 5 定理(6.3.8)(次数付シチジー定理)を入念に証明し，その証明にちょっと修正を施し，$k[x_1, \ldots, x_n]$ 上のすべての有限生成次数付加群は長さが高々 n の極小分解を持つことを示せ．[ヒント：命題(6.3.10)を使う．]

次に，どのような点で極小分解は一意的であるかを考察する．第1段階は，2つの分解が同じであるとはどのようなことを表しているかを定義することである．

(6.3.11) 定義 2つの次数付分解 $\cdots \to F_0 \xrightarrow{\varphi_0} M \to 0, \cdots \to G_0 \xrightarrow{\psi_0} M \to 0$ が**同型**(isomorphic)であるとは，次数0の次数付同型 $\alpha_\ell : F_\ell \to G_\ell$ で，条件「$\psi_0 \circ \alpha_0 = \varphi_0$ であって，更に，すべての $\ell \geq 1$ について，図式

(6.3.12)
$$\begin{array}{ccc} F_\ell & \xrightarrow{\varphi_\ell} & F_{\ell-1} \\ \alpha_\ell \downarrow & & \downarrow \alpha_{\ell-1} \\ G_\ell & \xrightarrow{\psi_\ell} & G_{\ell-1} \end{array}$$

が ($\alpha_{\ell-1} \circ \varphi_\ell = \psi_\ell \circ \alpha_\ell$ という意味で) 可換である」を満たすものが存在するときに言う．

有限生成次数付加群 M が同型を除いて唯一の極小分解を持つことを示す．

(6.3.13) 定理 有限生成次数付加群 M の任意の2つの極小分解は同型である．

証明 写像 $\alpha_0 : F_0 \to G_0$ を定義することから始める．いま，$e_1, \ldots, e_m$ が F_0 の標準基底ならば $\varphi_0(e_i) \in M$ であって，$G_0 \to M$ は全射であるから $\psi_0(g_i) = \varphi_0(e_i)$ を満たす $g_i \in G_0$ が存在する．このとき，$\alpha_0(e_i) = g_i$ と置いて次数0の次数付準同型 $\alpha_0 : F_0 \to G_0$ を定義する．すると，$\psi_0 \circ \alpha_0 = \varphi_0$ である．

同様の議論から，次数付準同型 $\beta_0 : G_0 \to F_0$ で $\varphi_0 \circ \beta_0 = \psi_0$ を満たすも

のを得る. すると, $\beta_0 \circ \alpha_0 : F_0 \to F_0$ であって, $1_{F_0} : F_0 \to F_0$ を恒等写像とすると

(6.3.14) $\quad \varphi_0 \circ (1_{F_0} - \beta_0 \circ \alpha_0) = \varphi_0 - (\varphi_0 \circ \beta_0) \circ \alpha_0 = \varphi_0 - \psi_0 \circ \alpha_0 = 0$

である. (6.3.14)と極小性から $\beta_0 \circ \alpha_0$ は同型であることを示す.

命題(6.3.10)の証明から φ_1 を表す行列の列は $\mathrm{im}(\varphi_1)$ を生成することに注意する. 極小性からこれらの列の非零成分の次数は正である. すべての i, j に対する $x_i e_j$ で生成される F_0 の部分加群を $\langle x_1, \ldots, x_n \rangle F_0$ とすると, $\mathrm{im}(\varphi_1) \subset \langle x_1, \ldots, x_n \rangle F_0$ である.

しかし, (6.3.14)から $\mathrm{im}(1_{F_0} - \beta_0 \circ \alpha_0) \subset \ker(\varphi_0) = \mathrm{im}(\varphi_1)$ である. 前の段落から, すべての $v \in F_0$ について $v - \beta_0 \circ \alpha_0(v) \in \langle x_1, \ldots, x_n \rangle F_0$ である. すると, $\beta_0 \circ \alpha_0$ は同型である(練習問題 11). 特に, α_0 は 1 対 1 である.

同様の議論から, 次数付分解 $\cdots \to G_0 \to M \to 0$ の極小性を使うと, $\alpha_0 \circ \beta_0$ も同型であるから, 特に α_0 は上への写像である. 従って, α_0 は同型である. このとき, α_0 は同型 $\bar{\alpha}_0 : \ker(\varphi_0) \to \ker(\psi_0)$ を引き起こす(練習問題 12).

さて, α_1 を定義する. 写像 $\varphi_1 : F_1 \to \mathrm{im}(\varphi_1) = \ker(\varphi_0)$ は上への写像であるから, $\ker(\varphi_0)$ の極小分解

$$\cdots \to F_1 \overset{\varphi_1}{\to} \ker(\varphi_0) \to 0$$

を得る(§6.1 の練習問題 7). 同様にすると,

$$\cdots \to G_1 \overset{\psi_1}{\to} \ker(\psi_0) \to 0$$

は $\ker(\psi_0)$ の極小分解である. このとき, たった今構成した同型 $\bar{\alpha}_0 : \ker(\varphi_0) \to \ker(\psi_0)$ を使うと, 上で述べた議論から次数 0 の次数付同型 $\alpha_1 : F_1 \to G_1$ で, $\bar{\alpha}_0 \circ \varphi_1 = \psi_1 \circ \alpha_1$ を満たすものが得られる. 写像 $\bar{\alpha}_0$ は α_0 を $\mathrm{im}(\varphi_1)$ に制限したものであるから, (6.3.12)は($\ell = 1$ について)可換である.

再度, 練習問題 12 を使うと, α_1 は同型 $\bar{\alpha}_1 : \ker(\varphi_1) \to \ker(\psi_1)$ を引き起こす. 上で述べた過程を繰り返すと必要な性質を持つ α_2 が定義でき, すべての ℓ について継続すると望む題意が得られる. □

練習問題 5 の御陰で有限生成次数付 R 加群 M は有限極小分解を持つ．すると，定理 (6.3.13) から M のすべての極小分解は有限であることが従う．この事実は次のような次数付シチジー定理の厳密化において重要な役割を演じている．

(6.3.15) 定理 多項式環 $k[x_1,\ldots,x_n]$ 上の次数付加群 M の任意の次数付分解

$$\cdots \to F_\ell \overset{\varphi_\ell}{\to} F_{\ell-1} \to \cdots \to F_0 \to M \to 0$$

において，核 $\ker(\varphi_{n-1})$ は自由加群であって，

$$0 \to \ker(\varphi_{n-1}) \to F_{n-1} \to \cdots \to F_0 \to M \to 0$$

は M の次数付分解である．

証明 与えられた次数付分解 $\cdots \to F_0 \to M \to 0$ を簡単にする方法を探すことから始める．或る $\ell \geq 1$ について $\varphi_\ell : F_\ell \to F_{\ell-1}$ が極小でない，すなわち φ_ℓ の行列 A_ℓ が次数 0 の非零成分を持つと仮定する．自由加群 F_ℓ の標準基底 $\{e_1,\ldots,e_m\}$ と $F_{\ell-1}$ の標準基底 $\{u_1,\ldots,u_t\}$ を適当に順序付けると，

(6.3.16) $$\varphi_\ell(e_1) = c_1 u_1 + c_2 u_2 + \cdots + c_t u_t$$

と仮定できる．但し，c_1 は非零定数である（$(c_1,\ldots,c_t)^T$ は A_ℓ の 1 列目であることに注意する）．このとき，$G_\ell \subset F_\ell$, $G_{\ell-1} \subset F_{\ell-1}$ をそれぞれ $\{e_2,\ldots,e_m\}$, $\{u_2,\ldots,u_t\}$ で生成される部分加群とし，写像

$$F_{\ell+1} \overset{\psi_{\ell+1}}{\to} G_\ell \overset{\psi_\ell}{\to} G_{\ell-1} \overset{\psi_{\ell-1}}{\to} F_{\ell-2}$$

を次のように定義する．

- $\psi_{\ell+1}$ は $\varphi_{\ell+1}$ から構成される射影 $F_\ell \to G_\ell$ である（これは $a_1 e_1 + a_2 e_2 + \cdots + a_m e_m$ を $a_2 e_2 + \cdots + a_m e_m$ に移す）．
- A_ℓ の 1 行目が $(c_1, d_2, \ldots, d_m)$ であるとき，ψ_ℓ は $\psi_\ell(e_i) = \varphi_\ell(e_i - \frac{d_i}{c_1} e_1)$ $(i=2,\ldots,m)$ と定義される．$i \geq 2$ について $\varphi_\ell(e_i) = d_i u_1 + \cdots$ である．すると，(6.3.16) から $\psi_\ell(e_i) \in G_{\ell-1}$ である．

- $\psi_{\ell-1}$ は $\varphi_{\ell-1}$ を部分加群 $G_{\ell-1} \subset F_{\ell-1}$ に制限したものである.

このとき,

$$\cdots \to F_{\ell+2} \stackrel{\varphi_{\ell+1}}{\to} F_{\ell+1} \stackrel{\psi_{\ell+1}}{\to} G_\ell \stackrel{\psi_\ell}{\to} G_{\ell-1} \stackrel{\psi_{\ell-1}}{\to} F_{\ell-2} \stackrel{\varphi_{\ell-2}}{\to} F_{\ell-3} \to \cdots$$

は依然として M の分解である.これを証明するために,$F_{\ell+1}, G_\ell, G_{\ell-1}, F_{\ell-2}$ において完全であることを示す必要がある.($M = F_{-1}, F_k = 0$ ($k < -1$) と置くと,すべての $\ell \geq 1$ について上で述べた列は意味を持つ.)

まず,$F_{\ell-2}$ について考える.写像 $\varphi_{\ell-1}$ を (6.3.16) に施すと,

$$0 = c_1 \varphi_{\ell-1}(u_1) + c_2 \varphi_{\ell-1}(u_2) + \cdots + c_t \varphi_{\ell-1}(u_t)$$

を得る.いま,c_1 は非零定数であるので,$\varphi_{\ell-1}(u_1)$ は $\varphi_{\ell-1}(u_i)$ ($i = 2, \ldots, m$) の R 線型結合である.このとき,$\psi_{\ell-1}$ の定義から $\mathrm{im}(\varphi_{\ell-1}) = \mathrm{im}(\psi_{\ell-1})$ が従う.望んでいた完全性 $\mathrm{im}(\psi_{\ell-1}) = \ker(\varphi_{\ell-2})$ は元来の分解の完全性から簡単に導かれる.

次に,$G_{\ell-1}$ を考える.写像 $\psi_{\ell-1}$ は $\varphi_{\ell-1}$ を制限したものだから,$i \geq 2$ について $\psi_{\ell-1} \circ \psi_\ell(e_i) = \psi_{\ell-1} \circ \varphi_\ell(e_i - \frac{d_i}{c_1} e_1) = 0$ である.すると,$\mathrm{im}(\psi_\ell) \subset \ker(\psi_{\ell-1})$ である.反対の包含関係を証明するために,或る $v \in G_{\ell-1}$ について $\psi_{\ell-1}(v) = 0$ であると仮定する.写像 $\psi_{\ell-1}$ は $\varphi_{\ell-1}$ を制限したものだから,元来の分解の完全性から $v = \varphi_\ell(a_1 e_1 + \cdots + a_m e_m)$ である.しかし,u_1 は $v \in G_{\ell-1}$ に現れず,$\varphi_\ell(e_i) = d_i u_1 + \cdots$ であるので,u_1 の係数を調べることで

(6.3.17) $$a_1 c_1 + a_2 d_2 + \cdots + a_m d_m = 0$$

を得る.このとき,

$$\begin{aligned}\psi_\ell(a_2 e_2 + \cdots + a_m e_m) &= a_2 \psi_\ell(e_2) + \cdots + a_m \psi_\ell(e_m) \\ &= a_2 \varphi_\ell(e_2 - \tfrac{d_2}{c_1} e_1) + \cdots + a_m \varphi_\ell(e_m - \tfrac{d_m}{c_1} e_1) \\ &= \varphi_\ell(a_1 e_1 + a_2 e_2 + \cdots + a_m e_m) = v\end{aligned}$$

となる(最後の等号は (6.3.17) から従う).すると,$G_{\ell-1}$ における完全性の証明が完成する.

完全性の残りの証明は練習問題 13 で扱う.

さて，証明しようとしている定理は $\ker(\varphi_{n-1})$ に関係するので，上で述べた簡約過程においていろいろな写像の核がどのように変化するかを理解する必要がある．いま，$e_1 \in F_\ell$ の次数が d のとき，

(6.3.18)
$$\ker(\varphi_{\ell-1}) \simeq R(-d) \oplus \ker(\psi_{\ell-1})$$
$$\ker(\varphi_\ell) \simeq \ker(\psi_\ell)$$
$$\ker(\varphi_{\ell+1}) = \ker(\psi_{\ell+1})$$

であることを示す．1番目を証明し，他は読者に委ねる（練習問題 13）．写像 $\psi_{\ell-1}$ は $\varphi_{\ell-1}$ を制限したものであるので，確かに $\ker(\psi_{\ell-1}) \subset \ker(\varphi_{\ell-1})$ である．また，$\varphi_\ell(e_1) \in \ker(\varphi_{\ell-1})$ は部分加群 $R\varphi_\ell(e_1) \subset \ker(\varphi_{\ell-1})$ を与え，$\varphi_\ell(e_1) \mapsto 1$ なる写像は同型 $R\varphi_\ell(e_1) \simeq R(-d)$ を引き起こす．直和になっていることを証明するために，$G_{\ell-1}$ は $u_2, \ldots, u_m$ で生成され，c_1 は非零定数であって，(6.3.16) から $R\varphi_\ell(e_1) \cap G_{\ell-1} = \{0\}$ であることに注意する．ここから $R\varphi_\ell(e_1) \cap \ker(\psi_{\ell-1}) = \{0\}$ が従う．すると，

$$R\varphi_\ell(e_1) + \ker(\psi_{\ell-1}) = R\varphi_\ell(e_1) \oplus \ker(\psi_{\ell-1})$$

である．これが $\ker(\varphi_{\ell-1})$ 全体に等しくなることを示すために，$w \in \ker(\varphi_{\ell-1})$ を任意の元とし，$w = a_1 u_1 + \cdots + a_t u_t$ のとき，$\widetilde{w} = w - \frac{a_1}{c_1}\varphi_\ell(e_1)$ と置く．(6.3.16) から $\widetilde{w} \in G_{\ell-1}$ であって，$\widetilde{w} \in \ker(\psi_{\ell-1})$ である．すると，$w = \frac{a_1}{c_1}\varphi_\ell(e_1) + \widetilde{w} \in R\varphi_\ell(e_1) \oplus \ker(\psi_{\ell-1})$ であるから，所期の直和分解を得る．従って，次数 0 の非零行列成分を持つ φ_ℓ があるたびに，核が (6.3.18) を満たす，より小さな行列を持つ分解を構成することを証明した．小さい方の分解について定理が成り立てば，元来の分解についてもその定理が自動的に成り立つ．

これで定理は簡単に証明できる．或る ψ_ℓ に次数 0 の非零行列成分が見つかるたびに上で述べた過程を繰り返すことで，極小分解に帰着する．極小分解は同型である（定理 (6.3.13)）．すると，練習問題 5 から我々が得る極小分解の長さは高々 n である．命題 (6.1.12) から極小分解について $\ker(\varphi_{n-1})$ は自由加群である．すると，元来の分解においても $\ker(\varphi_{n-1})$ は自由加群である．系列

$$0 \to \ker(\varphi_{n-1}) \to F_{n-1} \to \cdots \to F_0 \to M \to 0$$

が自由分解であるということは命題(6.1.12)から従う. □

次数付加群 M のすべての次数付分解は適当な意味で極小分解と自明な分解の直和である,ということを示すために定理(6.3.15)の証明で使った簡約過程の考えが有効である.これより $k[x_1,\ldots,x_n]$ 上の有限生成次数付加群のすべての次数付分解を与える構造定理を得る.詳細は [Eis, Theorem 20.2] を参照せよ.

練習問題 6 定理(6.3.15)の簡約過程は(6.1.11)の斉次化を(6.1.10)の斉次化に移すことを示せ(練習問題4を参照).

たった今証明した定理(6.3.15)の部分分解に適応したバージョンもある.

(6.3.19) 系 多項式環 $k[x_1,\ldots,x_n]$ 上の次数付加群 M の部分次数付分解

$$F_{n-1} \overset{\varphi_{n-1}}{\to} \cdots \to F_0 \to M \to 0$$

を考える.このとき,$\ker(\varphi_{n-1})$ は自由加群であって,更に,

$$0 \to \ker(\varphi_{n-1}) \to F_{n-1} \to \cdots \to F_0 \to M \to 0$$

は M の次数付分解である.

証明 任意の部分分解は分解に拡張することができる.すると,定理(6.3.15)から系が従う. □

系(6.3.19)の1つの考え方は環 $k[x_1,\ldots,x_n]$ 上において繰り返しシチジーを計算する過程は高々 $n-1$ 回の段階を経ると自由シチジー加群を齎すことである.このことが本質的にはヒルベルトが彼の古典的な論文 [Hil] でシチジー定理と述べた所以であり,定理(6.3.15)と系(6.3.19)をシチジー定理と呼ぶこともある.しかし,ヒルベルトのバージョンは極小分解の性質と存在性(定理(6.3.8))から従うので,現代的な扱いは長さ n 以下の分解の**存在**に焦点を置いている.

これらの結果の応用として,2変数の斉次イデアルのシチジーを研究する.

(6.3.20) 命題 斉次多項式 $f_1, \ldots, f_s \in k[x, y]$ を考える．このとき，シチジー加群 $\mathrm{Syz}(f_1, \ldots, f_s)$ は $k[x, y]$ 上のねじれ自由加群である．

証明 イデアル $I = \langle f_1, \ldots, f_s \rangle \subset k[x, y]$ を考える．命題 (6.1.2) から完全系列
$$0 \to I \to R \to R/I \to 0$$
を得る．他方，シチジー加群の定義から完全系列
$$0 \to \mathrm{Syz}(f_1, \ldots, f_s) \to R(-d_1) \oplus \cdots \oplus R(-d_s) \to I \to 0$$
$(d_i = \deg f_i)$ を得る．§6.1 の練習問題 7 と同様にしてこれらの 2 つの系列を継ぎ合せると，完全系列
$$0 \to \mathrm{Syz}(f_1, \ldots, f_s) \to R(-d_1) \oplus \cdots \oplus R(-d_s) \xrightarrow{\varphi_1} R \to R/I \to 0$$
を得る．いま，$n = 2$ であるので，系 (6.3.19) から $\ker(\varphi_1) = \mathrm{Syz}(f_1, \ldots, f_s)$ は自由加群となる． □

§6.4 では，ヒルベルト多項式を使ってすべての f_i の次数が同じであるような特別な場合に $\mathrm{Syz}(f_1, \ldots, f_s)$ の生成元の次数を考察する．

§6.3 の練習問題（追加）

練習問題 7 斉次多項式 $f_1, \ldots, f_s \in k[x, y]$ はすべてが 0 ではないと仮定する．命題 (6.3.20) から $\mathrm{Syz}(f_1, \ldots, f_s)$ は自由加群である．すると，次数付けを無視すると，或る m について $\mathrm{Syz}(f_1, \ldots, f_s) \simeq R^m$ である．すると，完全系列
$$0 \to R^m \to R^s \to I \to 0$$
を得る．このとき，$m = s - 1$ であることを証明し，§6.2 のヒルベルト・ブルハの定理の状況にあることを示せ．[ヒント： §6.2 の練習問題 11 と同様にして，$K = k(x_1, \ldots, x_n)$ を $R = k[x_1, \ldots, x_n]$ の有理函数体とする．上で述べた完全系列から
$$0 \to K^m \to K^s \to K \to 0$$

なる系列を得る理由を解説し，この新しい系列も完全であることを示せ．このとき，線型代数の次元定理(§6.1 の練習問題 8)から結果が従う．§6.2 の練習問題 11 で使った着想が役立つかも知れない．]

練習問題 8 命題(6.3.3)を証明せよ．[ヒント：a ⇒ c ⇒ b ⇒ a を示せ．]

練習問題 9 命題(6.3.4)を証明せよ．

練習問題 10 命題(6.3.10)の証明を完成させよ．

練習問題 11 加群 M は $f_1, \ldots, f_m$ で生成される $k[x_1, \ldots, x_n]$ 上の加群とする．定理(6.3.13)の証明と同様にして，$\langle x_1, \ldots, x_n \rangle M$ をすべての i, j に対する $x_i f_j$ で生成される部分加群とする．他方，$\psi : M \to M$ をすべての $v \in M$ について $v - \psi(v) \in \langle x_1, \ldots, x_n \rangle M$ となる次数 0 の次数付準同型とする．このとき，ψ は同型であることを示せ．[ヒント：練習問題 3 の b から $\psi : M_t \to M_t$ が全射であることを示せば十分である．練習問題 3 の a を使って t に関する帰納法で証明せよ．]

練習問題 12 定義(6.3.11)の意味で可換である R 加群と準同型の図式

$$\begin{array}{ccc} A & \stackrel{\varphi}{\to} & B \\ \alpha \downarrow & & \downarrow \beta \\ C & \stackrel{\psi}{\to} & D \end{array}$$

において，φ と ψ が全射で α と β が同型であるとき，$\ker(\varphi)$ に制限された α は同型 $\bar{\alpha} : \ker(\varphi) \to \ker(\psi)$ を引き起こすことを証明せよ．

練習問題 13 この練習問題は定理(6.3.15)の証明に関係する．系列

$$\cdots \to F_{\ell+1} \stackrel{\psi_{\ell+1}}{\to} G_\ell \stackrel{\psi_\ell}{\to} G_{\ell-1} \stackrel{\psi_{\ell-1}}{\to} F_{\ell-2} \to \cdots$$

を含め，証明の記号を踏襲する．

a. $\varphi_\ell(\sum_{i=1}^m a_i e_i) = 0$ であるためには，$\psi_\ell(\sum_{i=2}^m a_i e_i) = 0$，$a_1 c_1 + \sum_{i=2}^m a_i d_i = 0$ であることが必要十分であることを証明せよ．

b. a を使って上で述べた系列は G_ℓ において完全であることを証明せよ.

c. 上で述べた系列は $F_{\ell+1}$ において完全であることを証明せよ. [ヒント: $\ker(\varphi_{\ell+1}) = \ker(\psi_{\ell+1})$ であることを示せば十分である理由は何か.]

d. (6.3.18)の2行目,すなわち $\ker(\varphi_\ell) \simeq \ker(\psi_\ell)$ を証明せよ. [ヒント: a を使え.]

e. (6.3.18)の3行目,すなわち $\ker(\varphi_{\ell+1}) = \ker(\psi_{\ell+1})$ を証明せよ. [ヒント: c でこれを行った.]

練習問題 14 定理(6.3.15)の証明において或る準同型 $\psi: G_\ell \to G_{\ell-1}$ を構成した. 行列 A_ℓ を F_ℓ の基底 $e_1,\ldots,e_m$ と $F_{\ell-1}$ の基底 $u_1,\ldots,u_t$ に関する $\varphi_\ell : F_\ell \to F_{\ell-1}$ の行列とする. いま, A_ℓ を

$$A_\ell = \begin{pmatrix} A_{00} & A_{01} \\ A_{10} & A_{11} \end{pmatrix}$$

なる形に表す. 但し, (6.3.16)と同様にして $A_{00} = c_1$, $A_{01} = (c_2,\ldots,c_t)$, $A_{10} = (d_2,\ldots,d_m)^T$ (d_i は ψ_ℓ の定義から既知)である. 行列 B_ℓ を G_ℓ の基底 $e_2,\ldots,e_m$ と $G_{\ell-1}$ の基底 $u_2,\ldots,u_t$ に関する ψ_ℓ の行列とするとき,

$$B_\ell = A_{00} - A_{01}A_{00}^{-1}A_{10}$$

を証明せよ. 驚くべきことに,この式は(3.6.5)式に一致している. 数学ではよく起こることだが,同じ着想がまったく異なる状況に出現することがある.

練習問題 15 多項式環 $k[x_0,\ldots,x_n]$ $(n \geq 2)$ において,行列

$$M = \begin{pmatrix} x_0 & x_1 & \cdots & x_{n-1} \\ x_1 & x_2 & \cdots & x_n \end{pmatrix}$$

の $\binom{n}{2}$ 個の 2×2 部分行列の行列式で生成される斉次イデアル I_n を考える. たとえば, $I_2 = \langle x_0 x_2 - x_1^2 \rangle$ は $\mathbb{P}^2$ の円錐曲線のイデアルである. イデアル I_3 は既に別の記号で登場した(何処で?).

a. イデアル I_n は $\mathbb{P}^n$ における次数 n の**有理正規曲線**(rational normal curve)のイデアルである．すなわち，斉次座標において

$$\varphi : \mathbb{P}^1 \to \mathbb{P}^n$$
$$(s,t) \mapsto (s^n, s^{n-1}t, \ldots, st^{n-1}, t^n)$$

と定義される写像の像であることを示せ．

b. 明確に計算をして，イデアル I_4 と I_5 の次数付分解を求めよ．

c. I_n の生成元の第 1 シチジー加群は M の 1 行目(乃至 2 行目)のコピーを M に付け加え $3 \times n$ 行列 M'(乃至 M'')を作り，新しい行に沿って M'(乃至 M'')のすべての 3×3 部分行列の行列式を展開することで得られる 3 項シチジーで生成されることを示せ．

d. イデアル I_n の次数付分解の一般形を予想せよ．(この予想を証明することはイーゴン・ノースコット複体(Eagon-Northcott complex)のような進んだ手法を必要とする．このことを含め，他の面白い話題が [Eis, Appendix A2.6] で議論されている．

§6.4 ヒルベルト多項式と幾何学的応用

本節では，ヒルベルト函数とヒルベルト多項式を研究する．これらは §6.3 で紹介した次数付分解を使って計算され，幾つか興味深い幾何学的情報を含んでいる．次に，$\mathbb{P}^2$ の 3 点のイデアル，平面上の媒介変数による方程式，有限群の作用の不変式環への応用を考察する．

ヒルベルト函数とヒルベルト多項式

次数付加群のヒルベルト函数を定義することから始める．射影空間 $\mathbb{P}^n$ を扱っているので，$n+1$ 変数の多項式環 $R = k[x_0, \ldots, x_n]$ 上で研究するのが都合が良い．

§6.3 の練習問題 3 から M が有限生成 R 加群であるとき，各 t について次数 t の斉次部分 M_t は k 上の有限次元ベクトル空間である．すると，ヒルベ

ルト函数の定義が自然に浮上する.

(6.4.1) 定義 多項式環 $R = k[x_0, \ldots, x_n]$ 上の有限生成次数付加群 M の**ヒルベルト函数**(Hilbert function) $H_M(t)$ は

$$H_M(t) = \dim_k M_t$$

と定義される.いつものように $\dim_k$ は k 上のベクトル空間としての次元である.

次数付加群のもっとも簡単な例は $R = k[x_0, \ldots, x_n]$ 自身である.このとき,R_t は $n+1$ 変数の次数 t の斉次多項式から成るベクトル空間であるので,§3.4 の練習問題 19 から $t \geq 0$ について

$$H_R(t) = \dim_k R_t = \binom{t+n}{n}$$

である.いま,$a < b$ のとき $\binom{a}{b} = 0$ であるという慣習に従うと,すべての t について上で述べた式は成り立つ.同様にして,ねじれ自由加群 $R(d)$ のヒルベルト函数は

(6.4.2) $$H_{R(d)}(t) = \binom{t+d+n}{n}, \quad t \in \mathbb{Z}$$

である.

ところで,$t \geq 0$ と固定した n について二項係数 $\binom{t+n}{n}$ は t の次数 n の多項式である,ということは重要な考察である.実際,

(6.4.3) $$\binom{t+n}{n} = \frac{(t+n)!}{t!n!} = \frac{(t+n)(t+n-1)\cdots(t+1)}{n!}$$

であるからである.函数 $H_R(t)$ は十分大きな t(この場合 $t \geq 0$)について多項式である.ヒルベルト多項式を定義するときにこの事実は重要になる.

ヒルベルト函数の簡単な性質を幾つか列挙する.

練習問題 1 有限生成次数付 R 加群 M について,$M(d)$ を命題(6.3.4)で定義したねじれ加群とするとき,すべての t について

$$H_{M(d)}(t) = H_M(t+d)$$

を示せ.これが(6.4.2)をどのように一般化するか?

練習問題 2 有限生成次数付 R 加群 M, N, P がある.

a. 直和 $M \oplus N$ は §6.3 の練習問題 1 で議論した.いま,$H_{M \oplus N} = H_M + H_N$ であることを証明せよ.

b. 一般に,完全系列
$$0 \to M \xrightarrow{\alpha} P \xrightarrow{\beta} N \to 0$$
(α, β は次数 0 の次数付準同型)があったとき,$H_P = H_M + H_N$ を示せ.

c. どのようにして b は a を一般化するかを解説せよ.[ヒント:$M \oplus N$ からどんな完全系列を得るか.]

以上の練習問題から,任意のねじれ自由加群のヒルベルト函数を計算できる.しかし,もっと複雑な加群のヒルベルト函数を計算することは決して自明なことではない.この問題を研究する方法が幾つかある.たとえば,$I \subset R = k[x_0, \ldots, x_n]$ が斉次イデアルであるとき,商環 R/I は次数付 R 加群であって,$\langle \mathrm{LT}(I) \rangle$ が R 上の単項式順序に関する主項のイデアルならば $H_{R/I}$ と $H_{R/\langle \mathrm{LT}(I) \rangle}$ のヒルベルト函数は等しい([CLO, Chapter 9, §3]).加えて,[CLO, Chapter 9, §2] の手法を使うと単項式イデアルのヒルベルト函数は比較的計算が楽である.すると,一旦 I のグレブナー基底を計算すると R/I のヒルベルト函数を求めることができる.(注意:[CLO] ではヒルベルト函数 $H_{R/I}$ が HF_I と表されている.)

ヒルベルト函数を計算する 2 つ目の方法は次数付分解を使うものである.基本的な結果として,

(6.4.4) 定理 多項式環 $R = k[x_0, \ldots, x_n]$ 上の次数付 R 加群 M の任意の次数付分解
$$0 \to F_k \to F_{k-1} \to \cdots \to F_0 \to M \to 0$$
があったとき,
$$H_M(t) = \dim_k M_t = \sum_{j=0}^{k} (-1)^j \dim_k (F_j)_t = \sum_{j=0}^{k} (-1)^j H_{F_j}(t)$$
である.

証明 次数付分解では準同型はすべて次数 0 の次数付準同型である.従って,各 t についてすべての準同型を次数付加群の次数 t の斉次部分に制限すると,有限次元 k ベクトル空間の完全系列

$$0 \to (F_k)_t \to (F_{k-1})_t \to \cdots \to (F_0)_t \to M_t \to 0$$

を得る.§6.1 の練習問題 8 からこの完全系列の次元の交代和は 0 である.従って,

$$\dim_k M_t = \sum_{j=0}^{k}(-1)^j \dim_k (F_j)_t$$

であるから,ヒルベルト函数の定義から所期の公式が従う. □

((6.4.2) と練習問題 2 から)任意のねじれ加群のヒルベルト函数は既知なので,次数付分解から次数付加群 M のヒルベルト函数を容易に計算できる.たとえば,$\mathbb{P}^3$ のねじれ 3 次曲線の斉次イデアル

(6.4.5) $\qquad I = \langle xz - y^2, xw - yz, yw - z^2 \rangle \subset R = k[x, y, z, w]$

のヒルベルト函数を計算する.§6.2 の練習問題 2 から

$$0 \to R(-3)^2 \to R(-2)^3 \to I \to 0$$

は I の次数付分解である.定理 (6.4.4) の証明と同様にして,この分解からすべての t について

$$\dim_k I_t = \dim_k R(-2)_t^3 - \dim_k R(-3)_t^2$$

である.練習問題 2 と (6.4.2) を使うと,

$$\begin{aligned} H_I(t) &= 3\binom{t-2+3}{3} - 2\binom{t-3+3}{3} \\ &= 3\binom{t+1}{3} - 2\binom{t}{3} \end{aligned}$$

と書き直せる.完全系列 $0 \to I \to R \to R/I \to 0$ を使うと,練習問題 2 からすべての t について

$$H_{R/I}(t) = H_R(t) - H_I(t) = \binom{t+3}{3} - 3\binom{t+1}{3} + 2\binom{t}{3}$$

である.いま,$t = 0, 1, 2$ のとき H_I の二項係数の 1 つ(或いは両方とも)が 0 になる.しかし,$t \leq 2$ のときにそれぞれ $H_{R/I}(t)$ を計算し,少し代数的考察を行うと,すべての $t \geq 0$ について

(6.4.6) $$H_{R/I}(t) = 3t + 1$$

を示すことができる.

この例では,t が十分大きいとき(この場合 $t \geq 0$ のとき)ヒルベルト関数は多項式である.これは次の一般的な結果の特別な場合である.

(6.4.7) 命題 有限生成次数付 R 加群 M のヒルベルト関数 $H_M(t)$ を考える.このとき,十分大きな t について

$$H_M(t) = HP_M(t)$$

となる唯一つの多項式 HP_M が存在する.

証明 ねじれ自由加群

$$F = R(-d_1) \oplus \cdots \oplus R(-d_m)$$

について,練習問題 2 と (6.4.2) から

$$H_F(t) = \sum_{i=1}^{m} \binom{t - d_i + n}{n}$$

が従う.更に,(6.4.3) から $t \geq \max(d_1, \ldots, d_m)$ ならば,$H_F(t)$ は t の多項式である.

いま,M が有限生成 R 加群ならば,有限次数付分解

$$0 \to F_\ell \to \cdots \to F_0 \to M \to 0$$

を持つ.定理 (6.4.4) から

$$H_M(t) = \sum_{j=0}^{\ell} (-1)^j H_{F_j}(t)$$

である.十分大きな t について $H_{F_j}(t)$ は t の多項式である.従って,$H_M(t)$ についても同じことが言える. □

命題(6.4.7)で存在が示された唯一の多項式 HP_M を M の**ヒルベルト多項式**(Hilbert polynomial)と呼ぶ．たとえば，I が(6.4.5)のイデアルのとき，(6.4.6)から

(6.4.8) $$HP_{R/I}(t) = 3t + 1$$

である．

ヒルベルト多項式は興味深い幾何学的情報を幾つか含んでいる．たとえば，斉次イデアル $I \subset k[x_0,\ldots,x_n]$ には射影多様体 $V = \mathbf{V}(I) \subset \mathbb{P}^n$ が付随するが，ヒルベルト多項式から次のような V についての事実が得られる．

- ヒルベルト多項式 $HP_{R/I}$ の次数は多様体 V の**次元**(dimension)である．たとえば，[CLO, Chapter 9] ではこれが射影多様体の次元の**定義**である．

- ヒルベルト多項式 $HP_{R/I}$ の次数が $d = \dim V$ であるとき，その主項は $(D/d!)\,t^d$ (D は或る正の整数)であることを示すことができる．整数 D は多様体 V の**次数**(degree)である．整数 D は V が $\mathbb{P}^n$ のジェネリックな $(n-d)$ 次元部分空間と接する点の個数に等しいことが証明できる．

たとえば，(6.4.8)のヒルベルト多項式 $HP_{R/I}(t) = 3t+1$ は，ねじれ3次曲線の次元は1で次数は3であることを示している．本節末の練習問題ではヒルベルト函数とヒルベルト多項式の幾つかの例を計算する．

3点のイデアル

斉次イデアル $I \subset k[x_0,\ldots,x_n]$ には射影多様体 $V = \mathbf{V}(I)$ が付随する．次数付分解の御陰でヒルベルト多項式を計算することができるから，次元と次数のような V の幾何学的不変量を決定することができる．しかし，イデアル I の次数付分解に実際に現れる項は多様体 V についての付加的な幾何学的情報を総括する．射影空間 $\mathbb{P}^2$ の点集合のイデアルの分解の形を考えることでこれを解説しよう．たとえば，3つの異なる点から成る多様体 $V = \{p_1, p_2, p_3\} \subset \mathbb{P}^2$ を考える．このとき，p_i が**共線**(collinear)である否かに依存し2の場合が

ある．
　具体例で始めよう．

練習問題 3 $V = \{p_1, p_2, p_3\} = \{(0,0,1), (1,0,1), (0,1,1)\}$ とする．

a. $I = \mathbf{I}(V)$ はイデアル $\langle x^2 - xz, xy, y^2 - yz \rangle \subset R = k[x,y,z]$ に等しいことを示せ．

b. 次数付分解
$$0 \to R(-3)^2 \to R(-2)^3 \to I \to 0$$
があることを示し，これが (6.1.10) にどのように関係するかを解説せよ．

c. R/I のヒルベルト函数は
$$H_{R/I}(t) = \binom{t+2}{2} - 3\binom{t}{2} + 2\binom{t-1}{2}$$
$$= \begin{cases} 1 & t = 0 \text{ のとき,} \\ 3 & t \geq 1 \text{ のとき} \end{cases}$$
となることを計算せよ．

　練習問題 3 のヒルベルト多項式は定数多項式 3 であるので，多様体 V の次元は 0，次数は 3 である．練習問題 3 の b で求めた次数付分解

(6.4.9) $$0 \to R(-3)^2 \to R(-2)^3 \to I \to 0$$

から直感で得られる幾何学的な情報を列挙する．まず，0 は点 p_1, p_2, p_3 で 0 になる唯一つの定数であるから $I_0 = \{0\}$ となり，更に，$V = \{(0,0,1), (1,0,1), (0,1,1)\}$ は**非共線** (noncollinear) であるので $I_1 = \{0\}$ となる．次に，V 上で 0 になる 2 次式がある．これを求める 1 つの方法は，ℓ_{ij} を p_i と p_j 上で 0 になる直線の方程式とすることである．このとき，$f_1 = \ell_{12}\ell_{13}, f_2 = \ell_{12}\ell_{23}, f_3 = \ell_{13}\ell_{23}$ は V 上で 0 になる 3 つの 2 次式である．従って，I が 3 つの 2 次式で生成されることは意味を持つ．これは (6.4.9) で $R(-2)^3$ が示唆することである．他方，f_1, f_2, f_3 はたとえば，$\ell_{23}f_1 - \ell_{13}f_2 = 0$ のような次数 1 の明白なシチジーを持つ．これらのシチ

ジーの2つがシチジー加群の自由生成元であることはそれほど自明なことではないけれども (6.4.9) で $R(-3)^2$ が意味していることである.

もっと精密な考察をすると，(6.4.9) の分解の理解が深まる．§6.2 の節末で述べたヒルベルト・ブルハの定理の逆による．多様体 $V \subset \mathbb{P}^2$ は有限の点集合だから次元 $2-2=0$ のコーエン・マコーレー多様体である．すると，ヒルベルト・ブルハの定理の逆が適応される．

練習問題 3 で提起した例は思っているよりも一般的である．これは 3 つの非共線な点 p_1, p_2, p_3 について，p_1, p_2, p_3 を $(0,0,1), (1,0,1), (0,1,1)$ に移す $\mathbb{P}^2$ 上の線型座標変換が存在するからである．この事実を使うと，I が 3 つの非共線な点から成る**任意の**集合のイデアルであるとき，I は (4.9) の形の自由分解を持ち，っ従って，I のヒルベルト函数は練習問題 3 の c で与えられる．

次の 2 つの練習問題では，3 つの点が共線であるときにどのような現象が起こるかを研究する．

練習問題 4 $V = \{(0,1,0), (0,0,1), (0,\lambda,1)\}$ ($\lambda \neq 0$) とする．これらの点は直線 $x = 0$ 上にあるから V は共線な 3 つの点の組である．

a. $I = \mathbf{I}(V)$ は

$$0 \to R(-4) \to R(-3) \oplus R(-1) \to I \to 0$$

なる形の次数付分解を持つことを示せ．[ヒント：$I = \langle x, yz(y-\lambda z) \rangle$ であることを示せ．]

b. R/I のヒルベルト函数は

$$H_{R/I}(t) = \begin{cases} 1 & t = 0 \text{ のとき}, \\ 2 & t = 1 \text{ のとき}, \\ 3 & t \geq 2 \text{ のとき} \end{cases}$$

であることを示せ．

練習問題 5 $V = \{p_1, p_2, p_3\}$ は $\mathbb{P}^2$ の**任意の**共線な 3 つの点の組とする．$I = \mathbf{I}(V)$ は

(6.4.10) $$0 \to R(-4) \to R(-3) \oplus R(-1) \to I \to 0$$

なる形の次数付分解を持ち，R/I のヒルベルト函数は練習問題 4 と同様のものであることを示せ．[ヒント：$\mathbb{P}^2$ 上の線型座標変換を使え．]

(6.4.10) から直感で得られる情報として，共線な場合には，V は直線と 3 次曲線の共通部分で，これらの間の唯一のシチジーは明白なシチジーである．幾何学的な言い方をすると，V の次元 $(= 0)$ はそれを取り巻く空間の次元 $(= 2)$ から定義方程式の個数 $(= 2)$ を引いたものに等しいので，V は**完全交叉**(complete intersection) である．他方，3 つの定義方程式があるから，非共線な 3 つの点の組は完全交叉ではない．

これら一連の練習問題は，$\mathbb{P}^2$ の 3 つの点の組に対応するイデアル I はすべて同じヒルベルト多項式 $HP_{R/I} = 3$ を与えることを示している．しかし，その点が共線であるかどうかに従い，異なる分解 (6.4.9) と (6.4.10) に加え，練習問題 3 の c と練習問題 4 の b のような異なるヒルベルト函数を得る．これは非常に典型的な現象である．

類似しているが，もっとやりがいのある例を挙げる．

練習問題 6 射影空間 $\mathbb{P}^2$ の多様体 $V = \{p_1, p_2, p_3, p_4\}$ を考え，上で述べたように $I = \mathbf{I}(V) \subset R = k[x, y, z]$ とする．

a. まず，共線な点が存在しないという意味で，V の点は一般の位置にあると仮定する．ベクトル空間 I_2 は k 上 2 次元であって，I は I_2 の任意の 2 つの線型独立な元で生成されることを示せ．次に，I の次数付分解は

$$0 \to R(-4) \to R(-2)^2 \to I \to 0$$

なる形をしていることを示し，すべての t について $H_{R/I}(t)$ を計算せよ．他方，$R(-2)^2$ はベズーの定理とどのように関係するか．

b. 多様体 V の点の 3 つが直線 $L \subset \mathbb{P}^2$ 上にあるが残りの 1 つの点はこの直線上にないと仮定する．ベクトル空間 I_2 のすべての元は可約で，L 上 0 になる 1 次多項式を因子として含むことを示せ．この場合，I_2 は I を生成しないことを示し，I の次数付分解は

$$0 \to R(-3) \oplus R(-4) \to R(-2)^2 \oplus R(-3) \to I \to 0$$

なる形をしていることを導き，すべての t について $H_{R/I}(t)$ を計算せよ．

c. 最後に，4つの点がすべて共線である場合には，その次数付分解は

$$0 \to R(-5) \to R(-1) \oplus R(-4) \to I \to 0$$

なる形をしていることを示し，すべての t について R/I のヒルベルト函数を計算せよ．

d. 多様体 V が完全交叉であるのはどのような場合か．

もっと複雑な例で $I = \mathbf{I}(V)$ の次数付分解の形の幾何学的な意味を理解することは現代の代数幾何における活発な研究分野である．本著の執筆時点でもっとも悩ませる未解決問題の1つは，Mark Green による標準曲線のイデアルの次数付分解に関する予想である．これらのことに関する最近の研究と分解に関する他の話題については [Schre2] と [EH] を参照せよ．他方，[Eis, Section 15.12] には分解を扱う興味深い研究計画が提唱されており，[Eis, Section 15.11] の幾つかの練習問題も関連がある．

媒介変数平面曲線

ここでは，有理函数

(6.4.11) $$x = \frac{a(t)}{c(t)}, \; y = \frac{b(t)}{c(t)}$$

($a, b, c \in k[t]$ は $c \neq 0$, $\mathrm{GCD}(a, b, c) = 1$ を満たす多項式) で媒介変数表示される k^2 の曲線を興味の対象とする．また，$n = \max(\deg a, \deg b, \deg c)$ と置く．この形の媒介変数表示は**計算機支援幾何デザイン** (computer-aided geometric design) で重要な役割を果たしている．特に興味深い問題は**陰伏化問題**である．これは媒介変数表示 (6.4.11) から曲線の方程式 $f(x, y) = 0$ がどのようにして得られるかを問題にしている．陰伏化入門については [CLO, Chapter 3] に譲る．

この理論の基本的な研究対象はイデアル

(6.4.12) $$I = \langle c(t)x - a(t), c(t)y - b(t) \rangle \subset k[x, y, t]$$

である．このイデアルは次のように解釈できる．集合 $W \subset k$ を $c(t)$ の根，すなわち $c(t) = 0$ の解とする．このとき (6.4.11) を

$$F(t) = \left(\frac{a(t)}{c(t)}, \frac{b(t)}{c(t)}\right)$$

と定義される函数 $F : k - W \to k^2$ と思うことができる．節末の練習問題 14 では，k^3 の部分集合と思うと F のグラフはまさに多様体 $\mathbf{V}(I)$ に等しいことを示す．ここから，共通部分 $I_1 = I \cap k[x,y]$ は $\mathbf{V}(I_1) \subset k^2$ が媒介変数表示 (6.4.11) の像を含む最小の多様体となるような $k[x,y]$ のイデアルであることが証明できる (練習問題 14)．第 2 章の用語で述べると，$I_1 = I \cap k[x,y]$ は消去イデアルであって，適当な単項式順序に関するグレブナー基底を使って計算することができる．

イデアル I は (6.4.11) で媒介変数表示される曲線についての沢山の情報を含んでいる．最近，I は (6.4.11) とは異なる曲線の別の媒介変数表示を与えることが発見された ([SSQK], [SC])．これがどのように機能するかを納得するために，$I(1)$ を x, y の全次数が高々 1 の I の元全体から成る I の部分集合とする．すると，

(**6.4.13**) $\qquad I(1) = \{f \in I : f = A(t)x + B(t)y + C(t)\}$

である．固定した t について方程式 $A(t)x + B(t)y + C(t) = 0$ は平面上の直線を表し，t が動くにつれてその直線も動くので，$A(t)x + B(t)y + C(t) \in I(1)$ の元を**動直線** (moving line) と呼ぶ．

練習問題 7 動直線 $A(t)x + B(t)y + C(t) \in I(1)$ について，$t \in k$ は $c(t) \neq 0$ を満たすと仮定する．このとき，(6.4.11) で与えられる点は直線 $A(t)x + B(t)y + C(t) = 0$ 上にあることを示せ．[ヒント：$I(1) \subset I$ を使う．]

動直線 $f, g \in I(1)$ があるとき，固定した t について一般に 1 点で交叉する一対の直線を得る．練習問題 7 からこれらの直線はそれぞれ $(a(t)/c(t), b(t)/c(t))$ を含み，従って，これは交点でなければならない．すると，t を変化させると動直線の交点は我々の曲線を描く．

垂線 $x = a(t)/c(t)$ と水平線 $y = b(t)/c(t)$ があるので，元来の媒介変数表示 (6.4.11) は動直線で与えられる．しかし，もっと一般な動直線を認めるこ

とで，より小さな次数の t の多項式を得る．このことがどのようにして生じるかを表す例として

練習問題 8 媒介変数表示
$$x = \frac{2t^2 + 4t + 5}{t^2 + 2t + 3}, \quad y = \frac{3t^2 + t + 4}{t^2 + 2t + 3}$$
を考える．

a. $p = (5t+5)x - y - (10t+7), q = (5t-5)x - (t+2)y + (-7t+11)$ は動直線である，すなわち $p, q \in I$（I は (6.4.12) と同様のもの）であることを証明せよ．

b. p と q は I を生成する，すなわち $I = \langle p, q \rangle$ であることを示せ．

練習問題 8 では，元来の媒介変数表示の最大次数は 2 であったけれども，動直線 p, q の最大次数は 1 である．これは典型的な現象である．一般に n が a, b, c の最大次数であるとき，t についての p の最大次数が $\mu \leq \lfloor n/2 \rfloor$ で，q の最大次数が $n - \mu$ であるような動直線 $p, q \in I$ が存在することを後で示す．[CSC] の用語で述べると，これはそのイデアルの**動直線基底** (moving line basis) または μ **基底**(μ-basis) である．

ここでの目標は μ 基底が存在することを証明し，これが次数付分解やヒルベルト函数についてどのようなことを果たすかを解説することである．(6.4.13) で定義される部分集合 $I(1) \subset I$ を研究することから始める．それは加法について閉じており，更に，もっと重要なことは $I(1)$ は $k[t]$ の元による積について閉じている（その理由を必ず理解せよ）ことである．従って，$I(1)$ は自然に $k[t]$ 加群としての構造を持つ．実際，$I(1)$ はシチジー加群である．

(6.4.14) 補題 $a, b, c \in k[t]$ は $c \neq 0$, $\mathrm{GCD}(a, b, c) = 1$ を満たすとし，$I = \langle cx - a, cy - b \rangle$ とする．このとき，$A, B, C \in k[t]$ について
$$A(t)x + B(t)y + C(t) \in I \iff A(t)a(t) + B(t)b(t) + C(t)c(t) = 0$$
である．すると，写像 $A(t)x + B(t)y + C(t) \mapsto (A, B, C)$ は $k[t]$ 加群 $I(1) \simeq \mathrm{Syz}(a, b, c)$ の同型を定義する．

証明 $\Rightarrow$ を証明するために，x, y, t を $\frac{a(t)}{c(t)}, \frac{b(t)}{c(t)}, t$ に移す環同型 $k[x, y, t] \to k(t)$ を考える．イデアル I の生成元は 0 に移るので，$A(t)x + B(t)y + C(t) \in I$ も 0 に移る．すると，$k(t)$ において $A(t)\frac{a(t)}{c(t)} + B(t)\frac{b(t)}{c(t)} + C(t) = 0$ であり，両辺に $c(t)$ を掛けると所期の式を得る．

次に，$\Leftarrow$ を証明するために，，$S = k[t]$ とし

(6.4.15) $$S^3 \xrightarrow{\alpha} S^3 \xrightarrow{\beta} S$$

なる列を考える．但し，$\alpha(h_1, h_2, h_3) = (ch_1 + bh_3, ch_2 - ah_3, -ah_1 - bh_2)$, $\beta(A, B, C) = Aa + Bb + Cc$ である．このとき，$\beta \circ \alpha = 0$ であって，$\operatorname{im}(\alpha) \subset \ker(\beta)$ である．(6.4.15) が中間の項で完全である，すなわち $\operatorname{im}(\alpha) = \ker(\beta)$ であることはそれほど明らかなことではないから，練習問題 15 に託す．(6.4.15) の列は a, b, c で決まる**コスツル複体**である（Koszul 複体の他の例については §6.2 の練習問題 10 を参照）．Koszul 複体は常に完全であるとは限らないが，$\operatorname{GCD}(a, b, c) = 1$ だから (6.4.15) は完全である（練習問題 15）．

さて，$Aa + Bb + Cc = 0$ と仮定する．このとき，$Ax + By + C \in I$ となることを示す．いま，A, B, C の仮定から $(A, B, C) \in \ker(\beta)$ であるので，これは簡単である．(6.4.15) の完全性から $(A, B, C) \in \operatorname{im}(\alpha)$ である．すると，

$$A = ch_1 + bh_3, \ B = ch_2 - ah_3, \ C = -ah_1 - bh_2$$

なる $h_1, h_2, h_3 \in k[t]$ を求めることができる．従って，望むように

$$\begin{aligned} Ax + By + C &= (ch_1 + bh_3)x + (ch_2 - ah_3)y - ah_1 - bh_2 \\ &= (h_1 + yh_3)(cx - a) + (h_2 - xh_3)(cy - b) \in I \end{aligned}$$

である．これより補題の最後の題意が従う． $\square$

(6.4.16) 定義 媒介変数表示 (6.4.11) があったとき，イデアル $I = \langle cx - a, cy - b \rangle$ と (6.4.13) のシチジー加群 $I(1)$ を得る．このとき，μ を t についての $I(1)$ の非零元の最小次数と定義する．

イデアル I の μ 基底の存在証明をする．

(6.4.17) 定理 条件 $c \neq 0$, $\operatorname{GCD}(a, b, c) = 1$ を満たす (6.4.11) があったとき，

いつものように $n = \max(\deg a, \deg b, \deg c)$, $I = \langle cx-a, cy-b \rangle$ と置く. 定義 (6.4.16) の μ について

$$\mu \leq \lfloor n/2 \rfloor$$

更に, t について p の次数が μ, q の次数が $n-\mu$ であるような $I = \langle p, q \rangle$ となる $p, q \in I$ を求めることができる.

証明 §6.3 の方法を使ってシチジー加群 $\mathrm{Syz}(a,b,c)$ を研究する. そのためには a, b, c を斉次化する必要がある. いま t と u を斉次変数とし, 環 $R = k[t, u]$ を考える. このとき, $\tilde{a}(t, u)$ は $a(t)$ の次数 n の斉次化, すなわち

$$\tilde{a}(t, u) = u^n a(\tfrac{t}{u}) \in R$$

を表す. このようにして次数 n の斉次多項式 $\tilde{a}, \tilde{b}, \tilde{c} \in R$ を得る. このとき, $\mathrm{GCD}(a,b,c) = 1$, $n = \max(\deg a, \deg b, \deg c)$ から $\tilde{a}, \tilde{b}, \tilde{c}$ は $\mathbb{P}^1$ 内に共通零点を持たない. 換言すると, $\tilde{a} = \tilde{b} = \tilde{c} = 0$ の唯一つの解は $t = u = 0$ である.

さて, $J = \langle \tilde{a}, \tilde{b}, \tilde{c} \rangle \subset R = k[t, u]$ とする. まず, J のヒルベルト多項式 HP_J を計算する. 体が何であっても $\tilde{a} = \tilde{b} = \tilde{c} = 0$ は唯一つの解を持つので, §2.2 の有限性定理から商環 $R/J = k[t, u]/J$ は k 上有限次元ベクトル空間である. しかし, J は斉次イデアルであるから R/J は次数付環である. 商環 R/J が有限次元であるためには, 十分大きなすべての s について $\dim_k(R/J)_s = 0$ でなければならない (t は変数の 1 つであるので, t ではなく s を使う). すると $HP_{R/J}$ は零多項式である. このとき, $R = k[t, u]$ なので, 完全系列

$$0 \to J \to R \to R/J \to 0$$

と練習問題 2 から,

(6.4.18) $$HP_J(s) = HP_R(s) = \binom{s+1}{1} = s+1$$

となる. 将来の参考のために (6.4.2) から

$$HP_{R(-d)}(s) = \binom{s-d+1}{1} = s-d+1$$

であることにも注意する.

完全系列
$$0 \to \mathrm{Syz}(\tilde{a}, \tilde{b}, \tilde{c}) \to R(-n)^3 \xrightarrow{\alpha} J \to 0$$

(ここで, $\alpha(A, B, C) = A\tilde{a} + B\tilde{b} + C\tilde{c}$ を考える. 命題 (6.3.20) からシチジー加群 $\mathrm{Syz}(\tilde{a}, \tilde{b}, \tilde{c})$ は自由加群であって, 或る $d_1, \ldots, d_m$ について次数付分解

(6.4.19) $\qquad 0 \to R(-d_1) \oplus \cdots \oplus R(-d_m) \xrightarrow{\beta} R(-n)^3 \xrightarrow{\alpha} J \to 0$

を得る. 練習問題 2 から中間の項のヒルベルト多項式は他の 2 つのヒルベルト多項式の和である. (6.4.18) から HP_J は既知なので

$$3(s - n + 1) = (s - d_1 + 1) + \cdots + (s - d_m + 1) + (s + 1)$$
$$= (m + 1)s + m + 1 - d_1 - \cdots - d_m$$

を得る. すると, $m = 2$, $3n = d_1 + d_2$ であることが従う. このとき, (6.4.19) は

(6.4.20) $\qquad 0 \to R(-d_1) \oplus R(-d_2) \xrightarrow{\beta} R(-n)^3 \xrightarrow{\alpha} J \to 0$

となる. いま, β を表す行列 L は 3×2 行列

(6.4.21) $$L = \begin{pmatrix} p_1 & q_1 \\ p_2 & q_2 \\ p_3 & q_3 \end{pmatrix}$$

であって, 更に, β は次数 0 であるから, L の 1 列目は次数 $\mu_1 = d_1 - n$ の斉次多項式から成り, 2 列目の次数は $\mu_2 = d_2 - n$ である. このとき, $3n = d_1 + d_2$ から $\mu_1 + \mu_2 = n$ が従う.

さて, $\mu_1 \leq \mu_2$ と仮定してよい. (6.4.21) の 1 列目 $(p_1, p_2, p_3)^T$ は $p_1 \tilde{a} + p_2 \tilde{b} + p_3 \tilde{c} = 0$ を満たし, $u = 1$ とすると

$$p_1(t, 1) a(t) + p_2(t, 1) b(t) + p_3(t, 1) c(t) = 0$$

を得る. すると, 補題 (6.4.14) から $p = p_1(t, 1) x + p_2(t, 1) y + p_3(t, 1) \in I(1)$ である. 同様にして, (6.4.21) の 2 列目より $q = q_1(t, 1) x + q_2(t, 1) y + q_3(t, 1) \in I(1)$ を得る. このとき, p と q は定理の条件を満たすことを示す.

完全性から L の列は $\mathrm{Syz}(\tilde{a},\tilde{b},\tilde{c})$ を生成する．すると，p,q は $I(1)$ を生成する（練習問題 16）．元 $cx-a$ と $cy-b$ は $I(1)$ に属するので，$I=\langle cx-a,cy-b\rangle\subset\langle p,q\rangle$ を得る．逆の包含関係は $p,q\in I(1)\subset I$ から従い，$I=\langle p,q\rangle$ となる．

次の段階は $\mu_1=\mu$ を証明することである．まず，t についての p の次数は μ_1 であることを示す．このことは，$p_1(t,u),p_2(t,u),p_3(t,u)$ は次数 μ_1 の斉次多項式であることから従う．実際，$u=1$ としたとき，これらの 3 つの多項式の次数がすべて小さくなるとしたら，各 p_i は u によって割り切れる．しかし，p_1,p_2,p_3 は $\tilde{a},\tilde{b},\tilde{c}$ 上のシチジーを与えるので，$p_1/u,p_2/u,p_3/u$ も $\tilde{a},\tilde{b},\tilde{c}$ 上のシチジーを与える．従って，次数が μ_1 より小さいシチジーを得る．しかし，L の列はシチジー加群を生成するので，$\mu_1\leq\mu_2$ からこれは有り得ない．従って，t についての p の次数は μ_1 であって，μ の定義から $\mu\leq\mu_1$ である．仮に，$\mu<\mu_1$ とすると，次数が μ_1 より小さい $Ax+By+C\in I(1)$ を得る．これは a,b,c のシチジーを与え，斉次化すると次数が μ_1 より小さい $\tilde{a},\tilde{b},\tilde{c}$ のシチジーを得る．段落の初めに示したように，これは有り得ない．

以上で，t についての p の次数は μ であって，$\mu_1+\mu_2=n$ から t についての q の次数は $\mu_2=n-\mu$ である．最後に，$\mu=\mu_1\leq\mu_2$ から $\mu\leq\lfloor n/2\rfloor$ が従い，証明が完成する． □

既に言及したように，定理 (6.4.17) で構成される p と q を I の **μ 基底**と呼ぶ．媒介変数表示 (6.4.11) の陰伏方程式を求めるために使うことができるということは μ 基底の 1 つの性質である．これがどのように機能するかについて例で考察する．

練習問題 9 練習問題 8 で扱った媒介変数表示は，イデアル

$$I=\langle (t^2+2t+3)x-(2t^2+4t+5),(t^2+2t+3)y-(3t^2+t+4)\rangle$$

を与える．

a. グレブナー基底による方法を使って共通部分 $I\cap k[x,y]$ を求めよ．これは曲線の陰伏方程式を与える．

b. I の生成元の t に対する終結式は陰伏方程式を与えることを示せ．

c. 多項式 $p = (5t+5)x - y - (10t+7)$ と $q = (5t-5)x - (t+2)y + (-7t+11)$ は I の μ 基底であることを示せ．すると，$\mu = 1$ であって，（$n = 2$ から）これは μ の取り得る最大の値である．

d. p と q の終結式も陰伏方程式を与えることを示せ．

練習問題 9 の b と d は陰伏方程式を終結式として表している．しかし，シルベスター行列式を使うと b は 4×4 行列式を使っているけれども，d は 2×2 行列式を使っている．すると，μ 基底は終結式についての表現よりも小さな表現を与える．一般に，μ 基底について，その終結式を $(n-\mu) \times (n-\mu)$ 行列式として表すことができる ([CSC])．残念ながら，この方法は実際の陰伏方程式の冪を与えることも起こり得る ([CSC, Section 4])．

本節の冒頭で $\mathbb{P}^2$ の 3 点のイデアルを考えた．このようなイデアルはすべて同じヒルベルト多項式を持つが，ヒルベルト函数を使って共線な場合と非共線な場合を区別することができる．μ 基底を扱うときも状況は類似している．次の練習問題では，定理 (6.4.17) の証明のイデアル $J = \langle \tilde{a}, \tilde{b}, \tilde{c} \rangle \subset R = k[t, u]$ の商環 R/J のヒルベルト函数を計算する．

練習問題 10 $J = \langle \tilde{a}, \tilde{b}, \tilde{c} \rangle$ を定理 (6.4.17) の証明と同様のものとする．証明において R/J のヒルベルト多項式は零多項式であることを示した．しかし，ヒルベルト函数についてはどうだろうか．

a. ヒルベルト函数 $H_{R/J}$ は

$$H_{R/J}(s) = \begin{cases} s+1 & 0 \leq s \leq n-1 \text{ のとき} \\ 3n-2s-2 & n \leq s \leq n+\mu-1 \text{ のとき} \\ 2n-s-\mu-1 & n+\mu \leq s \leq 2n-\mu-1 \text{ のとき} \\ 0 & 2n-\mu \leq s \text{ のとき} \end{cases}$$

であることを証明せよ．

b. $H_{R/J}(s) \neq 0$ なる s の最大値は $s = 2n-\mu-2$ であることを示し，μ を知ることは商環 R/J のヒルベルト函数を知ることと同値であることを導け．

c. 体 k 上のベクトル空間としての R/J の次元を計算せよ．

3点のイデアルの場合，非共線な状況はジェネリックである．無作為に選んだ3点が非共線であることを望むという素朴な意味でこのことは正しい．更に，定義(3.5.6)のジェネリックの概念を使ってこのことを明確にすることができる．同様にして，μ 基底についてもジェネリックな状況が存在する．たとえば，$n = \max(\deg a, \deg b, \deg c)$ を満たす媒介変数表示(6.4.11)のなかで，"ジェネリック"な媒介変数表示は取り得る最大の値 $\mu = \lfloor n/2 \rfloor$ を持つ([CSC])．もっと一般に，与えられた μ に関する媒介変数表示全体の集合の次元を計算することができ，μ が減少すればするほどこの次元は小さくなる．すると，μ が小さくなればなるほど媒介変数表示は特別なものになる．

§6.2 で論じたヒルベルト・ブルハの定理は μ 基底に華麗に応用されることにも触れる．

(6.4.22) 命題 (6.4.21)の列から生起する μ 基底は

$$\tilde{a} = p_2 q_3 - p_3 q_2, \quad \tilde{b} = -(p_1 q_3 - p_3 q_1), \quad \tilde{c} = p_1 q_2 - p_2 q_1$$

を満たすように選ぶことができる．非斉次化すると，これは μ 基底

(6.4.23)
$$p = p_1(t,1)x + p_2(t,1)y + p_3(t,1)$$
$$q = q_1(t,1)x + q_2(t,1)y + q_3(t,1)$$

の係数から a, b, c を計算することができることを表している．

証明 題意を示すために，完全系列(6.4.20)は命題(6.2.6)で必要とされる形をしていることに注意する．すると，$\tilde{f}_1, \tilde{f}_2, \tilde{f}_3$ が(6.4.21)の 2×2 小行列式である(命題(6.2.6)の記号)とき，$\tilde{a} = g\tilde{f}_1, \tilde{b} = g\tilde{f}_2, \tilde{c} = g\tilde{f}_3$ なる多項式 $g \in k[t,u]$ が存在する．しかし，$\tilde{a}, \tilde{b}, \tilde{c}$ は共通根を持たないので，g は非零定数である．すると，p_i を gp_i に置き換えると所期の性質を持つ μ 基底を得る． □

練習問題 11 練習問題8と9で研究した μ 基底は p を適当に定数倍したものに換えると命題(6.4.22)を満たすことを示せ．

6.4 ヒルベルト多項式と幾何学的応用   377

媒介変数表示

(6.4.24) $$x_1 = \frac{a_1(t)}{c(t)}, \ldots, x_m = \frac{a_m(t)}{c(t)}$$

(但し, $c \neq 0$, $\mathrm{GCD}(a_1,\ldots,a_m) = 1$) で与えられる m 次元空間 k^m の曲線を考えることで定理(6.4.17)を一般化することもできる. この状況では, シチジー加群 $\mathrm{Syz}(a_1,\ldots,a_m,c)$ とその斉次化は重要な役割を果たし, μ 基底 (6.4.13)の類似物は m 個の多項式

(6.4.25) $p_j = p_{1j}(t,1)x_1 + \cdots + p_{mj}(t,1)x_m + p_{m+1j}(t,1)$, $1 \leq j \leq m$

から成る. これらの多項式はイデアル $I = \langle cx_1 - a_1, \ldots, cx_m - a_m \rangle$ の基底を成す. (6.4.25)で t を固定すると方程式 $p_j = 0$ は k^m の超平面であって, t が変化すると**動超平面**(moving hyperplane)を得る. このとき, m 個の超平面 $p_j = 0$ の共通部分は与えられた曲線を掃き, t についての p_j の次数を μ_j とすると, $\mu_1 + \cdots + \mu_m = n$ であることが証明できる. すると, 定理 (6.4.17)の m 次元版を得る. 証明は練習問題17で考察する.

ヒルベルト・ブルハの定理を使って命題(6.4.22)を(6.4.24)というもっと一般な状況に拡張することができる. その結果, 多項式 $a_1,\ldots,a_m,c$ は符号を除くと(6.4.25)から生じる $(p_{ij}(t,1))$ の $m \times m$ 小行列式に等しくなる. いま, t についての p_j の次数は μ_j であるので, $(p_{ij}(t,1))$ の $m \times m$ 小行列式の t についての次数は高々 $\mu_1 + \cdots + \mu_m = n$ である. すると, その次数は見事にうまくいく. 詳細は練習問題17で扱う.

定理(6.4.17)の証明は §6.3 の結果, 特に命題(6.3.20)をうまく使っている. 更に, k^m の曲線への一般化(6.4.24)は, これらの方法がどれほど強力なものかを示している. 定理(6.4.17)で行ったことの中心は, シチジー加群 $\mathrm{Syz}(\tilde{a},\tilde{b},\tilde{c})$ の自由加群としての構造を理解することであった. また, m 次元の場合, $\tilde{a}_1,\ldots,\tilde{a}_m,\tilde{c} \in k[t,u]$ についての $\mathrm{Syz}(\tilde{a}_1,\ldots,\tilde{a}_m,\tilde{c})$ を理解する必要がある. 実際, 定理(6.4.17)の特別な場合には, ヒルベルトのシチジー定理を必要としない基本的な方法を使って証明することができる. このような証明は [CSC] に載っている. Franz Meyer による別証もある. これは遙々 1887 年に遡る([Mey]).

論文 [Mey] は興味深い. 平面曲線とはまったく異なる問題で始まるが, 我々

と同様にして，シチジーの問題で終わっているからである．彼はより一般的なシチジー加群 $\mathrm{Syz}(\tilde{a}_1,\ldots,\tilde{a}_m,\tilde{c})$ も考え，これは $\mu_1+\cdots+\mu_m=n$ を満たす次数 $\mu_1,\ldots,\mu_m$ の生成元を持つ自由加群であると予想した．しかし，この予想を支持する多くの例があったけれども，証明しようとする彼の試みは"この時，克服できない障害に直面した" [Mey, p. 73]．しかし，3 年後にヒルベルトはシチジーに関する彼の開拓的な論文 [Hil] ですべてを証明した．シチジー定理を証明した後のヒルベルトの最初の応用が Meyer の予想を証明することであった，ということは我々の興味を誘う．彼は我々が定理 (6.4.17) で行ったことと非常に類似する方法でヒルベルト多項式(彼は**特性函数**(characteristic function)と呼んでいる)を計算し，Meyer の予想を証明した ([Hil, p. 516])．ヒルベルトは $k[t,u]$ の特別な場合のヒルベルト・ブルハの定理も得ている．

不変式の環

我々が探究する最後の話題は有限群の不変式論である．前の議論とは異なり，ここでの紹介は自己完結でない．読者が [CLO, Chapter 7] を熟知していると仮定する．我々の目的は，有限行列群で不変な多項式を研究する際に次数付分解をどのように役立つかを解説することである．

簡単のため，多項式環 $S=\mathbb{C}[x_1,\ldots,x_m]$ を考える．いま，$G\subset\mathrm{GL}(m,\mathbb{C})$ が有限群であると仮定する．元 $g\in G$ を $\mathbb{C}^m$ 上の座標変換行列と思い，この座標変換を $f\in S=\mathbb{C}[x_1,\ldots,x_m]$ に施すと別の多項式 $g\cdot f\in S$ を得る．このとき，

$$S^G=\{f\in\mathbb{C}[x_1,\ldots,x_m]:すべての\ g\in G\ に対して\ g\cdot f=f\}$$

と定義する．直感的には，S^G は元 $g\in G$ から生起するすべての座標変換で不変な多項式 $f\in S$ の全体から成る．集合 S^G は次のような構造を持つ．

- (次数付部分環) 不変式の集合 $S^G\subset S$ は S の部分環である．他方，$f\in S^G$ のすべての斉次成分も S^G の元である．

(たとえば，[CLO, Chapter 7, §2, Propositions 9, 10] を参照せよ．) このとき，S^G は S の**次数付部分環** (graded subring) であると言う．従って，次数 t の斉次部分 S^G_t は次数 t の斉次多項式である不変式全体から成る．部分

6.4 ヒルベルト多項式と幾何学的応用　379

環 S^G は S のイデアルではないことに注意する．

この状況で S^G のモリン級数 (Molien series) を形式的冪級数

(6.4.26) $$F_G(u) = \sum_{t=0}^{\infty} \dim_{\mathbb{C}}(S_t^G) u^t$$

と定義する．有限群の不変式論ではモリン級数は重要な研究対象である．これらはヒルベルト函数や次数付分解にうまく関係している．

[CLO, Chapter 7, §3] で証明されている基本的な結果は

- （不変式の有限生成性）有限群 $G \subset \mathrm{GL}(m,\mathbb{C})$ について，$f \in S^G$ がすべて $f_1, \ldots, f_s$ の多項式であるような $f_1, \ldots, f_s \in S^G$ が存在する．更に，$f_1, \ldots, f_s$ は斉次であると仮定できる．

すると，次のようにして S^G を多項式環上の加群と思うことができる．すなわち，$f_1, \ldots, f_s$ を不変式の環 S^G の斉次生成元とし $d_i = \deg f_i$ とする．このとき，変数 $y_1, \ldots, y_s$ を導入し，環 $R = \mathbb{C}[y_1, \ldots, y_s]$ を考える．このとき，y_i を f_i に移す写像は環準同型

$$\varphi: R = \mathbb{C}[y_1, \ldots, y_s] \longrightarrow S^G$$

を定義する．すべての不変式は $f_1, \ldots, f_s$ の多項式なのでこの写像は全射である．変数 y_i の次数を $d_i = \deg f_i$ とすると，φ は次数 0 の次数付準同型になる．今までは多項式環の変数の次数は常に 1 であったけれども，ここでは $\deg y_i = d_i$ とすることが有益である．

核 $I = \ker \varphi \subset R$ は f_i の間の多項式関係全体から成る．φ は全射であるので同型 $R/I \simeq S^G$ を得る．いま，$y_i \cdot f = f_i f$ ($f \in S^G$) によって S^G を R 加群と思うと，$R/I \simeq S^G$ は R 加群の同型である．イデアル I の元を不変式 $f_1, \ldots, f_s$ の間のシチジーと呼ぶ．（歴史的には，シチジーは最初に不変式論で定義され，後になってこの用語が加群の理論で使われたのである．但し，その意味は少し異なっている．）

ここで少し例を挙げる．群 $G = \{e, g, g^2, g^3\} \subset \mathrm{GL}(2,\mathbb{C})$ を考える．但し，

(6.4.27) $$g = \begin{pmatrix} 0 & -1 \\ 1 & 0 \end{pmatrix}$$

である．群 G は $g \cdot f(x_1, x_2) = f(-x_2, x_1)$ で $f \in S = \mathbb{C}[x_1, x_2]$ に作用する．このとき，[CLO, Chapter 7, §3, Example 4] で示されるように，不変式の環 S^G は 3 つの多項式

(6.4.28) $\qquad f_1 = x_1^2 + x_2^2, \quad f_2 = x_1^2 x_2^2, \quad f_3 = x_1^3 x_2 - x_1 x_2^3$

で生成される．すると，$\varphi : R = \mathbb{C}[y_1, y_2, y_3] \to S^G : \varphi(y_i) = f_i$ を得る．変数 y_1 の次数は 2，y_2 と y_3 の次数は 4 である．写像 φ の核は $I = \langle y_3^2 - y_1^2 y_2 + 4 y_2^2 \rangle$ である．これはすべてのシチジーは不変式 (6.4.28) の間の唯一の関係 $f_3^2 - f_1^2 f_2 + 4 f_2^2 = 0$ で生成されることを意味する．

一般論に戻ると，S^G 上の R 加群の構造はモリン級数 (6.4.26) が R 加群 S^G のヒルベルト関数から構成されることを示している．実際，

$$\dim_{\mathbb{C}}(S_t^G) = H_{S^G}(t)$$

である．練習問題 24 と 25 では，任意の有限生成 R 加群は**ヒルベルト級数** (Hilbert series)

$$\sum_{t=-\infty}^{\infty} H_M(t)\, u^t$$

を持つことを示す．加群 M の次数付分解を使ってヒルベルト級数が計算できることが基本的な着想である．すべての変数の次数が 1 である場合には練習問題 24 で解説されている．

しかし，今は変数の次数が $\deg y_i = d_i$ (y_i の**重み**と呼ぶことがある) の状況にある．(6.4.2) の式はもはや適応されず，重み付多項式環 $R = \mathbb{C}[y_1, \ldots, y_s]$ のヒルベルト級数は

(6.4.29) $\qquad \displaystyle\sum_{t=0}^{\infty} H_R(t)\, u^t = \sum_{t=0}^{\infty} \dim_{\mathbb{C}}(R_t)\, u^t = \frac{1}{(1-u^{d_1}) \cdots (1-u^{d_s})}$

であるという基本的な事実 (練習問題 25) を使う．更に，いつものように，ねじれ自由加群 $R(-d)$ を定義すると，

(6.4.30) $\qquad \displaystyle\sum_{t=0}^{\infty} H_{R(-d)}(t)\, u^t = \frac{u^d}{(1-u^{d_1}) \cdots (1-u^{d_s})}$

を得る (練習問題 25)．

前に扱った例でこれがどのように機能するかを考える．

6.4 ヒルベルト多項式と幾何学的応用   381

練習問題 12 不変式 (6.4.28) とシチジー $f_3^2 + f_1^2 f_2 + 4 f_2^2 = 0$ について群 $G \subset \mathrm{GL}(2,\mathbb{C})$ を考える.

a. 次数付 R 加群としての S^G の極小自由分解は

$$0 \longrightarrow R(-8) \xrightarrow{\psi} R \xrightarrow{\varphi} S^G \longrightarrow 0$$

で与えられることを示せ. 但し, ψ は 1×1 行列 $(y_3^2 + y_1^2 y_2 + 4 y_2^2)$ で表される写像である.

b. (6.4.29), (6.4.30) とともに a を使って, G のモリン級数は

$$F_G(u) = \frac{1-u^8}{(1-u^2)(1-u^4)^2} = \frac{1+u^4}{(1-u^2)(1-u^4)}$$
$$= 1 + u^2 + 3u^4 + 3u^6 + 5u^8 + 5u^{10} + \cdots$$

であることを示せ

c. u^2 の係数 1 から次数 2 の (定数倍を除いて) 唯一つの不変式 f_1 があることが従う. 更に, u^4 の係数 3 から次数 4 の明白な不変式 f_1^2 の他に 2 つの不変式 f_2 と f_3 の存在を知る. 次に, u^6 と u^8 の係数について同様に解説し, 特に u^8 の係数が次数 8 の非自明なシチジーが存在しなければならないことをどのように証明しているかを解説せよ.

一般に, 有限群 G の不変式環が次数 $d_1, \ldots, d_s$ の斉次不変式 $f_1, \ldots, f_s$ で生成されるとき, G のモリン級数は或る多項式 $P(u)$ を使って

$$F_G(u) = \frac{P(u)}{(1-u^{d_1}) \cdots (1-u^{d_s})}$$

なる形をしていることを示すことができる (練習問題 25). [Sta2] で解説されているように, $P(u)$ は次のような直感的な意味を持つ. 不変式 f_i の間に非自明なシチジーが存在しないとき, モリン級数は

$$\frac{1}{(1-u^{d_1}) \cdots (1-u^{d_s})}$$

となる. 次数 $\beta_1, \ldots, \beta_w$ の斉次シチジー $S_1, \ldots, S_w$ を持ち, 第 2 シチジーを持たない次数 $d_1, \ldots, d_s$ の斉次元 $f_1, \ldots, f_s$ で R^G が生成されるとき, モ

第6章 自由分解

リン級数は
$$\frac{1 - \sum_j u^{\beta_j}}{\prod_i (1 - u^{d_i})}.$$
と修正される．一般に，シチジー定理から
$$F_G(u) = (1 - \underbrace{\sum_j u^{\beta_j} + \sum_k u^{\gamma_k} - \cdots}_{\text{高々}s\text{ 個の和}})/\prod_i (1 - u^{d_i})$$
を得る．

我々の不変式論の論じ方はまだその理論のもっとも重要な部分の幾つかを述べていない．たとえば，**モリンの定理**に触れていない．モリンの定理は，有限群 $G \subset \mathrm{GL}(m, \mathbb{C})$ のモリン級数(6.4.26)は，公式
$$F_G(u) = \frac{1}{|G|} \sum_{g \in G} \frac{1}{\det(I - ug)}$$
(但し，$|G|$ は G の元の個数，$I \in \mathrm{GL}(m, \mathbb{C})$ は単位行列) で与えられることを保証する．(6.4.26)がモリン級数と呼ばれる所以である．モリンの定理の重要なところは，予めモリン級数を計算できることである．練習問題 12 の c で示されるように，モリン級数は或る不変式とシチジーの存在を予言できる．計算上の観点からこれは有益である([Stu1, Section 2.2] 参照)．

ここでは省略した 2 つ目の重要な知見は，不変式の環 S^G がコーエン・マコーレー環であることである．これは不変式論に対する遠大な結果を幾つか持っている．たとえば，コーエン・マコーレー環であることは，不変式環 S^G が多項式環 $\mathbb{C}[\theta_1, \ldots, \theta_r]$ 上の**自由**加群であるような代数的独立な不変式 $\theta_1, \ldots, \theta_r$ の存在を保証する．たとえば，練習問題 12 で扱った不変式環 $S^G = \mathbb{C}[f_1, f_2, f_3]$ は $\mathbb{C}[f_1, f_2]$ 上の加群として
$$S^G = \mathbb{C}[f_1, f_2] \oplus f_3 \mathbb{C}[f_1, f_2]$$
である(シチジー $f_3^2 - f_1 f_2^2 + 4 f_2^3 = 0$ の御陰で f_3^2, f_3^3 などを含む項をどのようにして取り除くことができるかを考えよ)．[Sta2] や [Stu1] で解説されるように，これはモリン級数と密接な関係がある．

従って，有限群の不変式論を本気に理解するには，ここで議論した自由分解と他の様々な道具を結び付ける必要がある．この中には(コーエン・マコー

レー環のような）より精密なものもある．幸いにして，優れた解説が掲載された文献があり，特に [Sta2] と [Stu1] を推薦する．[CLO, Chapter 7, §3] でその他の参考文献についても触れられている．

以上で分解の議論を終える．本節で紹介した例，つまり3点のイデアル，μ 基底，モリン級数は自由分解についての幾何学と関係する素晴らしい話題の氷山の一角に過ぎない．関連する代数学の優雅さと結び付いたときに，自由分解の研究が現代の代数幾何の豊富な領域の1つである理由が明白になる．

自由分解についてもっと多くのことを学ぶために，本節の冒頭で触れた参考文献 [Eis], [Schre2], [EH] を推薦する．ヒルベルト函数の入念な研究については [BH, Chapter 4] を推薦する．

§6.4 の練習問題（追加）

練習問題 13 ヒルベルト多項式は十分大きなすべての t について $H_M(t) = HP_M(t)$ であるという性質を持つ．この練習問題では，M の次数付分解の観点から t がどれほど大きくなければならないかについての明白な限界を得る．

a. (6.4.3)式は，二項係数 $\binom{t+n}{n}$ が次数 n の t の多項式で与えられることを示している．この恒等式はすべての $t \geq -n$ について成り立つことを示し，$t = -n-1$ のとき成り立たない理由を解説せよ．

b. ねじれ自由加群 $M = R(-d_1) \oplus \cdots \oplus R(-d_m)$ について，$H_M(t) = HP_M(t)$ $(t \geq \max_i(d_i - n))$ が成り立つことを示せ．

c. 次数付分解 $\cdots \to F_0 \to M$ $(F_j = \oplus_i R(-d_{ij}))$ があるとき，すべての $t \geq \max_{ij}(d_{ij} - n)$ について $H_M(t) = HP_M(t)$ が成り立つことを示せ．

d. (6.4.5)のイデアル $I \subset k[x,y,z,w]$ について，次数付分解

$$0 \to R(-3)^2 \to R(-2)^3 \to R \to R/I \to 0$$

を求めた．この分解と c を使ってすべての $t \geq 0$ について $H_{R/I}(t) = HP_{R/I}(t)$ であることを示せ．これは(6.4.6)とどのように関係するか．

練習問題 14 (6.4.11)と同様の媒介変数表示があったとき，イデアル $I =$

$\langle c(t)x - a(t), c(t)y - b(t)\rangle \subset k[x,y,t]$ を得る．いま，$\mathrm{GCD}(a,b,c) = 1$ と仮定する．

a. 多様体 $\mathbf{V}(I) \subset k^3$ が $F(t) = (a(t)/c(t), b(t)/c(t))$ と定義される函数 $F: k - W \to k^2$ のグラフであることを示せ．但し，$W = \{t \in k : c(t) = 0\}$ である．

b. $I_1 = I \cap k[x,y]$ のとき，$\mathbf{V}(I_1) \subset k^2$ が媒介変数表示 (6.4.11) を含む最小の多様体であることを証明せよ．[ヒント：[CLO, Chapter 3, §3, Theorem 1] の証明を使う．]

練習問題 15 この練習問題は補題 (6.4.14) の証明で使ったコスツル複体に関係する．

a. $S = k[t]$ において $\mathrm{GCD}(a,b,c) = 1$ と仮定するとき，(6.4.15) の列は中間の項において完全であることを証明せよ．[ヒント：仮定から $pa + qb + rc = 1$ なる多項式 $p, q, r \in k[t]$ が存在する．このとき，$(A, B, C) \in \ker(\beta)$ ならば，

$$\begin{aligned} A &= paA + qbA + rcA \\ &= p(-bB - cC) + qbA + rcA \\ &= c(-pC + rA) + b(-pB + qA) \end{aligned}$$

である．]

b. §6.2 の練習問題 10 を手本として，(6.4.15) を a, b, c のコスツル複体

$$0 \to S \to S^3 \xrightarrow{\alpha} S^3 \xrightarrow{\beta} S \to 0$$

に拡張する方法を示せ．また，$\mathrm{GCD}(a,b,c) = 1$ のとき全体の系列が完全であることを証明せよ．

c. もっと一般に，$a_1, \ldots, a_m \in k[t]$ はコスツル複体を与えることを示し，$\mathrm{GCD}(a_1, \ldots, a_m) = 1$ のときそれが完全であることを証明せよ．（これはやりがいのある練習問題である．）

6.4 ヒルベルト多項式と幾何学的応用　　*385*

練習問題 16 定理 (6.4.17) の証明では，行列 (6.4.20) の列はシチジー加群 $\mathrm{Syz}(\tilde{a}, \tilde{b}, \tilde{c})$ を生成することに注意した．(6.4.23) を使って p と q を定義するとき，p と q は $I(1)$ を生成することを証明せよ．

練習問題 17 この練習問題では，定理 (6.4.17) の m 次元版を研究する．従って，$c \neq 0$, $\mathrm{GCD}(a_1, \ldots, a_m) = 1$ なる k^m の曲線の媒介変数表示 (6.4.24) があると仮定する．他方，

$$I = \langle cx_1 - a_1, \ldots, cx_m - a_m \rangle \subset k[x_1, \ldots, x_m, t]$$

とし，

$$I(1) = \{f \in I : f = A_1(t)x_1 + \cdots + A_m(t)x_m + C(t)\}$$

と定義する．

a. 補題 (6.4.14) の類似物を証明せよ．換言すると，自然な同型 $I(1) \simeq \mathrm{Syz}(a_1, \ldots, a_m, c)$ が存在することを示せ．[ヒント：練習問題 15 の c を使う．]

b. $n = \max(\deg a_1, \ldots, \deg a_m, c)$ であって，$\tilde{a}_i, \tilde{c} \in R = k[t, u]$ が次数 n の a_i, c の斉次化であるとき，単射

$$\beta : R(-d_1) \oplus \cdots \oplus R(-d_s) \to R(-n)^{m+1}$$

で，その像が $\mathrm{Syz}(\tilde{a}_1, \ldots, \tilde{a}_m, \tilde{c})$ であるものが存在する理由を説明せよ．

c. ヒルベルト多項式を使って，$s = m$, $d_1 + \cdots + d_m = (m+1)n$ であることを示せ．

d. L が β を表す行列であるとき，L の j 列目は次数 $\mu_j = d_j - n$ の斉次多項式から成ることを示せ．次に，$\mu_1 + \cdots + \mu_s = n$ となる理由を解説せよ．

e. 最後に，L の j 列目の成分を非斉次化することで，(6.4.25) と同様の多項式 p_j を得ることを示し，$I = \langle p_1, \ldots, p_m \rangle$ を証明せよ．

f. ヒルベルト・ブルハの定理を使って，適当に定数倍することで p_1 を修正

すると, $a_1, \ldots, a_m, c$ は(6.4.25)から生起する行列 $(p_{ij}(t, 1))$ の $m \times m$ 小行列式に, 定数倍を除くと, 等しくなることを示せ.

練習問題 18 次数付分解が(6.3.6)となる $\mathbb{P}^3$ の有理2次曲線のイデアルのヒルベルト函数とヒルベルト多項式を計算せよ. ヒルベルト多項式から次元や次数についてどのような情報が得られるか.

練習問題 19 多項式環 $k[x_0, \ldots, x_n]$ $(n \geq 2)$ において, $2 \times n$ 行列

$$M = \begin{pmatrix} x_0 & x_1 & \cdots & x_{n-1} \\ x_1 & x_2 & \cdots & x_n \end{pmatrix}$$

の $\binom{n}{2}$ 個の 2×2 小行列の行列式で定義される斉次イデアル I_n を考える(§6.3 の練習問題 15 でこのイデアルを考察した). イデアル I_4 と I_5 のヒルベルト函数とヒルベルト多項式を計算せよ. 次に, 曲線 $\mathbf{V}(I_4)$ と $\mathbf{V}(I_5)$ の次数を決定し, それらの次元が 1 であることを示せ. [ヒント：§6.3 の練習問題 15 の b でこれらの 2 つのイデアルの次数付分解を計算した.]

練習問題 20 この練習問題では, 前の練習問題や §6.3 の練習問題 15 の有理正規曲線の構成が, 本節で考えた動直線とどのように関連するかを解明する.

a. 各 $(t, u) \in \mathbb{P}^1$ について, 直線 $\mathbf{V}(tx_0 + ux_1)$ と $\mathbf{V}(tx_1 + ux_2)$ の共通部分は $\mathbb{P}^2$ の円錐曲線 $\mathbf{V}(x_0 x_2 - x_1^2)$ 上にあることを示せ. その円錐曲線の式を 2×2 行列式として表せ.

b. a を一般化してすべての $n \geq 2$ について n 個の**動超平面** $H_i(t, u) = \mathbf{V}(tx_{i-1} + ux_i)$ $(i = 1, \ldots, n)$ を構成するとき, $\mathbb{P}^1$ の各 (t, u) について共通部分 $H_1(t, u) \cap \cdots \cap H_n(t, u)$ は §6.3 の練習問題 15 と同様にして与えられる $\mathbb{P}^n$ の標準有理正規曲線上の点であることを示し, この結果から行列式による式がどのように従うかを示せ.

練習問題 21 多項式環 $k[x_0, \ldots, x_n]$ $(n \geq 3)$ において, $2 \times (n-1)$ 行列

$$N = \begin{pmatrix} x_0 & x_2 & \cdots & x_{n-1} \\ x_1 & x_3 & \cdots & x_n \end{pmatrix}$$

の $\binom{n-1}{2}$ 個の 2×2 小行列の行列式によって定義される斉次イデアル J_n を考える．多様体 $\mathbf{V}(J_n)$ は**有理正規スクロール**(rational normal scroll)と呼ばれる $\mathbb{P}^n$ の曲面である．たとえば，$J_3 = \langle x_0 x_3 - x_1 x_2 \rangle$ は $\mathbb{P}^3$ の滑らかな2次曲面のイデアルである．

a. J_4 の次数付分解を求め，ヒルベルト函数とヒルベルト多項式を計算せよ．その次元は2であることを示し，その曲面の次数を計算せよ．

b. J_5 に対して同じことを実行せよ．

練習問題 22 （次数2の）**ベロネーゼ曲面**(Veronese surface) $V \subset \mathbb{P}^5$ は斉次座標において

$$\varphi : \mathbb{P}^2 \to \mathbb{P}^5$$
$$(x_0, x_1, x_2) \mapsto (x_0^2, x_1^2, x_2^2, x_0 x_1, x_0 x_2, x_1 x_2)$$

と定義される写像の像である．

a. 斉次イデアル $I = \mathbf{I}(V) \subset k[x_0, \ldots, x_5]$ を計算せよ．

b. I の次数付分解を求め，そのヒルベルト函数とヒルベルト多項式を計算せよ．その次元と次数がともに2であることを示せ．

練習問題 23 射影空間 $\mathbb{P}^2$ の4点 $p_1 = (0,0,1), p_2 = (1,0,1), p_3 = (0,1,1), p_4 = (1,1,1)$ を考え，$I = \mathbf{I}(\{p_1, p_2, p_3, p_4\}) \subset R = k[x_0, x_1, x_2]$ を多様体 $\{p_1, p_2, p_3, p_4\}$ の斉次イデアルとする．

a. 部分空間 I_3 (I の次数3の次数付部分)の次元はちょうど6であることを示せ．

b. いま，$f_0, \ldots, f_5$ を I_3 のベクトル空間としての任意の基底とし，斉次座標において

$$\varphi(x_0, x_1, x_2) = (y_0, \ldots, y_5) = (f_0(x_0, x_1, x_2), \ldots, f_5(x_0, x_1, x_2))$$

で与えられる有理写像 $\varphi : \mathbb{P}^2 \to \mathbb{P}^5$ を考える．写像 φ の像である多様体の斉次イデアル J を求めよ．

c. イデアル J は

$$0 \to S(-5) \to S(-3)^5 \xrightarrow{A} S(-2)^5 \to J \to 0$$

なる形の $S = k[y_0, \ldots, y_5]$ 加群としての次数付分解を持つことを示せ．

d. 上で述べた分解を使って J のヒルベルト函数を計算せよ．

多様体 $V = \mathbf{V}(J) = \varphi(\mathbb{P}^2)$ を **5次デルペッゾ曲面**(quintic del Pezzo surface) と呼び，d で与えられる分解は他にも興味深い性質を幾つか持っている．たとえば，J のイデアルの基底を適当な方法で順序付け，符号を適当に調整すると，A は歪対称で，i 行 i 列 ($i = 1, \ldots, 5$) を取り除くことによって得られる 4×4 小行列の行列式は J の生成元の平方である．これは Buchsbaum と Eisenbud [BE] で証明された**ゴレンシュタイン余次元3のイデアル**(Gorenstein codimension 3 ideal) の分解に関する着目すべき構造の影響である．

練習問題 24 次数付加群 M のヒルベルト函数 H_M を "小包" する1つの便利な方法は，その**母函数**(generating function)，すなわち，形式的冪級数

$$H(M, u) = \sum_{t=-\infty}^{\infty} H_M(t) u^t$$

を考えることである．形式的冪級数 $H(M, u)$ を M の**ヒルベルト級数**(Hilbert series) と呼ぶ．

a. $M = R = k[x_0, \ldots, x_n]$ のとき

$$H(R, u) = \sum_{t=0}^{\infty} \binom{n+t}{n} u^t$$
$$= 1/(1-u)^{n+1}$$

を示せ．2番目の等式は形式的冪級数の恒等式 $1/(1-u) = \sum_{t=0}^{\infty} u^t$ と n に関する帰納法から従う．

b. $R = k[x_0, \ldots, x_n]$ とし

$$M = R(-d_1) \oplus \cdots \oplus R(-d_m)$$

6.4 ヒルベルト多項式と幾何学的応用　*389*

が R 上のねじれ次数付自由加群の 1 つであるとき，

$$H(M,u) = (u^{d_1} + \cdots + u^{d_m})/(1-u)^{n+1}$$

を示せ．

c. I を §6.2 の練習問題 2 で扱った $\mathbb{P}^3$ のねじれ 3 次曲線のイデアルとし，$R = k[x,y,z,w]$ とする．ヒルベルト級数 $H(R/I,u)$ を求めよ．

d. b と定理(6.4.4)を使って，任意の次数付 $k[x_0, \ldots, x_n]$ 加群 M のヒルベルト級数を

$$H(M,u) = P(u)/(1-u)^{n+1}$$

(但し，P は $\mathbb{Z}$ の元を係数とする u の多項式)なる形で表せることを導け．

練習問題 25 多項式環 $R = k[y_1, \ldots, y_s]$ を考える．但し，y_i の重み(或いは次数)は $\deg y_i = d_i > 0$ である．このとき，単項式 $y_1^{a_1} \cdots y_s^{a_s}$ の(重み付)次数は $t = d_1 a_1 + \cdots + d_s a_s$ である．すると，R_t が次数 t の単項式の k 線型結合の集合であるような R 上の次数付けを得る．

a. R のヒルベルト級数は

$$\sum_{t=0}^{\infty} \dim_k(R_t) u^t = \frac{1}{(1-u^{d_1}) \cdots (1-u^{d_s})}$$

であることを証明せよ．[ヒント：$1/(1-u^{d_i}) = \sum_{a_i=0}^{\infty} u^{d_i a_i}$ である．$i = 1, \ldots, s$ についてこれらの級数を掛け合せると，重み付次数 t の各単項式は u^t の係数にどのように寄与するか．]

b. a は練習問題 24 の a とどのように関係するか．

c. $R(-d)$ を $R(-d)_t = R_{t-d}$ で定義するとき(6.4.30)を証明せよ．

d. 練習問題 24 の b, c, d を $R = k[y_1, \ldots, y_s]$ に一般化せよ．

練習問題 26 $a, b, c \in k[t]$ の最大次数は 6 であると仮定する．いつものように，$c \neq 0$, $\mathrm{GCD}(a,b,c) = 1$ と仮定する．

a. $a = t^6 + t^3 + t^2$, $b = t^6 - t^4 - t^2$, $c = t^6 + t^5 + t^4 - t - 1$ のとき $\mu = 2$ であることを示し，μ 基底を求めよ．

b. $\mu = 3$ である例を探し，その例の μ 基底を計算せよ．[ヒント：これはジェネリックな場合である．]

練習問題 27 次のような $GL(2, \mathbb{C})$ の有限行列群に付随するモリン級数を計算せよ．おのおのの場合に，[CLO, Chapter 7, §3] の方法で不変式環 $\mathbb{C}[x_1, x_2]^G$ が計算できる．

a. $\begin{pmatrix} 1 & 0 \\ 0 & -1 \end{pmatrix}$, $\begin{pmatrix} -1 & 0 \\ 0 & 1 \end{pmatrix}$ で生成されるクラインの 4 元群．

b. $g = \begin{pmatrix} -1 & 0 \\ 0 & -1 \end{pmatrix}$ で生成される 2 元群．

c. $g = \frac{1}{\sqrt{2}} \begin{pmatrix} 1 & -1 \\ 1 & 1 \end{pmatrix}$ で生成される 4 元群．

第7章

多面体，終結式，方程式

本章の目的は，多項式，終結式と，多項式に現れる単項式の冪指数ベクトルで定まる凸多面体の幾何についての，最近発見された興味深い相互関係を議論することである．

§7.1 多面体の幾何

空間 $\mathbb{R}^n$ の集合 C が**凸**(convex)であるとは，C に属する任意の2点を結ぶ線分が C に含まれるときに言う．或る集合がそれ自身は凸でないとき，その**凸閉包**(convex hull)はその集合を含む最小の凸集合である．記号 $\mathrm{Conv}(S)$ で $S \subset \mathbb{R}^n$ の凸閉包を表す．

もっと明確に言うと，Conv(S) に属する任意の点は S の元の線型結合の特別な集合を構成することで得られる．練習問題1では，次の命題(7.1.1)を証明する．

(7.1.1) 命題 部分集合 $S \subset \mathbb{R}^n$ の凸閉包はこのとき

$$\mathrm{Conv}(S) = \{\lambda_1 s_1 + \cdots + \lambda_m s_m : s_i \in S,\ \lambda_i \geq 0,\ \sum_{i=1}^m \lambda_i = 1\}$$

である．

なお，$\lambda_1 s_1 + \cdots + \lambda_m s_m$ (但し，$s_i \in S, \lambda_i \geq 0, \sum_{i=1}^m \lambda_i = 1$) なる形の線型結合を**凸結合**(convex combination)と呼ぶ．

練習問題1 a. $S = \{s_1, s_2\}$ のとき，凸結合の集合は s_1 と s_2 を結ぶ $\mathbb{R}^n$ の

線分であることを示せ．この場合には命題(7.1.1)が成り立つことを導け．

b. a を使って，任意の $S \subset \mathbb{R}^n$ について，凸結合全体の集合

$$\{\lambda_1 s_1 + \cdots + \lambda_m s_m : s_i \in S,\ \lambda_i \geq 0,\ \sum_{i=1}^m \lambda_i = 1\}$$

は $\mathbb{R}^n$ の凸部分集合であることを示せ．次に，この集合は S を含むことを示せ．

c. 凸集合 C が S を含むならば，C は b の集合も含むことを示せ．[ヒント：総和の項の個数に関する帰納法を使うことが 1 つの方法である．]

d. b と c から命題(7.1.1)を導け．

定義から，(凸)**多面体**(polytope)は $\mathbb{R}^n$ の**有限**集合の凸閉包である．その有限集合が $\mathcal{A} = \{m_1, \ldots, m_l\} \subset \mathbb{R}^n$ であるとき，対応する多面体は

$$\mathrm{Conv}(\mathcal{A}) = \{\lambda_1 m_1 + \cdots + \lambda_l m_l : \lambda_i \geq 0,\ \sum_{i=1}^l \lambda_i = 1\}$$

と表すことができる．低次元では，多面体は馴染みの深い幾何学の図形である．

- $\mathbb{R}$ の多面体は線分である．

- $\mathbb{R}^2$ の多面体は線分，凸多角形である．

- $\mathbb{R}^3$ の多面体は線分，平面上の凸多角形，(積木のような)多面体である．

これらの例が示唆するように，すべての多面体 Q は**次元**(dimension)を持つ．次元 $\dim Q$ の定義は練習問題で扱う．凸集合と多面体に関する背景については，[Zie] を参照せよ．図 7.1 は 3 次元多面体の例である．

別の例を挙げるために，$\mathcal{A} = \{(0,0), (2,0), (0,5), (1,1)\} \subset \mathbb{R}^2$ を考える．このとき，

(7.1.2) $\qquad (1,1) = \frac{3}{10}(0,0) + \frac{1}{2}(2,0) + \frac{1}{5}(0,5)$

は $\mathcal{A}$ の $(1,1)$ 以外の 3 点の凸結合であるから，$\mathrm{Conv}(\mathcal{A})$ は $(0,0), (2,0), (0,5)$ を頂点とする三角形である．

我々にとって，もっとも重要な多面体は**整数**座標を持つ点の有限集合の凸

7.1 多面体の幾何　*393*

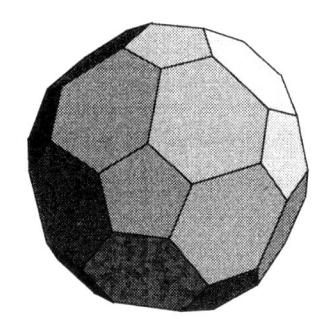

図 7.1：3 次元多面体

閉包である．このような多面体を**格子多面体**(lattice polytope)と呼ぶ．すると，格子多面体は $\mathrm{Conv}(\mathcal{A})$ ($\mathcal{A} \subset \mathbb{Z}^n$ は有限集合)なる形の多面体である．我々にとって特に関心を持つ例は，$\mathcal{A}$ が単項式の集合に現れる冪指数ベクトル全体から成るときである．多面体 $Q = \mathrm{Conv}(\mathcal{A})$ は本章で**非常**に重要な役割を果たす．

練習問題 2 $\mathcal{A}_d = \{m \in \mathbb{Z}^n_{\geq 0} : |m| \leq d\}$ を全次数が高々 d のすべての単項式の冪指数ベクトル全体の集合とする．

a. $\mathcal{A}_d$ の凸閉包は多面体

$$Q_d = \{(a_1, \ldots, a_n) \in \mathbb{R}^n : a_i \geq 0,\ \sum_{i=1}^n a_i \leq d\}$$

であることを示せ．次に，$n = 1, 2, 3$，$d = 1, 2, 3$ のとき $\mathcal{A}_d$, Q_d の絵を描け．

b. **単体**(simplex)を $m_2 - m_1, \ldots, m_{n+1} - m_1$ が $\mathbb{R}^n$ の基底であるような $n+1$ 個の点 $m_1, \ldots, m_{n+1}$ の凸閉包と定義する．a の多面体 Q_d は単体であることを示せ．

多面体 $Q \subset \mathbb{R}^n$ は n 次元体積 $\mathrm{Vol}_n(Q)$ を持つ．たとえば，$\mathbb{R}^2$ の多角形 Q について $\mathrm{Vol}_2(Q) > 0$ であるが，Q が $\mathbb{R}^3$ の xy 平面上にあると思うと $\mathrm{Vol}_3(Q) = 0$ である．

多変数の積分計算から

$$\mathrm{Vol}_n(Q) = \int \cdots \int_Q 1\, dx_1 \cdots dx_n$$

(但し, $x_1, \ldots, x_n$ は $\mathbb{R}^n$ の座標)である. 多面体 Q が正の体積を持つための必要十分条件は, Q が n 次元であることである. 簡単な例として, $\mathbb{R}^n$ の単位立方体がある. これは $0 \leq x_i \leq 1$, $1 \leq i \leq n$, と定義され, その体積は 1 である.

練習問題 3 練習問題 2 の単体 Q_d の体積を計算する.

a. いま,

$$\phi(x_1, \ldots, x_n) = (1 - x_1, x_1(1 - x_2), x_1 x_2 (1 - x_3), \ldots, x_1 \cdots x_{n-1}(1 - x_n))$$

によって定義される写像 $\phi: \mathbb{R}^n \to \mathbb{R}^n$ は $0 \leq x_i \leq 1$ なる単位立方体 $C \subset \mathbb{R}^n$ を単体 Q_1 に移すことを証明せよ. [ヒント:成分の和を計算して, $\phi(C) \subset Q_1$ を示せ. 逆の包含関係もきちんと証明せよ.]

b. a と n 次元積分の変数変換を使って

$$\mathrm{Vol}_n(Q_1) = \int \cdots \int_C x_1^{n-1} x_2^{n-2} \cdots x_{n-1}\, dx_1 \cdots dx_n = \frac{1}{n!}$$

であることを示せ.

c. $\mathrm{Vol}_n(Q_d) = d^n/n!$ を示せ.

多面体は**面**(face)と呼ばれる特別な部分集合を持つ. たとえば, $\mathbb{R}^3$ の 3 次元多面体は次のようなものを持つ.

- 面, これは平面上の多角形である
- 辺, これは或る一対の頂点を結ぶ線分である
- 頂点, これは点である.

一般論ではこれらはすべて面と呼ばれる. 任意の多面体 $Q \subset \mathbb{R}^n$ の面を定義するために, ν を $\mathbb{R}^n$ の非零ベクトルとする. **アフィン超平面**(affine hyperplane)

7.1 多面体の幾何

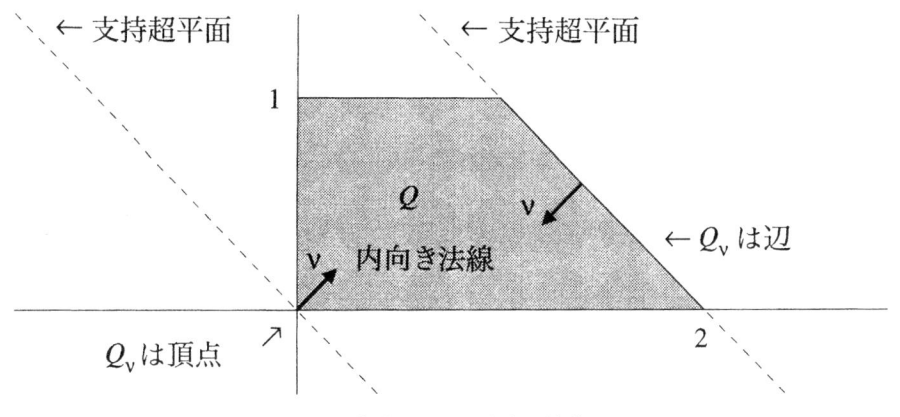

図7.2：支持超平面，内向き法線，面

は $m \cdot \nu = -a$ なる形の方程式で定義される（負の符号は§7.3, §7.4 の式を簡単にする．§7.3 の練習問題3と命題(7.4.6)を参照せよ）．いま，

(7.1.3) $$a_Q(\nu) = -\min_{m \in Q}(m \cdot \nu)$$

のとき，方程式

$$m \cdot \nu = -a_Q(\nu)$$

を Q の**支持超平面**(supporting hyperplane)と呼び，ν を**内向き法線**(inward pointing normal)と呼ぶ．図 7.2 は 2 つの支持超平面（この場合は直線）とその内向き法線を持つ多面体 $Q \subset \mathbb{R}^2$ を表している．

練習問題 14 において，支持超平面は

$$Q_\nu = Q \cap \{m \in \mathbb{R}^n : m \cdot \nu = -a_Q(\nu)\} \neq \emptyset$$

という性質を持ち，更に，Q は半空間

$$Q \subset \{m \in \mathbb{R}^n : m \cdot \nu \geq -a_Q(\nu)\}$$

に含まれることを示す．$Q_\nu = Q \cap \{m \in \mathbb{R}^n : m \cdot \nu = -a_Q(\nu)\}$ を ν によって定められる Q の**面**と呼ぶ．図 7.2 は一方が頂点，他方が辺である 2 つの面を説明している．

練習問題 4 次元がそれぞれ 0, 1, 2 である 3 つの面を定義する 3 個の支持超

平面を持つ $\mathbb{R}^3$ の立方体の絵を描け．内向き法線を必ず入れよ．

多面体 Q のすべての面は $\dim Q$ より小さな次元を持つ．頂点(vertex)は次元 0 の面(すなわち，点)，辺(edge)は次元 1 の面である．多面体 Q の次元が n であるとき，ファセット(facet)は次元 $n-1$ の面である．いま，$Q \subset \mathbb{R}^n$ と仮定すると，ファセットは唯一つの支持超平面上にあり，従って(正の倍数を除くと)唯一つの内向き法線を持つ．対照的に，低次元の面は無限個の支持超平面上にある．たとえば，図 7.2 の原点は Q の頂点であって，それは原点を通過する無限個の直線で切り取られる．

次元 n の多面体 $Q \subset \mathbb{R}^n$ をそのファセットで次のように特徴付けることができる．ファセット $\mathcal{F} \subset Q$ の内向き法線は正の定数倍を除くと一意的に決まる．いま，Q が内向き法線 $\nu_1, \ldots, \nu_N$ に対応するファセット $\mathcal{F}_1, \ldots, \mathcal{F}_N$ を持つと仮定する．各ファセット $\mathcal{F}_j$ は或る a_j について方程式 $m \cdot \nu_j = -a_j$ で定義される支持超平面を持つ．このとき，多面体 Q を

(7.1.4) $\quad Q = \{m \in \mathbb{R}^n : \text{すべての } j = 1, \ldots, N \text{ について } m \cdot \nu_j \geq -a_j\}$

と表示することができる．(7.1.3)の記号では $a_j = a_Q(\nu_j)$ である．

練習問題 5 各ファセットについて**外向き法線**(outward pointing normal)を使うと(7.1.4)はどのように変化するか．

多面体 Q が格子多面体であるとき，ファセット $\mathcal{F}$ の内向き法線 $\nu_\mathcal{F}$ を整数座標を持つように調整することができ，更に，その座標が互いに素であると仮定することもできる．この場合には $\nu_\mathcal{F}$ は**原始的**(primitive)であると言う．すると，$\mathcal{F}$ は**唯一つの原始的な内向き法線** $\nu_\mathcal{F} \in \mathbb{Z}^n$ を持つ．格子多面体については，常に内向き法線はこの性質を持つと仮定する．

練習問題 6 図 7.2 の格子多角形の内向き法線を求めよ．次に，e_1 と e_2 が $\mathbb{R}^2$ の標準基底ベクトルであるとき，Q の表現(7.1.4)は不等式

$$m \cdot e_1 \geq 0, \ m \cdot e_2 \geq 0, \ m \cdot (-e_2) \geq -1, \ m \cdot (-e_1 - e_2) \geq -2$$

で与えられることを示せ．

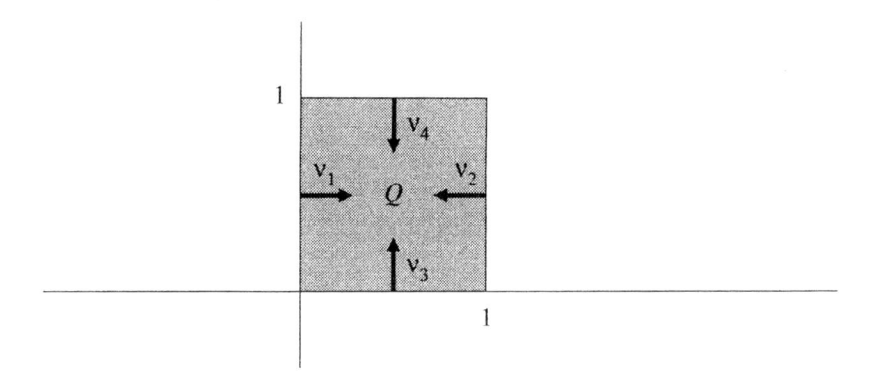

図 7.3：単位正方形

練習問題 7 ベクトル $e_1, \ldots, e_n$ を $\mathbb{R}^n$ の標準基底とする.

a. 練習問題 2 の単体 $Q_d \subset \mathbb{R}^n$ は不等式

$$m \cdot \nu_0 \geq -d, \ m \cdot \nu_j \geq 0, \ j = 1, \ldots, n$$

で与えられることを示せ. 但し, $\nu_0 = -e_1 - \cdots - e_n$ であって, $j = 1, \ldots, n$ について $\nu_j = e_j$ である.

b. 正方形 $Q = \mathrm{Conv}(\{(0,0),(1,0),(0,1),(1,1)\}) \subset \mathbb{R}^2$ は不等式

$$m \cdot \nu_1 \geq 0, \ m \cdot \nu_2 \geq -1, \ m \cdot \nu_3 \geq 0, \ m \cdot \nu_4 \geq -1$$

で与えられることを示せ. 但し, $e_1 = \nu_1 = -\nu_2, e_2 = \nu_3 = -\nu_4$ である. 図 7.3 はこの正方形を (読み易さを考え内向き法線を短くして) 表している.

本章のテーマの 1 つは, 格子多面体と多項式の間に潜む大変深い関係である. その関係を述べるために, 次の記号を採用する. 多項式 $f \in \mathbb{C}[x_1, \ldots, x_n]$ (或るいは, 任意の体 k に係数を持つ多項式 $f \in k[x_1, \ldots, x_n]$) を,

$$f = \sum_{\alpha \in \mathbb{Z}_{\geq 0}^n} c_\alpha x^\alpha$$

と表すとき, f のニュートン多面体 (Newton polytope) $\mathrm{NP}(f)$ とは, 格子

多面体

$$\mathrm{NP}(f) = \mathrm{Conv}(\{\alpha \in \mathbb{Z}_{\geq 0}^n : c_\alpha \neq 0\})$$

のことである．換言するとニュートン多面体は多項式の"形"や"疎構造"を記録しており，これによってどの単項式が非零係数を持つかが判る．しかし，その係数の実際の値は $\mathrm{NP}(f)$ の定義では問題にならない．

たとえば，

$$f = axy + bx^2 + cy^5 + d, \qquad a,b,c,d \neq 0$$

なる形の任意の多項式は三角形

$$Q = \mathrm{Conv}(\{(1,1),(2,0),(0,5),(0,0)\})$$

をニュートン多面体を持つ．（実際，(7.1.2) から $a=0$ としたときの f も同じニュートン多面体を持つ．）

練習問題 8 係数 $c_m \neq 0$（すると，f の次数はちょうど m）となる，1変数多項式 $f = \sum_{i=0}^m c_i x^i$ のニュートン多面体はどうなるか．（c_m 以外の）他の係数に依存するような特別な場合はあるか．

練習問題 9 ニュートン多面体が練習問題2の多面体 Q_d に等しくなる多項式を書き出せ．次に，$\mathrm{NP}(f) = Q_d$ を得るためにはどの係数が非零でなければならないか．どの係数が0で有り得るか．

逆に，冪指数から多項式を考えることもできる．冪指数の有限集合 $\mathcal{A} = \{\alpha_1,\ldots,\alpha_l\} \subset \mathbb{Z}_{\geq 0}^n$ があったとき，$L(\mathcal{A})$ をすべての項が $\mathcal{A}$ 内の冪指数を持つような多項式全体の集合とする．すると，

$$L(\mathcal{A}) = \{c_1 x^{\alpha_1} + \cdots + c_l x^{\alpha_l} : c_i \in \mathbb{C}\}$$

であって，$L(\mathcal{A})$ は次元 l（$= \mathcal{A}$ の元の個数）の $\mathbb{C}$ 上のベクトル空間である．

練習問題 10 a. $f \in L(\mathcal{A})$ のとき，$\mathrm{NP}(f) \subset \mathrm{Conv}(\mathcal{A})$ であることを示せ．等号が成り立つとは限らない例を挙げよ．

b. すべての $f \in L(\mathcal{A}) \setminus W$ について $\mathrm{NP}(f) = \mathrm{Conv}(\mathcal{A})$ となるような真の部分空間の和集合 $W \subset L(\mathcal{A})$ が存在することを示せ．これはジェネリックな $f \in L(\mathcal{A})$ について $\mathrm{NP}(f) = \mathrm{Conv}(\mathcal{A})$ が成り立つことを表している．

練習問題 11 集合 $\mathcal{A}_d$ が練習問題 2 のものであるとき，$L(\mathcal{A}_d)$ は何か．

最後に，単項式や多項式の概念を少し一般化することで本節を締め括る．格子多面体の頂点は**負の成分**を持つことがあるので，（そのような格子多面体についても）対応する代数的対象を得ることが望ましい．すると，項が負の冪を持ち得る多項式の概念が浮上する．

整数ベクトル $\alpha = (a_1, \ldots, a_n) \in \mathbb{Z}^n$ について，対応する変数 $x_1, \ldots, x_n$ の**ローラン単項式**(Laurent monomial)は

$$x^\alpha = x_1^{a_1} \cdots x_n^{a_n}$$

である．たとえば，$x^2 y^{-3}$, $x^{-2} y^3$ は積が 1 になる x, y のローラン単項式である．一般に，$\alpha, \beta \in \mathbb{Z}^n$ について

$$x^\alpha \cdot x^\beta = x^{\alpha + \beta} \text{ かつ } x^\alpha \cdot x^{-\alpha} = 1$$

である．ローラン単項式の有限線型結合

$$f = \sum_{\alpha \in \mathbb{Z}^n} c_\alpha x^\alpha$$

を**ローラン多項式**(Laurent polynomial)と呼ぶ．ローラン多項式全体の集合は自然な和と積の演算のもとで可換環を成す．体 k の元を係数とするローラン多項式の環を $k[x_1^{\pm 1}, \ldots, x_n^{\pm 1}]$ と表す．この環を理解する別の方法については練習問題 15 を参照せよ．

ニュートン多面体の定義はローラン多項式についても不変である．すなわち，負の成分を持つ頂点を認めるだけである．すると，任意のローラン多項式 $f \in k[x_1^{\pm 1}, \ldots, x_n^{\pm 1}]$ はニュートン多面体 $\mathrm{NP}(f)$ を持ち，これは再び格子多面体である．同様にして，有限集合 $\mathcal{A} \subset \mathbb{Z}^n$ があったとき，$\mathcal{A}$ 内に冪指数を持つローラン多項式から成るベクトル空間 $L(\mathcal{A})$ を得る．この時点では，ローラン多項式の導入は意味がないように思えるかも知れないが，ローラン多項式は本章で展開する理論にきわめて有益である．

§7.1 の練習問題(追加)

練習問題 12 この練習問題では，アフィン部分空間についての理論を展開する．アフィン部分空間(affine subspace) $A \subset \mathbb{R}^n$ とは，

$$s_1, \ldots, s_m \in A, \ \sum_{i=1}^{m} \lambda_i = 1 \ \text{ならば} \ \sum_{i=1}^{m} \lambda_i s_i \in A$$

なる性質を持つ部分集合である($\lambda_i \geq 0$ である必要はない)．他方，部分集合 $S \subset \mathbb{R}^n$ とベクトル $v \in \mathbb{R}^n$ が与えられたとき，v による S の**平行移動**(translate of S by v)とは $v + S = \{v + s : s \in S\}$ なる集合のことである．

a. $A \subset \mathbb{R}^n$ がアフィン部分空間で $v \in A$ であるとき，平行移動 $-v + A$ は $\mathbb{R}^n$ の部分空間であることを証明せよ．次に，$A = v + (-v + A)$ であるから，A は或る部分空間の平行移動であることを示せ．

b. $v, w \in A$ ならば $-v + A = -w + A$ であることを示せ．アフィン部分空間は $\mathbb{R}^n$ の**唯一つ**の部分空間の平行移動であることを示せ．

c. 逆に，$W \subset \mathbb{R}^n$ が或る部分空間で $v \in \mathbb{R}^n$ であるとき，平行移動 $v + W$ はアフィン部分空間であることを示せ．

d. アフィン部分空間の**次元**(dimension)を定義する方法を解説せよ．

練習問題 13 この練習問題では，多面体 $Q \subset \mathbb{R}^n$ の次元を定義する．基本的な着想は，Q を含む最小のアフィン部分空間の次元を Q の次元 $\dim Q$ とするのである．

a. 任意の部分集合 $S \subset \mathbb{R}^n$ が与えられたとき，

$$\mathrm{Aff}(S) = \{\lambda_1 s_1 + \cdots + \lambda_m s_m : s_i \in S, \ \sum_{i=1}^{m} \lambda_i = 1\}$$

は S を含む最小のアフィン部分空間であることを示せ．[ヒント：練習問題 1 の b, c, d を模倣せよ．]

b. 練習問題 12 を使って，多面体 $Q \subset \mathbb{R}^n$ の次元を定義する方法を解説せよ．

c. $\mathcal{A} = \{m_1, \ldots, m_l\} \subset \mathbb{R}^n$ とし，$W \subset \mathbb{R}^n$ を $m_2 - m_1, \ldots, m_l - m_1$ で張

られる部分空間とする．このとき，$Q = \mathrm{Conv}(\mathcal{A})$ の次元は $\dim W$ と一致することを示せ．

d. (練習問題 2 で定義した) $\mathbb{R}^n$ の単体の次元は n であることを証明せよ．

練習問題 14 多面体 $Q \subset \mathbb{R}^n$ と，非零ベクトル $\nu \in \mathbb{R}^n$ を考える．

a. $m \cdot \nu = 0$ は $\mathbb{R}^n$ の $n-1$ 次元部分空間を定義し，アフィン超平面 $m \cdot \nu = -a$ はこの部分空間の平行移動であることを示せ．[ヒント：ν との内積で定義される線型写像 $\mathbb{R}^n \to \mathbb{R}$ を使え．]

b. $\min_{m \in Q}(m \cdot \nu)$ が存在する理由を解説せよ．[ヒント：Q は閉かつ有界，写像 $m \mapsto m \cdot \nu$ は連続である．]

c. $a_Q(\nu)$ を (7.1.3) と同様に定義すると，共通部分

$$Q_\nu = Q \cap \{m \in \mathbb{R}^n : m \cdot \nu = -a_Q(\nu)\}$$

は空ではなく，

$$Q \subset \{m \in \mathbb{R}^n : m \cdot \nu \geq -a_Q(\nu)\}$$

であることを証明せよ．

練習問題 15 変数 $x_1, \ldots, x_n$ のローラン多項式環を多項式環の商環として表す方法が幾つかある．

$$k[x_1^{\pm 1}, \ldots, x_n^{\pm 1}] \simeq k[x_1, \ldots, x_n, t_1, \ldots, t_n]/\langle x_1 t_1 - 1, \ldots, x_n t_n - 1 \rangle$$
$$\simeq k[x_1, \ldots, x_n, t]/\langle x_1 \cdots x_n t - 1 \rangle$$

であることを証明せよ．

練習問題 16 この練習問題では，多面体の平行移動を研究する．空間 $\mathbb{R}^n$ における集合の平行移動は練習問題 12 で定義された．

a. 有限集合 $\mathcal{A} \subset \mathbb{R}^n$ および $v \in \mathbb{R}^n$ について，$\mathrm{Conv}(v + \mathcal{A}) = v + \mathrm{Conv}(\mathcal{A})$ であることを証明せよ．

b. 多面体の平行移動は多面体であることを証明せよ．

c. 多面体 Q が不等式 (7.1.4) で表されるとき，$v+Q$ を定義する不等式は何か．

練習問題 17 ローラン多項式 $f \in k[x_1^{\pm 1}, \ldots, x_n^{\pm 1}]$ と $\alpha \in \mathbb{Z}^n$ について，$\mathrm{NP}(x^\alpha f)$ は $\mathrm{NP}(f)$ とどのように関連するか．[ヒント：練習問題 16]

§7.2 疎終結式

第 3 章で議論した多重多項式終結式 $\mathrm{Res}_{d_1,\ldots,d_n}(F_1,\ldots,F_n)$ は (入力する多項式 $F_1,\ldots,F_n$ の大きさの所為もあって) 非常に大きな多項式で，特に全次数が大きくなるに従って，それらの多項式は**多くの係数**を持つ．実際，全次数の大きな多項式を扱うとき，すべての係数を使うことはめったにない．有限集合 $\mathcal{A} \subset \mathbb{Z}^n$ 内に属する冪指数のみに関係する**疎多項式** (sparse polynomial) に遭遇する方がずっと一般的である．このことは**疎終結式** (sparse resultant) という対応する概念が存在することを示唆している．

疎終結式の議論に着手するために，§3.2 で紹介した陰伏化問題に戻る．方程式

(7.2.1)
$$\begin{aligned} x &= f(s,t) = a_0 + a_1 s + a_2 t + a_3 st \\ y &= g(s,t) = b_0 + b_1 s + b_2 t + b_3 st \\ z &= h(s,t) = c_0 + c_1 s + c_2 t + c_3 st \end{aligned}$$

($a_0,\ldots,c_3$ は定数) で媒介変数表示される曲面を考える．これを**双線型曲面媒介変数表示** (bilinear surface parametrization) と呼ぶことがある．いま，

(7.2.2)
$$\det \begin{pmatrix} a_1 & a_2 & a_3 \\ b_1 & b_2 & b_3 \\ c_1 & c_2 & c_3 \end{pmatrix} \neq 0$$

と仮定する．練習問題 7 では，この条件は (7.2.1) が平面を媒介変数表示するような自明な場合を除外することを示す．

我々の目的は (7.2.1) の陰伏方程式を求めることである．換言すると，多項式 $p(x,y,z)$ で，性質「x,y,z が $p(x,y,z)=0$ を満たすためには，s,t を適

当に選ぶと x, y, z が(7.2.1)で与えられることが必要十分である」を持つものを探すことである. 命題(3.2.6)において, 終結式

$$(7.2.3) \qquad p(x, y, z) = \mathrm{Res}_{2,2,2}(F - xu^2, G - yu^2, H - zu^2)$$

を使って陰伏方程式を求めた. 但し, F, G, H は u に関する f, g, h の斉次化である. 残念ながら, この方法は手近な場合において機能しない.

練習問題 1 F, G, H が(7.2.1)の多項式の斉次化から生じるとき, 終結式(7.2.3)は恒等的に 0 になることを示せ. [ヒント: §3.2 の練習問題 2 でこの特別な場合を既に扱った.]

第 3 章の多重多項式終結式は機能しなくなるが, この場合**疎終結式**が存在することは注目すべきことである. 練習問題 2 では, (7.2.1)の陰伏方程式が行列式

$$(7.2.4) \qquad p(x, y, z) = \det \begin{pmatrix} a_0 - x & a_1 & a_2 & a_3 & 0 & 0 \\ b_0 - y & b_1 & b_2 & b_3 & 0 & 0 \\ c_0 - z & c_1 & c_2 & c_3 & 0 & 0 \\ 0 & a_0 - x & 0 & a_2 & a_1 & a_3 \\ 0 & b_0 - y & 0 & b_2 & b_1 & b_3 \\ 0 & c_0 - x & 0 & c_2 & c_1 & c_3 \end{pmatrix}$$

で与えられることを示す. この 6×6 行列式を展開すると, $p(x, y, z)$ は x, y, z の全次数 2 の多項式であることが判る.

練習問題 2 a. 最初に, x, y, z が(7.2.1)と同様のものであるとき, 行列式(7.2.4)は 0 になることを示せ. [ヒント: (7.2.1)の各方程式に $1, s$ を掛けることで得られる方程式系を考えると, 6 個の "未知数" $1, s, t, st, s^2, s^2 t$ を持つ 6 個の方程式を得る. 命題(3.2.10)との類似性に注意せよ.]

b. 次に, (7.2.4)が 0 になると仮定したとき, (7.2.1)が成り立つような s, t が存在することを示す. 第一段階として, A を(7.2.4)の行列とし, $Av = 0$ なる非零列ベクトル $v = (\alpha_1, \alpha_2, \alpha_3, \alpha_4, \alpha_5, \alpha_6)^t$ (t は転置)を求めることができる理由を解説せよ. このとき, (7.2.2)を使って $\alpha_1 \neq 0$ となること

を示せ．[ヒント：$Av = 0$ を略さずに書き下し，最初の3つの方程式を使え．それから最後の3つの式を使え．]

c. b のベクトル v を取り $1/\alpha_1$ を掛けると，v を $v = (1, s, t, \alpha, \beta, \gamma)$ なる形で書くことができる．このとき，$\alpha = st$ であることを証明すれば十分である理由を解説せよ．

d. (7.2.2) を使って $\alpha = st, \beta = s^2, \gamma = s\alpha$ であることを証明せよ．これで (7.2.1) の陰伏方程式が (7.2.4) で与えられることの証明が完成した．[ヒント：方程式 $Av = 0$ において $a_0 - x, b_0 - y, c_0 - z$ を消去せよ．]

e. 以上の証明から，曲面上の与えられた点 (x, y, z) を表示する s, t を求めるための線型代数的方法が得られる理由を解説せよ．このことは媒介変数表示された曲面に対する**反転問題**(inversion problem)を解決する．[ヒント：b の記号で $s = \alpha_2/\alpha_1, t = \alpha_3/\alpha_1$ であることを示せ．]

本節の目標は，標準的な多重多項式終結式 (7.2.3) が恒等的に 0 になるとしても，(7.2.4) のような終結式が存在し得る理由を解説することである．方程式 (7.2.1) は s, t の2次式であるが，それらは s, t の全次数が 2 以下の単項式全体を使っているのではないことがその根本的な理由である．方程式に現れる冪指数を制限する以外は，**疎終結式**は多重多項式終結式のように機能する．

簡単のため，すべての方程式が同じ集合上に冪指数を持つ特別な場合のみを扱い，一般の場合は §7.6 で考察する．専ら複素数体 $\mathbb{C}$ 上で研究する．変数を $t_1, \ldots, t_n$ とし，冪指数の有限集合 $\mathcal{A} = \{m_1, \ldots, m_l\} \subset \mathbb{Z}^n$ を固定する．負の冪指数が生じ得るので，§7.1 で定義したローラン多項式

$$f = a_1 t^{m_1} + \cdots + a_l t^{m_l} \in L(\mathcal{A})$$

が必要である．いま，$f_0, \ldots, f_n \in L(\mathcal{A})$ があったとき，n 個の未知数 $t_1, \ldots, t_n$ の $n+1$ 個の方程式

(7.2.5)
$$\begin{aligned} f_0 &= a_{01} t^{m_1} + \cdots + a_{0l} t^{m_l} = 0 \\ &\vdots \\ f_n &= a_{n1} t^{m_1} + \cdots + a_{nl} t^{m_l} = 0 \end{aligned}$$

を得る. これらの方程式の解を求める際, 負の冪指数があることから(7.2.5)の 0 でない解のみを考慮すべきである. 記号

$$\mathbb{C}^* = \mathbb{C} \setminus \{0\}$$

は 0 でない複素数全体の集合を表す.

疎終結式は, 係数 a_{ij} の多項式であって, (7.2.5)の"解"を求めることができるとき(且つそのときに限って)0 になるという性質を有する. 前段落では解が $(\mathbb{C}^*)^n$ に属するべきであると示唆しているが, 実際には状況はもっと複雑であるので, 引用符で囲んで"解"とした. たとえば, 第3章の多重多項式終結式は斉次多項式を使い, これは"解"が射影空間内に存在することを表している. ねじれはあるが, 疎終結式についての状況も類似している. すなわち, (7.2.5)の"解"が $(\mathbb{C}^*)^n$ 内に存在する必要はないが, その解が存在する空間が $\mathbb{P}^n$ である必要はない. たとえば, §7.3 では(7.2.1)のような方程式の"解"は $\mathbb{P}^2$ 内よりもむしろ $\mathbb{P}^1 \times \mathbb{P}^1$ 内に存在することを示す.

どこに解が存在するかという問題を避けるために, 伝統的な研究法を継承し, 解が $(\mathbb{C}^*)^n$ 内に存在するように制限する. 更に, (7.2.5)において, 係数は点 $(a_{ij}) \in \mathbb{C}^{(n+1)\times l}$ を与えるから, 部分集合

$$Z_0(\mathcal{A}) = \{(a_{ij}) \in \mathbb{C}^{(n+1)\times l} : (7.2.5) \text{ は } (\mathbb{C}^*)^n \text{ に解を持つ }\}$$

を考察することができる. 集合 $Z_0(\mathcal{A})$ は $\mathbb{C}^{(n+1)l}$ に含まれる多様体ではないかも知れないので, 次の事実が有益である.

- (ザリスキー閉包) 部分集合 $S \subset \mathbb{C}^m$ があったとき, S を含む最小のアフィン多様体 $\overline{S} \subset \mathbb{C}^m$ が存在する. アフィン多様体 $\overline{S}$ を S の**ザリスキー閉包**(Zariski closure)と呼ぶ.

(たとえば, [CLO, Chapter 4, §4] を参照せよ.) このとき, $Z(\mathcal{A}) = \overline{Z_0(\mathcal{A})}$ を $Z_0(\mathcal{A})$ のザリスキー閉包とする.

疎終結式は $Z(\mathcal{A}) \subset \mathbb{C}^{(n+1)l}$ を定義する方程式である. 我々の結果を正確に述べるために, 各係数 a_{ij} に対応する変数 u_{ij} を導入する. 更に, 多項式 $P \in \mathbb{C}[u_{ij}]$ について, 各変数 u_{ij} を(7.2.5)の対応する係数 a_{ij} に取り換えることで得られる数を $P(f_0, \ldots, f_n)$ と表す. 疎終結式に対する基本的な存在

性の結果を述べることができる.

(7.2.6) 定理 有限集合 $\mathcal{A} \subset \mathbb{Z}^n$ の凸閉包 $\mathrm{Conv}(\mathcal{A})$ は n 次元多面体であると仮定する.このとき,$(a_{ij}) \in \mathbb{C}^{(n+1)l}$ について,

$$(a_{ij}) \in Z(\mathcal{A}) \Longleftrightarrow \mathrm{Res}_{\mathcal{A}}(a_{ij}) = 0$$

を満たす既約多項式 $\mathrm{Res}_{\mathcal{A}} \in \mathbb{Z}[u_{ij}]$ が存在する.特に,(7.2.5) が $t_1, \ldots, t_n \in \mathbb{C}^*$ なる解を持つとき,

$$\mathrm{Res}_{\mathcal{A}}(f_0, \ldots, f_n) = 0$$

である.

証明 [GKZ, Chapter 8] を参照せよ. □

疎終結式(或いは $\mathcal{A}$ 終結式)とは多項式 $\mathrm{Res}_{\mathcal{A}}$ のことである.多項式 $\mathrm{Res}_{\mathcal{A}}$ は $\mathbb{Z}[u_{ij}]$ において既約であるので,$\mathrm{Res}_{\mathcal{A}}$ は $\pm$ を除くと一意的に定まる.有限集合 $\mathcal{A}$ の凸閉包の次元が n であるという条件は (7.2.5) で適切な個数の方程式があることを保証するために必要である.凸閉包の次元が真に小さいとき何が起こるかを簡単な例で考察する.

練習問題 3 $\mathcal{A} = \{(1,0),(0,1)\} \subset \mathbb{Z}^2$ とし,$i = 0, 1, 2$ について $f_i = a_{i1}t_1 + a_{i2}t_2$ とする.$f_0 = f_1 = f_2 = 0$ が解を持つための条件は 1 つどころか 3 つ存在することを示せ.[ヒント:§3.2 の練習問題 1 の b を参照せよ.]

次に,第 3 章の多重多項式終結式は疎終結式の特別な場合であることを示す.$d > 0$ のとき

$$\mathcal{A}_d = \{m \in \mathbb{Z}_{\geq 0}^n : |m| \leq d\}$$

と置く.変数 $x_0, \ldots, x_n$ を考え,$t_i = x_i/x_0$ $(1 \leq i \leq n)$ で $t_1, \ldots, t_n$ と関連付ける.いつものように,(7.2.5) の f_i を斉次化し,$0 \leq i \leq n$ について

(7.2.7) $\quad F_i(x_0, \ldots, x_n) = x_0^d f_i(t_1, \ldots, t_n) = x_0^d f_i(x_1/x_0, \ldots, x_n/x_0)$

と定義する.すると,$n+1$ 変数 $x_0, \ldots, x_n$ の $n+1$ 個の斉次多項式 F_i を得る.多項式 F_i の全次数はすべて d である.

(7.2.8) **命題** 有限集合 $\mathcal{A}_d = \{m \in \mathbb{Z}_{\geq 0}^n : |m| \leq d\} \subset \mathbb{Z}^n$ の疎終結式は,

$$\mathrm{Res}_{\mathcal{A}_d}(f_0, \ldots, f_n) = \pm \mathrm{Res}_{d,\ldots,d}(F_0, \ldots, F_n)$$

である. 但し, $\mathrm{Res}_{d,\ldots,d}$ は第3章の多重多項式終結式である.

証明 方程式系(7.2.5)が解 $(t_1, \ldots, t_n) \in (\mathbb{C}^*)^n$ を持つとき, $(x_0, \ldots, x_n) = (1, t_1, \ldots, t_n)$ は $F_0 = \cdots = F_n = 0$ の非自明解である. 5すると, $\mathrm{Res}_{d,\ldots,d}$ が $Z_0(\mathcal{A}_d)$ 上で0になる. ザリスキー閉包の定義から, $\mathrm{Res}_{d,\ldots,d}$ は $Z(\mathcal{A}_d)$ 上で0にならなければならない. 集合 $Z(\mathcal{A}_d)$ が既約な方程式 $\mathrm{Res}_{\mathcal{A}_d} = 0$ で定義されるとき, 命題(3.2.10)の議論は $\mathrm{Res}_{d,\ldots,d}$ が $\mathrm{Res}_{\mathcal{A}_d}$ の倍数であることを示している. しかし, 定理(3.2.3)から $\mathrm{Res}_{d,\ldots,d}$ は既約多項式であるので, 所期の式が従う. □

集合 $\mathcal{A}_d = \{m \in \mathbb{Z}_{\geq 0}^n : |m| \leq d\}$ は全次数が高々 d の冪指数のすべてを与えるので, 疎終結式 $\mathrm{Res}_\mathcal{A}$ に対比させ, 多重多項式終結式 $\mathrm{Res}_{d,\ldots,d}$ を**稠密終結式**(dense resultant)と呼ぶこともある.

多項式 $\mathrm{Res}_\mathcal{A}$ の構造をもっと詳細に議論する. 最初の問題は(凸閉包 $Q = \mathrm{Conv}(\mathcal{A})$ によって決まる)全次数に関するものである. 直感的には, Q が大きくなるに従って, 疎終結式も大きくなる. §7.1と同様にして, Q のサイズを体積 $\mathrm{Vol}_n(Q)$ で測る. その体積は次のようにして $\mathrm{Res}_\mathcal{A}$ の次数に影響を及ぼす.

(7.2.9) **定理** 有限集合 $\mathcal{A} = \{m_1, \ldots, m_l\} \subset \mathbb{Z}^n$ について, $\mathbb{Z}^n$ のすべての元が $m_2 - m_1, \ldots, m_l - m_1$ の整数係数の線型結合であると仮定する. このとき, i $(0 \leq i \leq n)$ を固定すると, $\mathrm{Res}_\mathcal{A}$ は f_i の係数の次数 $n! \mathrm{Vol}_n(Q)$ $(Q = \mathrm{Conv}(\mathcal{A}))$ の斉次多項式である. すなわち

$$\mathrm{Res}_\mathcal{A}(f_0, \ldots, \lambda f_i, \ldots, f_n) = \lambda^{n! \mathrm{Vol}_n(Q)} \mathrm{Res}_\mathcal{A}(f_0, \ldots, f_n)$$

である. 更に, $\mathrm{Res}_\mathcal{A}$ の全次数は $(n+1)! \mathrm{Vol}_n(Q)$ である.

証明 最初の主張は [GKZ, Chapter 8] で証明されている. §3.3の練習問題1で示したように, 最後の主張は $\mathrm{Res}_\mathcal{A}(\lambda f_0, \ldots, \lambda f_n)$ を考えることから従う. □

定理(7.2.9)の例として, $\mathcal{A}_d = \{m \in \mathbb{Z}_{\geq 0}^n : |m| \leq d\}$ は定理の仮定を満たすことに注意する. §7.1 の練習問題 3 から, その凸閉包の体積は $d^n/n!$ である. 命題(7.2.8)を使うと, F_i についての $\mathrm{Res}_{d,\ldots,d}$ の次数が d^n であることが示せる. このことは定理(3.3.1)で述べたことと一致する.

他方, 定理(7.2.9)の仮定が定理(7.2.6)とどのように関連するかを解説することができる. いま, $m_i - m_1$ が $\mathbb{Z}$ を張ればこれらは $\mathbb{R}$ も張り, その結果として §7.1 の練習問題 13 から凸閉包 $Q = \mathrm{Conv}(\mathcal{A})$ の次元は n である. すると, 定理(7.2.9)は $\mathcal{A} \subset \mathbb{Z}^n$ に定理(7.2.6)よりも強い条件を課している. 次の例は $m_i - m_1$ が $\mathbb{Z}$ を張らないときに何が狂うかを示している.

練習問題 4 $\mathcal{A} = \{0, 2\} \subset \mathbb{Z}$ とする. すると, $\mathrm{Vol}_1(\mathrm{Conv}(\mathcal{A})) = 2$ である.

a. $f_0 = a_{01} + a_{02}t^2$, $f_1 = a_{11} + a_{12}t^2$ とする. 方程式 $f_0 = f_1 = 0$ が $\mathbb{C}^*$ 内に解を持てば, $a_{01}a_{12} - a_{02}a_{11} = 0$ となることを示せ.

b. a を使って $\mathrm{Res}_{\mathcal{A}}(f_0, f_1) = a_{01}a_{12} - a_{02}a_{11}$ を証明せよ.

c. b の式が定理(7.2.9)に矛盾しない理由を解説せよ.

定理(7.2.9)の御陰で, 既知の方法を使って幾つかの疎終結式を計算することができる. たとえば, $\mathcal{A} = \{(0,0), (1,0), (0,1), (1,1)\} \subset \mathbb{Z}^2$ とし, 方程式

$$f(s,t) = a_0 + a_1 s + a_2 t + a_3 st = 0$$
(7.2.10)
$$g(s,t) = b_0 + b_1 s + b_2 t + b_3 st = 0$$
$$h(s,t) = c_0 + c_1 s + c_2 t + c_3 st = 0$$

を考える. この場合の疎終結式は行列式

(7.2.11) $$\mathrm{Res}_{\mathcal{A}}(f, g, h) = \pm \det \begin{pmatrix} a_0 & a_1 & a_2 & a_3 & 0 & 0 \\ b_0 & b_1 & b_2 & b_3 & 0 & 0 \\ c_0 & c_1 & c_2 & c_3 & 0 & 0 \\ 0 & a_0 & 0 & a_2 & a_1 & a_3 \\ 0 & b_0 & 0 & b_2 & b_1 & b_3 \\ 0 & c_0 & 0 & c_2 & c_1 & c_3 \end{pmatrix}$$

である(練習問題 5).

練習問題 5 上で述べたように,$\mathcal{A} = \{(0,0),(1,0),(0,1),(1,1)\}$ とする.

a. 練習問題 2 の議論を参考にして,(7.2.10) が $(\mathbb{C}^*)^2$ 内に解を持つとき (7.2.11) の行列式は 0 になることを示せ.

b. 命題 (3.2.10) の議論を適応して,$\text{Res}_\mathcal{A}$ は (7.2.11) の行列式を割り切ることを示せ.

c. 次数を比較し定理 (7.2.9) を使うことで,(7.2.11) の行列式は $\text{Res}_\mathcal{A}$ の整数倍であることを示せ.

d. $f = 1 + st, g = s, h = t$ のときに (7.2.11) の行列式を計算することで,c の整数は ± 1 であることを示せ.

有限集合 $\mathcal{A} = \{(0,0),(1,0),(0,1),(1,1)\}$ についての議論を継続する.

(7.2.12) $$p(x,y,z) = \text{Res}_\mathcal{A}(f - x, g - y, h - z)$$

と置くと陰伏化問題 (7.2.1) を解くことができる.これと (7.2.3) を比較すると,命題 (7.2.8) から $\text{Res}_{2,2,2}$ は $\mathcal{A}_2 = \mathcal{A} \cup \{(2,0),(0,2)\}$ に対応していることが従う.有限集合 $\mathcal{A}_2$ の凸閉包は $\mathcal{A}$ の凸閉包より真に大きい.これより最初の試みが失敗した理由(すなわち,その凸閉包が大きすぎること)を納得できる.

第 3 章で議論した定理 (3.3.5) の疎の類似もある.

(7.2.13) 定理 有限集合 $\mathcal{A}$ が定理 (7.2.9) の仮定を満たすとき,終結式 $\text{Res}_\mathcal{A}$ は以下の性質を持つ.

a. 可逆行列 (b_{ij}) と $g_i = \sum_{j=0}^n b_{ij} f_j$ について,
$$\text{Res}_\mathcal{A}(g_0, \ldots, g_n) = \det(b_{ij})^{n!\,\text{Vol}(Q)} \text{Res}_\mathcal{A}(f_0, \ldots, f_n)$$
である.

b. 添字 $1 \leq k_0 < \cdots < k_n \leq l$ があったとき,**括弧** $[k_0 \ldots k_n]$ を行列式
$$[k_0 \ldots k_n] = \det(u_{i,k_j}) \in \mathbb{Z}[u_{ij}]$$
と定義する.このとき,$\text{Res}_\mathcal{A}$ は括弧 $[k_0 \ldots k_n]$ の多項式である.

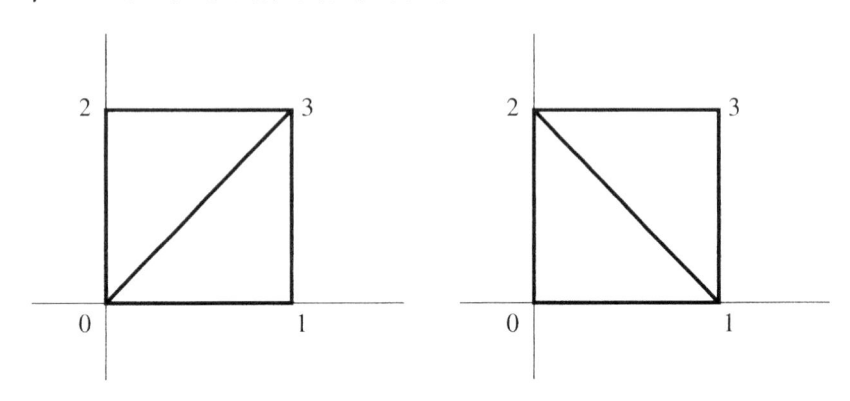

図 7.4：単位正方形の三角形分割

証明 [GKZ, Chapter 8] を参照せよ．定理(3.3.5)の証明で解説したように，2番目の部分は1番目の部分から従う．§7.4 で証明するが，Q は格子多面体であるから $n!\mathrm{Vol}(Q)$ は整数である． □

練習問題 6 練習問題5と同様にして，$\mathcal{A} = \{(0,0),(1,0),(0,1),(1,1)\}$ を考える．このとき，

(7.2.14) $\qquad \mathrm{Res}_{\mathcal{A}}(f,g,h) = [013][023] - [012][123]$

を証明せよ．[ヒント：行列式(7.2.11)をうまく選んだ行と列に沿って3回展開せよ．]

練習問題6の答えは最初に出会ったときよりも興味深いものである．有限集合 $\mathcal{A} = \{(0,0),(1,0),(0,1),(1,1)\}$ の点を(7.2.10)の係数の添字に対応して $0,1,2,3$ と番号を付ける．このとき，(7.2.14)に現れる括弧は正方形 $Q = \mathrm{Conv}(\mathcal{A})$ を三角形に分割する2つの方法に対応している．（図7.4を参照せよ．）但し，左の図は $[013][023]$ に対応し，右の図は $[012][123]$ に対応する．

この現象が偶然でないことは面白い事実である．一般に，$\mathrm{Res}_{\mathcal{A}}$ を括弧 $[k_0\ldots k_n]$ の多項式として表すとき，この多項式の或る項と多面体 $Q = \mathrm{Conv}(\mathcal{A})$ の三角形分割の間には大変深い関係がある．詳細は [KSZ] で議論されている．幾つか見事な例については [Stu4] も参照せよ．

多重多項式終結式の他の性質の多くが疎の類似を持つ．詳細については [GKZ, Chapter 8], [PS2] を参照せよ．

疎終結式についての我々の解説は決して完全なものでなく，特に次のような問題が残る．

- $\text{Res}_\mathcal{A}(f_0, \ldots, f_n)$ が 0 になるとき，方程式(7.2.5)は解を持つが，どこに解を持つのだろうか．§7.3 では，**トーリック多様体**がこの問題についての自然な答えを導くことを示す．

- (7.2.5)の多項式が同じ集合 $\mathcal{A}$ にない冪指数を持つときにはどんなことが起こるか．§7.6 でどんなことが起こるかを探究する．

- $\text{Res}_\mathcal{A}(f_0, \ldots, f_n)$ をどのように計算するのか．§7.6 で 1 つの方法の概略をざっと述べる．

- 疎終結式は何について有効であるか．ここでは(7.2.12)の陰伏化について疎終結式を使った．方程式を解くことへの応用は §7.6 で扱われる．幾何的モデル化，計算幾何，分子構造への応用についての簡潔な議論は [Emi2] で調べられる．

§7.2 の練習問題(追加)

練習問題 7 行列 B を(7.2.2)の 3×3 行列とする．この練習問題では，媒介変数表示(7.2.1)が平面 $\alpha x + \beta y + \gamma z = \delta$ 上にあるための必要十分条件は $\det(B) = 0$ であることを示す．

a. 最初に，その媒介変数表示が平面 $\alpha x + \beta y + \gamma z = \delta$ 上にあるとき $Bv = 0$ $(v = (\alpha, \beta, \gamma)^t)$ となることを示せ．[ヒント：s, t の多項式がすべての s, t の値について 0 になるならば，その多項式の係数は 0 である．]

b. 逆に，$\det(B) = 0$ のとき $Bv = 0$ を満たす非零列ベクトル $v = (\alpha, \beta, \gamma)^t$ を求めることができることを示せ．適当に選んだ δ について $\alpha x + \beta y + \gamma z = \delta$ であることを示せ．

練習問題 8 有限集合 $\mathcal{A} = \{m_1, \ldots, m_l\} \subset \mathbb{Z}^n$ と $v \in \mathbb{Z}^n$ について，$v + \mathcal{A} =$

$\{v+m_1,\ldots,v+m_l\}$ とする．このとき，$\mathrm{Res}_{\mathcal{A}} = \mathrm{Res}_{v+\mathcal{A}}$ となる理由を解説せよ．[ヒント：終結式を定義する際，$t_1,\ldots,t_n \in \mathbb{C}^*$ に関する方程式(7.2.5)の解のみを使っていることを思い出せ．]

練習問題 9 有限集合 $\mathcal{A} = \{(0,0),(1,0),(0,1),(1,1),(2,0)\}$ について，練習問題 7 の方法を使って $\mathrm{Res}_{\mathcal{A}}$ を計算せよ．[ヒント：変数は s,t とし，方程式は係数 $a_0,\ldots,c_4$ を持つ $f = g = h = 0$ とする．3 つの方程式のそれぞれに $1,s,t$ を掛けよ．すると，9×9 行列式を得る．行列式が ± 1 となる多項式 f,g,h を求めることが巧妙な部分である．練習問題 5 の d を参照せよ．]

練習問題 10 この練習問題では 1908 年にディクソンによって導入されたディクソン終結式（Dixon resultant）を探究する．見事な例については [Stu4, Section 2.4] を参照せよ．有限集合

$$\mathcal{A}_{l,m} = \{(a,b) \in \mathbb{Z}^2 : 0 \leq a \leq l,\ 0 \leq b \leq m\}$$

を考える．このとき，$\mathcal{A}_{l,m}$ は $(l+1)(m+1)$ 個の元を持つ．変数を s,t とする．目標は $\mathrm{Res}_{\mathcal{A}_{l,m}}$ の行列式表示を求めることである．

a. $f,g,h \in L(\mathcal{A}_{l,m})$ があったとき，方程式 $f = g = h = 0$ を得る．これらの方程式に $s^a t^b$ $((a,b) \in \mathcal{A}_{2l-1,m-1})$ を掛け，$6lm$ 個の "未知数" $s^a t^b$ $((a,b) \in \mathcal{A}_{3l-1,2m-1})$ の $6lm$ 個の方程式系を得ることを示せ．[ヒント：$l = m = 1$ のとき，これはちょうど練習問題 1 で行ったことである．]

b. A が a の行列であるとき，$f = g = h = 0$ が解 $(s,t) \in (\mathbb{C}^*)^2$ を持つとき常に $\det(A) = 0$ であることを示せ．次に，f の係数についての $\det(A)$ の全次数は $2lm$ であり，g,h についても同様であることを示せ．

c. $\mathcal{A}_{l,m}$ の凸閉包の体積は幾つか．

d. 定理(7.2.6)と定理(7.2.9)を使って，$\det(A)$ が $\mathrm{Res}_{\mathcal{A}_{l,m}}$ の定数倍であることを示せ．

e. $f = 1 + s^l t^m$, $g = s^l$, $h = t^m$ とすることで，その定数は ± 1 であることを示せ．[ヒント：この場合，A は非零成分が唯一つの $4lm$ 個の行を持つ．これを使って $2lm \times 2lm$ 行列に帰着させよ．]

§7.3 トーリック多様体

有限集合 $\mathcal{A} = \{m_1, \ldots, m_l\} \subset \mathbb{Z}^n$ を考え，

$$f_i = a_{i1} t^{m_1} + \cdots + a_{il} t^{m_l}, \qquad i = 0, \ldots, n$$

が $L(\mathcal{A})$ の $n+1$ 個のローラン多項式であるとする．本節で問題にする基本的な問題は，$\operatorname{Res}_{\mathcal{A}}(f_0, \ldots, f_n) = 0$ のとき，方程式

(7.3.1) $$f_0 = \cdots = f_n = 0$$

はどこで解を持つか，ということである．換言すると，終結式が 0 になることは何を意味しているか，ということである．

有限集合 $\mathcal{A}_d = \{m \in \mathbb{Z}_{\geq 0}^n : |M| \leq d\}$ についてはその答えは既知である．ここでは，(7.2.7) と同様にして $f_0, \ldots, f_n$ を斉次化して $F_0, \ldots, F_n$ を得る．命題(7.2.8)から

$$\operatorname{Res}_{\mathcal{A}_d}(f_0, \ldots, f_n) = \operatorname{Res}_{d, \ldots, d}(F_0, \ldots, F_n)$$

であって，定理(3.2.3)から

(7.3.2) $$\operatorname{Res}_{d, \ldots, d}(F_0, \ldots, F_n) = 0 \iff \begin{cases} F_0 = \cdots = F_n = 0 \\ \text{が非自明解を持つ} \end{cases}$$

が従う．**非自明解**は $(x_0, \ldots, x_n) \neq (0, \ldots, 0)$ なる解，すなわち，$\mathbb{P}^n$ 内の解を表していることを思い出そう．すると，$(\mathbb{C}^*)^n$ から $\mathbb{P}^n$ に移って，(7.3.1)において斉次座標に変えることで，終結式が 0 になることが(その空間において)我々の方程式が解を持つことを意味するような空間を得る．

一般の場合に生じることを理解するために，$\mathcal{A} = \{m_1, \ldots, m_l\} \subset \mathbb{Z}_{\geq 0}^n$ とし，$Q = \operatorname{Conv}(\mathcal{A})$ の次元は n であると仮定する．このとき，

(7.3.3) $$\phi_{\mathcal{A}}(t_1, \ldots, t_n) = (t^{m_1}, \ldots, t^{m_l})$$

で定義される写像

$$\phi_{\mathcal{A}} : (\mathbb{C}^*)^n \longrightarrow \mathbb{P}^{l-1}$$

を考える．すべての i について $t_i \in \mathbb{C}^*$ であるので，$(t^{m_1}, \ldots, t^{m_l})$ は決し

て零ベクトルにはならない．すると，$\phi_\mathcal{A}$ は $(\mathbb{C}^*)^n$ 全体で定義されるが，$\phi_\mathcal{A}$ の像が $\mathbb{P}^{l-1}$ の部分多様体になる必要はない．このとき，**トーリック多様体** (toric variety) $X_\mathcal{A}$ とは $\phi_\mathcal{A}$ の像のザリスキー閉包，すなわち，

$$X_\mathcal{A} = \overline{\phi_\mathcal{A}((\mathbb{C}^*)^n)} \subset \mathbb{P}^{l-1}$$

である．トーリック多様体は代数幾何の重要な研究分野で，多くの応用で大きな役割を果たしている．トーリック多様体の入門については [GKZ] や [Stu2] を参照せよ．たとえば，[Ful] で述べられているように，トーリック多様体のより抽象的な理論もある．

我々にとって鍵となる事実は，(7.3.1) の方程式 $f_i = a_{i1}t^{m_1} + \cdots + a_{il}t^{m_l} = 0$ は $X_\mathcal{A}$ に自然に拡張されるということである．これがどのように機能するかを理解するために，$u_1, \ldots, u_l$ を $\mathbb{P}^{l-1}$ の斉次座標とする．このとき，線型函数 $L_i = a_{i1}u_1 + \cdots + a_{il}u_l$ を考え，$f_i = L_i \circ \phi_\mathcal{A}$ であることに注意する．しかし，$u_1, \ldots, u_l$ は斉次座標であるので，L_i は $\mathbb{P}^{l-1}$ 上の函数ではない．だが，方程式 $L_i = 0$ は $\mathbb{P}^{l-1}$ 上で意味を持つ (その理由を必ず理解せよ)．特に，$L_i = 0$ は $X_\mathcal{A}$ 上で意味を持つ．いま，L_i と f_i は同じ係数を持つから，$\mathrm{Res}_\mathcal{A}(f_0, \ldots, f_n)$ を $\mathrm{Res}_\mathcal{A}(L_0, \ldots, L_n)$ と表してもよい．このとき，終結式が 0 になることを次のようにして特徴付けることができる．

(7.3.4) 定理

$$\mathrm{Res}_\mathcal{A}(L_0, \ldots, L_n) = 0 \iff \begin{cases} L_0 = \cdots = L_n = 0 \\ \text{が } X_\mathcal{A} \text{ 内に解を持つ}. \end{cases}$$

証明 [GKZ, Chapter 8, Proposition 2.1] を参照せよ．この結果は [KSZ] でも議論され，[Roj5] で一般化された． □

定理 (7.3.4) から，終結式が 0 になるためには，(7.3.1) がトーリック多様体 $X_\mathcal{A}$ 内に解を持つことが必要十分であることが従う．更に精密な見方をすると，定理 (7.3.4) から $\mathrm{Res}_\mathcal{A}$ が $X_\mathcal{A}$ の**チャウ形式** (Chow form) と密接に関係していることが判る．

定理 (7.3.4) が意味することについてのより良い着想を得るために，2 つの

例を理解する．まず，$\mathcal{A}_d = \{m \in \mathbb{Z}_{\geq 0}^n : |m| \leq d\}$ のとき $X_{\mathcal{A}_d} = \mathbb{P}^n$ であることを示す．いま，$x_0, \ldots, x_n$ を $\mathbb{P}^n$ の斉次座標とすると，§3.4 の練習問題 19 から $x_0, \ldots, x_n$ の全次数 d の単項式は $N = \binom{d+n}{n}$ 個存在する．これらの単項式から $\Phi_d(x_0, \ldots, x_n) = (\ldots, x^\alpha, \ldots)$ （全次数 d の単項式 x^α 全体を使っている）で定義される写像

$$\Phi_d : \mathbb{P}^n \longrightarrow \mathbb{P}^{N-1}$$

を得る．練習問題 6 では，Φ_d が 1 対 1 であることを示す．写像 Φ_d をベロネーゼ写像（Veronese map）と呼ぶ．次の基本的な事実から Φ_d の像は多様体である．

- （射影像）$\Psi : \mathbb{P}^n \to \mathbb{P}^{N-1}$ を $\Psi(x_0, \ldots, x_n) = (h_1, \ldots, h_N)$ と定義する．但し，h_i は同じ次数の斉次式で $\mathbb{P}^n$ 上で同時に 0 になることはない．このとき，像 $\Psi(\mathbb{P}^n) \subset \mathbb{P}^{N-1}$ は多様体である．

([CLO, Chapter 8, §5] を参照せよ．)　いま，$t_1, \ldots, t_n \in \mathbb{C}^*$ について

(7.3.5) $$\Phi_d(1, t_1, \ldots, t_n) = \phi_{\mathcal{A}_d}(t_1, \ldots, t_n)$$

である（練習問題 6）．但し，$\phi_{\mathcal{A}_d}$ は (7.3.3) によるものである．すると，$\Phi_d(\mathbb{P}^n)$ は $\phi_{\mathcal{A}_d}((\mathbb{C}^*)^n)$ を含む多様体であって，$X_{\mathcal{A}_d} \subset \Phi_d(\mathbb{P}^n)$ が従う．練習問題 6 では，等号 $X_{\mathcal{A}_d} = \Phi_d(\mathbb{P}^n)$ が成り立つことを示す．最後に，Φ_d は 1 対 1 であるから，$\mathbb{P}^n$ を Φ_d を介して $\mathbb{P}^n$ の像と同一視することができ（詳細は省略），$X_{\mathcal{A}_d} = \mathbb{P}^n$ であることが従う．すると，定理 (7.3.4) から次数 d の斉次多項式 $F_0, \ldots, F_n$ について

$$\mathrm{Res}_{d,\ldots,d}(F_0, \ldots, F_n) = 0 \iff \begin{cases} F_0 = \cdots = F_n = 0 \\ \text{が $\mathbb{P}^n$ 内に解を持つ} \end{cases}$$

が従う．このようにして (7.3.2) で与えられる $\mathrm{Res}_{d,\ldots,d}$ の特徴付けが再登場する．

2 つ目の例として，練習問題 1 において，$\mathbb{P}^1 \times \mathbb{P}^1$ は終結式が 0 になるとき方程式 (7.2.10) が解を持つようなトーリック多様体であることを示す．

練習問題 1 有限集合 $\mathcal{A} = \{(0,0), (1,0), (0,1), (1,1)\}$ を考える．このとき，

$\phi_{\mathcal{A}}(s,t) = (1, s, t, st) \in \mathbb{P}^3$ であって,$X_{\mathcal{A}}$ は $\phi_{\mathcal{A}}$ の像のザリスキー閉包である.終結式 $\mathrm{Res}_{\mathcal{A}}$ の式は (7.2.11) で与えられる.

a. $\mathbb{P}^1 \times \mathbb{P}^1$ の座標を (u, s, v, t) とする.すると,(u, s) は最初の $\mathbb{P}^1$ の斉次座標で,(v, t) は次の $\mathbb{P}^1$ の斉次座標である.$\Phi(u, s, v, t) = (uv, sv, ut, st)$ で定義される**セグレ写像**(Segre map) $\Phi: \mathbb{P}^1 \times \mathbb{P}^1 \to \mathbb{P}^3$ は 1 対 1 であることを示せ(本節末の練習問題 6 の a 参照).

b. Φ の像が $X_{\mathcal{A}}$ であることを示し,この御陰で $\mathbb{P}^1 \times \mathbb{P}^1$ と $X_{\mathcal{A}}$ を同一視できる理由を解説せよ.

c. (7.2.10) の f, g, h の "斉次化" が

(7.3.6)
$$F(u, s, v, t) = a_0 uv + a_1 sv + a_2 ut + a_3 st = 0$$
$$G(u, s, v, t) = b_0 uv + b_1 sv + b_2 ut + b_3 st = 0$$
$$H(u, s, v, t) = c_0 uv + c_1 sv + c_2 ut + c_3 st = 0$$

である理由を解説し,$\mathrm{Res}_{\mathcal{A}}(F, G, H) = 0$ であるためには,$F = G = H = 0$ が $\mathbb{P}^1 \times \mathbb{P}^1$ 内に解を持つことが必要十分であることを証明せよ.本節末の練習問題 7 と 8 ではこの結果の初等的な証明を与える.

練習問題 1 を,$\mathrm{Res}_{\mathcal{A}}(F, G, H) = 0$ であるためには,$F = G = H = 0$ が**非自明解** (u, s, v, t) を持つ(但し,非自明とは $(u, s) \neq (0, 0)$ 且つ $(v, t) \neq (0, 0)$ を意味している)ことが必要十分である,と言い換えることができる.方程式 (7.3.1) を異なる方法で "斉次化" し,"非自明" が異なる意味を持つということを除くと,これは (7.3.2) に類似している.

方程式 (7.3.1) を斉次化するための系統的な手順があることを示すことが次の仕事である.基本的な要素は再び多面体 $Q = \mathrm{Conv}(\mathcal{A})$ である.特に,§7.1 で定義した Q のファセットと内向き法線を使う.多面体 Q がそれぞれ内向き法線 $\nu_1, \ldots, \nu_N$ に関するファセット $\mathcal{F}_1, \ldots, \mathcal{F}_N$ を持つとき,ファセット $\mathcal{F}_j$ は $m \cdot \nu_j = -a_j$ で定義される支持超平面上にあり,(7.1.4) から多面体 Q は

(7.3.7) $Q = \{m \in \mathbb{R}^n : \text{すべての } j = 1, \ldots, N \text{ について } m \cdot \nu_j \geq -a_j\}$

と表示される．いつものように，$\nu_j \in \mathbb{Z}^n$ はファセット $\mathcal{F}_j$ の唯一つの原始的な内向き法線であると仮定する．

一般の場合に方程式(7.3.1)を斉次化する方法を解説する．(7.3.7)と同様の Q の表示があったとき，新しい変数 $x_1, \ldots, x_N$ を導入する．これらの"ファセット変数"は

$$\tag{7.3.8} t_i = x_1^{\nu_{1i}} x_2^{\nu_{2i}} \cdots x_N^{\nu_{Ni}}, \qquad i = 1, \ldots, n$$

(ν_{ji} は ν_j の i 番目の座標)と代入することで $t_1, \ldots, t_n$ と関係する．このとき，$f(t_1, \ldots, t_n)$ の"斉次化"は

$$\tag{7.3.9} F(x_1, \ldots, x_n) = \left(\prod_{j=1}^N x_j^{a_j}\right) f(t_1, \ldots, t_n)$$

である．但し，各 t_i は(7.3.8)に置き換える．(7.2.7)との類似性に注意する．単項式 t^m の斉次化を $x^{\alpha(m)}$ と表す．後で $x^{\alpha(m)}$ の明確な式を与える．

内向き法線 ν_j は負の座標を持ち得るので，(7.3.8)に負の冪指数が現れることがある．それにもかかわらず，次の補題(7.3.10)は，我々が興味を持つ状況では $x^{\alpha(m)}$ は負の冪指数を持たないことを示している．

(7.3.10) 補題 単項式 t^m の斉次化 $x^{\alpha(m)}$ は，$m \in Q$ ならば非負の冪指数を持つ $x_1, \ldots, x_N$ の単項式である．

証明 整数ベクトル $m \in \mathbb{Z}^n$ を $m = \sum_{i=1}^n m_i e_i$ と表す．このとき，$\nu_{ji} = \nu_j \cdot e_i$ である．すると，(7.3.8)から

$$\tag{7.3.11} t^m = x_1^{m \cdot \nu_1} x_2^{m \cdot \nu_2} \cdots x_N^{m \cdot \nu_N}$$

である．従って，

$$x^{\alpha(m)} = \left(\prod_{j=1}^N x_j^{a_j}\right) x_1^{m \cdot \nu_1} x_2^{m \cdot \nu_2} \cdots x_N^{m \cdot \nu_N}$$
$$= x_1^{m \cdot \nu_1 + a_1} x_2^{m \cdot \nu_2 + a_2} \cdots x_N^{m \cdot \nu_N + a_N}$$

である．いま，$m \in Q$ なので，(7.3.7)から x_j の冪指数 $m \cdot \nu_j + a_j$ は非負である． □

練習問題 2 (7.3.11)を入念に証明せよ．

練習問題 3 (7.3.7)の $Q = \mathrm{Conv}(\mathcal{A})$ の表示において $-a_j$ ではなく $+a_j$ を使うと，(7.3.9)にどのような影響を及ぼすか．このことは(7.3.7)のマイナスの符号を解説している．すなわち，その符号はより良い斉次化の式を与えるのである．

方程式(7.3.1)から，斉次化された方程式

$$F_0 = a_{01}x^{\alpha(m_1)} + \cdots + a_{0l}x^{\alpha(m_l)} = 0$$
$$\vdots$$
$$F_n = a_{n1}x^{\alpha(m_1)} + \cdots + a_{nl}x^{\alpha(m_l)} = 0$$

を得る．但し，F_i は f_i の斉次化である．すべての i について $m_i \in \mathcal{A} \subset Q$ であるので，これらの方程式に補題(7.3.10)が適応される．他方，$F_0, \ldots, F_n$ と $f_0, \ldots, f_n$ は同じ係数を持つので，終結式を $\mathrm{Res}_{\mathcal{A}}(F_0, \ldots, F_n)$ と表してもよい．

練習問題 4 a. 有限集合 $\mathcal{A}_d = \{m \in \mathbb{Z}^n_{\geq 0} : |m| \leq d\}$ について，ファセット変数を $x_0, \ldots, x_n$ とする．練習問題 3 の番号付けを採用する．このとき，$t_i = x_i/x_0$ であって，且つ $f(t_1, \ldots, t_n)$ の斉次化は(7.2.7)で与えられることを示せ．

b. $\mathcal{A} = \{(0,0), (1,0), (0,1), (1,1)\}$ について，$\mathbb{R}^2$ の凸閉包 $Q = \mathrm{Conv}(\mathcal{A})$ は不等式

$$m \cdot \nu_s \geq 0, \ m \cdot \nu_u \geq -1, \ m \cdot \nu_t \geq 0, \ m \cdot \nu_v \geq -1$$

(但し，$e_1 = \nu_s = -\nu_u, e_2 = \nu_t = -\nu_v$) で与えられることを示せ．ファセットの番号付けで示されるように，ファセット変数は u, s, v, t である．図 7.5 で解説されている．(7.2.10)の斉次化は方程式系(7.3.6)で与えられることを示せ．

方程式 $F_0 = \cdots = F_n = 0$ が "非自明" 解を持つことが何を表しているかを解説することが最後の仕事である．そのために多面体 Q の**頂点**を使う．多面体 Q は有限集合 $\mathcal{A} \subset \mathbb{Z}^n$ の凸閉包であるので，Q のすべての頂点は $\mathcal{A}$ に

7.3 トーリック多様体 **419**

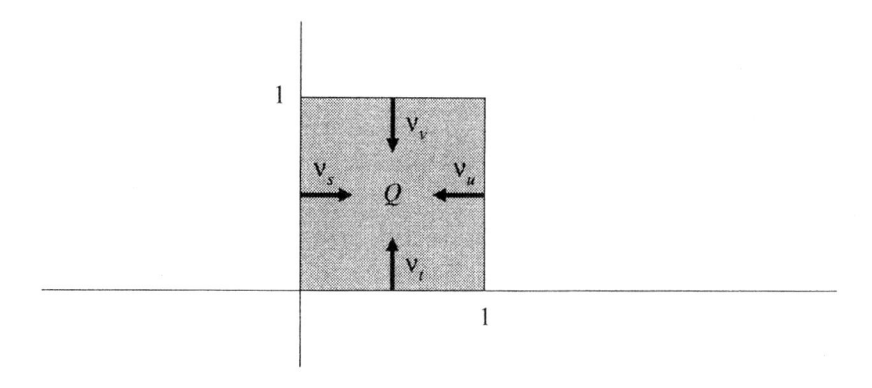

図7.5：単位正方形のファセット法線

属する，すなわち，頂点の集合は $\mathcal{A}$ の特別な部分集合である．同様に，頂点の集合は"非自明"が何を意味しているかを教えてくれる，斉次化された単項式の特別な集合を与える．正確な定義を述べる．

(7.3.12) 定義 変数 $x_1, \ldots, x_N$ を $Q = \mathrm{conv}(\mathcal{A})$ のファセット変数とする．

a. $m \in \mathcal{A}$ が Q の頂点であるとき，$x^{\alpha(m)}$ を**頂点単項式** (vertex monomial) と呼ぶ．

b. 点 $(x_1, \ldots, x_N) \in \mathbb{C}^N$ が**非自明**であるとは，少なくとも 1 つの頂点単項式 $x^{\alpha(m)}$ について $x^{\alpha(m)} \neq 0$ であるときに言う．

練習問題 5 a. $\mathcal{A}_d, x_0, \ldots, x_n$ を練習問題 4 と同様のものとする．頂点単項式は $x_0^d, \ldots, x_n^d$ であることを示し，$(x_0, \ldots, x_n)$ が非自明であるための必要十分条件は $(x_0, \ldots, x_n) \neq (0, \ldots, 0)$ であることを示せ．

b. $\mathcal{A}, u, s, v, t$ を練習問題 4 と同様のものとする．頂点単項式は uv, sv, ut, st であることを示し，(u, s, v, t) が非自明であるための必要十分条件は $(u, s) \neq (0, 0)$ かつ $(v, t) \neq (0, 0)$ であることを示せ．

練習問題 4 と 5 から，(7.2.7) と (7.3.6) で採用した斉次化が，任意の冪指数の集合 $\mathcal{A}$ について機能する理論の特別な場合であることが納得できる．一

且 $\mathcal{A}$ の凸閉包の表示(7.3.7)を得ると、ファセット変数や斉次化の方法、非自明の意味も含め、必要とするすべての情報を読み取ることが可能となる．

いよいよ、本節の主要な結果に到達した．これはファセット変数を使って終結式が0になるための必要十分条件を与える．

(7.3.13) 定理 有限集合 $\mathcal{A} = \{m_1, \ldots, m_l\} \subset \mathbb{Z}_{\geq 0}^n$ の凸閉包 $Q = \mathrm{Conv}(\mathcal{A})$ は n 次元多面体であると仮定し、$x_1, \ldots, x_N$ をファセット変数とする．このとき、斉次化された方程式系

$$F_0 = a_{01} x^{\alpha(m_1)} + \cdots + a_{0l} x^{\alpha(m_l)} = 0$$
$$\vdots$$
$$F_n = a_{n1} x^{\alpha(m_1)} + \cdots + a_{nl} x^{\alpha(m_l)} = 0$$

が $\mathbb{C}^N$ で非自明解を持つための必要十分条件は $\mathrm{Res}_{\mathcal{A}}(F_0, \ldots, F_n) = 0$ である．

証明 非自明な点全体から成る集合を $U \subset \mathbb{C}^N$ と置き、$(\mathbb{C}^*)^N \subset U$ に注意する．このとき、

$$\Phi(x_1, \ldots, x_N) = (x^{\alpha(m_1)}, \ldots, x^{\alpha(m_l)})$$

で定義される写像 Φ を考える．頂点単項式は $x^{\alpha(m_i)}$ として現れるから、$(x_1, \ldots, x_N) \in U$ のとき $\Phi(x_1, \ldots, x_N) \neq (0, \ldots, 0)$ である．すると、Φ を写像 $\Phi : U \to \mathbb{P}^{l-1}$ と思うことができる．定理(7.3.4)から Φ の像がトーリック多様体 $X_{\mathcal{A}}$ であることを証明すれば十分である．このことを証明するために、以下のような写像 Φ の性質が必要である．

(i) $\Phi(U)$ は $\mathbb{P}^{l-1}$ の多様体である．

(ii) $\Phi((\mathbb{C}^*)^N) = \phi_{\mathcal{A}}((\mathbb{C}^*)^n)$．

いま、(i)、(ii)を仮定すると、$\phi_{\mathcal{A}}((\mathbb{C}^*)^n) \subset \Phi(U)$ で、$\Phi(U)$ は多様体であるから $X_{\mathcal{A}} \subset \Phi(U)$ である．このとき、練習問題6のdの議論から $X_{\mathcal{A}} = \Phi(U)$ が従う．

7.3 トーリック多様体

(i), (ii)の証明はかなり技巧的で, [BC], [Cox] の結果が不可欠である. 定理(7.3.13)は以前に文献に現れたことがないので, 詳細を含めて考える. 以下は専門家だけのためのものである！

(i)について, [Cox] から Φ は

$$U \to X_Q \to \mathbb{P}^{l-1}$$

と分解できる. 但し, X_Q は Q が定める抽象的なトーリック多様体である([Ful, §1.5]を参照せよ). [Cox, Theorem 2.1] から, $U \to X_Q$ はカテゴリー商である. 実際には, その証明からそれが普遍カテゴリー商であることが従う ($\mathbb{C}$ の標数が 0 であるから. [FM, Theorem 1.1] を参照せよ). [FM, §0.2] から普遍カテゴリー商は全射であって, その結果 $U \to X_Q$ は全射である. すると, $\Phi(U)$ は $X_Q \to \mathbb{P}^{l-1}$ の像である. 多様体 X_Q は射影多様体であるので, 本節初めで使った射影像の法則から $X_Q \to \mathbb{P}^{l-1}$ の像は多様体である. 従って, $\Phi(U)$ は $\mathbb{P}^{l-1}$ の多様体である.

(ii)について, Φ の $(\mathbb{C}^*)^N$ への制限は

$$(\mathbb{C}^*)^N \xrightarrow{\psi} (\mathbb{C}^*)^n \xrightarrow{\phi_\mathcal{A}} \mathbb{P}^{l-1}$$

と分解される(但し, ψ は(7.3.9)で与えられ, $\phi_\mathcal{A}$ は(7.3.3)で与えられる)ことを証明する. これを証明するために, 補題(7.3.11)の証明から, ψ を使って t^m を $x_0, \ldots, x_N$ で表すと

$$x^{\alpha(m)} = \left(\prod_{j=1}^N x_j^{a_j}\right) t^m$$

となる. すると

$$\Phi(x_0, \ldots, x_N) = \left(\prod_{j=1}^N x_j^{a_j}\right) \phi_\mathcal{A}(\psi(x_0, \ldots, x_N))$$

が従う. 射影空間で考察しているので, $\Phi = \phi_\mathcal{A} \circ \psi$ である.

[BC, Remark 8.8] から, ψ と $U \to X_Q$ の $(\mathbb{C}^*)^N$ への制限を同一視できる. [Cox, Theorem 2.1] に続く議論から ψ が全射であることが従う. すると,

$$\Phi((\mathbb{C}^*)^N) = \phi_\mathcal{A}(\psi((\mathbb{C}^*)^N)) = \phi_\mathcal{A}((\mathbb{C}^*)^n)$$

となり, 定理の証明が完成する. □

定理 (7.3.13) の証明は写像 $\Phi: U \to X_{\mathcal{A}}$ が全射であることを示している. これよりファセット変数を $X_{\mathcal{A}}$ 上の "斉次座標" と思うことができる. しかし, これが役立つためにはどんなときに 2 点 $P, Q \in U$ が $X_{\mathcal{A}}$ の同じ点に対応するかを理解しなければならない. 都合の良い状況では, いつこのようなことが生じるかを簡単に述べることができる ([Cox, Theorem 2.1]) が, 一般には事態が複雑になることが有り得る.

疎終結式やトーリック多様体についてもっと多くのことを述べることができる. 第 8 章では, 魔方陣から生起する組合せ論の問題を研究するときにトーリック多様体の別の利用法を発見する. トーリック多様体は疎な方程式の解を研究する際にも有益であって, §7.5 でこのことを議論する. §7.6 で定義する一般の疎終結式もトーリック多様体と関連がある. しかし, これらの話題に辿り着くまでに, 多面体についてもっと学ぶ必要がある.

§7.3 の練習問題 (追加)

練習問題 6 本文と同様のベロネーゼ写像 $\Phi_d: \mathbb{P}^n \to \mathbb{P}^{N-1}$, $N = \binom{n+d}{d}$ を考える.

a. Φ_d が写像となることを示せ. すなわち, 第 1 に $\Phi_d(x_0, \ldots, x_n)$ が斉次座標の選び方に依らないことを, 第 2 に $\Phi_d(x_0, \ldots, x_n)$ は決して零ベクトルにならないことを示せ.

b. Φ_d は 1 対 1 であることを示せ. [ヒント: $\Phi_d(x_0, \ldots, x_n) = \Phi_d(y_0, \ldots, y_n)$ であるとき, 任意の $|\alpha| = d$ について $\mu x^\alpha = y^\alpha$ となる μ が存在する. $x_i \neq 0$ となる i を選び, $\lambda = y_i/x_i$ とする. このとき, $\mu = \lambda^d$ であって, すべての j について $y_j = \lambda x_j$ であることを示せ.]

c. (7.3.5) を証明せよ.

d. $\Phi_d(\mathbb{P}^n)$ が $\mathbb{P}^{N-1}$ における $\phi_{\mathcal{A}_d}((\mathbb{C}^*)^n)$ のザリスキー閉包であることを証明せよ. 具体的に言うと, $\mathbb{P}^{N-1}$ 上の斉次座標を $u_1, \ldots, u_N$ とし, 斉次多項式 $H(u_1, \ldots, u_N)$ が $\phi_{\mathcal{A}_d}((\mathbb{C}^*)^n)$ 上で 0 になるとき, H は $\Phi_d(\mathbb{P}^n)$ 上で 0 になることを証明せよ. [ヒント: (7.3.5) を使って $x_0 \ldots x_n H \circ \Phi_d$ は

$\mathbb{P}^n$ 上で恒等的に 0 になることを示せ．更に，$H \circ \Phi_d$ は $\mathbb{P}^n$ 上で 0 にならなければならないことを示せ．]

練習問題 7 $\mathcal{A}, F, G, H$ を練習問題 1 と同様のものとする．この練習問題と次の練習問題では，$\mathrm{Res}_\mathcal{A}(F, G, H) = 0$ であるためには，$F = G = H = 0$ が $(u, s) \neq (0, 0), (v, t) \neq (0, 0)$ という意味で非自明解 (u, s, v, t) を持つことが必要十分であることを初等的に証明する．

a. $F = G = H = 0$ が非自明解 (u, s, v, t) を持つとき，(7.2.11) の行列式は 0 になることを示せ．[ヒント：方程式に u, s を掛けて，6 個の "未知数" $u^2v, usv, u^2t, ust, s^2v, s^2t$ を持つ 6 個の方程式を得る．"未知数" は同時に 0 になることはない．]

b. 練習問題の残りの部分において，行列式(7.2.11)は 0 になると仮定する．行列

$$\begin{pmatrix} a_0 & a_1 & a_2 & a_3 \\ b_0 & b_1 & b_2 & b_3 \\ c_0 & c_1 & c_2 & c_3 \end{pmatrix}$$

の 3×3 部分行列 (4 個存在する) を考えることで，方程式 $F = G = H = 0$ の非自明解を求める．3×3 部分行列の 1 つが(7.2.2)に現れる．その行列式が 0 でないとき，$(1, s, 1, t)$ なる形の解を求めることができることを示せ．[ヒント：§7.2 の練習問題 2 の議論を採用せよ．]

c. 次に，

$$\det \begin{pmatrix} a_0 & a_2 & a_3 \\ b_0 & b_2 & b_3 \\ c_0 & c_2 & c_3 \end{pmatrix} \neq 0$$

と仮定する．このとき，$(u, 1, 1, t)$ なる形の解を求めることができることを示せ．

d. b の行列は他に 2 つの 3×3 部分行列を持つ．これらのいずれかが 0 でない行列式を持つとき，非自明解を求めることができることを示せ．

e. bの行列の階数が3であるとき,常に非自明解を求めることができることを示せ.

f. bの行列の階数が3より小さいときには,方程式 $F = G = 0$ が非自明解を持つことを示せば十分である理由を解説せよ.すると,H が零多項式である場合に帰着される.次の練習問題でこの場合を考えよう.

練習問題8 前の練習問題の記号を踏襲し,方程式 $F = G = 0$ は常に非自明解を持つことを示す.その方程式を

$$(a_0 u + a_1 s)v + (a_2 u + a_3 s)t = 0$$
$$(b_0 u + b_1 s)v + (b_2 u + b_3 s)t = 0$$

なる形で表す.未知数 v と t の2つの方程式から成る方程式系である.

a.
$$\det \begin{pmatrix} a_0 u_0 + a_1 s_0 & a_2 u_0 + a_3 s_0 \\ b_0 u_0 + b_1 s_0 & b_2 u_0 + b_3 s_0 \end{pmatrix} = 0$$

を満たす $(u_0, s_0) \neq (0,0)$ を求めることができる理由を解説せよ.

b. aの (u_0, s_0) があったとき,(u_0, s_0, v_0, t_0) が $F = G = 0$ の非自明解であるような $(v_0, t_0) \neq (0,0)$ を求めることができる理由を解説せよ.

練習問題9 §7.2の練習問題8において,$\mathcal{A}$ をベクトル $v \in \mathbb{Z}^n$ で平行移動しても $\text{Res}_\mathcal{A}$ は変化しないことを示した.他方,Q が $\mathcal{A}$ の凸閉包であるとき,§7.1の練習問題16から $v + Q$ は $v + \mathcal{A}$ の凸閉包である.

a. Q が(7.3.7)と同様に表されるとき,$v + Q$ は不等式 $m \cdot \nu_j \geq -a_j + v \cdot \nu_j$ で表されることを示せ.

b. $\mathcal{A}$ と $v + \mathcal{A}$ が同じファセット変数を持つ理由を解説せよ.

c. 整数ベクトル $m \in Q$ を考える.$\mathcal{A}$ に関する t^m の斉次化は $v + \mathcal{A}$ に関する t^{v+m} の斉次化に等しいことを示せ.すると,$\mathcal{A}$ を $v + \mathcal{A}$ に取り換えても,定理(7.3.13)の斉次化された方程式は不変である.

練習問題 10 $x_1, \ldots, x_N$ を $Q = \mathrm{Conv}(\mathcal{A})$ のファセット変数とする．2つの単項式 x^α, x^β の $\mathcal{A}$ 次数($\mathcal{A}$-degree)が同じであるとは，

$$\beta_j = \alpha_j + m \cdot \nu_j, \qquad j = 1, \ldots, N$$

なる $m \in \mathbb{Z}^n$ が存在するときに言う．

a. 単項式 $x^{\alpha(m)}$ ($m \in Q$) の $\mathcal{A}$ 次数は同じであることを示せ．すると，定理(7.3.13)の多項式は $\mathcal{A}$ 斉次($\mathcal{A}$-homogeneous)である，すなわち，すべての項の $\mathcal{A}$ 次数が同じである．

b. $\mathcal{A}_d, x_0, \ldots, x_n$ が練習問題 4 の a と同様のものであるとき，2つの単項式 x^α と x^β の $\mathcal{A}_d$ 次数が同じであるためには，その2つの単項式の全次数が同じであることが必要十分であることを示せ．

c. $\mathcal{A}, u, s, v, t$ が練習問題 4 の b と同様のものであるとき，2つの単項式 $u^{a_1} s^{a_2} v^{a_3} t^{a_4}$ と $u^{b_1} s^{b_2} v^{b_3} t^{b_4}$ の $\mathcal{A}$ 次数が同じであるためには，$a_1 + a_2 = b_1 + b_2$ 且つ $a_3 + a_4 = b_3 + b_4$ であることが必要十分であることを示せ．

練習問題 11 この練習問題では，定義(7.3.12)で扱った"非自明"という概念を探究する．整数ベクトル $m \in Q = \mathrm{Conv}(\mathcal{A})$ を考え，$x_1, \ldots, x_N$ をファセット変数とする．**被約単項式**(reduced monomial) $x_{red}^{\alpha(m)}$ を 0 でない冪指数をすべて 1 に取り換えることで $x^{\alpha(m)}$ から得られる単項式と定義する．

a.

$$x_{red}^{\alpha(m)} = \prod_{m \notin \mathcal{F}_j} x_j$$

であることを証明せよ．すると，$x_{red}^{\alpha(m)}$ は m を含まないファセットに対応するファセット変数の積である．[ヒント：補題(7.3.10)の証明を参考にし，$m \in \mathcal{F}_j$ であるためには $m \cdot \nu_j = -a_j$ であることが必要十分であることを思い出せ．]

b. $(x_1, \ldots, x_N)$ が非自明であるためには，すべての頂点 $m \in Q$ について $x_{red}^{\alpha(m)} \neq 0$ であることが必要十分であることを証明せよ．

c. 任意の $m \in Q \cap \mathbb{Z}^n$ について, $x^{\alpha(m)}$ は或る被約頂点単項式で割り切れることを証明せよ. [ヒント:m を含む Q の最小次元の面は $m \cdot \nu_j = -a_j$ なるファセット $\mathcal{F}_j$ の共通部分である. このとき, m' をこの面に乗っている Q の頂点とする.]

d. 定理(7.3.13)の証明と同様にして, $U \subset \mathbb{C}^N$ を非自明な点の集合とする. $(x_1, \ldots, x_n) \notin U$ のとき, b と c を使って $(x_1, \ldots, x_n)$ が定理(7.3.13)で述べている斉次化された方程式 $F_0 = \cdots = F_n = 0$ の解であることを示せ. このように, $\mathbb{C}^N - U$ の点は我々の方程式の"自明"解であり, これは U の点を"非自明"という呼ぶ妥当性を解説している.

練習問題 12 有限集合 $\mathcal{A} = \{(0,0), (1,0), (0,1), (1,1), (2,0)\}$ を考える. §7.2 の練習問題 9 では, $\mathrm{Res}_\mathcal{A}(f, g, h)$ は或る 9×9 行列によって与えられることを示した. 有限集合 $\mathcal{A}$ の凸閉包は図 7.2 に描かれている. 更に, §7.1 の練習問題 6 では内向き法線は $e_1, e_2, -e_2, -e_1 - e_2$ であると計算した. 対応するファセット変数を x_1, x_2, x_3, x_4 とする.

a. (x_1, x_2, x_3, x_4) が非自明であることは何を表しているか. できるだけうまく解答せよ. [ヒント:練習問題 5 の b を参照せよ.]

b. §7.2 の練習問題 9 の多項式 f, g, h の斉次化 F, G, H を明確に書き下せ.

c. a と b を結び付けることで, $\mathrm{Res}_\mathcal{A}(F, G, H)$ が 0 になる条件は何であるかを述べよ.

練習問題 13 §7.2 の練習問題 10 では, ディクソン終結式 $\mathrm{Res}_{\mathcal{A}_{l,m}}$ ($\mathcal{A}_{l,m} = \{(a,b) \in \mathbb{Z}^2 : 0 \leq a \leq l,\ 0 \leq b \leq m\}$) を研究した.

a. $\mathrm{Conv}(\mathcal{A}_{l,m})$ の絵を描き, 変数 u, s, v, t を使ってファセットを番号付けせよ(これは練習問題 4 の b で行ったことと同様である).

b. $f \in L(\mathcal{A}_{l,m})$ の斉次化は何か.

c. (u, s, v, t) が非自明であることは何を表しているか.

d. トーリック多様体 $X_{\mathcal{A}_{l,m}}$ は何か．[ヒント：それは以前に登場したものである．]

e. **双斉次多項式**(bihomogeneous polynomial)に関してディクソン終結式をどのように定式化できるかを解説せよ．$f \in k[u,s,v,t]$ が次数 (l,m) の双斉次多項式であるとは，f が u,s の多項式として次数 l の斉次多項式であって，更に v,t の多項式として次数 m の斉次多項式であるときにいう．

§7.4 ミンコフスキー和と混合体積

本節では，凸多面体の理論における重要な構成を幾つか紹介する．この話題に好適な一般的参考文献は [BoF], [BZ], [Ewa], [Lei] である．[Ful], [GKZ] も簡単な解説を含んでいる．終始，次のような多項式のニュートン多面体(§7.1 参照)を使って主な着想を解説する．

(7.4.1)
$$f_1(x,y) = ax^3y^2 + bx + cy^2 + d$$
$$f_2(x,y) = exy^4 + fx^3 + gy$$

但し，係数 $a, \ldots, g$ はすべて $\mathbb{C}$ の 0 でない元と仮定する．

空間 $\mathbb{R}^n$ のベクトル空間の構造によって引き起こされる 2 つの演算が存在し，この演算は元々の多面体から新しい多面体を構成する．

(7.4.2) **定義** 多面体 $P, Q \subset \mathbb{R}^n$ と実数 $\lambda \geq 0$ を考える．

a. P と Q の**ミンコフスキー和**(Minkowski sum) $P + Q$ とは
$$P + Q = \{p + q : p \in P, \ q \in Q\}$$
である．但し，$p + q$ は通常の $\mathbb{R}^n$ のベクトルの和を表す．

b. 多面体 λP は
$$\lambda P = \{\lambda p : p \in P\}$$
と定義される．但し，λp は $\mathbb{R}^n$ に関する通常のスカラー倍である．

たとえば，(7.4.1) のニュートン多面体 $P_1 = \mathrm{NP}(f_1)$, $P_2 = \mathrm{NP}(f_2)$ のミ

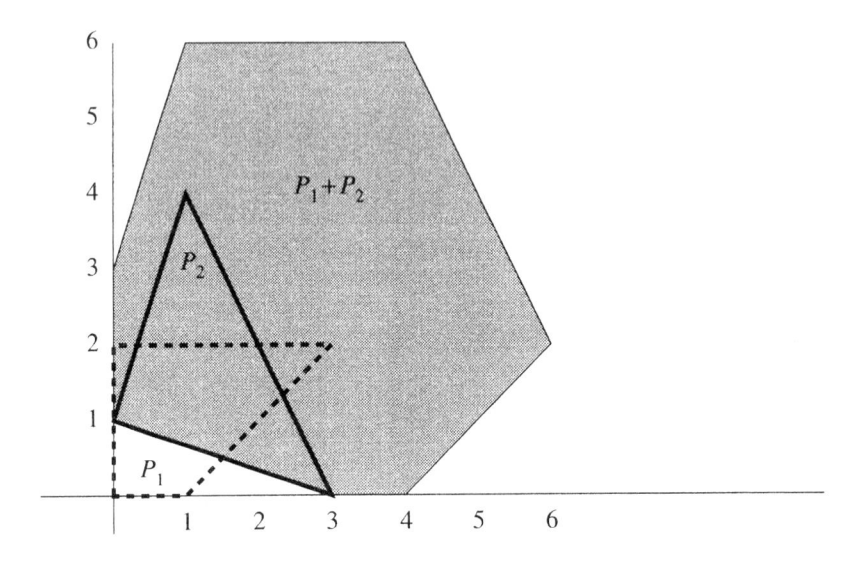

428 第7章 多面体，終結式，方程式

図7.6：多面体のミンコフスキー和

ンコフスキー和は $(0,1), (3,0), (4,0), (6,2), (4,6), (1,6), (0,3)$ を頂点とする凸7角形である．図7.6において，P_1 は点線で，P_2 は太線で表示されており，ミンコフスキー和 $P_1 + P_2$ は影を付けて表している．

練習問題1 図7.6において，P_1 のコピーを P_2 のすべての点に置くことでミンコフスキー和 $P_1 + P_2$ を得ることができることを示せ．図をうまく利用して解説せよ．多面体 P_1 は原点を含むのでうまく解説できる．

練習問題2
$$f_1 = a_{20}x^2 + a_{11}xy + a_{02}y^2 + a_{10}x + a_{01}y + a_{00}$$
$$f_2 = b_{30}x^3 + b_{21}x^2y + b_{12}xy^2 + b_{03}y^3 + b_{20}x^2 + \cdots + b_{00}$$

を，それぞれ，全次数が2と3の一般の（"稠密"）多項式とする．ニュートン多面体 $P_i = \mathrm{NP}(f_i)$ $(i = 1, 2)$ を構成し，ミンコフスキー和 $P_1 + P_2$ を求めよ．

練習問題 3 a. $f_1, f_2 \in \mathbb{C}[x_1, \ldots, x_n]$ で $P_i = \mathrm{NP}(f_i)$ のとき，$P_1 + P_2 = \mathrm{NP}(f_1 \cdot f_2)$ を示せ．

b. 一般に，P_1, P_2 が多面体であるとき，それらのミンコフスキー和 $P_1 + P_2$ も多面体であることを示せ．[ヒント：$P_i = \mathrm{Conv}(\mathcal{A}_i)$（$\mathcal{A}_i$ は有限集合）であるとき，$P_1 + P_2$ はどんな有限集合の凸閉包であるか．]

c. 格子多面体のミンコフスキー和も格子多面体であることを示せ．

d. 任意の多面体 P について $P + P = 2P$ であることを示せ．これはどのように一般化できるか．

空間 $\mathbb{R}^n$ の有限個の多面体 $P_1, \ldots, P_l$ があったとき，それらのミンコフスキー和 $P_1 + \cdots + P_l$ を構成することができる．これは再び $\mathbb{R}^n$ の多面体になる．§7.1 では，多面体の面について学んだ．ミンコフスキー和 $P_1 + \cdots + P_l$ の面はそれ自身ミンコフスキー和であることは有益な事実である．正確に述べると，

(7.4.3) 命題 多面体 $P_1, \ldots, P_r \subset \mathbb{R}^n$ のミンコフスキー和 $P = P_1 + \cdots + P_r$ のすべての面 P' は
$$P' = P'_1 + \cdots + P'_r$$
なるミンコフスキー和として表すことができる．但し，P'_i は P_i の面である．

証明 §7.1 の議論から
$$P' = P_\nu = P \cap \{m \in \mathbb{R}^n : m \cdot \nu = -a_P(\nu)\}$$
を満たす非零ベクトル $\nu \in \mathbb{R}^n$ が存在する．本節末の練習問題 12 において
$$P_\nu = (P_1 + \cdots + P_r)_\nu = (P_1)_\nu + \cdots + (P_r)_\nu$$
を示す．これより命題の証明が完了する． □

練習問題 4 図 7.6 のミンコフスキー和 $P_1 + P_2$ の各ファセットについて命題 (7.4.3) が成り立つことを示せ．

次に，ファセットを使って n 次元格子多面体 P の体積を計算する方法を示す．§7.1 と同様にして，P の各ファセット $\mathcal{F}$ は原始的な内向き法線 $\nu_{\mathcal{F}} \in \mathbb{Z}^n$ を持つ．ファセット $\mathcal{F}$ の支持超平面が $m \cdot \nu_{\mathcal{F}} = -a_{\mathcal{F}}$ であるとき，P を表示する式(7.1.4)を

$$(7.4.4) \qquad P = \bigcap_{\mathcal{F}} \{m \in \mathbb{R}^n : m \cdot \nu_{\mathcal{F}} \geq -a_{\mathcal{F}}\}$$

と表すことができる．但し，共通部分は P のファセット $\mathcal{F}$ 全体を動く．なお，(7.1.3)の記号では $a_{\mathcal{F}} = a_P(\nu_{\mathcal{F}})$ である．

いま，$\nu_{\mathcal{F}}^{\perp}$ を $m \cdot \nu_{\mathcal{F}} = 0$ で定義される $(n-1)$ 次元部分空間とする．このとき，$\nu_{\mathcal{F}}^{\perp} \cap \mathbb{Z}^n$ は和と整数によるスカラー倍で閉じている．更に，$\nu_{\mathcal{F}}^{\perp} \cap \mathbb{Z}^n$ は**階数 $n-1$ の格子**(lattice of rank $n-1$)である．すなわち，$\nu_{\mathcal{F}}^{\perp} \cap \mathbb{Z}^n$ のすべての元が $w_1, \ldots, w_{n-1}$ の**整数**係数の線型結合として一意的に表せるような $n-1$ 個のベクトル $w_1, \ldots, w_{n-1} \in \nu_{\mathcal{F}}^{\perp} \cap \mathbb{Z}^n$ が存在する．ベクトル $w_1, \ldots, w_{n-1}$ を $\nu_{\mathcal{F}}^{\perp} \cap \mathbb{Z}^n$ の**基底**と呼ぶ．ユークリッド空間の離散部分群についての基本定理から $w_1, \ldots, w_{n-1}$ の存在が従う．基底 $w_1, \ldots, w_{n-1}$ を使って，集合

$$\mathcal{P} = \{\lambda_1 w_1 + \cdots + \lambda_{n-1} w_{n-1} : 0 \leq \lambda_i \leq 1\}$$

を得る．この集合 $\mathcal{P}$ を格子 $\nu_{\mathcal{F}}^{\perp} \cap \mathbb{Z}^n$ の**基本格子平行体**(fundamental lattice parallelotope)と呼ぶ．

任意のアフィン超平面内にある部分集合 $S \subset \mathbb{R}^n$ について，ユークリッド体積 $\mathrm{Vol}_{n-1}(S)$ が定義できる．特に，$\mathrm{Vol}_{n-1}(\mathcal{F})$ が定義できる．しかし，基本格子平行体 $\mathcal{P}$ の体積を考慮に入れる必要がある．すると，次のような定義が浮上する．

(7.4.5) 定義 格子多面体 P のファセット $\mathcal{F}$ の**正規化体積**(normalized volume)を

$$\mathrm{Vol}'_{n-1}(\mathcal{F}) = \frac{\mathrm{Vol}_{n-1}(\mathcal{F})}{\mathrm{Vol}_{n-1}(\mathcal{P})}$$

と定義する．但し，$\mathcal{P}$ は $\nu_{\mathcal{F}}^{\perp} \cap \mathbb{Z}^n$ に関する基本格子平行体である．

この定義から正規化体積は基本格子平行体の体積が 1 になるように調整された通常の体積である．練習問題 13 では，この定義が基本格子平行体の選び

方に依らないことを示す．他方，次のような華麗な式も紹介する．
$$\mathrm{Vol}_{n-1}(\mathcal{P}) = ||\nu_\mathcal{F}||$$
但し，$||\nu_\mathcal{F}||$ はベクトル $\nu_\mathcal{F}$ のユークリッド長である．この結果は本著では必要ないので証明は省略する．

たとえば，$P_2 = \mathrm{NP}(f_2) = \mathrm{Conv}(\{(1,4),(3,0),(0,1)\})$ を (7.4.1) の多項式 f_2 のニュートン多面体とする．ファセット
$$\mathcal{F} = \mathrm{Conv}(\{(3,0),(0,1)\})$$
について $\nu_\mathcal{F} = (1,3)$ で，$\mathcal{F}$ を含む直線は $x+3y=3$ である．直線 $x+3y=3$ 上の任意の整数点の対の間隔は $(3,0)$ と $(0,1)$ の間隔の整数倍であるから，$(3,0)$ から $(0,1)$ への線分は基本格子平行体の平行移動である．従って，
$$\mathrm{Vol}'_1(\mathcal{F}) = 1$$
である．ファセット $\mathcal{F}$ の通常のユークリッド長は $\sqrt{10}$ であることに注意する．一般に，正規化体積はユークリッド体積とは異なる．

練習問題 5 $P_2 = \mathrm{NP}(f_2)$ を上で述べたものとする．

a. ファセット $\mathcal{G} = \mathrm{Conv}(\{(3,0),(1,4)\})$ について，$\nu_\mathcal{G} = (-2,-1)$，$\mathrm{Vol}'_1(\mathcal{G}) = 2$ であることを示せ．

b. ファセット $\mathcal{H} = \mathrm{Conv}(\{(0,1),(1,4)\})$ について，$\nu_\mathcal{H} = (3,-1)$，$\mathrm{Vol}'_1(\mathcal{H}) = 1$ であることを示せ．

ファセットの正規化体積を導入する主な理由は多面体の n 次元体積とそのファセットの $(n-1)$ 次元正規化体積の間の次のような素晴しい関係である．

(7.4.6) 命題 格子多面体 $P \subset \mathbb{R}^n$ が (7.4.4) と同様に表されると仮定する．このとき，
$$\mathrm{Vol}_n(P) = \frac{1}{n} \sum_\mathcal{F} a_\mathcal{F} \mathrm{Vol}'_{n-1}(\mathcal{F})$$
である．但し，和は P のファセット全体を動く．

証明 [BoF], [Lei], [Ewa, Section IV.3] を参照せよ．これらの文献に記載されている式は特に格子多面体に適応される訳ではないが，多少の修正を施すと所期の結果が得られる．加えて，この命題(7.4.6)は支持超平面の方程式 $m \cdot \nu_{\mathcal{F}} = -a_{\mathcal{F}}$ における負の符号の解説にもなっている． □

命題(7.4.6)の例として，練習問題5の多面体 $P_2 = \mathrm{NP}(f_2)$ の面積を計算する．ファセット法線を上で述べたのと同様に $\nu_{\mathcal{F}} = (1,3)$, $\nu_{\mathcal{G}} = (-2,-1)$, $\nu_{\mathcal{H}} = (3,-1)$ と表すと，P_2 は

$$m \cdot \nu_{\mathcal{F}} \geq 3, \ m \cdot \nu_{\mathcal{G}} \geq -6, m \cdot \nu_{\mathcal{H}} \geq -1$$

で定義される．すると，$a_{\mathcal{F}} = -3$, $a_{\mathcal{G}} = 6$, $a_{\mathcal{H}} = 1$ である．命題(7.4.6)を使うと，P_2 の面積は

(7.4.7) $$\mathrm{Vol}_2(P_2) = (1/2)(-3 \cdot 1 + 6 \cdot 2 + 1 \cdot 1) = 5$$

となる．これが三角形についての初等的な面積公式から得られる結果に一致することを読者は示せ．

練習問題6 命題(7.4.6)を使い，それから初等的な面積公式で計算することで，(7.4.1)の f_1 のニュートン多面体 $P_1 = \mathrm{NP}(f_1)$ の面積が4に等しいことを示せ．

命題(7.4.6)と，次元に関する帰納法を使って格子多面体についての幾つかの結果を証明することができる．定理(7.2.13)に関連する例を1つ挙げる．

(7.4.8) 命題 格子多面体 $P \subset \mathbb{R}^n$ について，$n! \mathrm{Vol}_n(P)$ は整数である．

証明 証明は n に関する帰納法による．$n=1$ の場合は明白であるので，$\mathbb{R}^{n-1}$ の格子多面体について結果が正しいと仮定する．命題(7.4.6)から

$$n! \mathrm{Vol}_n(P) = \sum_{\mathcal{F}} a_{\mathcal{F}} \cdot (n-1)! \mathrm{Vol}'_{n-1}(\mathcal{F})$$

を得る．いま，$a_{\mathcal{F}}$ は整数であるから，$(n-1)! \mathrm{Vol}'_{n-1}(\mathcal{F})$ が整数であることを示せばよい．

格子 $\nu_{\mathcal{F}}^{\perp} \cap \mathbb{Z}^n$ の基底 $w_1, \ldots, w_{n-1}$ は $\nu_{\mathcal{F}}^{\perp} \cap \mathbb{Z}^n \subset \nu_{\mathcal{F}}^{\perp}$ を通常の格子 $\mathbb{Z}^{n-1} \subset \mathbb{R}^{n-1}$ に移す写像 $\phi : \nu_{\mathcal{F}}^{\perp} \simeq \mathbb{R}^{n-1}$ を与える. 写像 ϕ によって基本格子多面体 $\mathcal{P}$ は $\{(a_1, \ldots, a_{n-1}) : 0 \leq a_i \leq 1\}$ に移るので,

$$\operatorname{Vol}'_{n-1}(S) = \operatorname{Vol}_{n-1}(\phi(S))$$

(Vol_{n-1} は $\mathbb{R}^{n-1}$ における通常のユークリッド体積) である. ファセット $\mathcal{F}$ を平行移動することで, 格子多面体 $\mathcal{F}' \subset \nu_{\mathcal{F}}^{\perp}$ を得る. このとき, $\phi(\mathcal{F}') \subset \mathbb{R}^{n-1}$ は $\mathbb{R}^{n-1}$ の格子多面体である. 等式

$$(n-1)! \operatorname{Vol}'_{n-1}(\mathcal{F}) = (n-1)! \operatorname{Vol}'_{n-1}(\mathcal{F}') = (n-1)! \operatorname{Vol}_{n-1}(\phi(\mathcal{F}'))$$

と帰納法の仮定から証明は終了する. □

次の結果は定義(7.4.2)で構成される多面体の線型結合の体積に関係する.

(7.4.9) 命題 空間 $\mathbb{R}^n$ の任意の多面体 $P_1, \ldots, P_r$ と非負実数 $\lambda_1, \ldots, \lambda_r \in \mathbb{R}$ を考える. このとき,

$$\operatorname{Vol}_n(\lambda_1 P_1 + \cdots + \lambda_r P_r)$$

は λ_i に関する次数 n の斉次多項式函数である.

証明 証明は n に関する帰納法による. $n = 1$ のとき, $P_i = [\ell_i, r_i]$ は $\mathbb{R}$ の線分である ($\ell_i = r_i$ ならば, 長さが 0 の線分). 線型結合 $\lambda_1 P_1 + \cdots + \lambda_r P_r$ は線分 $[\sum_i \lambda_i \ell_i, \sum_i \lambda_i r_i]$ である. この線分の長さは λ_i の斉次線型函数である.

空間 $\mathbb{R}^{n-1}$ の多面体の任意の結合について命題が証明されたと仮定し, $\mathbb{R}^n$ の多面体 P_i と $\lambda_i \geq 0$ を考える. 多面体 $Q = \lambda_1 P_1 + \cdots + \lambda_r P_r$ は $\lambda_1, \ldots \lambda_r$ に依存するが, すべての i について $\lambda_i > 0$ である限り, Q はすべて同じ内向きファセット法線の集合を持つ (練習問題 14). このとき, (7.1.3) の記号を使うと命題 (7.4.6) の式を

(7.4.10) $$\operatorname{Vol}_n(Q) = \frac{1}{n} \sum_{\nu} a_Q(\nu) \operatorname{Vol}'_{n-1}(Q_\nu)$$

と表せる. 但し, 和は共通の内向きファセット法線 ν の集合を動く. この状況では, 命題 (7.4.3) の証明から

が従う．帰納法の仮定から，各 ν について，(7.4.10) の体積 $\mathrm{Vol}'_{n-1}(Q_\nu)$ は $\lambda_1, \ldots, \lambda_r$ の次数 $n-1$ の斉次多項式である（議論の詳細は命題 (7.4.8) で行ったことの類似である）．

本節の練習問題 12 より

$$a_Q(\nu) = a_{\lambda_1 P_1 + \cdots + \lambda_r P_r}(\nu) = \lambda_1 a_{P_1}(\nu) + \cdots + \lambda_r a_{P_r}(\nu)$$

である．いま，ν は λ_i に依らないので，$a_Q(\nu)$ は $\lambda_1, \ldots, \lambda_r$ の斉次線型函数である．すると，$a_Q(\nu)$ と $\mathrm{Vol}'_{n-1}(Q_\nu)$ を掛けると，(7.4.10) の右辺の各項は次数 n の斉次多項式函数となり，証明が完了する． □

さて $r = n$ のとき，多項式 $\mathrm{Vol}_n(\lambda_1 P_1 + \cdots + \lambda_n P_n)$ の或る特定の項で多面体の全体の集合について特別の意味を持つものを抽出することができる．

(7.4.11) 定義 多面体 $P_1, \ldots, P_n$ の n 次元**混合体積**(mixed volume)

$$MV_n(P_1, \ldots, P_n)$$

を $\mathrm{Vol}_n(\lambda_1 P_1 + \cdots + \lambda_n P_n)$ における単項式 $\lambda_1 \cdot \lambda_2 \cdots \lambda_n$ の係数と定義する．

練習問題 7 a. 単位正方形 $P_1 = \mathrm{Conv}(\{(0,0), (1,0), (0,1), (1,1)\})$ と三角形 $P_2 = \mathrm{Conv}(\{(0,0), (1,0), (1,1)\})$ について，

$$\mathrm{Vol}_2(\lambda_1 P_1 + \lambda_2 P_2) = \lambda_1^2 + 2\lambda_1\lambda_2 + \tfrac{1}{2}\lambda_2^2$$

を示し，$MV_2(P_1, P_2) = 2$ を示せ．

b. すべての i について $P_i = P$ であるとき，混合体積は

$$MV_n(P, P, \ldots, P) = n! \, \mathrm{Vol}_n(P)$$

となることを示せ．[ヒント：練習問題 3 の d を一般化して $\lambda_1 P + \cdots + \lambda_n P = (\lambda_1 + \cdots + \lambda_n) P$ であることを示し，$(\lambda_1 + \cdots + \lambda_n)^n$ における $\lambda_1 \lambda_2 \cdots \lambda_n$ の係数を決めよ．]

さて，n 次元混合体積の基本的な性質は次の定理に集約される．

(7.4.12) **定理** a. 多面体 P_i を $\mathbb{R}^n$ の体積を保つ変換（たとえば，平行移動）の像に置き換えても，混合体積 $MV_n(P_1, \ldots, P_n)$ は不変である．

b. $MV_n(P_1, \ldots, P_n)$ は対称であって，しかも各変数について線型である．

c. $MV_n(P_1, \ldots, P_n) \geq 0$ である．更に，P_i の1つの次元が0（すなわち，1点から成る集合）であるとき，$MV_n(P_1, \ldots, P_n) = 0$ である．他方，すべての P_i の次元が n であるとき，$MV_n(P_1, \ldots, P_n) > 0$ である．

d. 多面体の混合体積は

$$MV_n(P_1, \ldots, P_n) = \sum_{k=1}^{n} (-1)^{n-k} \sum_{\substack{I \subset \{1,\ldots,n\} \\ |I|=k}} \mathrm{Vol}_n \left(\sum_{i \in I} P_i \right)$$

として計算できる．但し，$\sum_{i \in I} P_i$ は多面体のミンコフスキー和である．

e. 格子多面体 $P_1, \ldots, P_n$ について，

$$MV_n(P_1, \ldots, P_n) = \sum_{\nu} a_{P_1}(\nu) MV'_{n-1}((P_2)_\nu, \ldots, (P_n)_\nu)$$

である．但し，$a_{P_1}(\nu)$ は(7.1.3)で定義され，和は $(P_i)_\nu$ $(i = 2, \ldots, n)$ の次元が1以上であるような原始的なベクトル $\nu \in \mathbb{Z}^n$ の全体を動く．右辺の $MV'_{n-1}((P_2)_\nu, \ldots, (P_n)_\nu)$ という記号は定義(7.4.5)の正規化体積に類似する**正規化混合体積**を表す．すなわち，

$$MV'_{n-1}((P_2)_\nu, \ldots, (P_n)_\nu) = \frac{MV_{n-1}((P_2)_\nu, \ldots, (P_n)_\nu)}{\mathrm{Vol}_{n-1}(\mathcal{P})}$$

である．但し，$\mathcal{P}$ は ν に直交する超平面 $\nu^\perp$ 上の基本格子平行体である．

証明 混合体積の定義から直ちにaが従う．bも同様である．詳細は練習問題15で考察する．

cの非負性の主張はかなり難しく，証明は [Ful, Section 5.4] に記載されている．[Ful] では，すべての P_i の次元が n であるときに，混合体積が正になることも証明している．多面体 P_i の次元が0であるとき，$\lambda_i P_i$ なる項を加えることは $\lambda_1 P_1 + \cdots + \lambda_n P_n$ の他の項の和を長さが λ_i に依存するベクトルで平行移動することに他ならない．その結果として得られる多面体の体積

は変化せず，従って $\mathrm{Vol}_n(\lambda_1 P_1 + \cdots + \lambda_n P_n)$ は λ_i に依らない．すると，その体積の表示における $\lambda_1 \cdot \lambda_2 \cdots \lambda_n$ の係数は 0 でなければならない．

d については [Ful, Section 5.4] を参照せよ．e は命題 (7.4.6) で与えられる体積の式を一般化したものであり，命題 (7.4.6) から導くことができる．練習問題 16 と 17 を参照せよ．[BoF], [Lei], [Ewa, Section IV.4] に証明が記載されている．c から $\dim(P_i)_\nu > 0$ なる ν のみについて $MV'_{n-1}((P_2)_\nu, \ldots, (P_n)_\nu)$ が 0 でない値を取り得ることに注意せよ． □

たとえば，定理 (7.4.12) を使って (7.4.1) の多項式のニュートン多面体の混合体積 $MV_2(P_1, P_2)$ を計算する．平面 $\mathbb{R}^2$ の 2 つの多面体の場合，d の式は

$$MV_2(P_1, P_2) = -\mathrm{Vol}_2(P_1) - \mathrm{Vol}_2(P_2) + \mathrm{Vol}_2(P_1 + P_2)$$

になる．(7.4.7) と練習問題 5 を使うと，$\mathrm{Vol}_2(P_1) = 4$, $\mathrm{Vol}_2(P_2) = 5$ を得る．ミンコフスキー和 $P_1 + P_2$ は図 7.6 で描かれた 7 角形である．たとえば，その面積はその 7 角形を水平線 $y = 0, 1, 2, 3, 6$ で 4 個の台形に分割することで求められる．その分割を使うと，

$$\mathrm{Vol}_2(P_1 + P_2) = 3 + 11/2 + 23/4 + 51/4 = 27$$

である．すると，その混合体積は

(7.4.13) $$MV_2(P_1, P_2) = -4 - 5 + 27 = 18$$

である．

練習問題 8 定理 (7.4.12) の e の公式を使って上の計算結果を再確認せよ．[ヒント：$a_{P_1}(\nu_\mathcal{F})$, $a_{P_1}(\nu_\mathcal{G})$, $a_{P_1}(\nu_\mathcal{H})$ ($\nu_\mathcal{F}, \nu_\mathcal{G}, \nu_\mathcal{H}$ は P_2 のファセット $\mathcal{F}, \mathcal{G}, \mathcal{H}$ の内向き法線) を計算する必要がある．]

実際には，定理 (7.4.12) の d, e の公式を使って混合体積 $MV_n(P_1, \ldots, P_n)$ を計算する際には大変時間が必要なこともある．Sturmfels–Huber [HuS1], Canny–Emiris [EC] が開発したより良い方法はミンコフスキー和 $P_1 + \cdots + P_n$ の混合分割を使っている．混合分割については §7.6 で簡単に触れる．混合体積を計算する他の方法についての参考文献として [EC, Section 6] を挙げておく．

練習問題 9 $P_1, \ldots, P_n$ を $\mathbb{R}^n$ の格子多面体とする．

a. 混合体積 $MV_n(P_1, \ldots, P_n)$ は整数であることを証明せよ．

b. a の結果が命題 (7.4.8) をどのように一般化するかを解説せよ．[ヒント：練習問題 7 を使う．]

体積や混合体積に関する文献では異なる慣習が幾つかある．著者の中には混合体積の定義に $1/n!$ という余分な因子を含め，その結果 $MV_n(P, \ldots, P)$ はちょうど $\mathrm{Vol}_n(P)$ に等しいとする人もいる．この場合には，定理 (7.4.12) の d の公式の右辺は余分に $1/n!$ を必要とする．他方，Vol_n の定義に $n!$ という余分な因子を含める著者もいる（その結果，n 次元単体の "体積" は 1 になる）．従って，本著で与えられる公式と他の文献に記載されている公式を比較する際には注意を払う必要がある．

§7.4 の練習問題（追加）

練習問題 10 空間 $\mathbb{R}^n$ の多面体 $P_1, \ldots, P_r$ を考える．以下，すべての i について $\lambda_i > 0$ ならば，$\lambda_1 P_1 + \cdots + \lambda_r P_r$ の次元は λ_i に依らないことを示す．

a. $\lambda > 0$ 且つ $p_0 \in P$ のとき，$(1 - \lambda)p_0 + \mathrm{Aff}(\lambda P + Q) = \mathrm{Aff}(P + Q)$ であることを示せ．これは §7.1 の練習問題 12, 13 で議論したアフィン部分空間を使っている．[ヒント：$(1 - \lambda)p_0 + \lambda p + q = \lambda(p + q) - \lambda(p_0 + q) + p_0 + q$．]

b. $\dim(\lambda P + Q) = \dim(P + Q)$ を示せ．

c. すべての i について $\lambda_i > 0$ ならば，$\dim(\lambda_1 P_1 + \cdots + \lambda_r P_r)$ は λ_i に依らないことを証明せよ．

練習問題 11 超平面 $m \cdot \nu = -a_P(\nu)$ を $P = \mathrm{Conv}(\mathcal{A})$ ($\mathcal{A} \subset \mathbb{R}^n$ は有限集合) の支持超平面とする．このとき，

$$P_\nu = \mathrm{Conv}(\{m \in \mathcal{A} : m \cdot \nu = -a_P(\nu)\})$$

を証明せよ．

練習問題 12 $a_P(\nu) = -\min_{m \in P}(m \cdot \nu)$ を (7.1.3) と同様のものとする.

a. $(\lambda P)_\nu = \lambda P_\nu,\ a_{\lambda P}(\nu) = \lambda a_P(\nu)$ を示せ.

b. $(P+Q)_\nu = P_\nu + Q_\nu,\ a_{P+Q}(\nu) = a_P(\nu) + a_Q(\nu)$ を示せ.

c. $(\lambda_1 P_1 + \cdots + \lambda_r P_r)_\nu = \lambda_1 (P_1)_\nu + \cdots + \lambda_r (P_r)_\nu,\ a_{\lambda_1 P_1 + \cdots + \lambda_r P_r}(\nu) = \lambda_1 a_{P_1}(\nu) + \cdots + \lambda_r a_{P_r}(\nu)$ を示せ.

練習問題 13 $\nu^\perp$ を非零ベクトル $\nu \in \mathbb{Z}^n$ に直交する超平面とし, $\{w_1, \ldots, w_{n-1}\}$ 及び $\{w'_1, \ldots, w'_{n-1}\}$ を格子 $\nu^\perp \cap \mathbb{Z}^n$ の任意の 2 つの基底とする.

a. w'_i を w_j に関して展開することで, すべての $i = 1, \ldots, n-1$ について $w'_i = \sum_{j=1}^{n-1} a_{ij} w_j$ となるような $(n-1) \times (n-1)$ 整数行列 $A = (a_{ij})$ が存在することを示せ.

b. 2 つの格子の基底の役割を逆にすることで, A は可逆で A^{-1} も整数行列であることを示せ.

c. b から $\det(A) = \pm 1$ を導け.

d. $w_1, \ldots, w_{n-1}$ によって定義される座標系において, A は $\nu^\perp$ からそれ自身への体積を保つ変換を定義することを示せ. この事実は, $\nu^\perp$ の任意の 2 つの基本格子平行体は同じ $(n-1)$ 次元体積を持つことを示している. その理由を解説せよ.

練習問題 14 ミンコフスキー和 $P_1 + \cdots + P_r$ の次元が n である $\mathbb{R}^n$ の多面体 $P_1, \ldots, P_r$ を固定する. 任意の正の実数 $\lambda_1, \ldots, \lambda_r$ について, 多面体 $\lambda_1 P_1 + \cdots + \lambda_r P_r$ はすべて同じ内向きファセット法線を持つことを証明せよ. 絵を描いて答えを解説せよ. [ヒント: ν が $P_1 + \cdots + P_r$ の内向きファセット法線であるとき, $(P_1 + \cdots + P_r)_\nu$ の次元は $n-1$ である. すると, 練習問題 12 から $(P_1)_\nu + \cdots + (P_r)_\nu$ の次元は $n-1$ である. このとき, 練習問題 10 を使え.]

7.4 ミンコフスキー和と混合体積

練習問題 15 a. 定義 (7.4.11) を使って，混合体積 $MV_n(P_1,\ldots,P_n)$ は P_i のすべての置換で不変であることを示せ．

b. 混合体積は各変数について線型である，すなわち，すべての $i=1,\ldots,n$ と任意の実数 $\lambda,\mu \geq 0$ について

$$MV_n(P_1,\ldots,\lambda P_i + \mu P_i',\ldots,P_n)$$
$$= \lambda\, MV_n(P_1,\ldots,P_i,\ldots,P_n) + \mu\, MV_n(P_1,\ldots,P_i',\ldots,P_n)$$

である．これを証明せよ．[ヒント：$i=1$ のとき，$\mathrm{Vol}_n(\lambda P_1 + \lambda' P_1' + \lambda_2 P_2 + \cdots + \lambda_n P_n)$ を表す多項式を考え，$\lambda\lambda_2\cdots\lambda_n$ と $\lambda'\lambda_2\cdots\lambda_n$ の係数を考察せよ．]

練習問題 16 この練習問題では，混合体積の付加的な性質を幾つか扱う．多面体 $P, Q \subset \mathbb{R}^n$ を考える．

a. $\lambda,\mu \geq 0$ が $\mathbb{R}$ の元であるとき，$\mathrm{Vol}_n(\lambda P + \mu Q)$ を混合体積を使って次のように表すことができることを示せ．

$$\frac{1}{n!}\sum_{k=0}^{n}\binom{n}{k}\lambda^k\mu^{n-k}MV_n(P,\ldots,P,Q,\ldots,Q)$$

但し，k に対応する項において，混合体積では P は k 回繰り返され Q は $n-k$ 回繰り返される．[ヒント：練習問題 7 から $n!\,\mathrm{Vol}_n(\lambda P + \mu Q) = MV_n(\lambda P + \mu Q,\ldots,\lambda P + \mu Q)$．]

b. a を使って，$MV_n(P,\ldots,P,Q)$ (これは a の式の $\lambda^{n-1}\mu$ を含む項に現れる) を

$$(n-1)!\lim_{\mu \to 0^+}\frac{\mathrm{Vol}_n(P+\mu Q) - \mathrm{Vol}_n(P)}{\mu}$$

と表すことができることを示せ．

c. b から，どのようにすれば混合体積 $MV_n(P,\ldots,P,Q)$ を P の**表面積** (surface area) の定数倍として解釈できるかを解説せよ．

練習問題 17 この練習問題では，練習問題 16 の b を使って定理 (7.4.12) の e

を証明する．多面体 Q を平行移動することで，原点は Q の頂点の 1 つであると仮定する．

a. ミンコフスキー和 $P+\mu Q$ は，P と合同な部分多面体，高さが $\mu \cdot a_Q(\nu) \geq 0$ （但し，$\nu = \nu_{\mathcal{F}}$）に等しい P のファセット $\mathcal{F}$ 上の角柱，μ^2 の定数倍で上から制限される n 次元体積を持つ別の多面体，に分割されることを示せ．

b. a から
$$\mathrm{Vol}_n(P+\mu Q) = \mathrm{Vol}_n(P) + \mu \sum_{\nu} a_Q(\nu) \mathrm{Vol}'_{n-1}(P_\nu) + O(\mu^2)$$
を導け．

c. 練習問題 16 の b を使って
$$MV_n(P, \ldots, P, Q) = (n-1)! \sum_{\nu} a_Q(\nu) \mathrm{Vol}'_{n-1}(P_\nu)$$
を示せ．但し，和は P のファセットの原始的な内向き法線 ν 全体を動く．

d. さて，定理 (7.4.12) の e を証明するために，
$$P = \lambda_2 P_2 + \cdots + \lambda_n P_n$$
と $Q = P_1$ を c の式に代入し，練習問題 7 と 15 を使え．

練習問題 18 この練習問題では，$\mathbb{R}^n$ の多面体 $P_1, \ldots, P_r$ があったとき，
$$\mathrm{Vol}_n(\lambda_1 P_1 + \cdots + \lambda_r P_r)$$
を表す多項式のすべての係数は（定数倍を除くと）適当な混合体積で与えられることを示す．次の記号を採用する．$\alpha = (i_1, \ldots, i_r) \in \mathbb{Z}_{\geq 0}^r$ が $|\alpha| = n$ を満たすとき，λ^α は $\lambda_1, \ldots, \lambda_r$ の通常の単項式で，$\alpha! = i_1! i_2! \cdots i_r!$ とする．他方，
$$MV_n(P; \alpha) = MV_n(P_1, \ldots, P_1, P_2, \ldots, P_2, \ldots, P_r, \ldots, P_r)$$
と定義する．但し，P_1 は i_1 回現れ，P_2 は i_2 回現れ，$\ldots$，P_r は i_r 回現れる．このとき，

$$\mathrm{Vol}_n(\lambda_1 P_1 + \cdots + \lambda_r P_r) = \sum_{|\alpha|=n} \frac{1}{\alpha!} MV_n(P;\alpha)\lambda^\alpha$$

を証明せよ．[ヒント：練習問題 16 の a で行ったことを一般化せよ．]

§7.5 ベルンシュタインの定理

本節では，n 個の多項式（或るいは，ローラン多項式）による一般の方程式系 $f_i(x_1,\ldots,x_n) = 0$ の解の数を予知するために，多面体についての幾何学がどのように役立つかを研究する．加えて，これらの結果がホモトピー接続法と呼ばれる数値的に根を求める方法とどのように関係しているかを議論する．

本節を通して，次の方程式系を使って主な着想を解説する．

(7.5.1)
$$0 = f_1(x,y) = ax^3y^2 + bx + cy^2 + d$$
$$0 = f_2(x,y) = exy^4 + fx^3 + gy.$$

但し，係数 $a,\ldots,g$ は $\mathbb{C}$ の元である．これらは §7.4 で使った多項式と同じである．これらの方程式系が何個の解を持つかを知りたい．第 2 章，第 3 章の方法を使ってこの問題を研究することから始める．更に，§7.4 で論じた混合体積が重要な役割を果たしていることも納得できる．これは自然にベルンシュタインの定理を齎す．ベルンシュタインの定理は本節のハイライトである．

§2.1 と同様に進めて (7.5.1) の解を求める．異なる $a,\ldots,g$ を選ぶと，解の個数が異なるかも知れないので，初めは (7.5.1) の係数 $a,\ldots,g$ を記号的媒介変数として扱う．すなわち，$a,\ldots,g$ の有理関数体 $\mathbb{C}(a,\ldots,g)$ 上で研究する．辞書式グレブナー基底を使って y を消去すると，環 $\mathbb{C}(a,\ldots,g)[x,y]$ のイデアル $\langle f_1, f_2 \rangle$ の被約グレブナー基底が

(7.5.2)
$$0 = y + p_{17}(x)$$
$$0 = p_{18}(x)$$

なる形をしていることが簡単に判る．但し，多項式 $p_{17}(x)$ と $p_{18}(x)$ は次数がそれぞれ 17, 18 の x のみの多項式である．p_{17}, p_{18} の係数は $a,\ldots,g$ の有理関数である．グレブナー基底の理論から，(7.5.2) を元来の方程式 (7.5.1) に変形することができ，その逆も可能である．これらの変形も $\mathbb{C}(a,\ldots,g)$ に係数を持つ．

次に，$a,\ldots,g$ に $\mathbb{C}$ の数値を割り当てる．このとき，$a,\ldots,g \in \mathbb{C}$ の "ほとんどの" 選び方について，依然として(7.5.1)は(7.5.2)と同値である．実際，(7.5.1)を(7.5.2)に変形したり，逆に(7.5.2)を(7.5.1)に変形したりすることは $\mathbb{C}(a,\ldots,g)$ の有限個の元を必要とする．すると，これらの元に現れる分母がいずれも 0 にならないように $a,\ldots,g \in \mathbb{C}$ を選ぶと，変形は何ら支障なく進む．実際には，ほとんどの選び方について，(7.5.2)は(7.5.1)のグレブナー基底のままである．この事実は**グレブナー基底の特殊化**(specialization)という着想に関連している．グレブナー基底の特殊化は [CLO, Chapter 6, §3, Exercises 7–9] で考察されている．

他方，$a,\ldots,g \in \mathbb{C}$ のほとんどの選び方について(7.5.1)と(7.5.2)が同値であることは，次のようにしてもっと幾何学的に述べることができる．いま，$a,\ldots,g \in \mathbb{C}$ のすべての可能な選び方から成るアフィン空間を $\mathbb{C}^7$ と表し，P を(7.5.1)から(7.5.2)への変形やその逆に現れる分母全体の積とする．このとき，$P(a,\ldots,g) \neq 0$ からすべての分母は 0 にならないことに注意する．従って，$P(a,\ldots,g) \neq 0$ なるすべての係数 $(a,\ldots,g) \in \mathbb{C}^7$ について(7.5.1)は(7.5.2)と同値である．すると，§3.5 で定義したように，これは 2 つの方程式系はジェネリックに同値である．本節では "ジェネリック" という用語が頻繁に登場する．

練習問題 1 記号的な係数を持つ方程式(7.5.1)を考える．

a. Maple や他の計算代数システムを使って，グレブナー基底(7.5.2)の完全な形を計算し，$P(a,\ldots,g) \neq 0$ ならば(7.5.1)が(7.5.2)の形の方程式系と同値になるような多項式 P をきちんと認識せよ．[ヒント：割算アルゴリズムを使って(7.5.1)を(7.5.2)に変形することができる．逆はいささか難しい．[CLO, Appendix D] の Maple に関する節で述べられている Maple のパッケージを使うことができる．]

b. 条件「$P'(a,\ldots,g) \neq 0$ ならば，(7.5.1)は $(\mathbb{C}^*)^2$ (但し，$\mathbb{C}^* = \mathbb{C} \setminus \{0\}$) に解を持つ」を満たす別の多項式 P' が存在することを示せ．

方程式系(7.5.2)は $\mathbb{C}^2$ において高々18個の解を持つので，ジェネリックに同じことが(7.5.1)についても言える．練習問題 8 では，ジェネリックな

$(a, \ldots, g)$ について, p_{18} は異なる解を持ち, 従って, ジェネリックな場合には(7.5.1)はちょうど18個の解を持つことを示す. このとき, 練習問題1のbを使うと, ジェネリックに(7.5.1)は18個の解を持ち, それらはすべて $(\mathbb{C}^*)^2$ に属する. このことは後に役立つ.

さて, §3.5を振り返る. そこではベズーの定理とともに終結式によって方程式を解くことを学んだ. 多項式 f_1, f_2 の全次数は5であるので, ベズーの定理は(7.5.1)を斉次化したものが $\mathbb{P}^2$ において高々 $5 \cdot 5 = 25$ 個の解を持つと予知している. 3番目の変数 z を使ってこれらの方程式を斉次化すると,

$$0 = F_1(x, y) = ax^3y^2 + bxz^4 + cy^2z^3 + dz^5$$
$$0 = F_2(x, y) = exy^4 + fx^3z^2 + gyz^4$$

となる. 但し, 解は2通りの現れ方をする. すなわち, (7.5.1)の解であるアフィン解と $z = 0$ である "∞ における" 解である. いま, $ae \neq 0$ (これはジェネリックに成り立つ)と仮定すると, ∞ における解が $(0, 1, 0)$ と $(1, 0, 0)$ であることは容易に判る. ベズーの定理と結び付けることで, (7.5.1)はが $\mathbb{C}^2$ において高々23個の解を持つことが従う.

どうして実際の解の個数である18ではなく23を得るのだろうか. この食い違いを解決する1つの方法は, ∞ における解 $(0, 1, 0), (1, 0, 0)$ が1より大きい(第4章の意味での)**重複度**を持つことに着目することである. これらの重複度を計算することで, 18個の解が存在することを証明することができる. しかし, ベズーの定理から x と y について全次数が5であるジェネリックな方程式 $f_1 = f_2 = 0$ が $\mathbb{C}^2$ において25個の解を持つことを認識することがもっと重要である. (7.5.1)の方程式はこの意味でジェネリックではない. すなわち, 全次数5の典型的な多項式 $f(x, y)$ は21個の項を持つけれども, (7.5.1)の項はそれよりずっと少ない, ということが要点である. §7.2の言葉で言うと, **疎な多項式**, すなわち, 固定したニュートン多面体を持つ多項式があり, 我々が探しているものは**疎なベズーの定理**である. 後で判るように, これがベルンシュタインの定理である.

この時点で, 読者は "ジェネリック" という言葉の使い方に混乱するかも知れない. 方程式系(7.5.1)がジェネリックでないことはたった今述べたところである. 更に, グレブナー基底についての議論では, ジェネリックに(7.5.1)

は 18 個の解を持つことを示した. ジェネリックが常にニュートン多面体の特別な集合と関係があることを認識することでこの難点は解決される. もっと正確に述べるために, 有限集合 $\mathcal{A}_1,\ldots,\mathcal{A}_l \subset \mathbb{Z}^n$ を固定する. おのおのの $\mathcal{A}_i$ はローラン多項式

$$f_i = \sum_{\alpha \in \mathcal{A}_i} c_{i,\alpha} x^\alpha$$

の集合 $L(\mathcal{A}_i)$ を与える. いま, $L(\mathcal{A}_i)$ を, 係数 $c_{i,\alpha}$ を座標として持つアフィン空間と考える. このとき, 次のようにジェネリックを定義する.

(7.5.3) 定義 ローラン多項式 $(f_1,\ldots,f_l) \in L(\mathcal{A}_1) \times \cdots \times L(\mathcal{A}_l)$ に関する或る性質がジェネリックに成り立つ(hold generically)とは, f_i の係数の非零多項式で, 条件「その多項式が 0 にならないすべての $f_1,\ldots,f_l$ についてその性質が成り立つ」を満たすものが存在するときにいう.

定義(7.5.3)は定義(3.5.6)の一般化である. §7.1 の練習問題 10 から, ジェネリックな $f_i \in L(\mathcal{A}_i)$ のニュートン多面体 $NP(f_i)$ は $NP(f_i) = \mathrm{Conv}(\mathcal{A}_i)$ を満たす. 従って, **固定されたニュートン多面体を持つジェネリックな多項式**を話題にできる. 特に, 全次数 5 の多項式について, ベズーの定理はすべての単項式 $x^i y^j$ $(i+j \leq 5)$ で決まるニュートン多面体に関連するジェネリックを扱うが, (7.5.1)についてはジェネリックは f_1 と f_2 のニュートン多面体に関連している. ニュートン多面体の違いから "ジェネリック" という用語の使い方に矛盾がないことが納得できる.

終結式が(7.5.1)を解く手助けになるか否かを問題にする. これは §3.5 で議論した. そこでは, いつも方程式は ∞ で解を持たないと仮定した. (7.5.1)は ∞ で解を持つので, (7.5.1)の無作為な座標変換を作ることが標準的手段である. このことは高い確率でアフィン解全体を構成するが, 方程式の疎性を壊してしまう. 実際, 第 3 章の古典的な多重多項式終結式よりもむしろ §7.2 の疎終結式を使いたいと望むことがはっきりする. §7.2 ではニュートン多面体がすべて等しいと仮定したが, (7.5.1)ではそのような仮定ができる状況ではないので, もう少し一般的なものを必要とする. §7.6 では(7.5.1)を研究するために使われるもっと一般的な疎終結式について学ぶ.

上で述べた議論は本節の最初の主要問題を齎す. いま, 方程式系 $f_1 = \cdots =$

$f_n = 0$ が $(\mathbb{C}^*)^n$ において有限個の解を持つようなローラン多項式 $f_1, \ldots, f_n \in \mathbb{C}[x_1^{\pm 1}, \ldots, x_n^{\pm 1}]$ があると仮定する．このとき，ベズーの定理の限界 $\deg(f_1) \cdot \deg(f_2) \cdots \deg(f_n)$ よりも精密な $f_1 = \cdots = f_n = 0$ の $(\mathbb{C}^*)^n$ における解の個数に関する上限を予知する方法が存在するか否かを知りたい．理想的には多項式 f_i の形についての情報だけから判る限界が欲しい．特に，グレブナー基底を計算したり，第2章と同様に環 $A = \mathbb{C}[x_1, \ldots, x_n]/\langle f_1, \ldots, f_n \rangle$ を研究することをできるだけ避けたい．

混合体積がその状況にどのように関与するかを考えるために，P_1 と P_2 を (7.5.1) の多項式 f_1 と f_2 のニュートン多面体とする．前節の方程式 (7.4.13) を振り返り，これらの多面体の混合体積は

$$MV_2(P_1, P_2) = 18$$

を満たすことに注意する．これはジェネリックな係数の選び方に対応する方程式系 (7.5.1) の解の個数に一致する．もちろん，偶然の一致ではない！追加のテストとして，全次数5の2つのジェネリックな多項式を扱う．このとき，ニュートン多面体はともに §7.1 の練習問題2の単体 $Q_5 \subset \mathbb{R}^2$ であって，§7.1 の練習問題3から体積は $\mathrm{Vol}_2(Q_5) = 25/2$ である．§7.4 の練習問題7を使うと，

$$MV_2(Q_5, Q_5) = 2\,\mathrm{Vol}_2(Q_5) = 25$$

を得る．すると，混合体積は再び解の個数を予知している．

練習問題2 もっと一般に，変数 $x_1, \ldots, x_n$ の全次数 $d_1, \ldots, d_n$ の多項式は，それぞれ，単体 $Q_{d_1}, \ldots, Q_{d_n}$ をニュートン多面体に持つ．§7.4 の混合体積の性質を使って

$$MV_n(Q_{d_1}, \ldots, Q_{d_n}) = d_1 \cdots d_n$$

を示し，一般のベズーの定理の限界は適当なニュートン多面体の混合体積であることを証明せよ．

本節の主要結果は，解の個数と方程式のニュートン多面体の混合体積を関連付けるベルンシュタインの定理である．ベルンシュタインの定理が $\mathbb{C}^n$ に属する解よりむしろ $(\mathbb{C}^*)^n$ に属する解の個数を予知していることは少し意外

なことである．本節末でその理由を解説する．

(7.5.4) 定理（ベルンシュタインの定理） 空間 $(\mathbb{C}^*)^n$ において有限個の共通零点を持つ $\mathbb{C}$ 上のローラン多項式 $f_1,\ldots,f_n$ を考え，$P_i = \mathrm{NP}(f_i)$ を $\mathbb{R}^n$ における f_i のニュートン多面体とする．このとき，$(\mathbb{C}^*)^n$ における f_i の共通零点の個数は混合体積 $MV_n(P_1,\ldots,P_n)$ を越えない．更に，ジェネリックな f_i の係数の選び方について，共通解の個数はちょうど $MV_n(P_1,\ldots,P_n)$ である．

証明 ベルンシュタインの証明の主な着想の概略を述べ，ジェネリックな方程式系の $MV_n(P_1,\ldots,P_n)$ 個の解がどのように求められるかを示す．しかし，この構成がジェネリックな方程式系の $(\mathbb{C}^*)^n$ における**すべての解**を求めることを証明するためには更に幾つか仕掛けが必要である．ベルンシュタインはこのために代数函数の**ピュイズー展開**(Puiseux expansion) の理論を使っている．ピュイズー展開の理論は射影トーリック多様体の理論を経由することで幾何学的に理解することができる．以下，重要な事実を証明抜きで述べる．証明の詳細は [Ber] に譲る．（別証についての参考文献は後に与える）．

　証明は n に関する帰納法による．最初に $n=1$ とすると，1変数の単独のローラン多項式 $f(x)=0$ がある．適当なローラン単項式 x^a を掛けると，多項式による方程式

$$(7.5.5) \quad 0 = \hat{f}(x) = x^a f(x) = c_m x^m + c_{m-1} x^{m-1} + \cdots + c_0, \quad m \geq 0$$

を得る．単項式 x^a を掛けても $f(x)=0$ の $\mathbb{C}^*$ における根に影響はない．代数学の基本定理から，$c_m c_0 \neq 0$ ならば (7.5.5) と元来の方程式 $f=0$ はともに $\mathbb{C}^*$ において（重複を込めて）m 個の根を持つ．更に，$c_0,\ldots,c_m$ がジェネリックならば $\hat{f}$ は異なる根を持つ（練習問題8）．従って，ジェネリックに $f=0$ は $\mathbb{C}^*$ において m 個の異なる根を持つ．しかし，ニュートン多面体 $P = \mathrm{NP}(f)$ は $\mathrm{NP}(\hat{f})$ の平行移動であって，これは $\mathbb{R}$ における区間 $[0,m]$ である．混合体積 $MV_1(P)$ は P の長さ m に等しい（§7.4 の練習問題7）．これで帰納法の土台となる場合の証明ができた．

　帰納法のステップはミンコフスキー和 $P = P_1 + \cdots + P_n$ についての幾何学を使っている．基本的な着想は，多面体 P のおのおのの原始的な内向き

7.5 ベルンシュタインの定理

ファセット法線 $\nu \in \mathbb{Z}^n$ について，方程式系 $f_1 = \cdots = f_n = 0$ を，係数の幾つかが 0 になるまで係数を動かすことで変形することである．帰納法の仮定を使って，極限において，変形された方程式系の解の個数は

(7.5.6) $$a_{P_1}(\nu)\, MV'_{n-1}((P_2)_\nu, \ldots, (P_n)_\nu)$$

であることを示す．但し，$a_{P_1}(\nu)$ は (7.1.3) で定義され，$MV'_{n-1}((P_2)_\nu, \ldots, (P_n)_\nu)$ は定理 (7.4.12) で定義される正規化 $(n-1)$ 次元混合体積である．また，これらの解のおのおのが元来の方程式系の解にどのような貢献をするのかを解説する．多面体 P のファセット法線 ν 全体に渡ってこれらの解を合計すると

(7.5.7) $$\sum_\nu a_{P_1}(\nu)\, MV'_{n-1}((P_2)_\nu, \ldots, (P_n)_\nu) = MV_n(P_1, \ldots, P_n)$$

を得る．但し，等号は定理 (7.4.12) から従う．帰納法のステップを完成するためには，元来の方程式系の $(\mathbb{C}^*)^n$ における解の総数はジェネリックに (7.5.7) の和に等しく，いかなる場合でも (7.5.7) の和を越えないことを示す必要がある．その証明は本著の守備範囲を逸脱するので触れないけれども，代償として，P の各ファセット法線 ν が，極限において解のジェネリックな個数が (7.5.6) となる方程式系 $f_1 = \cdots = f_n = 0$ の変形をどのように与えるかを明確に示すことで満足する．

この方法を実行するために，$\nu \in \mathbb{Z}^n$ を P の或るファセットの原始的な内向き法線とする．いつものようにファセットを P_ν と表す．すると，§7.4 から

$$P_\nu = (P_1)_\nu + \cdots + (P_n)_\nu$$

が従う．但し，$(P_i)_\nu$ は ν で決まるニュートン多面体 $P_i = \mathrm{NP}(f_i)$ の（ファセットとは限らない）面である．§7.1 から $(P_i)_\nu$ は f_i の単項式 x^α の中で $\nu \cdot \alpha$ を最小にする α の凸閉包である．換言すると，面 $(P_i)_\nu$ が超平面 $m \cdot \nu = -a_{P_i}(\nu)$ 上にあるとき，f_i のすべての冪指数 α について

$$\alpha \cdot \nu \geq -a_{P_i}(\nu)$$

であって，更に，等号が成り立つための必要十分条件は $\alpha \in (P_i)_\nu$ である．すると，f_i は

(7.5.8) $$f_i = \sum_{\nu\cdot\alpha=-a_{P_i}(\nu)} c_{i,\alpha} x^\alpha + \sum_{\nu\cdot\alpha>-a_{P_i}(\nu)} c_{i,\alpha} x^\alpha$$

と表せる．

　方程式を変形する前に，f_1 を少し変形する必要がある．いま，f_1 に適当な $x^{-\alpha}$ ($\alpha \in P_1$)を掛けることで，f_1 に非零定数項 c_1 が存在すると仮定してよい．すると，$0 \in P_1$ であるから，上で述べた不等式から $a_{P_1}(\nu) \geq 0$ である．土台となる場合に考察したように，このように f_1 を変化させても $(\mathbb{C}^*)^n$ における方程式系の解とニュートン多面体の混合体積には影響を及ぼさない．

　幾つか新たな座標を導入する必要がある．いま，ν は原始的であるので，ν が1行目になり逆行列も整数行列になるような $n \times n$ 可逆整数行列 B が存在する(練習問題9)．その行列 B を $B = (b_{ij})$ とし，座標変換

(7.5.9) $$x_j \mapsto \prod_{i=1}^n y_i^{-b_{ij}}$$

を考える．この座標変換は x_j を，新しい変数 $y_1, \ldots, y_n$ のローラン単項式で冪指数が行列 $-B$ の j 列目に現れる整数であるものに移す．(ν は内向き法線なので，負の符号が必要になる．) この座標変換で，ローラン単項式 x^α がローラン単項式 $y^{-B\alpha}$ に移る．但し，α を列ベクトルと思い，$B\alpha$ は通常の行列の積である．練習問題10を参照せよ．

　この座標変換を f_i に適応すると，$\nu \cdot \alpha = -a_{P_i}(\nu)$ であって，更に，ν は B の最初の行であるから，(7.5.8)の1番目の和に現れる単項式 x^α は(或る整数 $\beta_2, \ldots, \beta_n$ について)

$$y^{-B\alpha} = y_1^{a_{P_i}(\nu)} y_2^{\beta_2} \cdots y_n^{\beta_n}$$

となる．同様にして，(7.5.8)の2番目の和に現れる単項式 x^α は

$$y^{-B\alpha} = y_1^{\beta_1} y_2^{\beta_2} \cdots y_n^{\beta_n}, \quad \beta_1 < a_{P_i}(\nu)$$

になる．すると，(7.5.8)から f_i は

$$g_{i\nu}(y_2, \ldots, y_n) y_1^{a_{P_i}(\nu)} + \sum_{j<a_{P_i}(\nu)} g_{ij\nu}(y_2, \ldots, y_n) y_1^j$$

なる形の多項式に変化する．多項式 $g_{i\nu}(y_2, \ldots, y_n)$ のニュートン多面体は行

7.5 ベルンシュタインの定理

列 B で定義される線型写像による面 $(P_i)_\nu$ の像に等しいことにも注意する.

従って, 方程式系 $f_1 = \cdots = f_n = 0$ は座標変換 $x^\alpha \mapsto y^{-B\alpha}$ で新しい方程式系

(7.5.10)
$$\begin{aligned}
0 &= g_{1\nu}(y_2,\ldots,y_n)y_1^{a_{P_1}(\nu)} + \sum_{j<a_{P_1}(\nu)} g_{1j\nu}(y_2,\ldots,y_n)y_1^j \\
0 &= g_{2\nu}(y_2,\ldots,y_n)y_1^{a_{P_2}(\nu)} + \sum_{j<a_{P_2}(\nu)} g_{2j\nu}(y_2,\ldots,y_n)y_1^j \\
&\;\;\vdots \\
0 &= g_{n\nu}(y_2,\ldots,y_n)y_1^{a_{P_n}(\nu)} + \sum_{j<a_{P_n}(\nu)} g_{nj\nu}(y_2,\ldots,y_n)y_1^j
\end{aligned}$$

に移る. 上で述べたように, f_1 の定数項を c_1 で表す. 更に, (7.5.10)に

$$c_1 \mapsto \frac{c_1}{t^{a_{P_1}(\nu)}}, \quad y_1 \mapsto \frac{y_1}{t}$$

を代入し, i 番目の方程式に $t^{a_{P_i}(\nu)}$ を掛けることでこれらの方程式を変形する(t は新しい変数). 状況を把握するために, $a_{P_1}(\nu) > 0$ を仮定する. すなわち, (7.5.10)の最初の方程式において c_1 はその和の $j = 0$ の項である. このとき, その変形を施すことは, c_1 と $g_{i\nu}$ は変化させず, それ以外の項に t の正の冪を掛けるという影響を及ぼす. すると, 変形された方程式は

(7.5.11)
$$\begin{aligned}
0 &= g_{1\nu}(y_2,\ldots,y_n)y_1^{a_{P_1}(\nu)} + c_1 + O(t) \\
0 &= g_{2\nu}(y_2,\ldots,y_n)y_1^{a_{P_2}(\nu)} + O(t) \\
&\;\;\vdots \\
0 &= g_{n\nu}(y_2,\ldots,y_n)y_1^{a_{P_n}(\nu)} + O(t)
\end{aligned}$$

なる形に表される. 但し, $O(t)$ は t で割り切れる項の和である.

さて, $t = 1$ のとき, 方程式系(7.5.11)は(7.5.10)に一致する. 他方, 元来の方程式 $f_i = 0$ の観点からすると, (7.5.11)は, f_1 の定数項 c_1 (これは不変である)を除き, (7.5.8)の2番目の和の各項に t の正の冪を掛けることに対応する.

いま, (7.5.11)において $\mathbb{C}$ の一般の経路に沿って $t \to 0$ とすると,

$$0 = g_{1\nu}(y_2,\ldots,y_n)y_1^{a_{P_1}(\nu)} + c_1$$
$$0 = g_{2\nu}(y_2,\ldots,y_n)y_1^{a_{P_2}(\nu)}$$
$$\vdots$$
$$0 = g_{n\nu}(y_2,\ldots,y_n)y_1^{a_{P_n}(\nu)}$$

なる方程式を得る. 空間 $(\mathbb{C}^*)^n$ における解に関して, この方程式系は

(7.5.12)
$$0 = g_{1\nu}(y_2,\ldots,y_n)y_1^{a_{P_1}(\nu)} + c_1$$
$$0 = g_{2\nu}(y_2,\ldots,y_n)$$
$$\vdots$$
$$0 = g_{n\nu}(y_2,\ldots,y_n)$$

と同値である.

十分ジェネリックな元来の方程式系について, (7.5.12)の方程式系 $g_{2\nu} = \cdots = g_{n\nu} = 0$ は $B \cdot (P_2)_\nu, \ldots, B \cdot (P_n)_\nu$ に関してジェネリックである. 従って, (7.5.12) の最後の $n-1$ 個の方程式に帰納法の仮定を適応すると, これらの $n-1$ 個の方程式の解 $(y_2,\ldots,y_n) \in (\mathbb{C}^*)^{n-1}$ は

$$MV_{n-1}(B \cdot (P_2)_\nu, \ldots, B \cdot (P_n)_\nu)$$

個存在する. 他方,

$$MV_{n-1}(B \cdot (P_2)_\nu, \ldots, B \cdot (P_n)_\nu) = MV'_{n-1}((P_2)_\nu, \ldots, (P_n)_\nu)$$

である(練習問題 11). 但し, MV'_{n-1} は定理 (7.4.12) の正規化混合体積である.

(7.5.12) の最後の $n-1$ 個の方程式のおのおのの解 $(y_2,\ldots,y_n)$ について, $g_{1\nu}(y_2,\ldots,y_n) \neq 0$, $c_1 \neq 0$ ならば $y_1 \in \mathbb{C}^*$ の取り得る値は $a_{P_1}(\nu)$ 個ある. これはジェネリックに正しい(証明は省略)ので, (7.5.12) の解の総数は

$$a_{P_1}(\nu) MV'_{n-1}((P_2)_\nu, \ldots, (P_n)_\nu)$$

となり, (7.5.6) に一致する.

次のステップは方程式系 (7.5.12) のおのおのの解 $(y_1,\ldots,y_n)$ について, $(y_1(0),\ldots,y_n(0)) = (y_1,\ldots,y_n)$ を満たす変形された方程式系 (7.5.11) の媒

介変数表示された解 $(y_1(t),\ldots,y_n(t))$ が求められることを証明することである．このステップは今まで議論しなかった概念を幾つか必要とする（函数 $y_i(t)$ は t の多項式ではない）から，証明の詳細には踏み込まない．けれども，証明の後に続く議論では必要とすることが登場する．

一旦，媒介変数表示された解 $(y_1(t),\ldots,y_n(t))$ を得ると，それらの解を $t=1$ まで辿り，(7.5.10)の解 $(y_1(1),\ldots,y_n(1))$ を得る．行列 B の逆行列は整数成分を持つので，(7.5.9)の逆を使って，解 $(y_1(1),\ldots,y_n(1))$ のおのおのを唯一つの $(x_1,\ldots,x_n)$ に戻すことができる（練習問題10）．従って，方程式(7.5.12)は元来の方程式系の解（その個数は(7.5.6)）を引き起こす．

以上で，$a_{P_1}(\nu)>0$ なる場合が解決した．我々は $a_{P_1}(\nu)\geq 0$ となるように f_1 を調整したので，$a_{P_1}(\nu)=0$ のときの状況を考察する必要がある．いま，c_1 は f_1 についての式(7.5.8)の1番目の和に現れるので，考えている座標変換で c_1 は $g_{1\nu}$ の定数項になる．すると，$a_{P_1}(\nu)=0$ であって，更に，c_1 は $g_{1\nu}$ に現れるので，(7.5.11)の最初の（変形された）方程式は

$$0 = g_{1\nu}(y_2,\ldots,y_n) + O(t)$$

と表せる．更に，$2\leq i\leq n$ について(7.5.11)の（変形された）方程式と結び付けると，$t\to 0$ としたときの極限は

$$0 = g_{i\nu}(y_2,\ldots,y_n)y_1^{a_{P_i}(\nu)}, \quad 1\leq i\leq n$$

なる方程式系である．今までと同様に，この方程式系の $(\mathbb{C}^*)^n$ における解は方程式系

$$0 = g_{i\nu}(y_2,\ldots,y_n), \quad 1\leq i\leq n$$

の $(\mathbb{C}^*)^n$ における解と同じである．しかし，$g_{1\nu}$ はジェネリックで，従って $g_{2\nu}=\cdots=g_{n\nu}=0$ の解で0にならないことを示すことができる．すると，ジェネリックに変形された方程式系の $t\to 0$ としたときの極限は解を持たない．これは(7.5.6)に合致する．

おのおののファセットは元来の方程式系に個数が(7.5.6)である解を与え，(7.5.7)と同様にして，これらを合計すると混合体積 $MV_n(P_1,\ldots,P_n)$ を得る．以上で証明の概略が完成する． □

ベルンシュタインのオリジナルの論文 [Ber] に加えて, Kushnirenko [Kus] と Khovanskii[Kho] による密接に関係する論文がある. このために, 定理 (7.5.4)で得られる解の個数に関する混合体積による上限 $MV_n(P_1,\ldots,P_n)$ を **BKK 限界**(BKK bound)と呼ぶこともある. トーリック多様体の状況における BKK 限界の幾何学的解釈は [Ful], [GKZ] で議論され, 更に精緻なバージョンは [Roj3] で考察されている. 他方, [HuS1] と [Roj1] は $(\mathbb{C}^*)^n$ におけるちょうど $MV_n(P_1,\ldots,P_n)$ 個の異なる解が存在することを保証するために必要となるジェネリック性条件を研究している. これらの論文では疎消去理論とトーリック多様体を含む様々な方法を駆使している.

概略を述べた BKK 限界についての証明は定理(7.4.12)の公式

$$\sum_\nu a_{P_1}(\nu) \cdot MV'_{n-1}((P_2)_\nu,\ldots,(P_n)_\nu) = MV_n(P_1,\ldots,P_n)$$

を使っている. 定理 (7.4.12)の結果を振り返ると, その和は実際には $(P_2)_\nu,\ldots,(P_n)_\nu$ の次元がすべて少なくとも 1 であるようなファセット法線 ν 全体を動くことが判る. この ν に関する制限は次のようにして BKK 限界の証明にうまく関与している.

練習問題 3 定理(7.5.4)の証明で変形された方程式系(7.5.10)を得た. 或る i ($2 \leq i \leq n$) について, $(P_i)_\nu$ の次元が 0 であると仮定する. このとき, (7.5.10)において対応する $g_{i\nu}$ は唯一つの項から成ることを示し, 変形された方程式の極限(7.5.12)において最後の $n-1$ 個の方程式はジェネリックには解を**持たない**ことを導け.

練習問題 4 (7.5.1)の方程式 $f_1 = f_2 = 0$ を考える. この練習問題では, ベルンシュタインの定理の証明で使った座標変換を明確に構成する.

a. 練習問題 3 を使って, 考えるべきベクトル ν はすべて多面体 $P_2 = NP(f_2)$ のファセット法線から探すことができることを示せ. §7.4 の練習問題 5 とその練習問題の前にある議論で, これらの法線 $\nu_\mathcal{F}$, $\nu_\mathcal{G}$, $\nu_\mathcal{H}$ を計算した. 他方, (7.4.13)で混合体積 $MV_2(P_1,P_2) = 18$ を計算した.

b. $a_{P_1}(\nu_\mathcal{F}) = 0$ を示せ. 従って, $\nu = \nu_\mathcal{F}$ なる(7.5.7)の項は 0 である.

c. $\nu = \nu_{\mathcal{G}}$ について,
$$B = \begin{pmatrix} -2 & -1 \\ 1 & 0 \end{pmatrix}$$
は最初の行として ν を持つことを示せ. 次に, B^{-1} の成分は整数であることを示せ.

d. 対応する変数変換
$$x \mapsto z^2 w^{-1}, \qquad y \mapsto z$$
を (7.5.1) に適応せよ. 下付添字を使うよりもむしろ "古い" 変数を x, y, "新しい" 変数を z, w と呼んでいる. 特に, z は証明で使った変数 y_1 の役割を果たしている.

e. $d \mapsto d/t^8$, $z \mapsto z/t$ を代入した後, t の適当な冪を掛けて
$$0 = aw^{-3}z^8 + d + t^6 \cdot bw^{-1}z^2 + t^6 \cdot cz^2$$
$$0 = (ew^{-1} + fw^{-3})z^6 + t^5 \cdot gz$$
を得よ.

f. $t \to 0$ とし, 変形された方程式系の解の個数を数えよ. この個数が $a_{P_1}(\nu_{\mathcal{G}}) MV_1'(\mathcal{G})$ に等しいことを示せ.

g. 最後に, P_2 のファセット $\mathcal{H}$ について c–f のステップを実行し, 18 個の解を得ることを示せ.

練習問題 5 ベルンシュタインの定理を使って, f_i のニュートン多面体がすべて等しいとき, ローラン多項式によるジェネリックな方程式系 $f_1 = \cdots = f_n = 0$ の $(\mathbb{C}^*)^n$ における解の個数についての主張を導け. (これは Khovanskii[Kho] が考えた状況である.)

練習問題 6 ベルンシュタインの定理と練習問題 2 を使って, 通常のベズーの定理のバージョンを得よ. 空間 $(\mathbb{C}^*)^n$ に制限しているため, 求めたバージョンは §3.5 で論じたものとは少し趣が異なっている.

BKK 限界から $(\mathbb{C}^*)^n$ における解の個数についての情報が得られるとしても，$\mathbb{C}^n$ における解の個数についても問題にすることができる．たとえば，最初の方で，(7.5.1) についてジェネリックにこれらの方程式は $\mathbb{C}^2$ においても $(\mathbb{C}^*)^2$ においても $MV_2(P_1, P_2) = 18$ 個の解を持つことを示した．しかし，その方程式を少し変化させると驚くべき現象が幾つか生じる．

練習問題 7 (7.5.1) の方程式は $f_1 = f_2 = 0$ であると仮定する．

a. ジェネリックに，方程式 $f_1 = xf_2 = 0$ は $(\mathbb{C}^*)^2$ において 18 個の解を持ち，$\mathbb{C}^2$ において 20 個の解を持つことを示せ．次に，
$$MV_2(\mathrm{NP}(f_1), \mathrm{NP}(xf_2)) = 18$$
を示せ．[ヒント：混合体積は平行移動で影響を受けない．]

b. ジェネリックに，方程式 $yf_1 = xf_2 = 0$ は $(\mathbb{C}^*)^2$ において 18 個の解を持ち，$\mathbb{C}^2$ において 21 個の解を持つことを示せ．次に，
$$MV_2(\mathrm{NP}(yf_1), \mathrm{NP}(xf_2)) = 18$$
を示せ．

練習問題 7 は，f_1 や f_2 に単項式を掛けても $(\mathbb{C}^*)^2$ における解の個数や混合体積は変化しないが，$\mathbb{C}^2$ における解の個数は変化することが**有り得る**ことを解説している．他方，$(\mathbb{C}^*)^n$ よりも $\mathbb{C}^n$ において多くの解を持つ例で単項式を掛けることでは得られないものも存在する (練習問題 13)．その結果，混合体積は $(\mathbb{C}^*)^n$ における解と結び付けられるのである．一般に，$\mathbb{C}^n$ におけるジェネリックな解の個数を求めることはより巧妙な問題である．この分野の最近の発展については [HuS2], [LW], [Roj1], [Roj3], [RW] を参照せよ．

BKK 限界が (7.5.1) のような方程式の解を実際に求めるための数値的な方法とどのように関連するかについて幾つかの注釈をつけることで本節を締め括る．まず，ベズーの定理は (7.5.1) の解の個数についての 25 という上限を与えるのに比較して，18 という BKK 限界はもっと小さい (ジェネリックには正確な) 解の個数を与える．(7.5.1) の複素数解全体を数値的に計算することについて，18 というより良い上限は有益な情報で，一旦 18 個の解を求め

ると他に解は存在しないので，どのような方法を使っていても終了できる．

しかし，どんな種類の数値的な方法を使うべきであろうか．最初の方でグレブナー基底や終結式に基づく方法を論じた．ここでは数値的な**ホモトピー接続法**(homotopy continuation method) について少し触れておこう．この方法は実際に多項式方程式系を解くための別のアプローチを与える．以下で概要を述べる方法は，その係数がある有限の精度の近似でしか得られなかったり，その係数の大きさが幅広く変化するような系について，特に有効である．[VVC] に沿って紹介する．

定理(7.5.4)の証明で扱わなかった問題，すなわち，(7.5.12)の解 $(y_1,\ldots,y_n)$ を媒介変数表示された解 $(y_1(t),\ldots,y_n(t))$ にどのように拡張するかについて着手する．一般に，問題は係数が媒介変数 t に依存し，解が t の函数と考えられる(7.5.11)のような方程式系の解を"辿る"ことである．これを実行する一般的な方法は BKK 限界と同じ頃に数値解析の研究者によって独立に開発された．これらの**ホモトピー接続法**についての一般的な議論は [AG] と [Dre] に譲る．その着想を述べる．方程式系

$$f_1(x_1,\ldots,x_n) = \cdots = f_n(x_1,\ldots,x_n) = 0$$

を簡潔に $f(x) = 0$ と表す．方程式系 $f(x) = 0$ を解くために，解が既知な別の方程式系 $g(x) = 0$ から始める．このアプローチの或るバージョンでは，$g(x)$ は $f(x)$ より簡単な形をしているとしてよい．別のバージョンでは，後で行うように，$f(x) = 0$ と同じ解の個数を持つことが期待される既知の方程式系を選ぶ．

このとき，媒介変数 t に依存する連続な方程式系の族

(7.5.13) $$0 = h(x,t) = c(1-t)g(x) + tf(x)$$

を考える．但し，$c \in \mathbb{C}$ は都合の悪い特別な振る舞いを避けるためにジェネリックに選ばれた定数である．

(7.5.13)において，$t = 0$ のとき，(定数を除いて)既知の方程式系 $g(x) = 0$ を得る．実際，$g(x) = 0$ を**始系**(start system)，(7.5.13)を**ホモトピー系**(homotopy system) または**接続系**(continuation system)と呼ぶことがある．媒介変数 t を 0 から 1 まで実軸に沿って(もっと一般に複素平面上の経路

に沿って)連続的に変化させ，すべての t の値について x に対応する $h(x,t)$ のヤコビ行列
$$J(x,t) = \left(\frac{\partial h_i}{\partial x_j}(x,t)\right)$$
の階数が n であると仮定する．このとき，陰函数定理から x_0 が $g(x) = 0$ の解であるとき，t の代数函数によって媒介変数表示された $x(0) = x_0$ なる解曲線 $x(t)$ を得る．目標は $t = 1$ における $x(t)$ の値を決めることである(この値は我々が興味を持つ方程式系 $f(x) = 0$ の解を齎す)．

これらの媒介変数表示された解を求めるために以下のように進める．函数 $h(x(t),t)$ は t の函数として恒等的に 0 であって欲しいので，その導函数 $\frac{d}{dt}h(x(t),t)$ も恒等的に 0 になるはずである．多変数の連鎖律から解函数 $x(t)$ は
$$0 = \frac{d}{dt}h(x(t),t) = J(x(t),t)\frac{dx(t)}{dt} + \frac{\partial h}{\partial t}(x(t),t)$$
を満たす．すると，解函数 $x(t)$ に関する常微分方程式系(ODE)
$$J(x(t),t)\frac{dx(t)}{dt} = -\frac{\partial h}{\partial t}(x(t),t)$$
を得る．初期値 $x(0) = x_0$ が既知なので，起こり得るアプローチの 1 つとして，ODE の初期値問題に関する数値的な方法についての非常に進んだ理論を使って近似解を構成し，解 $x(1)$ の近似解が得られるまでこの過程を繰り返す．

その代わりに(ニュートン・ラプソン法のような)反復数値的求解法を適応して(7.5.13)を解くことができる．その着想は $t = 0$ のときの(7.5.13)の既知の解を取り，それを $t = 1$ まで Δt の間隔で増やすことである．従って，$t = 0$ のときの解 $x_0 = x(0)$ から始めると，与えられた数値的な方法を使って
$$h(x(\Delta t), \Delta t) = 0$$
を解くための初期推測としてその解を使うことができる．一旦 $x(\Delta t)$ を得ると，選んだ方法で
$$h(x(2\Delta t), 2\Delta t) = 0$$
を解くための初期推測として $x(\Delta t)$ を使うことができ，$h(x(1),1) = 0$ を解くまでこのようにして続ける．すると，所期の解を得る．函数 $x(t)$ は t の函

数として連続であるから，Δt が十分小さいとき，一般に，$t = (k+1)\Delta t$ の段階において，前の段階(すなわち，$t = k\Delta t$)の結果から初期点についてのかなり良い評価を得るので，この方法は首尾良く進む．

ホモトピー接続法が最初に開発されたとき，もっとも良く知られていた，期待する解の個数の制限はベズーの定理の制限であった．ありふれた $g(x)$ の選び方は $f(x)$ と同じ全次数の方程式を持つ無作為稠密系であった．しかし，多くの多項式方程式系((7.5.1)など)は同じ全次数の一般的な稠密系よりも解は少ない．そのようなとき，数値的に生じた近似解の経路の中には $t \to 1$ とすると ∞ に発散するものもある．始系 $g(x) = 0$ が概して疎系 $f(x) = 0$ より多くの解を持つからである．多くの計算上の努力が，それらを正確に辿ろうとするときに無駄になることがある．

その結果，精密な BKK 限界がホモトピー接続法を適応する際の重要な道具になる．無作為な稠密始系 $g(x) = 0$ の代わりに，多くの場合に有効な良い選び方は g_i が対応する f_i と同じニュートン多面体を持つ，すなわち，

$$\mathrm{NP}(g_i) = \mathrm{NP}(f_i)$$

であるような，無作為に選んだ始系である．もちろん，$g(x) = 0$ の解も決めなければならない．これらのニュートン多面体を持つ或る特定の方程式系の解が判らなければ，ホモトピー接続法を適応する前に始系を解くためにしなければならないことが幾つかある．[VVC] の著者は，ベルンシュタインの定理の証明で使った変形を適合させ，再び接続法を適応して $g(x) = 0$ の解を決めることを提案している．[HuS1] と [VGC] で議論している密接に関連する方法では，§7.6 で定義される混合分割を使っている．他方，興味深い数値的な問題が [HV] で扱われている．

多面体についての幾何学は多項式による疎な方程式系を理解するための強力な道具である．混合体積は解の個数についての効果的な制限を与え，ホモトピー接続法は解を求めるための実践的な方法を与える．これは活発な研究分野で，将来の進歩が見込まれる．

§7.5 の練習問題(追加)

練習問題 8 次数 n の多項式 $f \in \mathbb{C}[x]$ について, f の**判別式**(discriminant) $\mathrm{Disc}(f)$ を
$$\mathrm{Disc}(f) = \mathrm{Res}_{n,n-1}(f, f')$$
なる終結式で定義する. 但し, f' は f の導函数である. このとき, $\mathrm{Disc}(f) \neq 0$ であるためには, f が重根を持たないことが必要十分である ([CLO, Chapter 3, §5, 練習問題 7, 8]).

a. ジェネリックな多項式 $f \in \mathbb{C}[x]$ は重根を持たないことを示せ. [ヒント: 判別式が f の係数の非零多項式であることを示せば十分である. 異なる根を持つ次数 n の明示的な多項式を書き下すことによってこれを証明せよ.]

b. $p_{18} \in \mathbb{C}(a,\ldots,g)[x]$ を (7.5.2) の多項式とする. ジェネリックに p_{18} は重根を持たないことを示すには, $a,\ldots,g$ の有理函数として $\mathrm{Disc}(p_{18})$ が 0 でないことを示す必要がある. p_{18} の係数は非常に複雑であるので, この判別式を計算することは嫌なことである. その代わりに p_{18} を取り $a,\ldots,g$ を無作為に選ぶ. すると, $\mathbb{C}[x]$ の多項式を得る. その判別式は 0 でないことを示し, ジェネリックな $a,\ldots,g$ について p_{18} は重根を持たないことを示せ.

練習問題 9 ベクトル $\nu \in \mathbb{Z}^n$ は原始的であるとする(すると, $\nu \neq 0$ で, ν の成分は 1 より大きい共通因子を持たない). この練習問題の目標は $n \times n$ 整数行列で整数逆行列を持ち, ν がその 1 行目であるものを探すことである. 練習問題の残りの部分では ν を列ベクトルと思う. 従って, $n \times n$ 整数行列で整数逆行列を持ち, ν がその 1 列目であるものを探せば十分である.

a. 整数逆行列を持つ整数行列 A で $A\nu = \vec{e}_1$ ($\vec{e}_1 = (1, 0, \ldots, 0)^T$ は通常の標準基底ベクトル)を満たすものを求めれば十分である理由を解説せよ. [ヒント: A^{-1} を掛けよ.]

b. **整数行演算**(integer row operation)は 2 つの行を取り換える, 或る行列の整数倍を別の行に加える, 或る行を ± 1 倍するという 3 つのタイプの行

の演算から成る．整数行演算に対応する基本行列は整数逆行列を持つ整数行列であることを示せ．

c. a と b を使って，整数行演算を使うと ν が $\vec{e}_1$ に変われば十分である理由を解説せよ．

d. 整数行演算を使うと，ν をベクトル $(b_1,\ldots,b_n)^T$ ($b_1 > 0$, $b_i \neq 0$ なるすべての i について $b_1 \leq b_i$) に変形できることを示せ．

e. 前のステップの $(b_1,\ldots,b_n)^T$ について整数行演算を使って，0 または b_1 より小さい正の整数を得るまで非零成分 b_i ($i > 1$) の 1 つから b_1 の倍数を引け．

f. d と e のステップを繰り返すことで，ν を $\vec{e}_1$ の正の倍数に変えられることを示せ．

g. 最後に，ν が原始的であることから，前のステップは $\vec{e}_1$ を与えることを示せ．[ヒント：練習問題の前半部分を使って，$A\nu = d\vec{e}_1$ (A は整数逆行列を持つ)であることを示せ．更に，A^{-1} を使って d は ν のすべての成分を割り切ることを示せ．]

練習問題 10 a. (7.5.9) の座標変換のもとで，ローラン単項式 x^α ($\alpha \in \mathbb{Z}^n$) はローラン単項式 $y^{-B\alpha}$ ($B\alpha$ は行列の積)に移ることを示せ．

b. 実際には (7.5.9) は x のローラン単項式と y のローラン単項式の間の 1 対 1 対応を引き起こすことを示せ．

c. (7.5.9) は $(\mathbb{C}^*)^n$ からそれ自身への 1 対 1 且つ上への写像を定義することを示せ．次に，$-B^{-1}$ がどのようにして逆写像を与えるかを解説せよ．

練習問題 11 等式
$$MV_{n-1}(B \cdot (P_2)_\nu, \ldots, B \cdot (P_n)_\nu) = MV'_{n-1}((P_2)_\nu, \ldots, (P_n)_\nu)$$
を示せ．但し，記号はベルンシュタインの定理の証明と同様である．

練習問題 12 3つの未知数と3つの方程式から成る次のような方程式系を考える．

$$0 = a_1 xy^2 z + b_1 x^4 + c_1 y + d_1 z + e_1$$
$$0 = a_2 xyz^2 + b_2 y^3 + c_2$$
$$0 = a_3 x^3 + b_3 y^2 + c_3 z$$

空間 $(\mathbb{C}^*)^3$ におけるジェネリックな解の個数に対するBKK限界はどうなるか．

練習問題 13 ジェネリックに方程式系

$$0 = ax^2 y + bxy^2 + cx + dy$$
$$0 = ex^2 y + fxy^2 + gx + hy$$

は $(\mathbb{C}^*)^2$ において4個の解を，$\mathbb{C}^2$ において5個の解を持つことを示せ．この方程式系は [RW] から借用した．

§7.6 終結式の計算と方程式の求解

§7.2 で紹介した疎終結式 $\mathrm{Res}_\mathcal{A}(f_1,\ldots,f_n)$ はローラン多項式 $f_1,\ldots,f_n$ が同じ冪指数の集合 $\mathcal{A}$ を使った単項式から構成されることを必要としている．本節では，おのおのの f_i が異なる単項式を巻き込んでいる状況でどのようなことが生じるかを議論する．そのために**混合疎終結式**(mixed sparse resultant) をなる概念を導入する．たとえば，疎終結式を計算する問題のような，§7.2 では未完のまま残したものもある．そのために，**混合分割**という概念を導入する．この御陰で疎終結式を計算するだけでなく，混合体積を求めたり，第3章の方法を使って方程式を解くこともできる．

混合疎終結式の議論から始める．$n+1$ 個の有限集合 $\mathcal{A}_0,\ldots,\mathcal{A}_n \subset \mathbb{Z}^n$ を固定し，$n+1$ 個のローラン多項式 $f_i \in L(\mathcal{A}_i)$ を考える．終結式

$$\mathrm{Res}_{\mathcal{A}_0,\ldots,\mathcal{A}_n}(f_0,\ldots,f_n)$$

が n 変数の $n+1$ 個の方程式

(7.6.1) $\qquad f_0(x_1,\ldots,x_n) = \cdots = f_n(x_1,\ldots,x_n) = 0$

が解を持つかどうかを判断する,ということが大雑把な着想である.このことを明確にするために,§7.2 と同様に議論を進め,

$$Z(\mathcal{A}_0,\ldots,\mathcal{A}_n) \subset L(\mathcal{A}_0) \times \cdots \times L(\mathcal{A}_n)$$

を(7.6.1)が $(\mathbb{C}^*)^n$ に解をを持つような $(f_0,\ldots,f_n)$ 全体の集合のザリスキー閉包とする.

(7.6.2) 定理 多面体 $Q_i = \mathrm{Conv}(\mathcal{A}_i)$ $(i=0,\ldots,n)$ は n 次元多面体と仮定する.このとき,f_i の係数の既約多項式 $\mathrm{Res}_{\mathcal{A}_0,\ldots,\mathcal{A}_n}$ で

$$(f_0,\ldots,f_n) \in Z(\mathcal{A}_0,\ldots,\mathcal{A}_n) \iff \mathrm{Res}_{\mathcal{A}_0,\ldots,\mathcal{A}_n}(f_0,\ldots,f_n) = 0$$

を満たすものが存在する.特に,(7.6.1)が解 $(t_1,\ldots,t_n) \in (\mathbb{C}^*)^n$ を持つとき,

$$\mathrm{Res}_{\mathcal{A}_0,\ldots,\mathcal{A}_n}(f_0,\ldots,f_n) = 0$$

となる.

定理(7.6.2)は [GKZ, Chapter 8] で証明されている.混合疎終結式がこれまで考えた終結式すべてを含んでいることに注意する.もっと正確に言うと,§7.2 の(非混合)疎終結式は

$$\mathrm{Res}_{\mathcal{A}}(f_0,\ldots,f_n) = \mathrm{Res}_{\mathcal{A},\ldots,\mathcal{A}}(f_0,\ldots,f_n)$$

であり,第 3 章で研究した多重多項式終結式は

$$\mathrm{Res}_{d_0,\ldots,d_n}(F_0,\ldots,F_n) = \mathrm{Res}_{\mathcal{A}_0,\ldots,\mathcal{A}_n}(f_0,\ldots,f_n)$$

である.但し,$\mathcal{A}_i = \{m \in \mathbb{Z}^n_{\geq 0} : |m| \leq d_i\}$ であって,F_i は f_i を斉次化したものである.

混合疎終結式の次数を決めることもできる.§7.2 では $\mathrm{Res}_{\mathcal{A}}$ の次数がニュートン多面体 $\mathrm{Conv}(\mathcal{A})$ に関係していることに言及した.混合終結式については §7.4 の混合体積がこの役割を果たす.

(7.6.3) 定理 多面体 $Q_i = \mathrm{Conv}(\mathcal{A}_i)$ $(i=0,\ldots,n)$ は n 次元多面体であって,$\mathbb{Z}^n$ は $\mathcal{A}_0 \cup \cdots \cup \mathcal{A}_n$ の元の差で生成されると仮定する.この

とき, i $(0 \leq i \leq n)$ を固定すると, $\mathrm{Res}_{\mathcal{A}_0,\ldots,\mathcal{A}_n}$ は f_i の係数の次数 $MV_n(Q_0,\ldots,Q_{i-1},Q_{i+1},\ldots,Q_n)$ の斉次多項式である. 従って,

$$\mathrm{Res}_{\mathcal{A}_0,\ldots,\mathcal{A}_n}(f_0,\ldots,\lambda f_i,\ldots,f_n) = \\ \lambda^{MV_n(Q_0,\ldots,Q_{i-1},Q_{i+1},\ldots,Q_n)}\mathrm{Res}_{\mathcal{A}_0,\ldots,\mathcal{A}_n}(f_0,\ldots,f_n)$$

である.

証明は [GKZ, Chapter 8] で述べられている. この結果は, 定理(3.3.1)と定理(7.2.9)を一般化している. 多面体 Q_i が n 次元であることを必要としない, 定理(7.6.2), 定理(7.6.3)のもっと一般的なバージョンも存在する. たとえば, [Stu3] を参照せよ. 練習問題 9 は, Q_i の次元がすべて n より小さい疎終結式の簡単な例を扱う.

次に, 疎終結式の計算方法について述べる. 第 3 章を振り返って, 多重多項式の場合には素晴らしい公式があったが, 一般にはこれらの終結式を計算することは容易でなかったことを回顧しよう. 多重多項式終結式についての既知の公式は主に 3 種類に分類される.

- 終結式が行列式として与えられる特別な場合. これは §3.1, §3.2 の終結式 $\mathrm{Res}_{l,m}$, $\mathrm{Res}_{2,2,2}$ を含んでいる.

- 終結式が $n+1$ 個の行列式の GCD として与えられる一般的な場合. これは命題(3.4.7)である.

- 終結式が 2 つの行列式の商として与えられる一般的な場合. これは定理(3.4.9)である.

疎終結式も同様に振る舞うのだろうか. §7.2 ではディクソン終結式についての公式を与えた((7.2.12), 練習問題 10). 疎終結式についての他の行列式の公式は [SZ] と [WZ] で考察されている. すると, 1 番目の ● は確かに疎の類似を持つ. 2 番目の ● は疎の類似を持つことを後に示す. しかし, 本著執筆時点で, 3 番目の ● の疎の類似は存在するか否かは知られてはいない. すなわち, $\mathrm{Res}_{\mathcal{A}}$ や更に一般に $\mathrm{Res}_{\mathcal{A}_0,\ldots,\mathcal{A}_n}(f_0,\ldots,f_n)$ を 2 つの行列式の商として表す系統的な方法は知られていない.

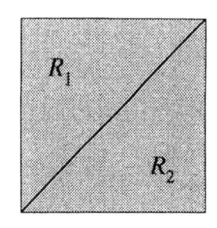

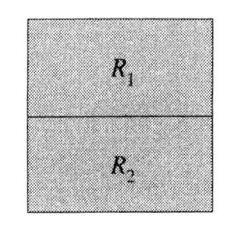

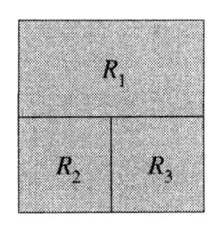

図 7.7：正方形を分割する

疎終結式を計算するための主な道具を紹介する．特別な方法でミンコフスキー和 $Q = Q_0 + \cdots + Q_n$ を分割することがその着想である．多面体を分割するとはどういうことかについて議論する．

(7.6.4) 定義 次元 n の多面体 $Q \subset \mathbb{R}^n$ の**多面体分割**(polyhedral subdivision) とは，$Q = R_1 \cup \cdots \cup R_s$ であって，更に，$i \neq j$ ならば共通部分 $R_i \cap R_j$ が R_i と R_j の両方の面であるような有限個の n 次元多面体 $R_1, \ldots, R_s$（これを分割の**胞体**(cell)と言う）から成る．

たとえば，図 7.7 は正方形を小さな部分に分割する 3 つの方法を表している．最初の 2 つは多面体分割であるが，3 番目は $R_1 \cap R_2$ が R_1 の面でない（$R_1 \cap R_3$ も同様の問題を抱えている）ので多面体分割ではない．

次に，多面体分割がミンコフスキー和と両立するとはどのようなことかを定義する．以下，$Q_1, \ldots, Q_m$ は $\mathbb{R}^n$ の任意の多面体であると仮定する．

(7.6.5) 定義 ミンコフスキー和 $Q = Q_1 + \cdots + Q_m \subset \mathbb{R}^n$ の次元を n とする．このとき，Q の分割 $R_1, \ldots, R_s$ が**混合分割**(mixed subdivision)であるとは，おのおのの胞体 R_i がミンコフスキー和として

$$R_i = F_1 + \cdots + F_m$$

と表されるときに言う．但し，各 F_i は Q_i の面であって，$n = \dim(F_1) + \cdots + \dim(F_m)$ である．

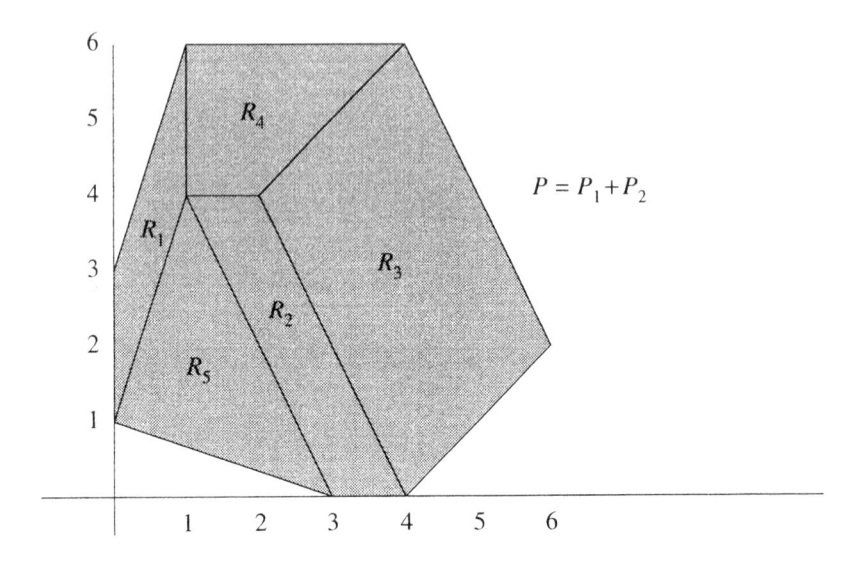

図 7.8：ミンコフスキー和の混合部分分割

練習問題 1 2つの多面体

$$P_1 = \mathrm{Conv}((0,0),(1,0),(3,2),(0,2))$$
$$P_2 = \mathrm{Conv}((0,1),(3,0),(1,4))$$

を考える．ミンコフスキー和 $P = P_1 + P_2$ は §7.4 の図 7.6 で図示された．

a. 図 7.8 は P の混合分割を与えることを証明せよ．

b. P の別の混合分割を探せ．

混合分割があるとき，その分割を構成する胞体の中には特に重要なものがある．

(7.6.6) 定義 ミンコフスキー和 $Q = Q_1 + \cdots + Q_m$ の混合分割の胞体 $R = F_1 + \cdots + F_m$ が**混合胞体**(mixed cell)であるとは，すべての i について $\dim(F_i) \leq 1$ であるときに言う．

練習問題 2 図 7.8 で図示される混合分割は 3 つの混合胞体を持つことを示せ．

混合分割の応用として，混合体積についての驚くほど簡単な公式が得られる．いま，n 個の多面体 $Q_1,\ldots,Q_n \subset \mathbb{R}^n$ があったとき，混合体積 $MV_n(Q_1,\ldots,Q_n)$ を計算するために $Q = Q_1 + \cdots + Q_n$ の混合分割に着手する．この状況では，すべての混合胞体 R は辺の和である（なぜなら，和をとると R になる面 $F_i \subset Q_i$ は $n = \dim(F_1) + \cdots + \dim(F_n)$ 且つ $\dim(F_i) \leq 1$ を満たすからである）．このとき，次のような簡単な方法で混合胞体は混合体積を定める．

(7.6.7) 定理 多面体 $Q_1,\ldots,Q_n \subset \mathbb{R}^n$ と $Q = Q_1 + \cdots + Q_n$ の混合分割があったとき，混合体積 $MV_n(Q_1,\ldots,Q_n)$ は公式

$$MV_n(Q_1,\ldots,Q_n) = \sum_R \mathrm{Vol}_n(R)$$

で計算できる．但し，和は混合分割の混合胞体 R 全体を動く．

証明 この結果は [Bet] で最初にまとめられたけれども，かなり長い間多面体研究者の間では知られていた．独立して発見された証明が [HuS1] にある．そこでは，題意の公式だけではなく混合分割の**非混合胞体**(non-mixed cell) に関して §7.4 の練習問題 18 の混合体積 $MV_n(P;\alpha)$ を計算するための公式も含んでいる． □

定理(7.6.7)を有益にする 1 つの特徴は混合胞体 R の体積が計算し易いことである．すなわち，$R = F_1 + \cdots + F_n$ を辺 F_i の和として表し，$\vec{v}_i$ を F_i の 2 つの頂点を結ぶベクトルとすると，その胞体の体積は

$$\mathrm{Vol}_n(R) = |\det(A)|$$

である．但し，A は列が辺ベクトル $\vec{v}_1,\ldots,\vec{v}_n$ である $n \times n$ 行列である．

練習問題 3 定理(7.6.7)と上で述べた結果を使って混合体積 $MV_2(P_1,P_2)$（P_1 と P_2 は練習問題 1 と同様）を計算せよ．

定理(7.6.7)は見事な結果を幾つか含んでいる．第 1 に，この定理は混合体積が非負であることを示している．これは §7.4 で与えられる定義からはそれ

ほど自明なことではない.第2に,すべての混合胞体はミンコフスキー和の内部にあるので,混合体積とミンコフスキー和の体積についての不等式

$$MV_n(Q_1,\ldots,Q_n) \leq \mathrm{Vol}_n(Q_1+\cdots+Q_n)$$

が従う.他方,[Emi1] では混合体積の下限

$$MV_n(Q_1,\ldots,Q_n) \geq n! \sqrt[n]{\mathrm{Vol}_n(Q_1)\cdots\mathrm{Vol}_n(Q_n)}$$

が得られている.混合体積は**アレクサンドロフ・フェンチェル不等式**(Alexandrov-Fenchel inequality) も満たしている.これは [Ewa] と [Ful] で議論されている.

練習問題 4 練習問題 1 の多面体 P_1 と P_2 について,上の不等式を確認せよ.

混合分割をどのように求めるかというささいなことを除くと,すべてにおいて都合が良い.幸いにして,実際には混合分割は非常に計算し易い.計算がどのように行われるかを簡潔に述べる.最初のステップは多面体 $Q_1,\ldots,Q_n \subset \mathbb{R}^n$ と,無作為なベクトル $l_1,\ldots,l_n \in \mathbb{Z}^n$ を選び,多面体

$$\widehat{Q}_i = \{(v, l_i \cdot v) : v \in Q_i\} \subset \mathbb{R}^n \times \mathbb{R} = \mathbb{R}^{n+1}$$

を考えることで $\mathbb{R}^{n+1}$ に "持ち上げる" ことである.いま,l_i を $v \mapsto l_i \cdot v$ と定義される線型写像 $\mathbb{R}^n \to \mathbb{R}$ と思うと,$\widehat{Q}_i$ は Q_i 上の l_i のグラフの一部である.

さて,多面体 $\widehat{Q} = \widehat{Q}_1 + \cdots + \widehat{Q}_n \subset \mathbb{R}^{n+1}$ を考える.$\widehat{Q}$ のファセット $\mathcal{F}$ が**下側ファセット**(lower facet) であるとは,その外向き法線が**負**の t_{n+1} 座標を持つときに言う(t_{n+1} は $\mathbb{R}^{n+1} = \mathbb{R}^n \times \mathbb{R}$ の最後の座標である).整数ベクトル l_i が十分ジェネリックであるとき,最初の n 個の座標への射影 $\mathbb{R}^{n+1} \to \mathbb{R}^n$ は下側ファセット $\mathcal{F} \subset \widehat{Q}$ を n 次元多面体 $R \subset Q = Q_1 + \cdots + Q_n$ に移す.更に,これらの多面体は Q の混合分割の胞体を構成する.この構成の理論的な背景については [BS] を,幾つかの良い状況の考察は [CE2] を ([HuS1],[CE1], [EC] も) 参照せよ.このように構成される混合分割は**正則**(coherent) であると言う.

練習問題 5 平面上の単位単体 $Q_1 = \mathrm{Conv}((0,0),(1,0),(0,1))$ と,ベクトル

$l_1 = (0,4)$, $l_2 = (2,1)$ を考える．この練習問題では，上で述べた方法を適応して $Q = Q_1 + Q_2$ (但し，$Q_2 = Q_1$)の正則混合分割を構成する．

a. $\widehat{Q}_1$ と $\widehat{Q}_2$ を3点の集合の凸閉包として表し，$\widehat{Q} = \widehat{Q}_1 + \widehat{Q}_2$ を $\mathbb{R}^3$ の9個の点の凸閉包として表せ．

b. $\mathbb{R}^3$ においてaで求めた $\widehat{Q}$ の点を図に描け．このような点は Q の点の上にあることに注意せよ．

c. $\widehat{Q}$ の下側ファセットを求め(3個ある)，これを使って対応する Q の正則混合分割を決定せよ．[ヒント：或る点が別の点の上にあるとき，上の方の点は下側ファセット内にあることはない．]

d. $l_1 = (1,1)$ と $l_2 = (2,3)$ を選ぶと Q の別の正則混合分割を得ることを示せ．

[EC] では混合分割や混合体積を計算するためのアルゴリズムが議論されている．混合体積を計算することは **#P 完全**(#P-complete)である([Ped])．#P 完全であることは **NP 完全**(NP-complete)であることに類似している．その違いは NP 完全は困難な**決定問題**の類に関連しているが，#P 完全は或る困難な**数え上げ問題**に関連している．論文 [EC] はこれらの計算を行う公的利用可能なソフトウェアを得る方法を解説している．

混合疎終結式 $\mathrm{Res}_{\mathcal{A}_0,\ldots,\mathcal{A}_n}(f_0,\ldots,f_n)$ を計算するという元来の問題に戻る．この状況では，$n+1$ 個の多面体 $Q_i = \mathrm{Conv}(\mathcal{A}_i)$ がある．ミンコフスキー和 $Q = Q_0 + \cdots + Q_n$ の正則混合分割は疎終結式を計算する系統的な方法を与えることを示すことが目標である．

これがどのように機能するかを認識するために，第3章で行ったことを回顧する．多重多項式終結式 $\mathrm{Res}_{d_0,\ldots,d_n}(F_0,\ldots,F_n)$ を考えると，§3.4で紹介した方法は以下のように進展する．全次数 $d_0 + \cdots + d_n - n$ の単項式の集合を固定し，この集合を直和 $S_0 \cup \cdots \cup S_n$ として表す．更に，各単項式 $x^\alpha \in S_i$ について F_i に $x^\alpha/x_i^{d_i}$ を掛ける．すると，方程式(3.4.1)

$$(x^\alpha/x_i^{d_i})F_i = 0, \quad x^\alpha \in S_i, \quad i = 1,\ldots,n$$

を得た．これらの多項式を最初に固定した単項式の集合に関して表すと方程

式系が得られ，その係数行列の行列式は定義(3.4.2)の多項式 D_n である．

この構成に少し修正を施すと，次の2つの性質を持つ行列式 $D_0, \ldots, D_n$ を得る．

- 各 D_i は終結式の0でない倍数である．

- 固定した i について，f_i の係数の多項式としての D_i の次数は，これらの係数についての終結式の次数と同じである．

(§3.4 の練習問題7と命題(3.4.6)を参照せよ．) すると，

$$\mathrm{Res}_{d_0,\ldots,d_n} = \pm\mathrm{GCD}(D_0, \ldots, D_n)$$

が従う(命題(3.4.7))．

この全体の枠組みが疎な状況でもほとんど修正せずに有効であることを示す．冪指数の集合 $\mathcal{A}_0, \ldots, \mathcal{A}_n$ があると仮定し，上で述べたように $Q_i = \mathrm{Conv}(\mathcal{A}_i)$ と置く．更に，$Q = Q_0 + \cdots + Q_n$ の正則混合分割があると仮定する．疎終結式を計算する最初のステップは単項式の集合，すなわち，冪指数の集合を固定することである．この集合を $\mathcal{E}$ とし，$\mathcal{E}$ を

$$\mathcal{E} = \mathbb{Z}^n \cap (Q + \delta)$$

と定義する．但し，$\delta \in \mathbb{R}^n$ は，条件「すべての $\alpha \in \mathcal{E}$ について，α が $R+\delta$ の**内部**にあるような混合分割の胞体 R が存在する」を満たすように選ばれた小さなベクトルである．直感的には，格子点が胞体の内部にあるように分割を少しずらすことである．

次の練習問題6はとりわけ単純な場合にこれがどのようになるかを解説している．終結式 $\mathrm{Res}_{\mathcal{A}_0,\ldots,\mathcal{A}_n}$ を計算する方法を解説するときは，いつもこの練習問題を振り返ることが望ましい．

練習問題 6 方程式(3.2.9)において $z=1$ と置くことで得られる方程式

$$0 = f_0 = a_1 x + a_2 y + a_3$$
$$0 = f_1 = b_1 x + b_2 y + b_3$$
$$0 = f_2 = c_1 x^2 + c_2 y^2 + c_3 + c_4 xy + c_5 x + c_6 y$$

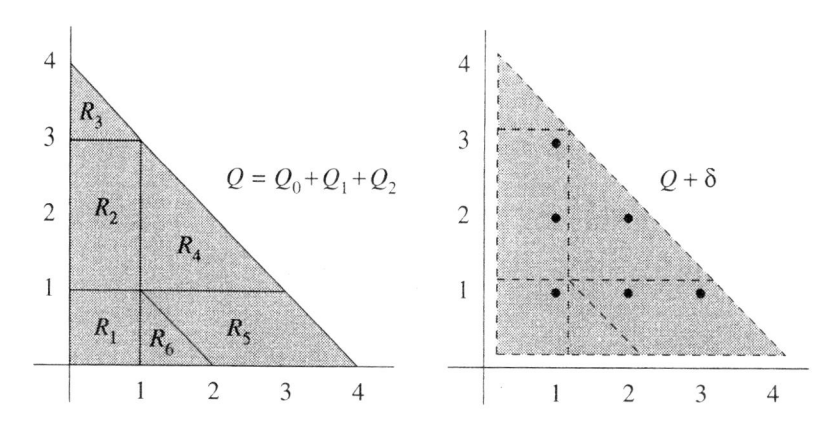

7.6 終結式の計算と方程式の求解 *469*

図 7.9：正則混合分割とその持ち上げ

を考える．多項式 f_i に現れる冪指数の集合を $\mathcal{A}_i$ とすると，$\mathrm{Res}_{\mathcal{A}_0,\mathcal{A}_1,\mathcal{A}_2}$ は命題 (3.2.10) で考えた終結式 $\mathrm{Res}_{1,1,2}$ である．

a. $l_0 = (0,4), l_1 = (2,1), l_2 = (5,7)$ とするとき，図 7.9 で描かれている Q の正則混合分割を得ることを示せ．この計算を手計算で行うことは易しくない．（ミネソタ大学幾何センターから入手可能な）qhull のようなプログラムを使って凸閉包を計算することができる．

b. 小さな $\epsilon > 0$ について $\delta = (\epsilon, \epsilon)$ ならば，$\mathcal{E}$ は図 7.9 の点で示される 6 個の冪指数ベクトルを含むことを示せ．いま，$\mathcal{E}$ を

$$x^3y,\ x^2y^2,\ x^2y,\ xy^3,\ xy^2,\ xy$$

なる単項式から成るとする．単項式をこのように並べる理由はすぐに明らかになる．

c. 小さな $\epsilon > 0$ について $\delta = (-\epsilon, -\epsilon)$ ならば，$\mathcal{E}$ は 10 個の冪指数から成ることを示せ．すると，δ が異なればまったく異なる $\mathcal{E}$ を与えることがある．

さて，$\mathcal{E}$ を得たので，次の仕事はそれを直和 $S_0 \cup \cdots \cup S_n$ に分割することである．これは正則混合分割が役割を担う部分である．その分割のおのおのの胞体 R はミンコフスキー和

$$R = F_0 + \cdots + F_n$$

である.但し,$F_i \subset Q_i$ は $n = \dim(F_0) + \cdots + \dim(F_n)$ を満たす面である.少なくとも1つの F_i について $\dim(F_i) = 0$,すなわち,少なくとも1つの F_i は頂点である.幾つかの方法で R を上のように表せる(後で例を挙げる)が,混合分割の**正則性**を使うと,これを行う標準的な方法を得る.すなわち,R は下側ファセット $\mathcal{F} \subset \widehat{Q}$ を射影したものであって,$\mathcal{F}$ がミンコフスキー和

$$\mathcal{F} = \widehat{F}_0 + \cdots + \widehat{F}_n$$

として**唯一通り**に表される(但し,$\widehat{F}_i$ は $\widehat{Q}_i$ の面).面 $F_i \subset Q_i$ が $\widehat{F}_i$ を射影したものであるとき,引き起こされるミンコフスキー和 $R = F_0 + \cdots + F_n$ を**正則**であると言う.各 i $(0 \leq i \leq n)$ について,部分集合 $S_i \subset \mathcal{E}$ を次のように定義する.

(7.6.8)
$$S_i = \{\alpha \in \mathcal{E} : \alpha \in R + \delta \text{ 且つ } R = F_0 + \cdots + F_n \text{ が正則ならば}$$
$$i \text{ は } F_i \text{ が頂点であるような}\textbf{最小の添字}\text{である }\}.$$

これより直和 $\mathcal{E} = S_0 \cup \cdots \cup S_n$ を得る.更に,$\alpha \in S_i$ のとき (7.6.8) の頂点 F_i を $v(\alpha)$ と表す,すなわち,$F_i = \{v(\alpha)\}$ である.このとき,$Q_i = \mathrm{Conv}(\mathcal{A}_i)$ であるから,$v(\alpha) \in \mathcal{A}_i$ が従う.

練習問題7 練習問題6の正則分割について,

$$S_0 = \{x^3y, x^2y^2, x^2y\}, \quad S_1 = \{xy^3, xy^2\}, \quad S_2 = \{xy\}$$

であって,更に

$$x^{v(\alpha)} = \begin{cases} x & x^\alpha \in S_0 \text{ のとき} \\ y & x^\alpha \in S_1 \text{ のとき} \\ 1 & x^\alpha \in S_2 \text{ のとき} \end{cases}$$

となることを示せ.(ここでは,$\mathcal{E}$ と S_i を冪指数ベクトルではなく単項式から成ると思う.) [ヒント:xy^3 の冪指数ベクトル $\alpha = (1,3)$ は $R_2 + \delta$ 内にある(但し,図 7.9 の番号付けを採用している).面 $\mathcal{F}$ が R_2 上にある下側

ファセットであるとき，(qhull のようなプログラムを使って)
$$\mathcal{F} = \widehat{Q}_0 \text{ の辺} + (0,1,1) + \widehat{Q}_2 \text{ の辺}$$
と計算できる．すると，$R_2 = Q_0 \text{ の辺} + (0,1) + Q_2 \text{ の辺}$ は正則である．従って，$xy^3 \in S_1, x^{v(\alpha)} = y$ である．他の単項式も同様に扱われる．]

次の補題より疎終結式を計算する際に利用できる行列式を創ることができる．

(7.6.9) 補題 単項式 α が S_i に属するならば，$(x^\alpha / x^{v(\alpha)}) f_i \in L(\mathcal{E})$ である．

証明 まず，$\alpha \in R + \delta = F_0 + \cdots + F_n + \delta$ のとき，$\alpha = \beta_0 + \cdots + \beta_n + \delta$ (但し，$0 \leq j \leq n$ について $\beta_j \in F_j \subset Q_j$) である．次に，$\alpha \in S_i$ から F_i は頂点 $v(\alpha)$ であるから，$\beta_i = v(\alpha)$ である．従って，
$$\alpha = \beta_0 + \cdots + \beta_{i-1} + v(\alpha) + \beta_{i+1} + \cdots + \beta_n + \delta$$
である．すると，$\beta \in \mathcal{A}_i$ のとき，$(x^\alpha / x^{v(\alpha)}) x^\beta$ の冪指数ベクトルは
$$\alpha - v(\alpha) + \beta = \beta_0 + \cdots + \beta_{i-1} + \beta + \beta_{i+1} + \cdots + \beta_n + \delta \subset Q + \delta$$
である．このベクトルは整数ベクトルであるから，$\mathcal{E} = \mathbb{Z}^n \cap (Q + \delta)$ に属する．多項式 f_i は x^β ($\beta \in \mathcal{A}_i$) の線型結合であるから証明が完了する． □

方程式系

(7.6.10) $$(x^\alpha / x^{v(\alpha)}) f_i = 0, \quad \alpha \in S_i$$

を考える．各 α について 1 つの方程式を得る．すると，$|\mathcal{E}|$ 個の方程式がある ($|\mathcal{E}|$ は $\mathcal{E}$ の元の個数)．補題(7.6.9)から，各 $(x^\alpha / x^{v(\alpha)}) f_i$ は単項式 x^β ($\beta \in \mathcal{E}$) の線型結合として表される．これらの単項式を"未知数"と思うと，(7.6.10)は $|\mathcal{E}|$ 個の未知数の $|\mathcal{E}|$ 個の方程式から成る方程式系である．

(7.6.11) 定義 (7.6.10)で与えられる $|\mathcal{E}| \times |\mathcal{E}|$ の線型方程式系の係数行列の行列式を D_n とする．

定義(3.4.2)との類似性に注意する．この行列式がどのようになるかを表す具体的な例を挙げる．

472 第7章 多面体，終結式，方程式

練習問題 8 練習問題6の多項式 f_0, f_1, f_2 と練習問題7の分解 $\mathcal{E} = S_0 \cup S_1 \cup S_2$ を考える．

a. 方程式 (7.6.10) はちょうど $z = 1$ と置いて各方程式に xy を掛けることで (3.2.11) から得られる方程式であることを示せ．これは $\mathcal{E}$ の元を $x^3 y, x^2 y^2, x^2 y, xy^3, xy^2, xy$ の順序で並べた理由を解説している．

b. 命題 (3.2.10) を使って，行列式 D_2 は

$$D_2 = \pm a_1 \mathrm{Res}_{1,1,2}(f_0, f_1, f_2)$$

を満たすことを示せ．

この練習問題は D_n と $\mathrm{Res}_{\mathcal{A}_0, \ldots, \mathcal{A}_n}$ の間の密接な関係を示唆している．一般に，次のような結果を得る．

(7.6.12) 定理 行列式 D_n は混合疎終結式 $\mathrm{Res}_{\mathcal{A}_0, \ldots, \mathcal{A}_n}$ の 0 でない倍数である．更に，f_n の係数の多項式としての D_n の次数は混合体積 $MV_n(Q_0, \ldots, Q_{n-1})$ に等しい．

証明 方程式系 $f_0 = \cdots = f_n = 0$ が $(\mathbb{C}^*)^n$ に解を持てば，方程式系 (7.6.10) は非自明解を持ち，係数行列の行列式は 0 である．すると，D_n は定理 (7.6.2) の集合 $Z(\mathcal{A}_0, \ldots, \mathcal{A}_n)$ 上で 0 になる．終結式はこの集合を定義する既約多項式であるから，終結式は D_n を割り切らなければならない．（この議論は第3章で頻繁に使った議論である．）

いま，D_n が 0 でないことを示すためには，$D_n \neq 0$ となる $f_0, \ldots, f_n$ を求めなければならない．このために，新しい変数 t を導入し，

(7.6.13) $$f_i = \sum_{\alpha \in \mathcal{A}_i} t^{l_i \cdot \alpha} x^\alpha$$

とする．但し，$l_i \in \mathbb{Z}^n$ は $Q = Q_0 + \cdots + Q_n$ の正則混合分割の構成で使ったベクトルである．このように f_i を選ぶと $D_n \neq 0$ である ([CE1, Section 4])．正則性がなければ，D_n が恒等的に 0 になることがあるということにも触れておく．たとえば，練習問題 10 を参照せよ．

最後に，f_n の係数の多項式としての D_n の次数を計算する．(7.6.10) にお

いて，f_n の係数は S_n から生じる方程式に現れるので，これらの係数についての D_n の次数は $|S_n|$ である．すると，

(7.6.14) $$|S_n| = MV_n(Q_0, \ldots, Q_{n-1})$$

を証明すれば十分である．さて，$\alpha \in S_n$ のとき，(7.6.8)の最小という言葉は $\alpha \in R + \delta$ (但し，$R = F_0 + \cdots + F_n$ であって，更に，$i = 0, \ldots, n-1$ について $\dim(F_i) > 0$) を表している．面 F_i の次元は合計すると n になるので，$\dim(F_0) = \cdots = \dim(F_{n-1}) = 1$ である．従って，R はその和の唯一つの頂点として F_n を持つ混合胞体である．逆に，その分割のどのような混合胞体も，頂点である F_i をちょうど1つ持たなければならない ($\dim(F_i) \leq 1$ を合計すると n になるから)．従って，R を F_n が頂点であるような混合胞体とするとき，(7.6.8)から $\mathbb{Z}^n \cap (R + \delta) \subset S_n$ である．すると，

$$|S_n| = \sum_{F_n \text{ は頂点}} |\mathbb{Z}^n \cap (R + \delta)|$$

なる式を得る．但し，和は F_n が頂点になるような Q の分割の混合胞体 $R = F_0 + \cdots + F_n$ 全体を動く．

ここで2つの見事な事実を借用する．第1に，F_n が頂点である混合胞体 R は $Q_0 + \cdots + Q_{n-1}$ の混合分割の混合胞体を平行移動したものである．更に，[Emi1, Lemma 5.3] から $Q_0 + \cdots + Q_{n-1}$ のこの分割のすべての混合胞体はこのようにして現れる．平行移動は体積に影響を及ぼさないので，定理(7.6.7)から

$$MV_n(Q_0, \ldots, Q_{n-1}) = \sum_{F_n \text{ は頂点}} \mathrm{Vol}_n(R)$$

である．ここで，今までと同じ混合胞体全体で和を取る．第2に，これらの胞体 R はそれぞれ(頂点 F_n による平行移動を除くと)辺のミンコフスキー和であって，[CE1, Section 5] から R の体積はジェネリックな小さな平行移動における格子点の個数である．すると，

$$\mathrm{Vol}_n(R) = |\mathbb{Z}^n \cap (R + \delta)|$$

であるから，(7.6.14)が直ちに従う． □

これは D_n が所期の性質を持つことを表している．更に，部分集合 $S_i \subset \mathcal{E}$

の選び方を変えると別の行列式 $D_0,\ldots,D_{n-1}$ を得る．たとえば，(7.6.8)で**最小**を**最大**に取り換えると，f_0 の係数についての次数が $MV_n(Q_1,\ldots,Q_n)$ である行列式 D_0 を得る．もっと一般に，各 j $(0 \leq j \leq n)$ について，f_j の係数についての次数が混合体積

$$MV_n(Q_0,\ldots,Q_{j-1},Q_{j+1}\ldots,Q_n)$$

と一致する，終結式の 0 でない倍数である行列式 D_j が求まる(練習問題 11)．定理(7.6.3)と命題(3.4.7)の議論から

$$\mathrm{Res}_{\mathcal{A}_0,\ldots,\mathcal{A}_n}(f_0,\ldots,f_n) = \pm\mathrm{GCD}(D_0,\ldots,D_n)$$

が従う第 3 章と同様にして，GCD の計算は記号的な係数を持つ $f_0,\ldots,f_n$ について行う必要がある．

実際には，疎終結式を計算するためのこの方法はそれほど有益なものではない．それは主として f_i が記号的な係数を持つとき，D_j が非常に大きな多項式になりがちであるからである．しかし，f_i について数値係数を使うと GCD の計算は意味を持たない．この困難を避ける 2 つの方法が [CE1, Section 5] で解説されている．幸いにして，多くの目的のためには，1 つの D_j について研究すれば十分である(後に例を挙げる)．更に，§3.4 の末尾で議論した方法で D_j を計算できる．

終結式を計算するための別の，しかし密接に関連のあるアプローチが [EC] で考案されている．[CE1] と比較して [EC] が進歩した主な点は，更に小さな行列式を使って終結式を計算していることである．他方，終結式についての理論的な公式が幾つか [GKZ] で得られている．他方，[Stu3] は混合疎終結式についての組合せ論を研究していることにも触れておく．疎終結式に関する主な未解決問題の 1 つは，疎終結式が 2 つの行列式の商として表されるか否かということである．多重多項式の場合，定理(3.4.9)からこれは正しい．これは疎の類似を持つだろうか(誰も知らない)．

方程式を解くために疎終結式がどのように使われるかについての簡潔な議論(ほとんど証明は省略する)で本節を締め括る．基本的な着想は，ローラン多項式 $f_i \in L(\mathcal{A}_i)$ があったとき，

(7.6.15) $\qquad f_1(x_1,\ldots,x_n) = \cdots = f_n(x_1,\ldots,x_n) = 0$

なる方程式系を解くことである．ローラン多項式 f_i がジェネリックであると仮定すると，ベルンシュタインの定理から $(\mathbb{C}^*)^n$ に属する解の個数は混合体積 $MV_n(Q_1, \ldots, Q_n)$ $(Q_i = \mathrm{Conv}(\mathcal{A}_i))$ である．

(7.6.15)を解くために，第3章で研究した多重多項式の場合で行ったことと同様の様々な方法で疎終結式を使うことができる．§3.5 の u 終結式の疎バージョンから始める．

$$f_0 = u_0 + u_1 x_1 + \cdots + u_n x_n$$

とする．但し，$u_0, \ldots, u_n$ は変数である．多項式 f_0 のニュートン多面体は $Q_0 = \mathrm{Conv}(\mathcal{A}_0)$ $(\mathcal{A}_0 = \{0, \vec{e}_1, \ldots, \vec{e}_n\}$, $\vec{e}_1, \ldots, \vec{e}_n$ は通常の標準基底ベクトル) である．このとき，$f_1, \ldots, f_n$ の u 終結式は終結式 $\mathrm{Res}_{\mathcal{A}_0, \ldots, \mathcal{A}_n}(f_0, \ldots, f_n)$ である．これを省略せずに書くと

$$\mathrm{Res}_{\mathcal{A}_0, \mathcal{A}_1, \ldots, \mathcal{A}_n}(u_0 + u_1 x_1 + \cdots + u_n x_n, f_1, \ldots, f_n)$$

である．ジェネリックな $f_1, \ldots, f_n$ について，

(7.6.16) $$\mathrm{Res}_{\mathcal{A}_0, \ldots, \mathcal{A}_n}(f_0, \ldots, f_n) = C \prod_{p \in \mathbf{V}(f_1, \ldots, f_n) \cap (\mathbb{C}^*)^n} f_0(p)$$

を満たす非零定数 C が存在する．これは定理(3.5.8)を一般化(Pedersen–Sturmfels [PS2])し，定理(3.3.4)の疎の類似を使って証明された．点 $p = (a_1, \ldots, a_n)$ が(7.6.15)の $(\mathbb{C}^*)^n$ に属する解であるとき，

$$f_0(p) = u_0 + u_1 a_1 + \cdots + u_n a_n$$

となるから，u 終結式を因数分解すると(7.6.15)の $(\mathbb{C}^*)^n$ に属する解を得る．

(7.6.16)では，ジェネリックな解の重複度がすべて1であることを示している．重複度の幾つかが1より大きければ，第4章の方法を適応して

$$\mathrm{Res}_{\mathcal{A}_0, \ldots, \mathcal{A}_n}(f_0, \ldots, f_n) = C \prod_{p \in \mathbf{V}(f_1, \ldots, f_n) \cap (\mathbb{C}^*)^n} f_0(p)^{m(p)}$$

を示すことができる．但し，$m(p)$ は§4.2で定義した p の重複度である．

§3.5 の u 終結式についての解説の多くはほとんど修正を施すことなく疎の場合にも有効である．特に，第3章では多くの目的について疎終結式を行列

式 D_0 に取り換えられることを納得した. 本節で定義した D_0 を使うと, 疎終結式を D_0 に置き換えても (7.6.16) は成り立つ, すなわち,

$$D_0 = C' \prod_{p \in \mathbf{V}(f_1,\ldots,f_n) \cap (\mathbb{C}^*)^n} f_0(p)$$

を満たす定数 C' が存在する.

さて, D_0 を f_0 の係数 $u_0, \ldots, u_n$ の多項式と思うと, D_0 の次数は $MV_n(Q_1, \ldots, Q_n)$ であって, これは $(\mathbb{C}^*)^n$ における (7.6.15) の解の個数である. すると, この公式は納得できる. 幾つかの解の重複度が 1 より大きいときにも同様の公式が存在する.

他方, §3.6 で議論した固有値や固有ベクトルの手法を使って (7.6.15) の解を求めることもできる. これがどのように機能するかを認識するために, ローラン多項式全体からなる環 $\mathbb{C}[x_1^{\pm 1}, \ldots, x_n^{\pm 1}]$ を考える. 方程式系 (7.6.15) のローラン多項式から, イデアル

$$\langle f_1, \ldots, f_n \rangle \subset \mathbb{C}[x_1^{\pm 1}, \ldots, x_n^{\pm 1}]$$

を得る. 商環 $\mathbb{C}[x_1^{\pm 1}, \ldots, x_n^{\pm 1}]/\langle f_1, \ldots, f_n \rangle$ の基底を求める.

このために, ミンコフスキー和 $Q_1 + \cdots + Q_n$ の正則混合分割を考える. 定理 (7.6.7) と定理 (7.6.12) の証明を組合せると, δ がジェネリックであるとき

$$MV_n(Q_1, \ldots, Q_n) = \sum_R |\mathbb{Z}^n \cap (R + \delta)|$$

が従う. 但し, 和は混合分割の混合胞体全体を動く. 従って, 冪指数の集合

$$\widehat{\mathcal{E}} = \{\beta \in \mathbb{Z}^n : \text{ある混合胞体 } R \text{ について } \beta \in R + \delta\}$$

は $MV_n(Q_1, \ldots, Q_n)$ 個の元を持つ. この集合は商環の望む基底を与える.

(7.6.17) 定理 上で述べた集合 $\widehat{\mathcal{E}}$ について, 剰余類 $[x^\beta]$ $(\beta \in \widehat{\mathcal{E}})$ は商環 $\mathbb{C}[x_1^{\pm 1}, \ldots, x_n^{\pm 1}]/\langle f_1, \ldots, f_n \rangle$ の基底を構成する.

証明 この定理は [ER] と [PS1] によって独立に証明された. [PS1] の用語では, 剰余類 $[x^\beta]$ $(\beta \in \widehat{\mathcal{E}})$ は混合分割の混合胞体から生じるので, これらの剰余類は**混合単項式基底** (mixed monomial basis) を構成する.

次のような特別な場合において定理を証明する. 多項式 $f_0 = u_0 + u_1 x_1 + \cdots + u_n x_n$ を考え, $\mathcal{A}_0$ と Q_0 を上で述べたものとする. このとき, $Q = Q_0 + Q_1 + \cdots + Q_n$ の正則混合分割をとり, $\mathcal{E} = \mathbb{Z}^n \cap (Q + \delta)$ とする. 次に, (7.6.8)で最小を最大に取り換えることで $S_i \subset \mathcal{E}$ を定義する. 定義 (7.6.12)の証明における最初の "見事な事実" を使うと, Q の正則混合分割が $Q_1 + \cdots + Q_n$ の正則混合分割を引き起こすことが示せる. この分割から生じる集合 $\widehat{\mathcal{E}}$ について定理が成り立つことを示す.

証明の第一段階は

(7.6.18)
$$\alpha \in S_0 \iff \text{或る } v(\alpha) \in \mathcal{A}_0 \text{ と } \beta \in \widehat{\mathcal{E}} \text{ について } \alpha = v(\alpha) + \beta$$

を示すことである. このことは定理(7.6.12)の証明の議論から従う. 行列 M_0 を方程式系(7.6.10)の係数行列とする. これらの方程式は

$$(x^\alpha / x^{v(\alpha)}) f_0 = 0, \quad \alpha \in S_0$$

で始まる. (7.6.18)を使って

(7.6.19) $$x^\beta f_0 = 0, \quad \beta \in \widehat{\mathcal{E}}$$

と書き換える.

ここからは定理(3.6.2)の証明に従う. いま, S_0 の元に対応する M_0 の行と列が左上の区画に位置するように M_0 を区分けする. すなわち,

$$M_0 = \begin{pmatrix} M_{00} & M_{01} \\ M_{10} & M_{11} \end{pmatrix}$$

とする. 正則混合分割について研究しているので, [Emi1, Lemma 4.4] からジェネリックな $f_1, \ldots, f_n$ について M_{11} は可逆である. この議論は定理 (7.6.12)の証明で $D_0 \neq 0$ を示すことと同様である.

さて, $\widehat{\mathcal{E}} = \{\beta_1, \ldots, \beta_\mu\}$ $(\mu = MV_n(Q_1, \ldots, Q_n))$ と置く. このとき, ジェネリックな $f_1, \ldots, f_n$ について, $\mu \times \mu$ 行列

(7.6.20) $$\widetilde{M} = M_{00} - M_{01} M_{11}^{-1} M_{10}$$

を考える. 他方, $p \in \mathbf{V}(f_1, \ldots, f_n) \cap (\mathbb{C}^*)^n$ について, $\mathbf{p}^\beta$ を列ベクトル

478　第7章　多面体，終結式，方程式

$$\mathbf{p}^\beta = \begin{pmatrix} p^{\beta_1} \\ \vdots \\ p^{\beta_\mu} \end{pmatrix}$$

とする．(7.6.19)は S_0 から生じる M_0 の行を与えるので，(3.6.6)と同様にして

$$\widetilde{M}\mathbf{p}^\beta = f_0(p)\mathbf{p}^\beta$$

が証明できる．

残るは剰余類 $[x^{\beta_1}],\ldots,[x^{\beta_\mu}]$ が線型独立であることを証明することであるが，この議論は定理(2.6.2)で行ったこととまったく同じである．　　　□

次の段階は，混合単項式基底を使って乗法写像 $m_{f_0}: A \to A$ の行列を求めることである．但し，

$$A = \mathbb{C}[x_1^{\pm 1},\ldots,x_n^{\pm 1}]/\langle f_1,\ldots,f_n\rangle$$

であって，$[g]\in A$ について $m_{f_0}([g]) = [f_0 g]$ である．第3章と同様にして，これは前の結果から直ちに従う．

(7.6.21) 定理 ローラン多項式 $f_i \in L(\mathcal{A}_i)$ はジェネリックとし，$f_0 = u_0 + u_1 x_1 + \cdots + u_n x_n$ とする．定理(7.6.17)の基底を使うと，上で述べた乗法写像 $m_{f_0}: A \to A$ は(7.6.20)の行列

$$\widetilde{M} = M_{00} - M_{01}M_{11}^{-1}M_{10}$$

の転置である．

いま，$\widetilde{M}$ を

$$\widetilde{M} = u_0 I + u_1 \widetilde{M_1} + \cdots + u_n \widetilde{M_n}$$

(各 $\widetilde{M_i}$ は定数成分を持つ)なる形で表すと，定理(7.6.21)から，すべての i について $(\widetilde{M_i})^T$ は x_i による乗法写像の行列である．従って，第3章と同様にして，$\widetilde{M}$ はすべての変数 $x_1,\ldots,x_n$ による乗法写像の行列を同時に計算する．

これらの乗法写像があるので，第2章，第3章の方法はほとんど修正を施すことなくそのまま適応される．幾つかの重要な例を含め，終結式を使って方程

式を解く方法についての詳細な議論は [Emi1], [Emi2], [ER], [Man1], [Roj4] に譲る．

第3章で紹介した他の手法を疎の場合にも適応することができることにも触れておく．たとえば，§3.6 の一般化された特性多項式(GCP)を [Roj2] で定義される**トーリック GCP** に一般化することができる．これは第3章で議論した，退化したタイプを扱うためには有益である．同様に，**ねじれたチャウ形式**(twisted Chow form)と呼ばれる(7.6.16)で使った u 終結式を改良したものが存在する([Roj2])．[Roj2, Section 2.3] で解説されているように，u 終結式が恒等的に 0 になるが，ねじれたチャウ形式は 0 でない状況が存在する．

§7.6 の練習問題(追加)

練習問題 9 次の方程式系([Stu3] から借用)を考える．

$$0 = f_0 = ax + by$$
$$0 = f_1 = cx + dy$$
$$0 = f_2 = ex + fy + g.$$

a. 定理(7.6.2)の仮定が満たされない理由を解説せよ．[ヒント：ニュートン多面体を考えよ．]

b. 疎終結式が存在し，$\mathrm{Res}(f_0, f_1, f_2) = ad - bc$ となることを示せ．

練習問題 10 練習問題7では，正則なミンコフスキー和 $R = F_0 + F_1 + F_2$ を使って $\mathcal{E} = S_0 \cup S_1 \cup S_2$ なる分解を定義した．この練習問題では，正則な和を使わないときにどんな具合の悪いことが生じるかを研究する．

a. 練習問題7では正則なミンコフスキー和 $R_2 = Q_0$ の辺 $+ (0,1) + Q_2$ の辺を与えた．更に，$R_2 = (0,1) + Q_1$ の辺 $+ Q_2$ の辺 も成り立つことを示せ．

b. R_i $(i \neq 2)$ についての正則なミンコフスキー和と，a で考えた R_2 についての非正則なミンコフスキー和を使うと，(7.6.8)は $S_0 = \{x^3y, x^2y^2, x^2y, xy^3, xy^2\}, S_1 = \emptyset, S_2 = \{xy\}$ を与えることを示せ．

c. b の S_0, S_1, S_2 を使って行列式 D_2 を計算すると，D_2 は f_1 の係数に関係しないことを示し，この場合 D_2 は恒等的に 0 であることを示せ．[ヒント：きちんとした計算は必要なく，D_2 が $\text{Res}_{1,1,2}$ で割り切れることを議論せよ．]

練習問題 11 この練習問題では，行列式 D_j $(j < n)$ について考察する．添字 j を固定する．いつものように $\mathcal{E}$ が与えられたとき，部分集合 $S_i \subset \mathcal{E}$ を，$\alpha \in R + \delta$ $(R = F_0 + \cdots + F_n$ は正則$)$ ならば

$$i = \begin{cases} j & \dim(F_k) > 0 \ \forall k \neq j \text{ のとき} \\ \min(k \neq j : F_k \text{ が頂点である}) & \text{それ以外のとき} \end{cases}$$

であるような $\alpha \in \mathcal{E}$ 全体から成ると定義する．定理 (7.6.12) の証明を使うことで，これは f_j の係数の多項式としての次数が混合体積 $MV_n(Q_0, \ldots, Q_{j-1}, Q_{j+1}, \ldots, Q_n)$ に等しく，終結式の 0 でない倍数である行列式 D_j を与えることを示せ．

練習問題 12 整数係数多項式として

$$\text{Res}_{\mathcal{A}_0, \ldots, \mathcal{A}_n}(f_0, \ldots, f_n) = \pm \text{GCD}(D_0, \ldots, D_n)$$

であることを証明せよ．[ヒント：f_j の係数の多項式と思うとき，D_j と $\text{Res}_{\mathcal{A}_0, \ldots, \mathcal{A}_n}$ の次数は同じであるので，$\mathbb{Q}$ 上でこれを証明することは比較的簡単である．これが $\mathbb{Z}$ 上でも真であることを証明するには各 D_j の係数が互いに素であることを示せば十分である．$j = n$ についてこれを証明するために，(7.6.13) で定義した多項式 f_i を考え，[CE1, Section 4] の議論（更に詳細な解説については [CE2, Section 5]）を使って t の多項式としての D_n の主係数が 1 であることを示せ．]

練習問題 13 多項式

$$f_0 = a_1 + a_2 xy + a_3 x^2 y + a_4 x$$
$$f_1 = b_1 y + b_2 x^2 y^2 + b_3 x^2 y + b_4 x$$
$$f_2 = c_1 + c_2 y + c_3 xy + c_4 x$$

の混合疎終結式を計算せよ.[ヒント:正則混合分割を得るために, $l_0 = (L, L^2)$, $l_1 = -(L^2, 1)$, $l_2 = (1, -L)$ とする. 但し, L は十分大きな正の整数である. また, $\delta = -(3/8, 1/8)$ と置く. なお, D_0 を与える明確な行列を含め, この例についての詳細は [CE1] を参照せよ.]

第8章
整数計画，組合せ論，スプライン

本章では，$\mathbb{R}^n$ の多面体的領域 P とこの領域内の整数点，更に，このような領域の分割上の区分的多項式函数を巡る一連の相互に深く関係する話題を議論する．おのおのの状況で，グレブナー基底による手法は，興味深く実際に重要となる問題を扱うための計算上および概念上の重要な道具を与える．これらの話題も第 7 章の多面体とトーリック多様体に関する題材に密接に関係する．しかし，第 7 章とはできるだけ独立して本章を構成し，別々に読めるように工夫した．

§8.1 整数計画

本節ではグレブナー基底の理論を整数計画の問題に適応する．ほとんどの結果は多項式環という基本的な代数とイデアルのグレブナー基底についての事実のみに依存する．命題(8.1.13)からはローラン多項式という言葉も使う必要があるが，たとえその概念に慣れていなくてもその着想はしっかりと把握しておくべきである．この話題についての元来の参考文献は Conti–Traverso[CT] であり，別の扱い方は [AL, Section 2.8] で展開されている．更なる発展が論文 [Tho] と単行本 [Stu2] にある．線型計画と整数計画への入門としては [Schri] を薦める．

初めに，大変小規模だが他の代表的な場合に適応される整数計画問題を考え，この例を使ってこの種の問題の基本的な特徴を解説する．或る小さな地方のトラック輸送会社に同じ場所に積み荷を発送する 2 人の顧客 A と B が

いると仮定する．顧客 A のそれぞれの積み荷は重さ 400 キログラム，体積 2 立方メートルのパレットである．顧客 B の各パレットは重さが 500 キログラム，体積 3 立方メートルである．その運送会社は 3700 キログラム，20 立方メートルまでどんな荷物でも運ぶことができる小さなトラックを所有している．顧客 B の製品は腐りやすいが，一度の配送で高額を支払おうとしている．すなわち，A はパレット当たり＄11 であるが，B はパレット当たり＄15 である．トラック輸送会社の経営者に直面する問題は，生じる収益を最大にするためには 2 人の顧客のそれぞれからトラック 1 台分の積み荷に何個のパレットを入れるべきか，ということである．

トラック 1 台分の積み荷における顧客 A のパレットの個数を A で表し，同様に顧客 B のパレットの個数を B で表すと，次の制約条件において収益函数 $11A + 15B$ を最大にしたい．

(8.1.1)
$$4A + 5B \leq 37 \quad \text{（重量制限，単位 100kg）}$$
$$2A + 3B \leq 20 \quad \text{（体積制限）}$$
$$A, B \in \mathbb{Z}_{\geq 0}.$$

但し，A と B はともに整数でなければならない．後で判るように，これは重要な制限で**整数計画**(integer programming)問題の特徴である．

整数計画問題は上で述べた問題の数学的解釈を一般化したものである．すなわち，整数計画問題では，線型不等式の集合

$$a_{11}A_1 + a_{12}A_2 + \cdots + a_{1n}A_n \leq \text{（または }\geq\text{）} b_1$$
$$a_{21}A_1 + a_{22}A_2 + \cdots + a_{2n}A_n \leq \text{（または }\geq\text{）} b_2$$
$$\vdots$$
$$a_{m1}A_1 + a_{m2}A_2 + \cdots + a_{mn}A_n \leq \text{（または }\geq\text{）} b_m$$

を満たす $(A_1, \ldots, A_n) \in \mathbb{Z}_{\geq 0}^n$ (但し，すべての $1 \leq j \leq n$ について $A_j \geq 0$) の集合において**線型函数**

$$\ell(A_1, \ldots, A_n) = c_1 A_1 + c_2 A_2 + \cdots + c_n A_n$$

の**最大**または**最小値**を求めようとしている．更に，a_{ij}, b_i はすべて整数であると仮定している．幾つかの係数 c_j, a_{ij}, b_i が負であってもよいが，すべて

8.1 整数計画

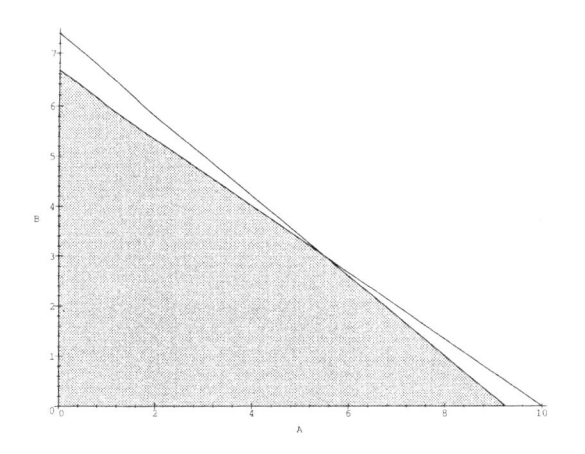

図 8.1：(8.1.1) の実行可能領域 P

の j について $A_j \geq 0$ であると常に仮定する.

工学，コンピューターサイエンス，オペレーションズリサーチ，純粋数学の多くの状況において整数計画問題が生じる．変数と制約の個数が多いとき，その問題を解くことが**困難**なことがある．小規模な輸送問題 (8.1.1) を詳細に考察することは恐らく有益である．幾何学的に言うと，直線 $4A + 5B = 37$（傾き $-4/5$），$2A + 3B = 20$（傾き $-2/3$）の一部と座標軸 $A = 0, B = 0$ を境界に持つ $\mathbb{R}^2$ の閉凸多角形 P 内の整数点上で函数 $11A + 15B$ の最大値を求めようとしている．図 8.1 を参照せよ．(8.1.1) の不等式を満たす $\mathbb{R}^2$ の点全体の集合は実行可能領域として知られている．

(8.1.2) 定義 整数計画問題の**実行可能領域** (feasible region) とは，その問題の主張の不等式を満たす $(A_1, \ldots, A_n) \in \mathbb{R}^n$ 全体の集合 P のことである．

第 7 章を読んだ読者のために，整数計画問題の不等式は第 7 章の (7.1.4) と同じ形で表されることに注意する．整数計画問題の実行可能領域が $\mathbb{R}^n$ の有界集合であるとき，それは凸多面体である．しかし，この状況ではもっと一般な有界でない多面体的領域も生じる．

整数計画問題の実行可能領域が整数点をまったく含まないことも起こり得る．その場合には最適化問題の解は存在しない．たとえば，$\mathbb{R}^2$ において

(8.1.3)
$$A + B \leq 1$$
$$3A - B \geq 1$$
$$2A - B \leq 1$$

と $A, B \geq 0$ によって定義される領域を考える．

練習問題 1 (8.1.3)で定義される領域内に整数点が存在しないことを(たとえば図で)直接確認せよ．

小さな n については整数計画問題の実行可能領域を幾何学的に分析し，その内部にある整数点を決めることは可能である．しかし，任意の多面体的領域は $\mathbb{Z}$ 上で定義される方程式によるアフィン超平面を境界に持つ半空間の共通部分であるので，(よしんば n が小さくとも)複雑になることがある．たとえば，

$$\begin{array}{ll} 2A_1 + 2A_2 + 2A_3 \leq 5 & -2A_1 + 2A_2 + 2A_3 \leq 5 \\ 2A_1 + 2A_2 - 2A_3 \leq 5 & -2A_1 + 2A_2 - 2A_3 \leq 5 \\ 2A_1 - 2A_2 + 2A_3 \leq 5 & -2A_1 - 2A_2 + 2A_3 \leq 5 \\ 2A_1 - 2A_2 - 2A_3 \leq 5 & -2A_1 - 2A_2 - 2A_3 \leq 5 \end{array}$$

なる不等式によって定義される $\mathbb{R}^3$ の集合 P を考える．練習問題11では，P が8個の三角形の面と12個の辺，6個の頂点を持つ立体の正八面体であることを示す．

(8.1.1)の問題に戻ると，もし付加的な制限 $A, B \in \mathbb{Z}$ がなかったとすると(つまり，**整数計画問題**よりもむしろ**線型計画問題**を解こうとしていたとすると)，状況はやや分析しやすい．たとえば，(8.1.1)を解くために次のような簡単な幾何学的理論を適応することができる．収益関数 $\ell(A, B) = 11A + 15B$ の**等高曲線**(level curve)は傾き $-11/15$ の直線である．第1象限を動くと ℓ の値は増加する．その傾きは $-4/5 < -11/15 < -2/3$ を満たすので，収益関数は第1象限の内部にある頂点 q で P 上の最大値に達する．第7章を読んだ読者は q を法線ベクトル $\nu = (-11, -15)$ を持つ支持直線内の P の面であ

8.1 整数計画 *487*

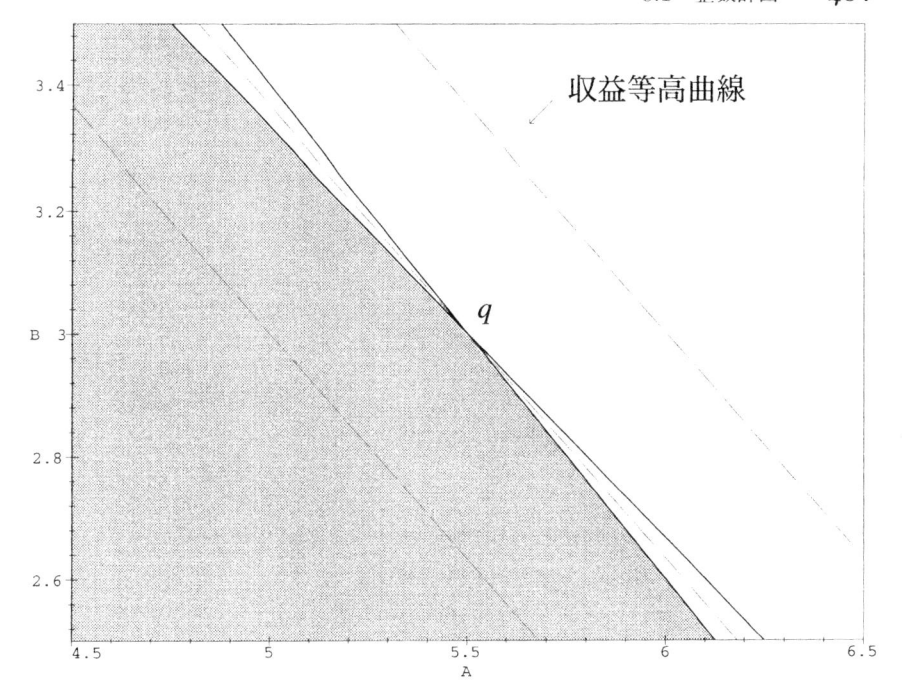

図 8.2：(8.1.1)に対する線型計画の最大値

ると認識するだろう．図 8.2 を参照せよ．

その点は有理数座標を持つが**整数**座標を持たない($q = (11/2, 3)$)．従って，q は整数計画問題の解ではない．そうではなく，P 内の整数点 (A, B) のみを考える必要がある．ここでうまくいく 1 つの**特別**な方法は A を固定し，(A, B) が P 内にあるような最大の B を計算し，それらの点における収益関数の値を計算し，取り得るすべての A の値についてその値を比較することである．たとえば，$A = 4$ とすると P 内の点を与える最大の B は $B = 4$ となり $\ell(4, 4) = 104$ を得る．同様にして，$A = 8$ とすると実行可能な最大の B は $B = 1$ となり $\ell(8, 1) = 103$ を得る．ついでに，これらの値はどちらも q にもっとも近い P 内の整数点 $(A, B) = (5, 3)$ における ℓ の値 $\ell(5, 3) = 100$ よりも大きいことに注意する．これは整数計画問題の潜在的な微妙さを示している．このように続けると，$(A, B) = (4, 4)$ において ℓ は最大になること

が示される.

練習問題 2 輸送問題(8.1.1)の解は $(A, B) = (4, 4)$ であることを直接(すなわち,示唆したように整数点を数え上げることで)示せ.

更に大きな問題についてはこの種のアプローチは実行できない.実際,一般の整数計画問題は **NP 完全**であることが既知である.更に,Conti と Traverso が言っているように,"理論的に悪い最悪の場合と平均的な複雑さを持つアルゴリズムでさえ役に立つかもしれない...,従って,調査に値する."

一般の整数計画問題を議論するためには,問題の主張をある程度標準化することが有益である.次の結果を使って標準化を行うことができる.

1. n 個の整数の組の集合上の線型函数 $\ell(A_1, \ldots, A_n) = c_1 A_1 + c_2 A_2 + \cdots + c_n A_n$ を最大にすることは函数 $-\ell$ を最小にすることと同じである.すると,ℓ を**最小化する**問題のみを考える必要がある.

2. 同様に,不等式
$$a_{i1} A_1 + a_{i2} A_2 + \cdots + a_{in} A_n \geq b_i$$
を同値な形の
$$-a_{i1} A_1 - a_{i2} A_2 - \cdots - a_{in} A_n \leq -b_i$$
に置き換えることで,$\leq$ に関わる不等式のみを考えてよい.

3. 最後に,付加的な変数を導入することによって,線型制約不等式を**等式**に書き換えることができる.その新しい変数を "**緩和変数**(slack variable)" と呼ぶ.

たとえば,3 の着想を使うと,不等式
$$3A_1 - A_2 + 2A_3 \leq 9$$
は,元来の不等式において "緩和を取る" ために $A_4 = 9 - (3A_1 - A_2 + 2A_3) \geq 0$ を新しい変数として導入すると,
$$3A_1 - A_2 + 2A_3 + A_4 = 9$$

で置き換えることができる．最小化すべき函数には，緩和変数は係数が 0 で現れる．

上述の $1, 2, 3$ を適応すると，任意の整数計画問題を**標準形**(standard form)にすることができる．

(8.1.4)
$$\text{Minimize: } c_1 A_1 + \cdots + c_n A_n, \text{ subject to:}$$
$$a_{11} A_1 + a_{12} A_2 + \cdots + a_{1n} A_n = b_1$$
$$a_{21} A_1 + a_{22} A_2 + \cdots + a_{2n} A_n = b_2$$
$$\vdots$$
$$a_{m1} A_1 + a_{m2} A_2 + \cdots + a_{mn} A_n = b_m$$
$$A_j \in \mathbb{Z}_{\geq 0}, \; j = 1, \ldots n$$

但し，n は(緩和変数を含めた)変数の総数である．今までと同様に，条件の式を満たす n 個の**実数**の組全体の集合を**実行可能領域**と呼ぶ．

本節の残りは整数計画問題に対する別の方法を研究する．そこでは，このような問題を多項式についての問題に直す．標準形(8.1.4)を使って，最初に，すべての係数が非負(すなわち $a_{ij} \geq 0, b_i \geq 0$) である場合を考える．次のようにして言い換えは進む．(8.1.4)のおのおのの方程式について不定元 z_i を導入し，指数の冪にすると各 $i = 1, \ldots, m$ について

$$z_i^{a_{i1} A_1 + a_{i2} A_2 + \cdots + a_{in} A_n} = z_i^{b_i}$$

なる方程式を得る．これらの方程式の左辺全部と右辺全部を掛け合せ，冪指数を整理すると

(8.1.5)
$$\prod_{j=1}^{n} \left(\prod_{i=1}^{m} z_i^{a_{ij}} \right)^{A_j} = \prod_{i=1}^{m} z_i^{b_i}$$

なるもう 1 つの方程式を得る．(8.1.5)から問題(8.1.4)の実行可能領域内の n 個の整数の組についての次のような直接的な代数的特徴付けを得る．

(8.1.6) **命題** 体 k を固定し，各 $j = 1, \ldots, n$ について

$$\varphi(w_j) = \prod_{i=1}^{m} z_i^{a_{ij}}$$

と置き，一般の多項式 $g \in k[w_1, \ldots, w_n]$ について $\varphi(g(w_1, \ldots, w_n)) = g(\varphi(w_1), \ldots, \varphi(w_n))$ とすることによって $\varphi : k[w_1, \ldots, w_n] \to k[z_1, \ldots, z_m]$ を定義する．このとき，$(A_1, \ldots, A_n)$ が実行可能領域内の整数点であるための必要十分条件は，φ が単項式 $w_1^{A_1} w_2^{A_2} \cdots w_n^{A_n}$ を単項式 $z_1^{b_1} \cdots z_m^{b_m}$ に移すことである．

練習問題 3 命題 (8.1.6) を証明せよ．

たとえば，第 1 式の緩和変数 C，第 2 式の緩和変数 D を使って輸送問題 (8.1.1) の標準形を考える．

(8.1.7)
$$\varphi : k[w_1, w_2, w_3, w_4] \to k[z_1, z_2]$$
$$w_1 \mapsto z_1^4 z_2^2$$
$$w_2 \mapsto z_1^5 z_2^3$$
$$w_3 \mapsto z_1$$
$$w_4 \mapsto z_2$$

輸送問題のこのような言い換えの実行可能領域内の整数点は

$$\varphi(w_1^A w_2^B w_3^C w_4^D) = z_1^{37} z_2^{20}$$

を満たす (A, B, C, D) である．

練習問題 4 この場合 $k[z_1, \ldots, z_m]$ のすべての単項式は $k[w_1, \ldots, w_n]$ の或る単項式の像であることを示せ．

他の場合では，φ は全射ではないかもしれない．写像の像の要素についての次のようなテストは整数計画問題の言い換えの重要な部分である．

命題 (8.1.6) の φ の像は $f_j = \prod_{i=1}^m z_i^{a_{ij}}$ の多項式として表される $k[z_1, \ldots, z_m]$ の多項式の集合であるので，その像を f_j によって生成される $k[z_1, \ldots, z_m]$ の部分環 $k[f_1, \ldots, f_n]$ と書くことができる．次の命題 (8.1.8) の a と b で与えられる部分環メンバーシップテストは有限行列群に付随する不変式環を研究する際にも有益である ([CLO, Chapter 7, § 3])．

(8.1.8) 命題 多項式 $f_1, \ldots, f_n \in k[z_1, \ldots, z_m]$ を考える．消去性を持つ，す

なわち z_i の 1 つを含む任意の単項式は w_j のみを含むいかなる単項式よりも大きい $k[z_1,\ldots,z_m,w_1,\ldots,w_n]$ 上の単項式順序を固定する．イデアル

$$I = \langle f_1 - w_1, \ldots, f_n - w_n \rangle \subset k[z_1,\ldots,z_m,w_1,\ldots,w_n]$$

のグレブナー基底を $\mathcal{G}$ とし，各 $f \in k[z_1,\ldots,z_m]$ について $\overline{f}^{\mathcal{G}}$ を f の $\mathcal{G}$ による割算の余りとする．このとき，

a. 多項式 f が $f \in k[f_1,\ldots,f_n]$ を満たすための必要十分条件は，$g = \overline{f}^{\mathcal{G}} \in k[w_1,\ldots,w_n]$ となることである．

b. $f \in k[f_1,\ldots,f_n]$, $g = \overline{f}^{\mathcal{G}} \in k[w_1,\ldots,w_n]$ を a と同様のものとするとき，f を f_j の多項式として表すと $f = g(f_1,\ldots,f_n)$ である．

c. 各 f_j と f が単項式で $f \in k[f_1,\ldots,f_n]$ であるとき，g も単項式である．

換言すると，c は，命題 (8.1.6) の状況で $z_1^{b_1}\cdots z_m^{b_m}$ が φ の像ならば，それは自動的にある**単項式** $w_1^{A_1}\cdots w_n^{A_n}$ の像であることを述べている．

証明 a と b の証明は [CLO, Chapter 7, §3, Proposition 7] にあるので，ここでは繰り返さない．

c を証明するために，I の各生成元は 2 つの単項式の差であることに注意する．すると，$\mathcal{G}$ を計算するためにブックバーガーのアルゴリズムを適応すると，考え得る各 S 多項式とグレブナー基底に属する 0 でない S 多項式の余りは 2 つの単項式の差であることが従う．S 多項式を計算する際，一方の 2 つの単項式の差から他方の 2 つの単項式の差を引き，主項が相殺されるのでこれは正しい．同様にして，余りを計算する際，各段階では一方の 2 つの単項式の差から他方の 2 つの単項式の差を引き相殺が起こる．すると，$\mathcal{G}$ のすべての元も 2 つの単項式の差である．或る単項式をこのような形のグレブナー基底で割ると，各段階で 2 つの単項式の差から唯一つの単項式を引き相殺が起こるので，余りは**単項式**でなければならない．従って，a と b の状況で余りが $g(w_1,\ldots,w_n) \in k[w_1,\ldots,w_n]$ であるならば，g は単項式でなければならない． □

輸送問題の言い換え (8.1.7) において，イデアル

$$I = \langle z_1^4 z_2^2 - w_1, z_1^5 z_2^3 - w_2, z_1 - w_3, z_2 - w_4 \rangle$$

を考える．(緩和変数に関係する項をできるだけ消去するように選ばれた)

$$z_1 > z_2 > w_4 > w_3 > w_2 > w_1$$

なる変数の順序付けを持つ辞書式順序を使うと，グレブナー基底 $\mathcal{G}$ を得る．

(8.1.9)
$$\begin{aligned}
g_1 &= z_1 - w_3 \\
g_2 &= z_2 - w_4 \\
g_3 &= w_4^2 w_3^4 - w_1 \\
g_4 &= w_4 w_3^3 w_2 - w_1^2 \\
g_5 &= w_4 w_3 w_1 - w_2 \\
g_6 &= w_4 w_1^4 - w_3 w_2^3 \\
g_7 &= w_3^2 w_2^2 - w_1^3
\end{aligned}$$

(注意：このアプローチを使って比較的大きな明示された例を解くためには，関係する変数の個数が多くなるので，ブックバーガーのアルゴリズムを効果的に実行する必要がある．本著では，Singular と Macaulay を使って計算した．) すると，たとえば g_1 と g_2 を使うと，単項式 $f = z_1^{37} z_2^{20}$ は $w_3^{37} w_4^{20}$ になる．従って，f は (8.1.7) の φ の像である．しかし，このとき更なる還元が可能であって，割算の余りは

$$\overline{f}^{\mathcal{G}} = w_2^4 w_1^4 w_3$$

となる．

この単項式は練習問題 2 で考えた整数計画問題の解 ($A = 4, B = 4$, 緩和 $C = 1$) に対応している．グレブナー基底と余りの計算に使った辞書式順序は収益函数 ℓ を明確に考慮していなかったので，或る意味でこれは偶然である．

与えられた線型函数 $\ell(A_1, \ldots, A_n)$ を最小にする整数計画問題の解を求めるためには，通常その問題に合うように特別に調整された単項式順序を採用する必要がある．

(8.1.10) **定義** $k[z_1, \ldots, z_m, w_1, \ldots, w_n]$ 上の単項式順序が整数計画問題

(8.1.4)に適合している(adapted)とは，その順序が次の2つの性質を持つときに言う．

a. (消去性) z_i の1つを含む任意の単項式は w_j のみを含むいかなる単項式よりも大きい．

b. (ℓ との両立性) $A = (A_1, \ldots, A_n)$, $A' = (A'_1, \ldots, A'_n)$ とする．単項式 $w^A, w^{A'}$ が $\varphi(w^A) = \varphi(w^{A'})$, $\ell(A_1, \ldots, A_n) > \ell(A'_1, \ldots, A'_n)$ を満たすとき $w^A > w^{A'}$ である．

(8.1.11) 定理 標準形の整数計画問題(8.1.4)を考える．すべての i, j について $a_{ij}, b_i \geq 0$ であると仮定し，今までと同様に $f_j = \prod_{i=1}^{m} z_i^{a_{ij}}$ とする．任意の適合単項式順序に関する

$$I = \langle f_1 - w_1, \ldots, f_n - w_n \rangle \subset k[z_1, \ldots, z_m, w_1, \ldots, w_n]$$

のグレブナー基底 $\mathcal{G}$ を考える．このとき，$f = z_1^{b_1} \cdots z_m^{b_m}$ が $k[f_1, \ldots, f_n]$ の元ならば，余り $\overline{f}^{\mathcal{G}} \in k[w_1, \ldots, w_n]$ は ℓ を最小にする(8.1.4)の解を与える．(最小を与えるものが唯一つでない場合もあるが，その場合には，この方法は最小を与えるものの1つを与えるだけである．)

証明 適合単項式順序に関する I のグレブナー基底 $\mathcal{G}$ を考える．いま，$w^A = \overline{f}^{\mathcal{G}}$ であり，すると $\varphi(w^A) = f$ であるけれども，$A = (A_1, \ldots, A_n)$ は ℓ の最小値を与えないと仮定する．すなわち，$\varphi(w^{A'}) = f$ 且つ $\ell(A'_1, \ldots, A'_n) < \ell(A_1, \ldots, A_n)$ を満たす $A' = (A'_1, \ldots, A'_n) \neq A$ が存在すると仮定する．差 $h = w^A - w^{A'}$ を考える．すると，$\varphi(h) = f - f = 0$ である．これより $h \in I$ である(練習問題 5)．従って，I のグレブナー基底 $\mathcal{G}$ によって h は零に還元される．しかし，$>$ は適合順序であるので h の主項は w^A でなければならず，更に，この単項式は $\mathcal{G}$ による割算の余りであるので，これ以上 $\mathcal{G}$ によって還元できない．従って，w^A は h の $\mathcal{G}$ による割算の余りに現れる．この矛盾は A が ℓ の最小値を与えることを示している． □

練習問題 5 $f_i \in k[z_1, \ldots, z_m]$ $(i = 1, \ldots, n)$ を上で述べたものとし，(8.1.6) と同様の写像

494　第8章　整数計画，組合せ論，スプライン

$$\varphi : k[w_1, \ldots, w_n] \to k[z_1, \ldots, z_m]$$
$$w_i \mapsto f_i$$

を定義する．イデアル $I = \langle f_1-w_1, \ldots, f_n-w_n \rangle \subset k[z_1, \ldots, z_m, w_1, \ldots, w_n]$ を考える．このとき，$h \in k[w_1, \ldots, w_n]$ が $\varphi(h) = 0$ を満たすならば，$h \in I \cap k[w_1, \ldots, w_n]$ であることを示せ．[ヒント：[CLO, Chapter 7, §4, Proposition 3] を参照せよ．]

練習問題 6 (8.1.9)のグレブナー基底を計算するために採用した辞書式順序が問題(8.1.1)において $11A + 15B$ の最大値を正確に求めたのはなぜか．定理(8.1.11)を使って解説せよ．(緩和変数に対応する w_4 と w_3 は w_2 と w_1 より大きくなるように取られたことを思い出せ．)

定理(8.1.11)はすべての i, j について $a_{ij}, b_i \geq 0$ であるような整数計画問題を解くためのグレブナー基底によるアルゴリズムを齎す．

Input: A, b from (8.1.4), an adapted monomial order $>$
Output: a solution of (8.1.4), if one exists

$$f_j := \prod_{i=1}^{m} z_i^{a_{ij}}$$
$$I := \langle f_1 - w_1, \ldots, f_n - w_n \rangle$$
$$\mathcal{G} := \text{Gröbner basis of } I \text{ with respect to } >$$
$$f := \prod_{i=1}^{m} z_i^{b_i}$$
$$g := \overline{f}^{\mathcal{G}}$$

IF $g \in k[w_1, \ldots, w_n]$ THEN

　　its exponent vector gives a solution

ELSE

　　there is no solution

(8.1.10)の消去性と両立性をともに満たす単項式順序は次のようにして明示できる．

まず，すべての j について $c_j \geq 0$ であると仮定する．このとき，線型関数 ℓ を使って w 変数上の**重み順序**(weight order) $>_\ell$ を定義することができる([CLO, Chapter 2, §4, Exercise 12])．すなわち，w 変数のみの単項式を，まず ℓ の値が，$\ell(A_1, \ldots, A_n) > \ell(A'_1, \ldots, A'_n)$ のとき

$$w_1^{A_1} \cdots w_n^{A_n} >_\ell w_1^{A'_1} \cdots w_n^{A'_n}$$

と定義し，$k[w_1, \ldots, w_n]$ 上の任意の固定した単項式順序を使ってタイブレイクする．更に，(8.1.10)の消去性が成り立つことを保証するために，この順序をどの w 変数よりも z 変数が大きくなる $k[z_1, \ldots, z_m, w_1, \ldots, w_n]$ 上の積順序に組み込む．

或る j について $c_j < 0$ であるとき，上のような方法は乗法と両立しており消去性を満たす $k[z_1, \ldots, z_m, w_1, \ldots, w_n]$ の単項式上の全順序を齎す．しかし，この順序は整列順序ではない．すると，この場合には，単項式順序に関するグレブナー基底の理論を適応するためには更にうまく遂行する必要がある．次の結果から始める．

多項式環 $k[z_1, \ldots, z_m, w_1, \ldots, w_n]$ において各変数の(標準的でない)次数を，$\deg(z_i) = 1$ $(i = 1, \ldots, m)$, $\deg(w_j) = d_j = \sum_{i=1}^m a_{ij}$ $(j = 1, \ldots, n)$ と置く．各 d_j は真に正でなければならない．なぜなら，もしそうでないとすると制約方程式は A_j に依存しないからである．多項式 $f \in k[z_1, \ldots, z_m, w_1, \ldots, w_n]$ がこれらの次数について**斉次**であるとは，f に現れるすべての単項式 $z^\alpha w^\beta$ が同じ(標準的でない)全次数 $|\alpha| + \sum_j d_j \beta_j$ を持つときに言う．

(8.1.12) 補題 w_j に関する次数 d_j について次が成り立つ．

a. イデアル $I = \langle f_1 - w_1, \ldots, f_n - w_n \rangle$ は斉次イデアルである．

b. イデアル I のすべての被約グレブナー基底は斉次多項式から成る．

証明 与えられた生成元はこれらの次数について斉次である，すなわち $f_j = \prod_{i=1}^m z_i^{a_{ij}}$ より $f_j - w_j$ の2つの項の次数は同じであるので a は従う．

通常の意味の斉次イデアルについてと同じ方法でbは従う．[CLO, Chapter 8, §3, Theorem 2] の証明は標準的でない次数のときにも有効である．　□

たとえば，上で述べた(8.1.9)で与えられる辞書式グレブナー基底において，次数 $\deg(z_i) = 1$, $\deg(w_1) = 6$, $\deg(w_2) = 8$, $\deg(w_3) = \deg(w_4) = 1$ についてすべての元が斉次であることは簡単に示せる．

すべての j について $d_j > 0$ であるから，ℓ に現れる c_j と十分大きな $\mu > 0$ があったとき，ベクトル

$$(c_1, \ldots, c_n) + \mu(d_1, \ldots, d_n)$$

のすべての成分は正である．いま，μ をこれが成り立つように固定した数とする．次に，$(m+n)$ 個の成分の重みベクトル u_1 と u_2 を考える．

$$u_1 = (1, \ldots, 1, 0, \ldots, 0)$$
$$u_2 = (0, \ldots, 0, c_1, \ldots, c_n) + \mu(0, \ldots, 0, d_1, \ldots, d_n)$$

このとき，u_2 の成分はすべて非負であって，まず u_1 重みを比較し，それから u_1 重みが等しいとき u_2 重みを比較し，最後に他の任意の単項式順序 $>_\sigma$ でタイブレイクすることで重み順序 $>_{u_1, u_2, \sigma}$ を定義することができる．

練習問題 7 すべての i, j について $a_{ij}, b_i \geq 0$ である整数計画問題 (8.1.4) を考える．

a.　順序 $>_{u_1, u_2, \sigma}$ は定義 (8.1.10) の消去性の条件を満たすことを示せ．

b.　$\varphi(w^A) = \varphi(w^{A'})$ のとき，$w^A - w^{A'}$ は次数 $d_j = \deg(w_j)$ について斉次であることを示せ．

c.　$>_{u_1, u_2, \sigma}$ が適合順序であることを導け．

たとえば，(標準形の) 輸送問題を 2 番目の方法を使って解くことができる．$u_1 = (1, 1, 0, 0, 0, 0)$ とし，$\mu = 2$ とすると，

$$u_2 = (0, 0, -11, -15, 0, 0) + 2(0, 0, 6, 8, 1, 1) = (0, 0, 1, 1, 2, 2)$$

の成分はすべて非負である．最後に，$z_1 > z_2 > w_1 > w_2 > w_3 > w_4$ なる

8.1 整数計画

変数の順序付けに関する次数逆辞書式順序 $>_\sigma$ でタイブレイクする. グレブナー基底と余りの計算を実行する Singular のセッションがここにある. 重みベクトルによる単項式順序 $>_{u_1,u_2,\sigma}$ の定義に注意する.

```
> ring R = 0,(z(1..2),w(1..4)),(a(1,1,0,0,0,0),
   a(0,0,1,1,2,2),dp);
> ideal I = z(1)^4*z(2)^2-w(1), z(1)^5*z(2)^3-w(2),
z(1)-w(3),
   z(2)-w(4);
> ideal J = std(I);
> J;
J[1]=w(1)*w(3)*w(4)-1*w(2)
J[2]=w(2)^2*w(3)^2-1*w(1)^3
J[3]=w(1)^4*w(4)-1*w(2)^3*w(3)
J[4]=w(2)*w(3)^3*w(4)-1*w(1)^2
J[5]=w(3)^4*w(4)^2-1*w(1)
J[6]=z(2)-1*w(4)
J[7]=z(1)-1*w(3)
> poly f = z(1)^37*z(2)^20;
> reduce(f,J);
w(1)^4*w(2)^4*w(3)
```

望んだように
$$\overline{z_1^{37}z_2^{20}}^{\mathcal{G}} = w_1^4 w_2^4 w_3$$

が求められ, 解 $A = 4, B = 4, C = 1, D = 0$ を与える.

最後に, a_{ij}, b_i の幾つかが**負**であってもよい一般の整数計画問題を議論する. その場合には, 実施の概念上の違いはない. 整数計画問題の幾何学的解釈はまったく同じで, 実行可能領域を定めるアフィンベクトル空間の位置が変化するだけである. しかし, 代数的解釈に違いがある. すなわち, 負の a_{ij}, b_i を直接冪指数と思うことはできない—それは通常の多項式では正当ではない. この問題を解決する 1 つの方法は変数 z_i の**ローラン多項式**を考えること, すなわち§7.1 で定義した, z_i および z_i^{-1} の多項式を考えることである. いま, m 変数の新たな集合を導入せずに, これらのより一般的な対象を扱う

ために，§7.1 の練習問題 15 で紹介したローラン多項式環の**第 2 の表現**

$$k[z_1^{\pm 1},\ldots,z_m^{\pm 1}] \cong k[z_1,\ldots,z_m,t]/\langle tz_1\cdots z_m - 1\rangle$$

を借用する．直感的には，この同型は $tz_1\cdots z_m - 1 = 0$ を満たす唯一つの変数 t を導入することでうまくいく．その結果，形式的に t は z_i の逆元の積，すなわち $t = z_1^{-1}\cdots z_m^{-1}$ である．このとき，整数計画問題の代数的解釈における $\prod_{i=1}^m z_i^{a_{ij}}$ はそれぞれ $t^{e_j}\prod_{i=1}^m z_i^{a'_{ij}}$（すべての i, j について $a'_{ij} \geq 0$）なる形に書き換えられる．すなわち，$e_j \geq 0$ を現れる最小の負数（もっとも負な）a_{ij} とし，各 i について $a'_{ij} = a_{ij} + e_j$ としているだけである．同様に，$\prod_{i=1}^m z_i^{b_i}$ は $t^e \prod_{i=1}^m z_i^{b'_i}$（$e \geq 0$，すべての i について $b_i \geq 0$）と書き換えられる．従って，方程式 (8.1.5) は $tz_1\cdots z_m - 1 = 0$ なる関係を法とする $t, z_1,\ldots,z_n$ の多項式による表現の方程式

$$\prod_{j=1}^n \bigl(t^{e_j}\prod_{i=1}^m z_i^{a'_{ij}}\bigr)^{A_j} = t^e \prod_{i=1}^m z_i^{b'_i}$$

になる．命題 (8.1.6) の直接の類似物として

(8.1.13) 命題 各 $j = 1,\ldots,n$ について

$$\varphi(w_j) = t^{e_j}\prod_{i=1}^m z_i^{a'_{ij}} \bmod \langle tz_1\cdots z_m - 1\rangle$$

と置き，今までと同様に一般の $g(w_1,\ldots,w_n) \in k[w_1,\ldots,w_n]$ に拡張することで，写像

$$\varphi : k[w_1,\ldots,w_n] \to k[z_1^{\pm 1},\ldots,z_m^{\pm 1}]$$

を定義する．このとき，$(A_1,\ldots,A_n)$ が実行可能領域内の整数点であるための必要十分条件は，$\varphi(w_1^{A_1}w_2^{A_2}\cdots w_n^{A_n})$ と $t^e z_1^{b'_1}\cdots z_m^{b'_m}$ が $k[z_1^{\pm 1},\ldots,z_m^{\pm 1}]$ の同じ元を表す（すなわち，これらの差が $tz_1\cdots z_m - 1$ で割り切れる）ことである．

同様に，命題 (8.1.8) はこの更に一般の状況でも考慮できる．ローラン多項式環 $k[z_1^{\pm 1},\ldots,z_m^{\pm 1}]$ における φ の像を S と表す．このとき，部分環メンバーシップテストの次のようなバージョンを得る．

(8.1.14) **命題** 多項式 $f_1, \ldots, f_n \in k[z_1, \ldots, z_m, t]$ を考える．消去性を持つ，すなわち $z_1, \ldots, z_m, t$ の1つを含む任意の単項式は $w_1, \ldots, w_n$ のみから成るどの単項式よりも大きい $k[z_1, \ldots, z_m, t, w_1, \ldots, w_n]$ 上の単項式順序を固定する．最後に，$\mathcal{G}$ を $k[z_1, \ldots, z_m, t, w_1, \ldots, w_n]$ のイデアル

$$J = \langle tz_1 \cdots z_m - 1, f_1 - w_1, \ldots, f_n - w_n \rangle$$

のグレブナー基底とし，各 $f \in k[z_1, \ldots, z_m, t]$ について $\overline{f}^{\mathcal{G}}$ を f の $\mathcal{G}$ による割算の余りとする．このとき，

a. f が S の元を表すための必要十分条件は，$g = \overline{f}^{\mathcal{G}} \in k[w_1, \ldots, w_n]$ となることである．

b. a と同様にして，f が S の元を表し，$g = \overline{f}^{\mathcal{G}} \in k[w_1, \ldots, w_n]$ とするとき，f_j の多項式として f を表すと $f = g(f_1, \ldots, f_n)$ である．

c. 各 f_j と f が単項式で f が S の元を表すとき，g も単項式である．

証明は命題 (8.1.8) の証明と本質的には同じであるので省略する．

消去性と両立性を持つ単項式順序を使うと整数計画問題の最小解とその解を与えるアルゴリズムを得る，という定理 (8.1.11) の直接の類似物が存在することにも触れておく．非負係数しか持たない ℓ について，上で述べた積順序を使って t と z_i をどの w_j よりも大きくすると適合順序を構成できる．与えられた ℓ と両立する単項式順序を構成することについてのもっと一般的な議論については [CT] を参照せよ．

前の段落で述べた一般的な場合を解説する例でこの節を締め括る．次のような標準形の問題を考える．

(8.1.15)

Minimize:

$$A + 1000B + C + 100D,$$

Subject to the constraints:

$$3A - 2B + C = -1$$
$$4A + B - C - D = 5$$
$$A, B, C, D \in \mathbb{Z}_{\geq 0}.$$

このとき，$tz_1z_2 - 1 = 0$ なる関係について，この場合のイデアル J は

$$J = \langle tz_1z_2 - 1, z_1^3 z_2^4 - w_1, t^2 z_2^3 - w_2, tz_1^2 - w_3, tz_1 - w_4 \rangle$$

である．

w 変数の前に t, z_1, z_2 を置く消去順序を採用して，(次数逆辞書式順序でタイブレイクする) w_j 上で ℓ と両立する重み順序を使うと，以下の多項式から成る J のグレブナー基底 $\mathcal{G}$ を得る．

$$g_1 = w_2 w_3^2 - w_4$$
$$g_2 = w_1 w_4^7 - w_3^3$$
$$g_3 = w_1 w_2 w_4^6 - w_3$$
$$g_4 = w_1 w_2^2 w_3 w_4^5 - 1$$
$$g_5 = z_2 - w_1 w_2^2 w_3 w_4^4$$
$$g_6 = z_1 - w_1 w_2 w_4^5$$
$$g_7 = t - w_2 w_3 w_4$$

方程式の右辺から $f = tz_2^6$ を考える．余りの計算は

$$\overline{f}^{\mathcal{G}} = w_1 w_2^2 w_4$$

を齎す．これは依然として大変小規模な問題であるので，対応する解 ($A = 1, B = 2, C = 0, D = 1$) が実際に制約条件のもとで $\ell(A, B, C, D) = A + 1000B + C + 100D$ を最小にすることは手計算で簡単に示せる．

練習問題 8 整数計画問題 (8.1.15) の解 $(A, B, C, D) = (1, 2, 0, 1)$ が正しいことを直接示せ．[ヒント：制約方程式の任意の解において $B \geq 2$ であることを示せ．]

(8.1.11) と (8.1.13) のイデアルの生成元の特別な**二項式**(binomial) の形式と，ここで必要となる簡単な多項式の余りの計算のために，特別な目的のグレブナー基底の線型計画ソフトウェアで構成できる多くの最適化が存在することにも触れておく．詳細と大規模な問題についての幾つかの予備知識については [CT] が有益である．

§8.1 の練習問題(追加)

練習問題 9 (8.1.3)の多面体的領域上の最適化問題にグレブナー基底によるアルゴリズムを適応するとどのようなことが生じるか.

注意：以下の問題の計算部分は定理(8.1.11)に続く議論と同様の混合消去重み単項式順序を明示できるグレブナー基底のパッケージにアクセスする必要がある. Mathematica や Maple の組み込まれてあるグレブナー基底のルーチンはこれに対してそれほど適応性がない. たとえば, Singular や Macaulay はこれに対して適応性がある.

練習問題 10 本文の方法を使って次の整数計画問題を解け.

a.
$$\text{Minimize: } 2A + 3B + C + 5D, \text{ subject to:}$$
$$3A + 2B + C + D = 10$$
$$4A + B + C = 5$$
$$A, B, C, D \in \mathbb{Z}_{\geq 0}.$$

解が正しいことを示せ.

b. a と同じであるが, 制約方程式の右辺をそれぞれ 20, 14 に変える. 再び実行するためにはどれくらいの計算が必要になるか.

c.
$$\text{Maximize: } 3A + 4B + 2C, \text{ subject to:}$$
$$3A + 2B + C \leq 45$$
$$A + 2B + 3C \leq 21$$
$$2A + B + C \leq 18$$
$$A, B, C \in \mathbb{Z}_{\geq 0}.$$

また, この問題に対する実行可能領域を幾何学的に述べ, その情報を使って解を求めよ.

練習問題 11 不等式

$$\begin{array}{llll}
2A_1 + 2A_2 + 2A_3 & \leq 5 & -2A_1 + 2A_2 + 2A_3 & \leq 5 \\
2A_1 + 2A_2 - 2A_3 & \leq 5 & -2A_1 + 2A_2 - 2A_3 & \leq 5 \\
2A_1 - 2A_2 + 2A_3 & \leq 5 & -2A_1 - 2A_2 + 2A_3 & \leq 5 \\
2A_1 - 2A_2 - 2A_3 & \leq 5 & -2A_1 - 2A_2 - 2A_3 & \leq 5
\end{array}$$

で定義される $\mathbb{R}^3$ の集合 P が立体の(正)八面体であることを示せ．(頂点は何か．)

練習問題 12 a. 実行可能多面体的領域 $P \subset \mathbb{R}^n$ 内の(非負座標の整数点だけでなく)すべての整数点を考えるとする．本文で述べた方法がこのようなより一般的な状況にどのようにして適応されるか．

b. a で述べた方法を適応して練習問題 11 の立体の八面体内の整数点上で $2A_1 - A_2 + A_3$ の最小値を求めよ．

§8.2 整数計画と組合せ論

本節では，可換代数と §8.1 で展開した着想の組合せ論の数え上げ問題への華麗な応用について研究する．これらの豊富な問題をもっと探究することに関心のある読者には Stanley の名著 [Sta1] を推薦する．我々の主な例は [Sta1] から借用する．更に進んだ代数的道具を使って遠大な一般化が展開されている．ここで展開する手法と**不変式論**([Stu1])，**トーリック多様体**の理論([Ful])，**多面体の幾何**([Stu2]) の間にも関連がある．本節を読むための予備知識は多項式イデアルについてのグレブナー基底の理論と，商環に熟知していること，ヒルベルト函数についての基本的な事実である(たとえば，本著の §6.4 や [CLO, Chapter 9, §3] を参照せよ)．

本節の大部分は次のような古典的な数え上げ問題を考えることに専念する．**魔方陣**(magic square)とは各行，各列の成分の和が同じであるという性質を持つ $n \times n$ 整数行列 $M = (m_{ij})$ である．有名な 4×4 魔方陣が Albrecht Dürer によるよく知られている彫刻 Melancholia に現れる．

$$\begin{array}{cccc} 16 & 3 & 2 & 13 \\ 5 & 10 & 11 & 8 \\ 9 & 6 & 7 & 12 \\ 4 & 15 & 14 & 1 \end{array}$$

この配列で行と列の和はすべて 34 に等しい．(Dürer の魔方陣のように) m_{ij} が異なる整数 $1, 2, \ldots, n^2$ であるという特別な条件が含まれることもあるが，ここではそれを定義の一部にはしない．加えて，周知の魔方陣の多くの例は対角成分の和が行や列の和に等しかったり他の興味深い性質を持っていたりする．しかしここではそのどちらも必要としない．我々の問題は次のようなことである．

(8.2.1) 問題 正の整数 s, n が与えられたとき，すべての i, j について $m_{ij} \geq 0$ で，行と列の和が s である異なる $n \times n$ 魔方陣は幾つあるか．

純粋数学の関心からだけでなく統計学や実用的な実験計画からの関連する問題がある．小規模な場合には (8.2.1) の答えが容易に得られる．

練習問題 1 各 $s \geq 0$ について，行と列の和が s に等しい 2×2 非負整数魔方陣の個数はちょうど $s + 1$ であることを示せ．和が $s > 1$ である魔方陣は $s = 1$ の魔方陣とどのような関係があるか．

練習問題 2 非負整数成分である 3×3 魔方陣は $s = 1$ のときちょうど 6 個，$s = 2$ のとき 21 個，$s = 3$ のとき 55 個存在することを示せ．2 つの対角成分の和も s に等しいことを必要とするとき，おのおのの場合で幾つの魔方陣が存在するか．

　本節の主な目的は，数え上げる対象が或る N について $\mathbb{R}^N$ の多面体的領域内の整数点と同一視でき，それによって §8.1 の整数計画問題と同じ状況にあるような，数え上げ問題に取り組むための**一般的な方法**を開発することである．少し**特別**な手法を使うけれども，n の小さな値に対する問題 (8.2.1) に答える必要があるのと同じぐらい一般的な仕組みしか使わない．

　(8.2.1) がこの状況とどのようにして適合するかを考えるために，$n \times n$ 非負整数魔方陣 M の成分の集合は整数係数の線型方程式系の $\mathbb{Z}_{\geq 0}^{n \times n}$ における

504　第8章　整数計画，組合せ論，スプライン

解の集合であることに注意する．たとえば，3×3の場合，列の和と行の和がすべて等しいという条件を行列の成分に関する5個の独立な方程式として表すことができる．いま，

$$\vec{m} = (m_{11}, m_{12}, m_{13}, m_{21}, m_{22}, m_{23}, m_{31}, m_{32}, m_{33})^T$$

と表すと，行列 $M = (m_{ij})$ が魔方陣であるための必要十分条件は，

(8.2.2) $$A_3 \vec{m} = 0$$

であって，更に，すべての i,j について $m_{ij} \geq 0$ となることである．但し，A_3 は 5×9 整数行列

(8.2.3) $$A_3 = \begin{pmatrix} 1 & 1 & 1 & -1 & -1 & -1 & 0 & 0 & 0 \\ 1 & 1 & 1 & 0 & 0 & 0 & -1 & -1 & -1 \\ 0 & 1 & 1 & -1 & 0 & 0 & -1 & 0 & 0 \\ 1 & -1 & 0 & 1 & -1 & 0 & 1 & -1 & 0 \\ 1 & 0 & -1 & 1 & 0 & -1 & 1 & 0 & -1 \end{pmatrix}$$

である．同様に，$n \times n$ 魔方陣を n^2 個の列を持つ整数行列 A_n についての同様な方程式系 $A_n \vec{m} = 0$ の解と思うことができる．

練習問題3 a. 3×3 非負整数魔方陣が (8.2.3) で与えられる行列 A_3 についての線型方程式系 (8.2.2) の解であることを示せ．

b. $n \times n$ 魔方陣に対応する空間を定義するために必要な線型方程式の最小個数は幾つか．上で述べたように行列 A_n を作り出す明確な方法を述べよ．

　ここでの我々の状況と §8.1 で考えた最適化問題の間には3つの重要な違いがある．まず，最適化される線型函数が存在しない．その代わりに，主として実行可能領域内の整数点全体の集合の構造を理解することに興味を持っている．次に，§8.1 の例で考えた領域とは違い，この場合の実行可能領域は**非有界**で，無限個の整数点が存在する．最後に，非斉次な方程式系よりむしろ**斉次**な方程式系を得る．すると，興味深い点は行列 A_n の核の元である．以下では，$n \times n$ 非負整数魔方陣全体の集合を

$$K_n = \ker(A_n) \cap \mathbb{Z}_{\geq 0}^{n \times n}$$

と表すことにする．簡単な結果から始める．

(8.2.4) 命題 各 n について

a. K_n は $\mathbb{Z}^{n\times n}$ のベクトルの和について閉じていて零ベクトルを含む．

b. $\vec{m} \in \mathbb{R}_{\geq 0}^{n\times n}$ を満たす $A_n\vec{m} = 0$ の解の集合 $\mathcal{C}_n$ は原点を頂点とする $\mathbb{R}^{n\times n}$ の凸多面錐を構成する．

証明 線型性から a は従う．b について，定義方程式が線型方程式 $A_n\vec{m} = 0$ と線型不等式 $m_{ij} \geq 0 \in \mathbb{R}$ であるから，$\mathcal{C}_n$ は多面体的である．次に，$\mathcal{C}_n$ に属する点の任意の正の実数倍も $\mathcal{C}_n$ 内にあるから $\mathcal{C}_n$ は錐である．最後に，$\vec{m}, \vec{m}'$ が $\mathcal{C}_n$ の 2 つの点であるとき，任意の線型結合 $x = r\vec{m} + (1-r)\vec{m}'$ ($r \in [0,1]$) は方程式 $A_n x = 0$ を満たし，非負成分を持つので $\mathcal{C}_n$ 内にある．従って，$\mathcal{C}_n$ は凸である． □

二項演算を持つ集合 M がモノイド (monoid) であるとは，その演算が結合的で M に単位元があるときに言う．たとえば，$\mathbb{Z}_{\geq 0}^{n\times n}$ はベクトルの和についてモノイドである．この言葉を使うと，命題 (8.2.4) の a は K_n が $\mathbb{Z}_{\geq 0}^{n\times n}$ の部分モノイド (submonoid) であることを述べている．

部分モノイド K_n の構造を理解するために，K_n のすべての元に対して基礎的要素として有益な加法生成元の極小集合を求める．次の定義によって適切な概念が得られる．

(8.2.5) 定義 加法モノイド $\mathbb{Z}_{\geq 0}^N$ の任意の部分モノイド K について，有限集合 $\mathcal{H} \subset K$ が K のヒルベルト基底 (Hilbert basis) であるとは，$\mathcal{H}$ が次の 2 つの条件を満たすときに言う．

a. すべての $k \in K$ について，$k = \sum_{i=1}^q c_i h_i$ を満たす $h_i \in \mathcal{H}$ と非負整数 c_i が存在し，

b. $\mathcal{H}$ は包含関係に関して極小である．

すべての部分モノイド $K \subset \mathbb{Z}_{\geq 0}^N$ について，そのヒルベルト基底が唯一つ存在することは一般的な事実である．しかし，存在証明を議論することはさてお

き，その代償として，N 個の列を持つ任意の整数行列に付随する部分モノイド $K = \ker(A) \subset \mathbb{Z}_{\geq 0}^N$ のヒルベルト基底を求めるためのグレブナー基底によるアルゴリズムを紹介する．(これは [Stu1, §8.1.4] の結果である．) §8.1 と同じように，整数点の状況からの問題をローラン多項式に言い換える．いま，N 個の列と m 個の行を持つ整数行列 $A = (a_{ij})$ があったとき，各行，すなわち $i = 1, \ldots, m$ について不定元 z_i を導入し，ローラン多項式環を考える．

$$k[z_1^{\pm 1}, \ldots, z_m^{\pm 1}] \cong k[z_1, \ldots, z_m, t]/\langle t z_1 \cdots z_m - 1\rangle.$$

(§8.1 と §7.1 の練習問題 15 を参照せよ．) 写像

(8.2.6) $\quad \psi : k[v_1, \ldots, v_N, w_1, \ldots, w_N] \to k[z_1^{\pm 1}, \ldots, z_m^{\pm 1}][w_1, \ldots, w_N]$

を次のように定義する．まず，各 $j = 1, \ldots, N$ について

(8.2.7) $$\psi(v_j) = w_j \cdot \prod_{i=1}^{m} z_i^{a_{ij}},$$

$\psi(w_j) = w_j$ とし，次に ψ を環準同型にするために $k[v_1, \ldots, v_N, w_1, \ldots, w_N]$ の多項式に拡張する．

写像 ψ の目的は A の核の元を探すことにある．

(8.2.8) **命題** ベクトル α^T が $\ker(A)$ に属するための必要十分条件は，$\psi(v^\alpha - w^\alpha) = 0$，すなわち $v^\alpha - w^\alpha$ が準同型 ψ の核にあることである．

練習問題 4 命題 (8.2.8) を証明せよ．

§8.1 の練習問題 5 と同様にして，$J = \ker(\psi)$ を

$$J = I \cap k[v_1, \ldots, v_N, w_1, \ldots, w_N]$$

と表せる．但し，環 $k[z_1^{\pm 1}, \ldots, z_m^{\pm 1}][v_1, \ldots, v_N, w_1, \ldots, w_N]$ において

$$I = \langle w_j \cdot \prod_{i=1}^{m} z_i^{a_{ij}} - v_j : j = 1, \ldots, N\rangle$$

である．次の定理 ([Stu1, Algorithm 1.4.5]) からヒルベルト基底を求める方法を得る．

(8.2.9) 定理 任意の i, j について $z_i, t > v_j$ で，任意の j, k について $v_j > w_k$ であるような任意の消去順序 $>$ に関する I のグレブナー基底 $\mathcal{G}$ を考える．このとき，S を $v^\alpha - w^\alpha$ $(\alpha \in \mathbb{Z}_{\geq 0}^N)$ なる形の元から成る $\mathcal{G}$ の部分集合とすると，

$$\mathcal{H} = \{\alpha : v^\alpha - w^\alpha \in S\}$$

は K のヒルベルト基底である．

証明 この証明の着想は定理(8.1.11)の証明に類似している．完全な解説については [Stu1] を参照せよ． □

定理(8.2.9)を理解するための最初の例を挙げる．行列

$$A = \begin{pmatrix} 1 & 2 & -1 & 0 \\ 1 & 1 & -1 & -2 \end{pmatrix}$$

について $K = \ker(A) \cap \mathbb{Z}_{\geq 0}^4$ なる $\mathbb{Z}_{\geq 0}^4$ の部分モノイド K を考える．いま，K のヒルベルト基底を求めるために，

$$w_1 z_1 z_2 - v_1, \ w_2 z_1^2 z_2 - v_2, \ w_3 t - v_3, \ w_4 z_1^2 t^2 - v_4$$

と $z_1 z_2 t - 1$ で生成されるイデアル I を考える．(8.2.9)と同様の消去順序に関するグレブナー基底 $\mathcal{G}$ を計算すると，唯一つの元

$$v_1 v_3 - w_1 w_3$$

が望む形をしている．すると，K のヒルベルト基底は唯一つの元 $\mathcal{H} = \{(1,0,1,0)\}$ から成る．行列 A の形から K のすべての元はこのベクトルの整数倍であることを示すことは難しくはない．ヒルベルト基底のサイズは $\mathbb{R}^4$ 上の線型写像としての行列 A の核の次元と同じではないことに注意する．一般に，$K = \ker(A) \cap \mathbb{Z}_{\geq 0}^N$ のヒルベルト基底のサイズと $\dim \ker(A)$ の間に関係はない．すなわち，ヒルベルト基底の元の個数は A に依存して，核の次元より大きいこともあるし，等しかったり小さかったりすることもある．

定理(8.2.9)を使って魔方陣の数え上げ問題に関する研究を継続する．部分モノイド $\ker(A_3) \cap \mathbb{Z}_{\geq 0}^{3 \times 3}$（上述の(8.2.3)を参照）のヒルベルト基底を求めるために，この定理(8.2.9)の方法を適応するとき，

508　第8章　整数計画，組合せ論，スプライン

$$v_1 - w_1 z_1 z_2 z_4 z_5 \qquad v_2 - w_2 z_1^2 z_2^2 z_3^2 z_5 t$$
$$v_3 - w_3 z_1^2 z_2^2 z_3^2 z_4 t \qquad v_4 - w_4 z_2 z_4^2 z_5^2 t$$
$$v_5 - w_5 z_2 z_3 z_5 t \qquad v_6 - w_6 z_2 z_3 z_4 t$$
$$v_7 - w_7 z_1 z_4^2 z_5^2 t \qquad v_8 - w_8 z_1 z_3 z_5 t$$
$$v_9 - w_9 z_1 z_3 z_4 t$$

と $z_1 \cdots z_5 t - 1$ で生成される環

$$k[z_1, \ldots, z_5, t, v_1, \ldots, v_9, w_1, \ldots, w_9]$$

のイデアル I のグレブナー基底を計算する必要がある．計算代数システム Macaulay について定理(8.2.9)で述べた消去順序を使うと，大変大きなグレブナー基底を得る．(しかし，生成元の形が簡単な2次式であるので，計算は非常に速い．) しかし，部分集合 S を定理(8.2.9)と同様のものとすると，ヒルベルト基底の元に対応する多項式は6個しか存在しない．

(8.2.10)
$$v_3 v_5 v_7 - w_3 w_5 w_7 \qquad v_3 v_4 v_8 - w_3 w_4 w_8$$
$$v_2 v_6 v_7 - w_2 w_6 w_7 \qquad v_2 v_4 v_9 - w_2 w_4 w_9$$
$$v_1 v_6 v_8 - w_1 w_6 w_8 \qquad v_1 v_5 v_9 - w_1 w_5 w_9$$

対応する6個の元から成るヒルベルト基底を行列の形で表すと，実に興味深い．このようにして得られる行列はちょうど6個の 3×3 **置換行列**(permutation matrix)，すなわち $\mathbb{R}^3$ のベクトルの成分の置換の行列表示である(練習問題2のaの結果と一致する)．たとえば，(8.2.10)の最初の多項式のヒルベルト基底の元 $(0, 0, 1, 0, 1, 0, 1, 0, 0)$ は

$$T_{13} = \begin{pmatrix} 0 & 0 & 1 \\ 0 & 1 & 0 \\ 1 & 0 & 0 \end{pmatrix}$$

なる行列(これは x_1, x_3 を交換し，x_2 は固定する)に対応する．同様にして，グレブナー基底の他の元は(上で並べた順に)

$$S = \begin{pmatrix} 0 & 0 & 1 \\ 1 & 0 & 0 \\ 0 & 1 & 0 \end{pmatrix}, \quad S^2 = \begin{pmatrix} 0 & 1 & 0 \\ 0 & 0 & 1 \\ 1 & 0 & 0 \end{pmatrix}$$

$$T_{12} = \begin{pmatrix} 0 & 1 & 0 \\ 1 & 0 & 0 \\ 0 & 0 & 1 \end{pmatrix}, T_{23} = \begin{pmatrix} 1 & 0 & 0 \\ 0 & 0 & 1 \\ 0 & 1 & 0 \end{pmatrix}, I = \begin{pmatrix} 1 & 0 & 0 \\ 0 & 1 & 0 \\ 0 & 0 & 1 \end{pmatrix}$$

を与える.但し,S と S^2 は巡回置換で,T_{ij} は x_i と x_j を交換し,I は恒等置換である.

実際,すべての $n \geq 2$ について $n \times n$ 置換行列はモノイド K_n のヒルベルト基底を成すことはよく知られている組合せ論の定理である.一般的な証明は練習問題9で考える.

この事実は研究するために非常に価値のある情報を幾つか与える.たとえば,ヒルベルト基底の定義から,3×3 の場合には,K_3 の任意の元 M を

$$M = aI + bS + cS^2 + dT_{12} + eT_{13} + fT_{23}$$

$(a,b,c,d,e,f$ は非負整数$)$ なる線型結合として表すことができる.これは魔方陣の加法モノイドの元に対する"基礎的要素"を得ようとしていると以前に述べたことの意味することである.このとき,M の行と列の和は

$$s = a + b + c + d + e + f$$

で与えられる.

一見して 3×3 行列について我々の問題が解決されると思われるかも知れない.すなわち,与えられた和の値 s について,s を高々6個の非負整数 a,b,c,d,e,f の和として表す方法を数えることだけが必要であるように思われるかも知れない.しかし,その問題を一層興味深くする妙案がある.6個の置換行列は線型独立ではない.実際,

(8.2.11) $$I + S + S^2 = \begin{pmatrix} 1 & 1 & 1 \\ 1 & 1 & 1 \\ 1 & 1 & 1 \end{pmatrix} = T_{12} + T_{13} + T_{23}$$

なる明白な関係が存在する.これはすべての $s \geq 3$ について同じ行列の和を

作り出す別の係数の組合せが存在することを示している. どのようにしてこの関係(と他の生じ得る関係)を考慮して重複を除くことができるのだろうか.

まず,

(8.2.12)
$$aI + bS + cS^2 + dT_{12} + eT_{13} + fT_{23}$$
$$= a'I + b'S + c'S^2 + d'T_{12} + e'T_{13} + f'T_{23}$$

$(a,\ldots,f,a',\ldots,f'$ は非負整数)が成り立つとき, ベクトルの差

$$(a,b,c,d,e,f) - (a',b',c',d',e',f')$$

が(8.2.11)から従う線型従属関係

$$I + S + S^2 - T_{12} - T_{13} - T_{23} = 0$$

の係数ベクトル $(1,1,1,-1,-1,-1)$ の整数倍であるという意味で, 等式(8.2.12)はすべて(8.2.11)の関係から得られる結果である. 次のようにしてこれを直接示すことができる.

練習問題 5 a. 6 個の 3×3 置換行列は $\mathbb{R}$ 上の 3×3 実行列から成るベクトル空間の 5 次元部分空間を張ることを示せ.

b. a を使って, $a,\ldots,f' \in \mathbb{Z}_{\geq 0}$ についてのすべての関係(8.2.12)において, $(a,b,c,d,e,f) - (a',b',c',d',e',f')$ はベクトル $(1,1,1,-1,-1,-1)$ の整数倍であることを示せ.

練習問題 5 の御陰で, 代数に"再翻訳する"ことで 3×3 の場合の問題を解くことができる. すなわち, 6 個の係数の組 $(a,b,c,d,e,f) \in \mathbb{Z}_{\geq 0}^6$ と 6 個の新しい不定元 $x_1,\ldots,x_6$ の単項式を同一視することができる.

$$\alpha = (a,b,c,d,e,f) \leftrightarrow x_1^a x_2^b x_3^c x_4^d x_5^e x_6^f.$$

しかし, (8.2.11)から $x_1 x_2 x_3$ と $x_4 x_5 x_6$ を同じものとして考えたい. すなわち, 数える際に単項式 x^α で表される商環

$$R = k[x_1,\ldots,x_6]/\langle x_1 x_2 x_3 - x_4 x_5 x_6\rangle$$

の元を考えたい. いま, $MS_3(s)$ を行と列の和が s に等しい異なる 3×3 非

負整数魔方陣の個数とする.次の目標は,$MS_3(s)$ が上述の環 R のヒルベルト函数として解釈し直せることを示すことである.

§6.4 から斉次イデアル $I \subset k[x_1, \ldots, x_n]$ は商環 $R = k[x_1, \ldots, x_n]/I$ を与え,そのヒルベルト函数 $H_R(s)$ は

(8.2.13)
$$H_R(s) = \dim_k k[x_1, \ldots, x_n]_s/I_s = \dim_k k[x_1, \ldots, x_n]_s - \dim_k I_s$$

と定義されることを思い出そう.但し,$k[x_1, \ldots, x_n]_s$ は全次数 s の斉次多項式から成るベクトル空間で,I_s は I に含まれる全次数 s の斉次多項式から成るベクトル空間である.[CLO, Chapter 9, §3] の記号では $R = k[x_1, \ldots, x_n]/I$ のヒルベルト函数は $HF_I(s)$ と書かれている.ここではイデアル I に関心を集めているので,$H_R(s)$ も $HF_I(s)$ も I のヒルベルト函数と呼ぶ.(任意の単項式順序に関して)I と $\langle \mathrm{LT}(I) \rangle$ のヒルベルト函数が等しいことは基本的な結果である.従って,I に関する全次数 s の標準単項式,すなわち $\langle \mathrm{LT}(I) \rangle$ の補集合に含まれる全次数 s の単項式の個数を数え上げることでヒルベルト函数を計算できる.ヒルベルト函数についての他の知識については,読者は [CLO, Chapter 9, §3] または本著の §6.4 を参照せよ.

(8.2.14) **命題** 函数 $MS_3(s)$ は斉次イデアル $I = \langle x_1 x_2 x_3 - x_4 x_5 x_6 \rangle$ のヒルベルト函数 $H_R(s) = HF_I(s)$ に等しい.

証明 唯一つの元から成る集合 $\{x_1 x_2 x_3 - x_4 x_5 x_6\}$ はこの元が生成するイデアルの任意の単項式順序に関するグレブナー基底である.生成元の主項が $x_1 x_2 x_3$ となる任意の順序を固定する.このとき,$k[x_1, \ldots, x_6]$ の全次数 s の標準単項式は $x_1 x_2 x_3$ で割り切れない全次数 s の単項式である.

任意の単項式 $x^\alpha = x_1^a x_2^b x_3^c x_4^d x_5^e x_6^f$ について,$A = \min(a, b, c)$ とし,

$$\alpha' = (a - A, b - A, c - A, d + A, e + A, f + A)$$

を構成する.単項式 $x^{\alpha'}$ は $x_1 x_2 x_3$ で割り切れないので標準単項式である.更に,$x^{\alpha'}$ は x^α の $x_1 x_2 x_3 - x_4 x_5 x_6$ による割算の余りである(練習問題 6).

行と列の和が s である 3×3 魔方陣は次数 s の標準単項式と 1 対 1 に対応していることを示す.いま,M を魔方陣とし,

(8.2.15) $$M = aI + bS + cS^2 + dT_{12} + eT_{13} + fT_{23}$$

($\alpha = (a, \ldots, f) \in \mathbb{Z}_{\geq 0}^6$) なる任意の表現を考える．環 R における単項式 x^α の標準形，すなわち $x^{\alpha'}$ を M に付随させる．練習問題 5 から M の任意の表現 (8.2.15) は同じ標準単項式 $x^{\alpha'}$ を齎すので，$M \mapsto x^{\alpha'}$ で魔方陣の集合から I に関する標準単項式の集合への写像を定義できる (練習問題 7)．更に，M の行と列の和は像の単項式の全次数と同じである．

任意の標準単項式の冪指数の集合 α' を使って (8.2.15) の表現の係数を与えることができるので，写像 $M \mapsto x^{\alpha'}$ は明らかに全射である．(8.2.15) の M と
$$M_1 = a_1 I + b_1 S + c_1 S^2 + d_1 T_{12} + e_1 T_{13} + f_1 T_{23}$$
が同じ標準単項式 $x^{\alpha'}$ に移るとき，$A = \min(a, b, c)$, $A_1 = \min(a_1, b_1, c_1)$ と表すと

$$(a - A, b - A, c - A, d + A, e + A, f + A)$$
$$= (a_1 - A_1, b_1 - A_1, c_1 - A_1, d_1 + A_1, e_1 + A_1, f_1 + A_1)$$

である．他方，$(a, \ldots, f)$ と $(a_1, \ldots, f_1)$ の差はベクトル

$$(A - A_1)(1, 1, 1, -1, -1, -1)$$

である．従って，再び練習問題 5 より魔方陣 M と M_1 は一致する．□

第 7 章を読んだ読者のために，**トーリック多様体**の理論を使って元来の問題のモノイド K_3，環 R とともに対応する多様体 $\mathbf{V}(x_1 x_2 x_3 - x_4 x_5 x_6)$ の間の関係を理解する一層概念的な方法も存在することに触れておく．特に，$\mathcal{A} = \{\vec{m}_1, \ldots, \vec{m}_6\} \subset \mathbb{Z}^9$ が上述の 3×3 置換行列に対応する整数ベクトルの集合 (K_3 のヒルベルト基底) であって，§7.3 と同様に

$$\phi_\mathcal{A}(t) = (t^{\vec{m}_1}, \ldots, t^{\vec{m}_6})$$

で $\phi_\mathcal{A} : (\mathbb{C}^*)^9 \to \mathbb{P}^5$ を定義すると，トーリック多様体 $X_\mathcal{A}$ ($\phi_\mathcal{A}$ の像のザリスキー閉包) は射影多様体 $\mathbf{V}(x_1 x_2 x_3 - x_4 x_5 x_6)$ である．イデアル $I_\mathcal{A} = \langle x_1 x_2 x_3 - x_4 x_5 x_6 \rangle$ を $\mathcal{A}$ に対応する**トーリックイデアル** (toric ideal) と呼ぶ．この例と同じように，トーリック多様体を定義する斉次イデアルは常に単項

式の差によって生成される．詳細については単行本 [Stu2] に譲る．

結論として，命題(8.2.14)は次のようにして 3×3 魔方陣を数え上げる問題を解決する．命題(8.2.14)と(8.2.13)から，$MS_3(s)$ を求めるためには6変数の全次数 s の単項式の個数から6変数の全次数 s の標準的でない単項式の個数を引くだけである．標準的でない単項式は $x_1x_2x_3$ で割り切れる単項式である．その因子を取り除くと全次数 $s-3$ の任意の単項式を得る．従って，1つの表現として次のようなものを得る(練習問題8)．

(8.2.16)
$$MS_3(s) = \binom{s+5}{5} - \binom{(s-3)+5}{5}$$
$$= \binom{s+5}{5} - \binom{s+2}{5}$$

たとえば，$MS_3(1) = 6$ ($m < \ell$ のとき二項係数 $\binom{m}{\ell}$ は 0 である)，$MS_3(2) = 21$，$MS_3(3) = 56 - 1 = 55$ である(ここで初めて(8.2.11)の関係が影響を与える)．

本著の第6章を修得した読者のために，自由分解を使ってどのようにして(8.2.16)が得られるかについても触れておく．イデアル $I = \langle x_1x_2x_3 - x_4x_5x_6 \rangle$ が次数3の多項式で生成され，$k[x_1,\ldots,x_6]$ 加群として $I \simeq k[x_1,\ldots,x_6](-3)$ であることに注意すると，$R = k[x_1,\ldots,x_6]/I$ を使った完全系列

$$0 \to k[x_1,\ldots,x_6](-3) \to k[x_1,\ldots,x_6] \to R \to 0$$

が得られる．命題(8.2.14)から $H_R(s) = HF_I(s) = MS_3(s)$ であるので，§6.4 の方法から(8.2.16)が直ちに従う．

トーリック多様体の理論を含め，可換代数のこれらの手法やもっと精密な着想は $n \times n$ 魔方陣の問題や他に関連のある統計学や実験計画の問題に適応された．深い議論については [Sta1] と [Stu2] が有益である．この簡潔な紹介が最近発展しつつある代数学や整数計画，組合せ論のきわめて有益な探究したいという欲求に役立てば幸いである．

§8.2 の練習問題(追加)

練習問題6 命題(8.2.14)の証明と同様の R，α，α' について

$$x^\alpha = q(x_1,\ldots,x_6)(x_1x_2x_3 - x_4x_5x_6) + x^{\alpha'}$$

であることを示せ．但し，

$$q = ((x_1x_2x_3)^{A-1} + (x_1x_2x_3)^{A-2}(x_4x_5x_6) + \cdots + (x_4x_5x_6)^{A-1}) \cdot$$
$$\cdot x_1^{a-A} x_2^{b-A} x_3^{c-A} x_4^d x_5^e x_6^f$$

である．次に，$x^{\alpha'}$ は R における x^α の標準形であることを示せ．

練習問題 7 練習問題 5 を使って，魔方陣 M の 2 つの係数ベクトル $\alpha = (a,\ldots,f)$ と $\alpha_1 = (a_1,\ldots,f_1)$ について，対応する単項式 x^α と x^{α_1} は $R = k[x_1,\ldots,x_6]/\langle x_1x_2x_3 - x_4x_5x_6\rangle$ の同じ標準形 $x^{\alpha'}$ を持つことを示せ．

練習問題 8 和 s の大きさ 3 の非負整数魔方陣の個数を表す MacMahon による別の公式が存在する．

$$MS_3(s) = \binom{s+4}{4} + \binom{s+3}{4} + \binom{s+2}{4}$$

この公式と (8.2.16) は同値であることを示せ．[ヒント：様々な二項係数の恒等式を駆使することで，幾つかの異なる方法でこれを証明することができる．]

練習問題 9 定理 (8.2.9) のグレブナー基底による方法を適応することで，$K_4 = \ker(A_4) \cap \mathbb{Z}_{\geq 0}^{4\times 4}$ のヒルベルト基底は 4×4 置換行列に対応する 24 個の元から成ることを示すことは既に**大規模な計算**である．もっと大きな n について，多項式の言い換えをするために必要となる変数の個数が多くなるので，このアプローチは直ぐに実行不可能になる．幸いにして，非負整数成分を持ち，行と列の和がすべて s に等しい $n \times n$ 行列 M はすべて $n \times n$ 置換行列の非負整数係数線型結合であるということの非計算的な証明も存在する．その証明は行列の非零成分の個数に関する帰納法による．

a. 帰納法の基本となる場合はちょうど n 個の成分が 0 でない場合である（なぜ？）．この場合には，M は sP（P は或る置換行列）に等しいことを示せ．

b. 非零成分の個数が k 以下のすべての M について定理が証明されたと仮定し，行と列の和が等しく $k+1$ 個の非零成分を持つ M を考える．ホール

の"結婚"定理の横断線型式(たとえば, [Bry] を参照せよ)を使って, 各行, 各列から 1 つずつ選んだ M の n 個の非零成分の集合が存在することを示せ.

c. b を継続して, $d > 0$ を b で見つけた非零成分の集合の最小元とし, P をこれらの非零成分の位置に対応する置換行列とする. このとき, $M - dP$ に帰納法の仮定を使うことで, M に関する所期の結果を導け.

d. **重確率行列**(doubly stochastic matrix)とは, 非負実数成分を持ち, 行と列の和が 1 に等しい $n \times n$ 行列である. a, b, c で概略を述べた証明を参考にして, 重確率行列の集合は $n \times n$ 置換行列の集合の凸閉包であることを示せ. (凸閉包についての詳細は §7.1 を参照せよ).

練習問題 10 a. 2 つの対角線の和も s に等しいという条件を加えると, 和が s になる 3×3 非負整数魔方陣は幾つ存在するか.

b. 4×4 行列についてはどうか.

練習問題 11 対称(symmetric) 3×3 (乃至 4×4) 非負整数魔方陣の集合を研究する. 対応する方程式の解から成るモノイドのヒルベルト基底は何か. どんな関係が存在するか. 各場合において, 与えられた行と列の和 s に対する魔方陣の個数を求めよ.

§8.3 多変数スプライン

本節では, $\mathbb{R}^n$ の領域の多面体的分割上の特定の滑らかさの次数を持つ**区分的多項式**(piecewise polynomial)函数, または**スプライン**(spline)函数の構成と分析についての問題へのグレブナー基底の理論の最近の応用を議論する. この種の 2 変数函数は計算機支援デザイン(CAD)において曲面の形を明示するためによく利用され, 区分的多項式函数の或る指定されたクラスにおいて到達できる滑らかさの次数は重要なデザイン的な報酬である. 入門的扱いについては [Far] を参照せよ. 1 変数スプラインや多変数スプラインは数値解析, とりわけ偏微分方程式の近似解を与えるための**有限要素法**(finite element method)において値を補間したり他の函数を近似したりするためにも有効である．この問題へのグレブナー基底への応用は Billera–Rose [BR1], [BR2], [BR3], [Ros] で初めて試みられた．最近の結果について [SS] も興味深い．第 5 章の多項式環上の**加群**のグレブナー基底についての結果を使う必要がある．

基本的な着想を幾つか紹介するために，1 変数スプライン函数というもっとも簡単な場合を考える．実数直線上で $a < c < b$ を満たす任意の c で与えられる 2 つの部分区間 $[a,c] \cup [c,b]$ へ区間 $[a,b]$ を分割する．大雑把な言い方をすると，この分割された区間上の区分的多項式函数は

(8.3.1) $$f(x) = \begin{cases} f_1(x) & x \in [a,c] \text{ のとき} \\ f_2(x) & x \in [c,b] \text{ のとき} \end{cases}$$

(f_1, f_2 は $\mathbb{R}[x]$ の多項式)なる形の函数である．両方の区間上で**同じ多項式** $f_1 = f_2$ を使って"自明な"スプライン函数を常に作ることができるが，各区間のグラフの形を独自に制御できないのでこれらのスプライン函数にはさほど関心がない．従って，通常 $f_1 \neq f_2$ なるスプラインを求めることに関心を持つ．もちろん，既に述べたように，(8.3.1) が $[a,b]$ 上の函数を与えるための必要十分条件は $f_1(c) = f_2(c)$ である．これが成り立つとき，$[a,b]$ 上の函数として f は**連続**である．たとえば，$a = 0, c = 1, b = 2$,

$$f(x) = \begin{cases} x + 1 & x \in [0,1] \text{ のとき} \\ x^2 - x + 2 & x \in [1,2] \text{ のとき} \end{cases}$$

とすると，連続な多項式スプライン函数を得る．図 8.3 を参照せよ．

多項式函数 f_1 と f_2 は C^∞ 級函数(すなわち，あらゆる階数の導函数を持つ)であり，その導函数も多項式であるので，任意の $r \geq 0$ について区分的多項式導函数

$$\begin{cases} f_1^{(r)}(x) & x \in [a,c] \text{ のとき} \\ f_2^{(r)}(x) & x \in [c,b] \text{ のとき} \end{cases}$$

を考えることができる．上述のように，f が $[a,b]$ 上の C^r 級函数(すなわち，f が r 回微分可能で，その r 階導函数 $f^{(r)}$ は連続)であるための必要十分条件は，各 s $(0 \leq s \leq r)$ について $f_1^{(s)}(c) = f_2^{(s)}(c)$ となることである．次の

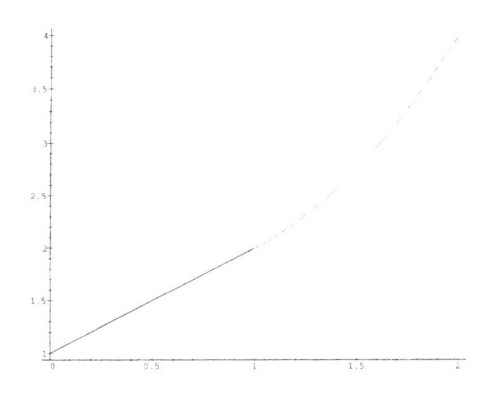

図 8.3：連続スプライン函数

結果から，この判定法の代数的なバージョンを得る．

(8.3.2) 命題 (8.3.1)の区分的多項式函数 f が $[a,b]$ 上の C^r 級函数を定義するための必要十分条件は，多項式 $f_1 - f_2$ が $(x-c)^{r+1}$ で割り切れる（すなわち，$\mathbb{R}[x]$ において $f_1 - f_2 \in \langle (x-c)^{r+1} \rangle$）となることである．

たとえば，図 8.3 で描かれているスプライン函数は $(x^2 - x + 2) - (x+1) = (x-1)^2$ であるので C^1 級函数である．命題(8.3.2)の証明は読者に委ねる．

練習問題 1 命題(8.3.2)を証明せよ．

実際には f_i が或る固定した整数 k 以下の次数の多項式函数に制限されるスプライン函数のクラスを考えることがもっとも一般的である．$k=2$ について **2 次**(quadratic) スプラインを，$k=3$ について **3 次**(cubic) スプラインを得る $\cdots$ などである．

ここでは分割された区間 $[a,b] = [a,c] \cup [c,b]$ 上の 2 つの成分のスプラインで研究する．もっと一般の分割は練習問題 2 で考察する．(8.3.1)と同様のスプライン函数を順序付けられた組 $(f_1, f_2) \in \mathbb{R}[x]^2$ で表す．命題(8.3.2)から C^r 級スプラインは通常の成分ごとの和とスカラー倍のもとで $\mathbb{R}[x]^2$ の部

518　第 8 章　整数計画，組合せ論，スプライン

分空間を成す．(命題 (8.3.10) も参照せよ．これは更に強い主張で，特別な場合としてこの 1 変数の状況を含んでいる．)　各成分の次数を上で述べたように制限すると，

$$(1,0), (x,0), \ldots, (x^k,0), (0,1), (0,x), \ldots, (0,x^k)$$

で張られる $\mathbb{R}[x]^2$ の有限次元部分空間 V_k の元を得る．ベクトル空間 V_k 内の C^r 級スプラインは部分空間 $V_k^r \subset V_k$ を構成する．ベクトル空間 V_k^r について，次の 2 つの問題に焦点を置く．

(8.3.3) 問題　a. V_k^r の次元は幾つか．

b. k を固定したとき，$f_1 \neq f_2$ なる C^r 級スプライン函数 $f \in V_k^r$ が存在する最大の r は幾つか．

このような簡単な状況では，これらの問題は両者とも容易に答えることができる．まず，V_k の任意の区分的多項式は (f,f) なる形のスプラインと $(0,g)$ なる形のスプラインの和として

$$(f_1,f_2) = (f_1,f_1) + (0, f_2 - f_1)$$

と一意的に分解されることに注意する．更に，右辺の項はともに再び V_k の元である．任意の (f,f) なる形のスプライン函数はすべての $r \geq 0$ について自動的に C^r 級函数である．他方，命題 (8.3.2) から $(0,g)$ なる形のスプラインが C^r 級函数を定義するための必要十分条件は $(x-c)^{r+1}$ が g を割り切ることであり，これが起こるのは $r+1 \leq k$ のときだけである．すると，$r+1 \leq k$ のとき，$(0,(x-c)^{r+1}), \ldots, (0,(x-c)^k)$ の任意の線型結合は V_k^r の元を与え，これらの $k-r$ 個の区分的多項式函数に $(1,1),(x,x),\ldots,(x^k,x^k)$ を加えたものは V_k^r の基底を成す．これらの結果は (8.3.3) に対する次のような答えを齎す．

(8.3.4) 命題　分割された区間 $[a,b] = [a,c] \cup [c,b]$ 上の 1 変数スプライン函数について，空間 V_k^r の次元は

$$\dim(V_k^r) = \begin{cases} k+1 & r+1 > k \text{ のとき} \\ 2k-r+1 & r+1 \leq k \text{ のとき} \end{cases}$$

である．空間 V_k^r が (f, f) なる形でないスプライン函数を含むための必要十分条件は $r+1 \leq k$ である．

たとえば，$f_1 \neq f_2$ なる C^1 級 2 次スプラインは存在するが，(f, f) なる形の 2 次スプライン以外に C^2 級 2 次スプラインは存在しない．同様に，$f_1 \neq f_2$ なる C^2 級 3 次スプラインは存在するが，この形の C^3 級 3 次スプラインは存在しない．(8.3.4) から C^2 級 3 次スプライン函数から成るベクトル空間 V_3^2 は 5 次元である．このことは，たとえば，$x = a, b, c$ で任意の与えられた値 $f(a) = A, f(c) = C, f(b) = B$ を取る C^2 級 3 次スプラインから成る 2 次元空間が存在することを表している．この自由はスプライン函数のグラフの形の付加的な統制を与えるので，1 変数 3 次スプラインは数値解析の補間函数として広く利用される．

分割が任意の細分で明示される $[a, b]$ の分割された区間上のスプライン函数に上で述べたすべてのことは難なく拡張できる．

練習問題 2 区間 $[a, b]$ の m 個のより小さな区間への細分

$$a = x_0 < x_1 < x_2 < \cdots < x_{m-1} < x_m = b$$

を考える．

a. $(f_1, \ldots, f_m) \in \mathbb{R}[x]^m$ を m 個の多項式の組とする．$f|_{[x_{i-1}, x_i]} = f_i$ と置くことで $[a, b]$ 上で f を定義する．このとき，f が $[a, b]$ 上の C^r 級函数であるためには，各 i $(1 \leq i \leq m-1)$ について $f_{i+1} - f_i \in \langle (x - x_i)^{r+1} \rangle$ であることが必要十分である．これを示せ．

b. すべての i について $\deg f_i \leq k$ であるような C^r 級スプラインから成る空間の次元は幾つか．基底を求めよ．[ヒント：2 つの分割の場合について本文で遂行したことを一般化する見事な"三角形の"基底が存在する．]

c. x_i $(i = 0, \ldots, n)$ において任意に明示した値を補間する C^2 級 3 次スプライン函数から成る 2 次元空間が存在することを示せ．

次に，多変数スプラインの研究に進む．実数 $\mathbb{R}$ における区間の分割に対応して $\mathbb{R}^n$ の**多面体的領域**の分割を考える．第 7 章と同様にして，**多面体は** $\mathbb{R}^n$

の有限集合の凸閉包であって，(7.1.4)から多面体はアフィン半空間の集合の共通部分として表される．実数 $\mathbb{R}$ の区間の細分を構成する際，その部分区間は共通の終点のみで相交わるようにした．同様にして，$\mathbb{R}^n$ では共通の面に沿ってのみ相交わる多面体への多面体的領域の分割を考える．

空間 $\mathbb{R}^n$ $(n \geq 2)$ における主な新しい特徴はこのような分割を構成する際に起こり得るもっと大きな幾何学的自由である．準備として，

(8.3.5) 定義 a. 多面体の有限集合 $\Delta \subset \mathbb{R}^n$ が**多面体的複体**(polyhedral complex)であるとは，条件「Δ に属する多面体の面は再び Δ に属し，更に Δ の任意の2つの多面体の共通部分が Δ に属する」が満たされるときに言う．複体 Δ の次元 k の元を k **胞体**(cell)と呼ぶことがある．

b. 多面体的複体 $\Delta \subset \mathbb{R}^n$ が**純な**(pure) n 次元複体であるとは，(包含関係に関する)Δ のすべての極大元が n 次元多面体であるときに言う．

c. 複体 Δ の2つの n 次元多面体が**隣接する**(adjacent)とは，それらが次元 $n-1$ の共通の面に沿って相交わるときに言う．

d. 複体 Δ が**遺伝的**(hereditary)複体であるとは，(空集合を含む)すべての $\tau \in \Delta$ について，τ を含む Δ の任意の2つの n 次元多面体 σ と σ' を，Δ の列 $\sigma = \sigma_1, \sigma_2, \ldots, \sigma_m = \sigma'$, (但し，各 σ_i の次元が n で，各 σ_i が τ を含み，各 i について σ_i と σ_{i+1} が隣接する)で結合できるときに言う．

複体の胞体は多面体的領域 $R = \cup_{\sigma \in \Delta} \sigma \subset \mathbb{R}^n$ の，うまく構成された分割を齎す．

定義(8.3.5)の条件の意味を解説する幾つかの例がここにある．たとえば，図8.4は全部で18個の多面体(3個の2次元多角形 $\sigma_1, \sigma_2, \sigma_3$ と8個の1胞体(辺)，6個の0胞体(辺の終点にある頂点)，空集合 $\emptyset$)から成る $\mathbb{R}^2$ の多面体的複体の図である．

複体の定義(8.3.5)の交叉条件は図8.5のような多面体の集合を排除している．左の集合(これは2つの三角形とその6個の辺，6個の頂点，空集合から成る)では，2つの2胞体の共通部分は複体の胞体ではない．同様に，右の集合(これは2つの三角形と長方形にそれらの辺と頂点，空集合を加えたものか

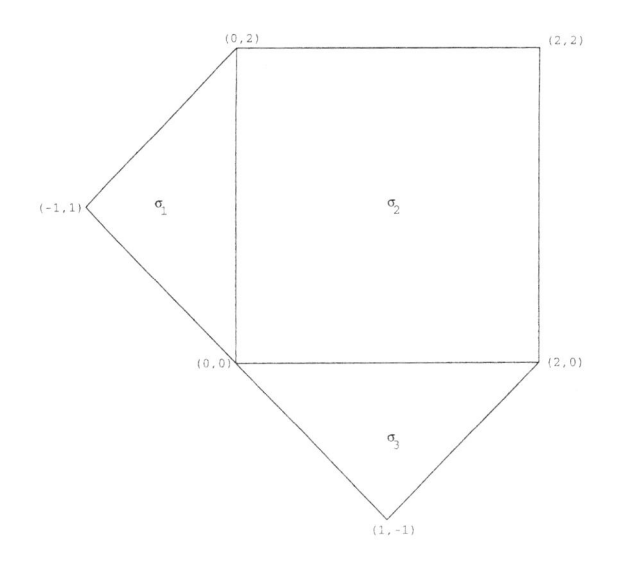

図 8.4 : $\mathbb{R}^2$ の多面体的複体

ら成る)では，2つの2胞体はそれらの辺の部分集合に沿って相交わるが，辺全体に沿って相交わるのではない.

図 8.6 の複体において，τ は極大で次元が 1 であるので，その複体は純ではない.

複体が連結でなかったり，余次元が 2 またはそれ以上の面に沿ってのみ交叉してその他の n 胞体と連結しない極大な元があったりする(図 8.7 の複体に対する状況)と，その複体は遺伝的でない.（図 8.7 では，胞体は 2 つの三角形と，それらの辺と頂点，空集合である.）

いま，Δ を $\mathbb{R}^n$ の任意の純な n 次元多面体的複体とし，$\sigma_1, \ldots, \sigma_m$ を Δ の n 胞体の与えられた，固定した，順序付けとする. 更に，$R = \cup_{i=1}^m \sigma_i$ と置く. 上で述べた 1 変数スプラインの議論を一般化するために，次のような R 上の区分的多項式函数の集合を導入する.

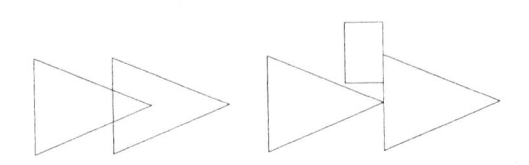

522　第8章　整数計画，組合せ論，スプライン

図 8.5：複体ではない多角形集合

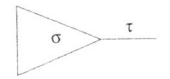

図 8.6：純でない複体

図 8.7：遺伝的でない複体

(8.3.6) 定義 a. 各 $r \geq 0$ について，次元が n より小さい胞体を含むすべての $\delta \in \Delta$ について，制限 $f|_\delta$ が多項式函数 $f_\delta \in \mathbb{R}[x_1,\ldots,x_n]$ であるような R 上の C^r 級函数(すなわち，すべての r 階偏導函数が存在し，それらが R 上連続である函数) f の集合を $C^r(\Delta)$ で表す.

b. 次に，$C^r_k(\Delta)$ を，Δ の各胞体への f の制限が次数 k 以下の多項式函数であるような $f \in C^r(\Delta)$ の部分集合とする．

集合 $C^r_k(\Delta)$ について問題(8.3.3)の類似を研究することが目的である．すなわち，これらの空間の $\mathbb{R}$ 上の次元を計算し，どんなときにそれらの空間が非自明なスプラインを含むかを決定する．

本節の残りの部分では，純であり遺伝的な複体 Δ に限って考察する．いま，σ_i と σ_j が Δ の隣接する n 胞体であるとき，これらは内部の $(n-1)$ 胞体 $\sigma_{ij} \in \Delta$, すなわちアフィン超平面 $\mathbf{V}(\ell_{ij})$ ($\ell_{ij} \in \mathbb{R}[x_1,\ldots,x_n]$ は線型多項式)の多面体的な部分集合に沿って相交わる．上で述べた命題(8.3.2)を一般化すると，純であり遺伝的な複体の場合には，次のような $C^r(\Delta)$ の元の代数的特徴付けを得る．

(8.3.7) 命題 多面体的複体 Δ は m 個の n 胞体 σ_i を持ち，純であり遺伝的であるとする．いま，$f \in C^r(\Delta)$ とし，各 i $(1 \leq i \leq m)$ について $f_i = f|_{\sigma_i} \in$

$\mathbb{R}[x_1,\ldots,x_n]$ とする.このとき,Δ の隣接するそれぞれの対 σ_i, σ_j について $f_i - f_j \in \langle \ell_{ij}^{r+1} \rangle$ である.逆に,Δ の隣接する n 胞体のそれぞれの対 σ_i と σ_j について $f_i - f_j \in \langle \ell_{ij}^{r+1} \rangle$ を満たす任意の m 個の多項式の組 $(f_1,\ldots,f_m)$ は,$f|_{\sigma_i} = f_i$ と置くと元 $f \in C^r(\Delta)$ を定義する.

命題 (8.3.7) の意味は,純な n 次元複体 $\Delta \subset \mathbb{R}^n$ について,区分的多項式函数がそれらの Δ の n 胞体 $\sigma_1, \ldots, \sigma_m$ への制限で決められることである.更に,遺伝的な複体について,区分的多項式函数 f の C^r 性は**隣接する** n 胞体の対への制限 $f_i = f|_{\sigma_i}$ と $f_j = f|_{\sigma_j}$ のみを比較することで確認できる.

証明 函数 f が $C^r(\Delta)$ の元であるとき,Δ の隣接する n 胞体のそれぞれの対 σ_i と σ_j について,$f_i - f_j$ とその r 階までのすべての偏導函数は $\sigma_i \cap \sigma_j$ 上で 0 になる.すると,$f_i - f_j$ は $\langle \ell_{ij}^{r+1} \rangle$ の元である(練習問題 3).

逆に,Δ の隣接する n 胞体のそれぞれの対について $f_i - f_j$ が $\langle \ell_{ij}^{r+1} \rangle$ の元であるような $f_1, \ldots, f_m \in \mathbb{R}[x_1,\ldots,x_n]$ があるとする.このとき,$\sigma_i \cap \sigma_j$ の各点において,f_i とその r 階までの偏導函数は,f_j とその対応する導函数に一致する(練習問題 3).しかし,$f_1,\ldots,f_m$ が R 上の C^r 級函数を定義するための必要十分条件は,すべての $\delta \in \Delta$ と δ を含む(隣接するものだけでない)すべての n 胞体の対 σ_p と σ_q について,δ の各点で f_p とその r 階までの偏導函数が,f_q と対応する導函数に一致することである.そこで,p と q を $\delta \subset \sigma_p \cap \sigma_q$ なる添字の対とする.いま,Δ は遺伝的であるので,n 胞体の列

$$\sigma_p = \sigma_{i_1}, \sigma_{i_2}, \ldots, \sigma_{i_k} = \sigma_q$$

で,それぞれが δ を含み,σ_{i_j} と $\sigma_{i_{j+1}}$ が隣接するようなものが存在する.仮定から,各 j について $f_{i_j} - f_{i_{j+1}}$ とその r 階までの導函数は $\sigma_{i_j} \cap \sigma_{i_{j+1}} \supset \delta$ 上で 0 になる.しかし,

$$f_p - f_q = (f_{i_1} - f_{i_2}) + (f_{i_2} - f_{i_3}) + \cdots + (f_{i_{k-1}} - f_{i_k})$$

であって,右辺の各項とその r 階までの偏導函数は δ 上で 0 になる.従って,$f_1, \ldots, f_m$ は $C^r(\Delta)$ の元を定義する. □

練習問題 3 多面体的複体 Δ の 2 つの隣接する n 胞体の対 σ と σ' について,

線型多項式 $\ell \in \mathbb{R}[x_1,\ldots,x_n]$ が $\sigma \cap \sigma' \subset \mathbf{V}(\ell)$ を満たすとする.

a. $f, f' \in \mathbb{R}[x_1,\ldots,x_n]$ が $f - f' \in \langle \ell^{r+1} \rangle$ を満たすとき, $\sigma \cap \sigma'$ のすべての点で f と f' の階数 r 以下のあらゆる偏導函数が一致することを示せ.

b. 逆に, $\sigma \cap \sigma'$ のすべての点で f と f' の階数 r 以下のあらゆる偏導函数が一致するとき, $f - f' \in \langle \ell^{r+1} \rangle$ となることを示せ.

多面体的複体 Δ の n 胞体 σ_i の順序付けを固定し, $C^r(\Delta)$ の元 f を順序付けられた m 個の多項式の組 $(f_1,\ldots,f_m) \in \mathbb{R}[x_1,\ldots,x_n]^m$ $(f_i = f|_{\sigma_i})$ で表す.

図 8.4 で与えられる 2 胞体の番号付けを持つ $\mathbb{R}^2$ の多面体的複体 Δ を考える. このとき, Δ が遺伝的であることを示すことは簡単である. 内部辺は $\sigma_1 \cap \sigma_2 \subset \mathbf{V}(x)$ と $\sigma_2 \cap \sigma_3 \subset \mathbf{V}(y)$ である. 命題 (8.3.7) から, $(f_1, f_2, f_3) \in \mathbb{R}[x,y]^3$ が $C^r(\Delta)$ の元を与えるための必要十分条件は,

$$f_1 - f_2 \in \langle x^{r+1} \rangle$$
$$f_2 - f_3 \in \langle y^{r+1} \rangle$$

である. 次の結果を準備するために, これらの包含関係は或る $f_4, f_5 \in \mathbb{R}[x,y]$ について

$$f_1 - f_2 + x^{r+1} f_4 = 0$$
$$f_2 - f_3 + y^{r+1} f_5 = 0$$

なる形に書き換えられることに注意する. これらの式を再度ベクトルと行列の形で

$$\begin{pmatrix} 1 & -1 & 0 & x^{r+1} & 0 \\ 0 & 1 & -1 & 0 & y^{r+1} \end{pmatrix} \begin{pmatrix} f_1 \\ f_2 \\ f_3 \\ f_4 \\ f_5 \end{pmatrix} = \begin{pmatrix} 0 \\ 0 \end{pmatrix}$$

と書き換える. 従って, $C^r(\Delta)$ の元は

(8.3.8) $$M(\Delta, r) = \begin{pmatrix} 1 & -1 & 0 & x^{r+1} & 0 \\ 0 & 1 & -1 & 0 & y^{r+1} \end{pmatrix}$$

と定義される写像 $\mathbb{R}[x,y]^5 \to \mathbb{R}[x,y]^2$ の核の元をその最初の 3 個の成分へ射影したものである．命題 (5.1.9) と §5.3 の練習問題 10 から，$C^r(\Delta)$ は環 $\mathbb{R}[x,y]$ 上の**加群**の構造を持つことが従う．この結果から，グレブナー基底の理論を適応してスプラインを研究することができる．

一般の $C^r(\Delta)$ についての対応する結果を述べる．幾つか必要な記号を準備する．純であり遺伝的な $\mathbb{R}^n$ の多面体的複体 Δ について，m を Δ の n 胞体の個数とし，e を**内部** $(n-1)$ 胞体（隣接する n 胞体の共通部分 $\sigma_i \cap \sigma_j$）の個数とする．内部 $(n-1)$ 胞体の或る順序付け $\tau_1, \ldots, \tau_e$ を固定し，ℓ_s を τ_s を含むアフィン超平面を定義する線型多項式とする．次のブロック分解を持つ $e \times (m+e)$ 行列 $M(\Delta, r)$ を考える．

(8.3.9) $$M(\Delta, r) = (\partial(\Delta) \mid D)$$

（注意：行と列の順序付けは n 胞体と内部 $(n-1)$ 胞体の添字の順序付けで決められるが，任意の順序付けを採用することができる．）(8.3.9) において $\partial(\Delta)$ は次の規則で定義される $e \times m$ 行列である．すなわち，s 行目では $\tau_s = \sigma_i \cap \sigma_j$ $(i < j)$ のとき

$$\partial(\Delta)_{sk} = \begin{cases} +1 & k = i \text{ のとき} \\ -1 & k = j \text{ のとき} \\ 0 & \text{その他} \end{cases}$$

である．更に，D は $e \times e$ 対角行列

$$D = \begin{pmatrix} \ell_1^{r+1} & 0 & \cdots & 0 \\ 0 & \ell_2^{r+1} & \cdots & 0 \\ \vdots & \vdots & \ddots & \vdots \\ 0 & 0 & \cdots & \ell_e^{r+1} \end{pmatrix}$$

である．このとき，上で述べた例と同様にして，次の結果を得る．

(8.3.10) **命題** 多面体的複体 $\Delta \subset \mathbb{R}^n$ は純であり遺伝的であるとし，$M(\Delta, r)$ を (8.3.9) で定義される行列とする．

a. m 個の多項式の組 $(f_1, \ldots, f_m)$ が $C^r(\Delta)$ の元であるための必要十分条件は,$f = (f_1, \ldots, f_m, f_{m+1}, \ldots, f_{m+e})^T$ が行列 $M(\Delta, r)$ で定義される写像 $\mathbb{R}[x_1, \ldots, x_n]^{m+e} \to \mathbb{R}[x_1, \ldots, x_n]^e$ の核の元であるような $(f_{m+1}, \ldots, f_{m+e})$ が存在することである.

b. $C^r(\Delta)$ は環 $\mathbb{R}[x_1, \ldots, x_n]$ 上の加群の構造を持つ.第5章の言葉で述べると,$C^r(\Delta)$ は $M(\Delta, r)$ の列上のシチジー加群の,$\mathbb{R}[x_1, \ldots, x_n]^{m+e}$ から $\mathbb{R}[x_1, \ldots, x_n]^m$(最初の m 個の成分)への射影準同型の像である.

c. $C_k^r(\Delta)$ は $C^r(\Delta)$ の有限次元部分空間である.

証明 a は本質的には命題(8.3.7)の言い換えである.それぞれの内部胞体 $\tau_s = \sigma_i \cap \sigma_j$ $(i < j)$ について

$$f_i - f_j = -\ell_s^{r+1} f_{m+s}$$

$(f_{m+s} \in \mathbb{R}[x_1, \ldots, x_n])$ なる式がある.これは $M(\Delta, r)f$ の s 番目の成分を 0 に等しくすることで得られる式である.

b は命題(5.1.9)と §5.3 の練習問題 10 と同様にして,a から直ちに従う.

函数の集合 $C_k^r(\Delta)$ は和と定数多項式による積で閉じているので,直接的な証明やもっと簡潔に b からも c が従う. □

シュライエルの定理(5.3.3)に基づくグレブナー基底によるアルゴリズムが,各 r についての $M(\Delta, r)$ の核のグレブナー基底を計算するために適応され,その情報から $C_k^r(\Delta)$ の次元や基底が決定できる.

最初の例として,(8.3.8)から複体 $\Delta \subset \mathbb{R}^2$ について $C^r(\Delta)$ を計算する.まず,$r = 1$ について(8.3.8)と同様の行列を考える.いま,$e_5 > \ldots > e_1$ なる $\mathbb{R}[x, y]^5$ の任意の単項式順序を使って,$\ker(M(\Delta, 1))$(すなわち,$M(\Delta, 1)$ の列のシチジー加群)のグレブナー基底を計算する.すると,3 つの基底の元,

$$\begin{aligned} g_1 &= (1, 1, 1, 0, 0) \\ g_2 &= (-x^2, 0, 0, 1, 0) \\ g_3 &= (-y^2, -y^2, 0, 0, 1) \end{aligned}$$

の転置が求められる．（このような簡単な場合では，これらのシチジーを直感で書き下すことができる．行列 $M(\Delta, r)$ の形からこれらがシチジー加群を生成する．ベクトル f の最後の3つの成分は任意で，これらの値が最初の2つの成分を決める．）集合 $C^1(\Delta)$ に属する元は最初の3つの成分への射影で得られる．すると，$C^1(\Delta)$ の一般の元は

(8.3.11)
$$f(1,1,1) + g(-x^2, 0, 0) + h(-y^2, -y^2, 0)$$
$$= (f - gx^2 - hy^2, f - hy^2, f)$$

($f, g, h \in \mathbb{R}[x,y]^2$ は任意の多項式) なる形をしている．$g = h = 0$ にとると，3つの多項式の組は各 σ_i 上で同じ多項式となる"自明な"スプラインである．他方，他の生成元は2胞体の1つ或いは2つの上でのみ支持される項を与える．多項式環 $\mathbb{R}[x,y]$ 上の加群としての $C^1(\Delta)$ の代数的構造は大変単純で，$C^1(\Delta)$ は**自由**加群で，g_1, g_2, g_3 がその基底を成す．（**任意の**遺伝的な複体 $\Delta \subset \mathbb{R}^2$ とすべての $r \geq 1$ について，$C^r(\Delta)$ に対して同じことが言える（[BR3, Lemma3.3, Theorem3.5]）．）

その分解を使うと，各 k について $C_k^1(\Delta)$ の次元を数えることも簡単である．まず，$k = 0, 1$ のときは"自明な"スプラインしか存在しないので，$\dim C_0^1(\Delta) = 1$, $\dim C_1^1(\Delta) = 3$（ベクトル空間としての基底は $\{(1,1,1), (x,x,x), (y,y,y)\}$）である．$k \geq 2$ のとき，非自明なスプラインも存在し，f, g, h において適当な次数の単項式を数えることで

$$\dim C_k^1(\Delta) = \binom{k+2}{2} + 2\binom{(k-2)+2}{2} = \binom{k+2}{2} + 2\binom{k}{2}$$

が従う．函数 $\dim C_k^1(\Delta)$ から情報を包み込む簡潔な方法については練習問題9で考察する．

もっと大きな r についても，状況はほとんど同じである．行列 $M(\Delta, r)$ の核のグレブナー基底は

$$g_1 = (1, 1, 1, 0, 0)^T$$
$$g_2 = (-x^{r+1}, 0, 0, 1, 0)^T$$
$$g_3 = (-y^{r+1}, -y^{r+1}, 0, 0, 1)^T$$

で与えられ，すべての $r \geq 0$ について $C^r(\Delta)$ は $\mathbb{R}[x,y]$ 上の自由加群である．

8.3 多変数スプライン

従って,
$$\dim C_k^r(\Delta) = \begin{cases} \binom{k+2}{2} & k < r+1 \text{ のとき} \\ \\ \binom{k+2}{2} + 2\binom{k-r+1}{2} & k \geq r+1 \text{ のとき} \end{cases}$$

である.

次の練習問題で考える例は,もっと複雑な複体について起こり得る幾つかの微妙さを示す.(その他の例は本節の練習問題でも扱う.)

練習問題 4 平面 $\mathbb{R}^2$ において
$$R = \mathrm{Conv}(\{(2,0),(0,1),(-1,1),(-1,-2)\})$$
(§7.1 の記号)なる凸四辺形を考え,各頂点と原点を線分で結ぶことで R を三角形に分割する.このようにして,4 個の 2 胞体と 8 個の 1 胞体(4 個の内部辺),5 個の 0 胞体,$\emptyset$ を含む,純であり遺伝的な多面体的複体 Δ を得る.三角形 $\sigma_1 = \mathrm{Conv}(\{(2,0),(0,0),(0,1)\})$ から始めて原点を中心とする反時計回りに 2 胞体を $\sigma_1, \ldots, \sigma_4$ と番号付ける.このとき,Δ の内部 1 胞体は

$$\sigma_1 \cap \sigma_2 \subset \mathbf{V}(x)$$
$$\sigma_2 \cap \sigma_3 \subset \mathbf{V}(x+y)$$
$$\sigma_3 \cap \sigma_4 \subset \mathbf{V}(2x-y)$$
$$\sigma_1 \cap \sigma_4 \subset \mathbf{V}(y)$$

である.

a. 内部 1 胞体にについてのこの順序付けを使って,行列 $M(\Delta, r)$ として

$$\begin{pmatrix} 1 & -1 & 0 & 0 & x^{r+1} & 0 & 0 & 0 \\ 0 & 1 & -1 & 0 & 0 & (x+y)^{r+1} & 0 & 0 \\ 0 & 0 & 1 & -1 & 0 & 0 & (2x-y)^{r+1} & 0 \\ 1 & 0 & 0 & -1 & 0 & 0 & 0 & y^{r+1} \end{pmatrix}$$

を得ることを示せ.

b. たとえば $r=1$ について，$M(\Delta,1)$ の列上の $\mathbb{R}[x,y]$ シチジー加群のグレブナー基底は次のベクトルの転置で与えられることを示せ．

$$g_1 = (1,1,1,1,0,0,0,0)$$
$$g_2 = (1/4)(3y^2, 6x^2+3y^2, 4x^2-4xy+y^2, 0, 6, -2, -1, -3)$$
$$g_3 = (2xy^2+y^3, x^2y+2xy^2+y^3, 0, 0, y, -y, 0, -2x-y)$$
$$g_4 = (-3xy^2-2y^3, x^3-3xy^2-2y^3, 0, 0, x, -x+2y, 0, 3x+2y)$$
$$g_5 = (x^2y^2, 0, 0, 0, -y^2, 0, 0, -x^2)$$

c. 今までと同様にして，$C^1(\Delta)$ の元は最初の4個の成分への射影で得られる．このことから，$C_0^1(\Delta)$ と $C_1^1(\Delta)$ には "自明な" スプラインしか存在しないが，次数 $k \geq 2$ においては g_2 とその倍数は非自明なスプラインを与え，次数 $k \geq 3$ では g_3, g_4 も項を与えることを示せ．

d. すべての g_i は $C^1(\Delta)$ の基底を成し，$C^1(\Delta)$ は自由加群であることを示せ．従って，

$$\dim C_k^1(\Delta) = \begin{cases} 1 & k=0 \text{ のとき} \\ 3 & k=1 \text{ のとき} \\ 7 & k=2 \text{ のとき} \\ \binom{k+2}{2} + \binom{k}{2} + 2\binom{k-1}{2} & k \geq 3 \text{ のとき} \end{cases}$$

である．

次に，練習問題4の Δ と同じ組合せ論的データを持つ(すべての k について k 胞体の個数が同じで，包含関係が同じであるなど)が，特別な位置にある $\mathbb{R}^2$ の別の多面体的複体 Δ' を考える．

練習問題5 平面 $\mathbb{R}^2$ において

$$R = \mathrm{Conv}(\{(2,0),(0,1),(-1,0),(0,-2)\})$$

なる凸四辺形を考える．各頂点と原点を線分で結ぶことで R を三角形に分割する．これより4個の2胞体と8個の1胞体(4個の内部辺)，5個の0胞体，$\emptyset$

を持つ，純であり遺伝的な多面体的複体 Δ' を得る．いま，$(2,0),(0,0),(0,1)$ を頂点とする三角形 σ_1 から始めて原点を中心とする反時計回りに 2 胞体を $\sigma_1,\ldots,\sigma_4$ と番号付ける．このとき，Δ の内部 1 胞体は

$$\sigma_1 \cap \sigma_2 \subset \mathbf{V}(x)$$
$$\sigma_2 \cap \sigma_3 \subset \mathbf{V}(y)$$
$$\sigma_3 \cap \sigma_4 \subset \mathbf{V}(x)$$
$$\sigma_1 \cap \sigma_4 \subset \mathbf{V}(y)$$

である．これが Δ' が特別な位置にあると述べたことの意味するところである．すなわち，内部辺は 4 個というよりむしろたった 2 個の異なる直線上にある．

a. 内部 1 胞体についてのこの順序付けを使って，

$$M(\Delta',r) = \begin{pmatrix} 1 & -1 & 0 & 0 & x^{r+1} & 0 & 0 & 0 \\ 0 & 1 & -1 & 0 & 0 & y^{r+1} & 0 & 0 \\ 0 & 0 & 1 & -1 & 0 & 0 & x^{r+1} & 0 \\ 1 & 0 & 0 & -1 & 0 & 0 & 0 & y^{r+1} \end{pmatrix}$$

を得ることを示せ．

b. たとえば $r=1$ について，$M(\Delta',1)$ の列上の $\mathbb{R}[x,y]$ シチジー加群の基底は

$$g'_1 = (1,1,1,1,0,0,0,0)$$
$$g'_2 = (0,x^2,x^2,0,1,0,-1,0)$$
$$g'_3 = (y^2,y^2,0,0,0,-1,0,-1)$$
$$g'_4 = (x^2y^2,0,0,0,-y^2,0,0,-x^2)$$

の転置によって与えられることを示せ．これらの生成元は，$M(\Delta,1)$ の列のシチジーの生成元とは異なる形式である(特に異なる全次数を成分が持つ)ことに注意する．

c. すべての g'_i は $C^1(\Delta')$ の基底を成し，

$$\dim C^1_k(\Delta') = \begin{cases} 1 & k=0 \text{ のとき} \\ 3 & k=1 \text{ のとき} \\ 8 & k=2 \text{ のとき} \\ 16 & k=3 \text{ のとき} \\ \binom{k+2}{2} + 2\binom{k}{2} + \binom{k-2}{2} & k \geq 3 \text{ のとき} \end{cases}$$

であることを示せ.

練習問題 4 と練習問題 5 を比較すると, $C^r_k(\Delta)$ の次元は多面体的複体 Δ の組合せ論的データ以上のものに依存している, すなわち, 内部 $(n-1)$ 胞体の位置に依存して変化することが納得できる.

Lauren Rose [Ros] はこのような例に着目している. 彼女の結果を述べるためには次の概念を使うことが都合が良い.

(8.3.12) 定義 純な n 次元複体 Δ の**双対グラフ**(dual graph) G_Δ とは, Δ の n 胞体に対応する頂点と隣接する n 胞体の対に対応する辺を持つグラフである.

たとえば, 練習問題 4 と 5 の複体に付随する双対グラフはともに図 8.8 のグラフに等しい. (8.3.5) の定義の簡単な言い換えから, 遺伝的な複体の双対グラフは**連結**(connected)である.

今までと同様にして, 内部 $(n-1)$ 胞体の個数を e で表す. それらの胞体の或る順序付けを $\delta_1, \ldots, \delta_e$ とする. 双対グラフ G_Δ の頂点の(すなわち, Δ の n 胞体の)順序付けを選び, 引き起こされる辺の向き付けを考える. いま, $\delta = jk$ が頂点 j から頂点 k への G_Δ の有向辺であるとき, 内部 $(n-1)$ 胞体 $\delta = \sigma_j \cap \sigma_k$ に対応して, ℓ_δ を δ を含むアフィン超平面の式とする. 慣習から, 逆の向きの辺 kj を含むアフィン超平面の定義方程式として**負** $-\ell_\delta$ を取る. 簡単のため, 線型多項式 ℓ_{δ_i} も ℓ_i と表す. 最後に, G_Δ のサイクルの集合を $\mathcal{C}$ とする. このとき, [Ros] に従い, ℓ_i^{r+1} 上のシチジーから構成される加群 $B^r(\Delta)$ を考える.

(8.3.13) 定義 部分加群 $B^r(\Delta) \subset \mathbb{R}[x_1, \ldots, x_n]^e$ を

8.3 多変数スプライン　**533**

図 8.8：双対グラフ

$$B^r(\Delta) = \{(g_1, \ldots, g_e) \in \mathbb{R}[x_1, \ldots, x_n]^e : \\ \text{すべての } c \in \mathcal{C} \text{ について } \sum_{\delta \in c} g_\delta \ell_\delta^{r+1} = 0\}$$

と定義する.

部分加群 $B^r(\Delta)$ とスプライン函数の加群 $C^r(\Delta)$ の間には次のような関係がある ([Ros, Theorem 2.2]).

(8.3.14) 定理 多面体的複体 Δ が遺伝的であるとき, $C^r(\Delta)$ は $\mathbb{R}[x_1, \ldots, x_n]$ 加群として $B^r(\Delta) \oplus \mathbb{R}[x_1, \ldots, x_n]$ と同型である.

証明 写像
$$\varphi : C^r(\Delta) \to B^r(\Delta) \oplus \mathbb{R}[x_1, \ldots, x_n]$$
を次のように定義する. すなわち, (8.3.7) から, 各 $f = (f_1, \ldots, f_m) \in C^r(\Delta)$ と各内部 $(n-1)$ 胞体 $\delta_i = \sigma_j \cap \sigma_k$ について, $f_j - f_k = g_i \ell_i^{r+1}$ ($g_i \in \mathbb{R}[x_1, \ldots, x_n]$) に注意し,
$$\varphi(f) = ((g_1, \ldots, g_e), f_1)$$

とする(f_1 は $\mathbb{R}[x_1,\ldots,x_n]$ の成分である). 双対グラフの各サイクル c について, $\sum_{\delta \in c} g_\delta \ell_\delta^{r+1}$ は $\sum(f_j - f_k)$ なる形の和に等しい. いま, c はサイクルであるので, これは完全に相殺され 0 になる. 従って, e 個の多項式の組 $(g_1,\ldots,g_e)$ は $B^r(\Delta)$ の元である. 写像 φ は $\mathbb{R}[x_1,\ldots,x_n]$ 加群の準同型である.

写像 φ が同型であることを示すために, 任意の

$$((g_1,\ldots,g_e), f) \in B^r(\Delta) \oplus \mathbb{R}[x_1,\ldots,x_n]$$

を考える. いま, $f_1 = f$ とする. 各 i $(2 \le i \le m)$ について, G_Δ が連結であるので, 或る集合 E の辺を使って G_Δ の頂点 σ_1 から σ_i への路が構成できる. このとき, $f_i = f - \sum_{\delta \in E} g_\delta \ell_\delta^{r+1}$ とする. 但し, δ が有向辺 jk であるとき g_δ を $f_j - f_k = g_\delta \ell_\delta^{r+1}$ によって定義する. これらの 2 つの頂点 σ_1 と σ_i の間の任意の 2 つの路はサイクルの組合せだけ異なる. すると $(g_1,\ldots,g_e) \in B^r(\Delta)$ であるので, f_i は σ_i 上の多項式函数となり, m 個の多項式の組 $(f_1,\ldots,f_m)$ は $C^r(\Delta)$ の元を与える (なぜ?). このようにして準同型

$$\psi : B^r(\Delta) \oplus \mathbb{R}[x_1,\ldots,x_n] \to C^r(\Delta)$$

を得る. 写像 ψ と φ が互いに逆写像であることは簡単に示せる. □

練習問題 4 の加群 $C^1(\Delta)$ の生成元と比較すると, 練習問題 5 の加群 $C^1(\Delta)$ の生成元が特別な形をしている代数的理由は, 定理 (8.3.14) で与えられる $C^1(\Delta)$ の代数的表現から容易に読み取れる. 図 8.8 で表される双対グラフについて, ちょうど 1 つのサイクルが存在する. 練習問題 4 では反時計回りに辺を番号付けると,

$$\ell_1^2 = x^2,\ \ell_2^2 = (x+y)^2,\ \ell_3^2 = (2x-y)^2,\ \ell_4^2 = y^2$$

である. すべての i について g_i が定数である $B^1(\Delta)$ の部分空間の $\mathbb{R}$ 上の次元が 1 であるから, 定理 (8.3.14) の証明の写像 ψ を適応すると, 自明な 2 次のスプラインを法とする 2 次スプラインの空間 $C_2^1(\Delta)$ の商は 1 次元である. (練習問題 4 の b のスプライン g_2 が基底を与える.) 他方, 練習問題 5 では

$$\ell_1^2 = x^2,\ \ell_2^2 = y^2,\ \ell_3^2 = x^2,\ \ell_4^2 = y^2$$

であるから，$B^1(\Delta)$ は $(1,0,-1,0)$ と $(0,1,0,-1)$ を含む．写像 ψ の下で，自明な 2 次スプラインを法とする $C^1_2(\Delta)$ の商は 2 次元である．

定理 (8.3.14) の直接の系として，$C^r(\Delta)$ が自由加群であるための次のような一般的な十分条件を得る．

(8.3.15) 系 多面体的複体 Δ が遺伝的で，G_Δ が木(すなわち，サイクルを持たない連結グラフ)であるとき，すべての $r \geq 0$ について $C^r(\Delta)$ は自由加群である．

証明 サイクルが存在しないとすると，$B^r(\Delta)$ は自由加群 $\mathbb{R}[x_1,\ldots,x_n]^e$ に等しい．すると，定理 (8.3.14) から系が従う．系は [Ros, Theorem 3.1] である． □

2 変数スプラインに戻ると，平面上の有界な 2 多様体の三角形分割を与える $\mathbb{R}^2$ のジェネリックで純であり遺伝的な次元 2 の**単体的複体**(simplicial complex)(すなわち，すべての 2 胞体が**三角形**で，その辺が十分一般的な位置にある複体) Δ について，最初に Strang が予想し，Billera [Bil1] によって証明された $\dim C^1_k(\Delta)$ についての簡単な組合せ論的な公式が存在する．[BR1] で与えられるこの次元の公式は

$$(8.3.16) \qquad \dim C^1_k(\Delta) = \binom{k+2}{2} + (h_1 - h_2)\binom{k}{2} + 2h_2\binom{k-1}{2}$$

である．但し，h_1 と h_2 は Δ の純粋に組合せ論的なデータによって決定される．すなわち，V を Δ の 0 胞体の個数，E を Δ の 1 胞体の個数とするとき，

$$(8.3.17) \qquad h_1 = V - 3, \quad h_2 = 3 - 2V + E$$

である．(Strang の元来の次元公式と，その式と (8.3.16) の関係については練習問題 12 で紹介する．)

たとえば，内部辺が 4 個の異なる直線上にある(ジェネリックな状況にある)練習問題 4 の単体的複体 Δ について $V = 5, E = 8$ であるので，$h_1 = 2$, $h_2 = 1$ である．従って，(8.3.16) は練習問題 4 の d の式に一致する．他方，練習問題 5 の複体 Δ' は上述のようにジェネリックではないので，Δ' については (8.3.16) は成り立たない．

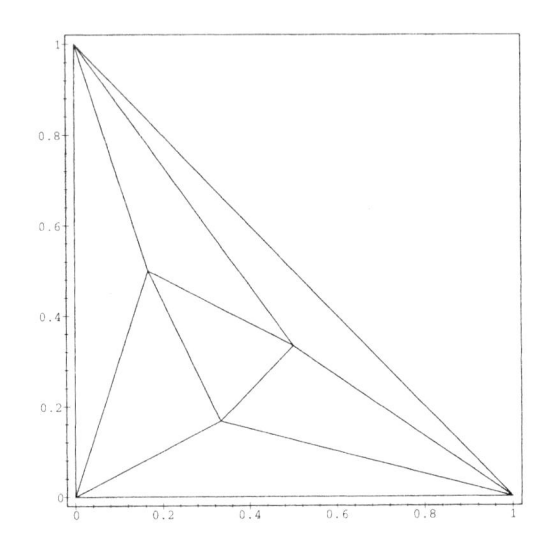

図 8.9：練習問題 7 の図

大変興味深いことに，$n \geq 3$ のときに対応する主張は存在しない．更に，大変簡単な場合でさえ，加群 $C^r(\Delta)$ が自由加群でないこともある(たとえば，練習問題 10 の c)．本著の執筆時点では，複体 Δ の幾何に $C_k^r(\Delta)$ の次元が依存していることは $n \geq 3$ のときにはほとんど理解されておらず，Schenck-Stillman [SS] などが新しい洞察をしているが，多くの未解決問題が残されている．

§8.3 の練習問題(追加)

練習問題 6 練習問題 4 と 5 の複体について，加群 $C^r(\Delta)$ と $C^r(\Delta')$ $(r \geq 2)$ を調べ，$\dim C_k^r(\Delta)$ と $\dim C_k^r(\Delta')$ を計算せよ．

練習問題 7 図 8.9 で与えられる $\mathbb{R}^2$ の単体的複体 Δ を考える．3 つの内部頂

点は $(1/3, 1/6), (1/2, 1/3), (1/6, 1/2)$ である.

a. 各 $r \geq 0$ について行列 $M(\Delta, r)$ を求めよ.

b. 等式
$$\dim C_k^1(\Delta) = \binom{k+2}{2} + 6\binom{k-1}{2}$$
を示せ.（慣習から, $k < 3$ のとき 2 番目の項は 0 にする.）

c. この Δ について (8.3.16) の式が成り立つことを示せ.

練習問題 8 本文で紹介した例では, グレブナー基底の元の成分はすべて斉次多項式であった. 一般にはこれは成り立たない. 特に, 考えている複体 Δ の内部 $(n-1)$ 胞体の幾つかが $\mathbb{R}^n$ の原点を含まない超平面上にあるとき, これは成り立たない. それでも, 射影空間の点を明示するために使われ, もっぱら斉次多項式について研究したいとき使うことができる**斉次座標**の変形が存在する ([CLO, Chapter 8]). すなわち, 与えられた純であり遺伝的な複体 Δ を $\mathbb{R}^{n+1}$ における $\mathbb{R}^n$ のコピーである超平面 $x_{n+1} = 1$ の部分集合と思う. 原点 $(0, \ldots, 0, 0) \in \mathbb{R}^{n+1}$ を頂点とする各 k 胞体 $\sigma \in \Delta$ 上の**錐** $\overline{\sigma}$ を考えることで, $\mathbb{R}^{n+1}$ の新しい多面体的複体 $\overline{\Delta}$ を得る.

a. Δ の n 胞体 σ と σ' が隣接するためには, 対応する $\overline{\sigma}$ と $\overline{\sigma'}$ が $\overline{\Delta}$ の隣接する $(n+1)$ 胞体であることが必要十分であることを示せ. 次に, $\overline{\Delta}$ は遺伝的であることを示せ.

b. $\overline{\Delta}$ の内部 n 胞体の方程式は何か.

c. $f = (f_1 \ldots, f_m) \in C_k^r(\Delta)$ があったとき, x_{n+1} についての成分ごとの斉次化 $f^h = (f_1^h \ldots, f_m^h)$ は $C_k^r(\overline{\Delta})$ の元を与えることを示せ.

d. 行列 $M(\Delta, r)$ と $M(\overline{\Delta}, r)$ はどのように関係するか.

e. $\dim C_k^r(\Delta)$ と $\dim C_k^r(\overline{\Delta})$ の間の関係を述べよ.

練習問題 9 この練習問題では, 練習問題 8 の構成が適応され, その結果とし

て $C^r(\Delta)$ が $\mathbb{R}[x_0, \ldots, x_n]$ 上の次数付加群であると仮定する．このとき，形式的冪級数

$$H(C^r(\Delta), u) = \sum_{k=0}^{\infty} \dim C_k^r(\Delta) u^k$$

は次数付加群 $C^r(\Delta)$ の**ヒルベルト級数**である．これは §6.4 の練習問題 24 の用語であって，その練習問題ではヒルベルト級数は

(8.3.18) $$H(C^r(\Delta), u) = P(u)/(1-u)^{n+1}$$

なる形で表されることを示した．但し，$P(u)$ は $\mathbb{Z}$ の元を係数とする u の多項式である．

$$1/(1-u) = \sum_{k=0}^{\infty} u^k$$

の形式的等比級数展開を使うことで (8.3.18) からその級数を得る．

a. $r = 1$ のとき (8.3.8) の加群 $C^1(\Delta)$ のヒルベルト級数は

$$(1 + 2u^2)/(1-u)^3$$

であることを示せ．

b. 練習問題 4 の加群 $C^1(\Delta)$ のヒルベルト級数は

$$(1 + u^2 + 2u^3)/(1-u)^3$$

であることを示せ．

c. 練習問題 5 の加群 $C^1(\Delta')$ のヒルベルト級数は

$$(1 + 2u^2 + u^4)/(1-u)^3$$

であることを示せ．

d. 練習問題 7 の加群 $C^1(\Delta)$ のヒルベルト級数は何か．

練習問題 10 頂点 $\pm e_i$ ($i = 1, 2, 3$) を持つ八面体を，原点を内部頂点に加え，8 個の四面体に分割することで構成される $\mathbb{R}^3$ の多面体的複体 Δ を考える．

8.3 多変数スプライン **539**

a. 行列 $M(\Delta, r)$ を求めよ.

b. $C_k^1(\Delta)$ と $C_k^2(\Delta)$ の次元についての公式を求めよ.

c. 八面体の頂点を e_3 から $(1,1,1)$ に移し，新しい組合せ論的に同値な分割された八面体 Δ' を構成するとどんなことが生じるか. Macaulay のコマンド hilb を使って，次数付加群 $\ker M(\Delta', 1)$ のヒルベルト級数を計算し，その結果から $C^1(\Delta')$ が自由加群になることはないことを導け. [ヒント：自由加群の次元級数についての(8.3.18)の表現で，分子 $P(t)$ の係数はすべて正でなければならない. その理由は何か.]

練習問題 11 この練習問題では，完全系列という言葉と第6章の次数付加群についての結果を使う. 加群 $C_k^r(\Delta)$ の次元を計算するために本文で使った方法は $M(\Delta, r)$ の列上のシチジー加群のグレブナー基底の計算を必要とし，それはスプライン空間 $C_k^r(\Delta)$ の基底についての情報を齎す. これらのスプライン空間の基底を必要としなければ，シチジー加群を計算せずに $M(\Delta, r)$ から直接ヒルベルト級数を計算する別の方法がある. 練習問題8の構成が適応され，その結果として行列 $M(\Delta, r)$ の最後の e 個の列が次数 $r+1$ の斉次多項式から成ると仮定する. いま，$R = \mathbb{R}[x_1, \ldots, x_n]$ と表し，次数付 R 加群の完全系列

$$0 \to \ker M(\Delta, r) \to R^m \oplus R(-r-1)^e \to \operatorname{im} M(\Delta, r) \to 0$$

を考える.

a. $R^m \oplus R(-r-1)^e$ のヒルベルト級数は

$$(m + eu^{r+1})/(1-u)^{n+1}$$

であることを示せ.

b. 次数付加群 $\ker M(\Delta, r)$ のヒルベルト級数は a のヒルベルト級数と $M(\Delta, r)$ の像のヒルベルト級数の差であることを示せ.

ブックバーガーのアルゴリズムを $M(\Delta, r)$ の列で生成される加群 M に適応し，M と $\langle \mathrm{LT}(M) \rangle$ は同じヒルベルト函数を持つという事実を使うことで，像のヒルベルト級数は計算される.

練習問題 12 平面上の単体的複体 Δ は F 個の三角形, E_0 個の内部辺, V_0 個の内部頂点を持つとする．このとき，$C_k^1(\Delta)$ の次元について Strang が元来予想した公式は

(8.3.19) $$\dim C_k^1(\Delta) = \binom{k+2}{2} F - (2k+1)E_0 + 3V_0$$

であった．これは [Bil1] で証明された形である．この練習問題では，Δ が平面上の位相円板の三角形分割を与えると仮定して，(8.3.19) は (8.3.16) と同値であることを示す．以下，E と V をそれぞれ辺と頂点の総数とする．

a. このような三角形分割について $V - E + F = 1$, $V_0 - E_0 + F = 1$ であることを示せ．[ヒント：1つのアプローチは三角形の個数についての帰納法を使うことである．トポロジーの言葉で言えば，最初の式は通常のオイラー指標を与え，次の式は境界についてのオイラー指標を与える．]

b. a と辺を数えることから導かれる関係 $3F = E + E_0$ を使って $E = 3 + 2E_0 - 3V_0$, $V = 3 + E_0 - 2V_0$ となることを示せ．

c. a を使って F を消去し，b の V と E についての表現を (8.3.16) に代入すると (8.3.19) が得られることを示せ．逆に，(8.3.19) から (8.3.16) が得られることを示せ．

練習問題 13 本節で紹介した方法は代数的であるが非多面体的である $\mathbb{R}^n$ の領域の分割に対してもうまくいく．ここでは一般的な展開はしないけれども，代償として，簡単な例でその着想を示す．平面 $\mathbb{R}^2$ において図 8.10 のような領域 $\sigma_1, \sigma_2, \sigma_3$ の和集合 R 上の C^r 級区分的多項式関数を構成したかったとする．その外部境界は原点を中心とする半径 1 の円で，3 個の内部辺はそれぞれ曲線 $y = x^2$, $x = -y^2$, $y = x^3$ の一部である．

これを抽象的な2次元多面体的複体の非線型埋め込みと思うことができる．

a. 3 個の多項式の組 $(f_1, f_2, f_3) \in \mathbb{R}[x,y]^3$ が R 上の C^r 級スプライン関数を定義するための必要十分条件は，

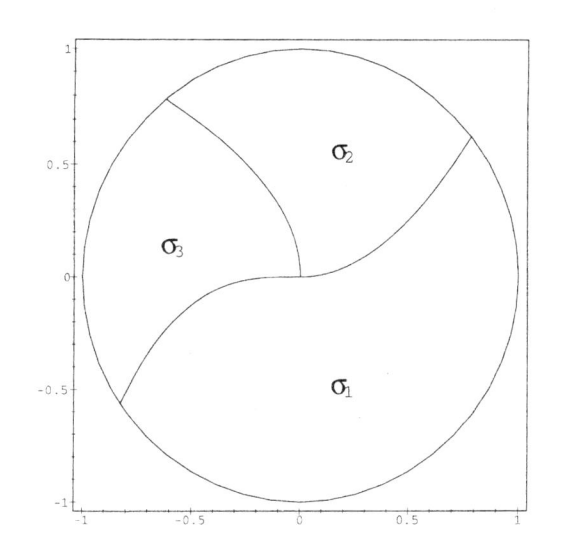

図 8.10：練習問題 13 の図

$$f_1 - f_2 \in \langle (y-x^2)^{r+1} \rangle$$
$$f_2 - f_3 \in \langle (x+y^2)^{r+1} \rangle$$
$$f_1 - f_3 \in \langle (y-x^3)^{r+1} \rangle$$

であることを示せ.

b. このように分割された領域上の C^1 級スプラインを多項式成分の適当な行列の核として表し，その核のヒルベルト函数を求めよ．

練習問題 14 （クーラン函数と複体の面環 [Sta1]）空間 $\mathbb{R}^n$ の純であり遺伝的な n 次元複体 Δ について, $v_1, \ldots, v_q$ を Δ の頂点(0胞体)とする．

a. 各 $i\,(1 \leq i \leq q)$ について

$$X_i(v_j) = \begin{cases} 1 & i = j \text{ のとき} \\ 0 & i \neq j \text{ のとき} \end{cases}$$

であるような唯一つの函数 $X_i \in C_1^0(\Delta)$（すなわち，X_i は連続で各 n 胞体上で線型函数に制限される）が存在することを示せ．X_i を Δ の**クーラン函数**(Courant function)と呼ぶ．

b. 等式

$$X_1 + \cdots + X_q = 1$$

を示せ．但し，1 は Δ 上の定数函数である．

c. $\{v_{i_1}, \ldots, v_{i_p}\}$ が Δ のどの k 胞体の頂点も構成しない任意の頂点の集合であるとき，

$$X_{i_1} \cdot X_{i_2} \cdots X_{i_p} = 0$$

を示せ．但し，0 は Δ 上の定数函数である．

d. Stanley と Reisner に従って，$v_1, \ldots v_q$ を頂点とする複体 Δ について Δ の**面環**(face ring) $\mathbb{R}[\Delta]$ を商環

$$\mathbb{R}[\Delta] = \mathbb{R}[x_1, \ldots, x_q]/I_\Delta$$

と定義する．但し，I_Δ は Δ のどの胞体の頂点集合にもならない頂点の集合に対応する単項式 $x_{i_1} x_{i_2} \cdots x_{i_p}$ で生成されるイデアルである．c を使って，各 i について x_i を X_i に移すことで得られる $\mathbb{R}[\Delta]$ から $\mathbb{R}[X_1, \ldots, X_q]$（クーラン函数で $\mathbb{R}$ 上生成される $C^0(\Delta)$ の部分代数）への環準同型が存在することを示せ．

Billera [Bil2] は，実際，$C^0(\Delta)$ はクーラン函数で $\mathbb{R}$ 上生成される代数に等しく，引き起こされる写像

$$\varphi : \mathbb{R}[\Delta]/\langle x_1 + \cdots + x_q - 1\rangle \to C^0(\Delta)$$

(b 参照)は $\mathbb{R}$ 代数の同型であることを示した．

第9章

代数的符号理論

本章では，計算代数と代数幾何の手法の符号理論の問題への応用を幾つか議論する．有限体の算術に関する序節に続いて，誤り訂正符号を考察するために必要となる基本的な用語を幾つか導入する．符号語の集合が付加的な代数構造を持つ，2つの重要な例として，線型符号と巡回符号を研究する．次に，この代数構造を使って符号化および復号の良いアルゴリズムを開発する．最後に，符号の構成に代数幾何が不可欠である，リード・ミューラー符号と幾何学的ゴッパ符号を紹介する．

§9.1 有限体

できるだけ自己完結に議論を展開するため，本節では有限体の計算についての基本事項を幾つか解説する．体の拡大の一般論に頼ることなく，ほとんど "0 から" 有限体の理論の紹介を行う．しかし，有限群と商環についての基本事項を幾つか仮定する必要がある．既にこれらを理解している読者は直接 §9.2 に進んでも差し障りはない．この古典的な話題の完璧な議論は抽象代数とガロア理論についての多くの教科書で解説されている．

有限体のもっとも基本的な例は**素体**(prime field) $\mathbb{F}_p = \mathbb{Z}/\langle p \rangle$ (p は任意の素数)であるが他にも例が存在する．有限体を構成するためには，次の基本事項が不可欠である．

練習問題 1 任意の体 k を考え，$g \in k[x]$ を**既約多項式**とする(すなわち，g は $k[x]$ の定数でない多項式であって，2つの定数でない多項式の積に分解で

きないものである).このとき,イデアル $\langle g \rangle \subset k[x]$ が極大イデアルであることを示せ.次に,g が既約ならば $k[x]/\langle g \rangle$ は体であることを示せ.

たとえば,$p=3$ とし多項式 $g=x^2+x+2 \in \mathbb{F}_3[x]$ を考える.多項式 g は $\mathbb{F}_3$ 内に根を持たない2次多項式であるので,g は $\mathbb{F}_3[x]$ の既約多項式である.練習問題 1 からイデアル $\langle g \rangle$ は極大イデアルである.従って,$\mathbb{F} = \mathbb{F}_3[x]/\langle g \rangle$ は体である.第 2 章で議論したように,商環 $\mathbb{F}$ の元は g による割算の余りと 1 対 1 に対応している.従って,$\mathbb{F}$ の元は多項式 $ax+b$ の剰余類(a, b は $\mathbb{F}_3$ の任意の元)から成る.すると,$\mathbb{F}$ は $3^2=9$ 個の元から成る体である.

多項式と我々の体の元をもっと明確に区別するために,多項式 x で表される $\mathbb{F}$ の元を α と置く.従って,$\mathbb{F}$ のすべての元は $a\alpha + b$ ($a, b \in \mathbb{F}_3$)なる形である.他方,α は方程式 $g(\alpha) = \alpha^2 + \alpha + 2 = 0$ を満たす.

体 $\mathbb{F}$ における加法の演算は明白である.すなわち,$(a\alpha+b) + (a'\alpha+b') = (a+a')\alpha + (b+b')$.§2.2 と同様にして,$g(\alpha)=0$ なる関係を使って α についての多項式の乗法で $\mathbb{F}$ における積を計算できる.たとえば,$\mathbb{F}$ において

$$(\alpha+1) \cdot (2\alpha+1) = 2\alpha^2 + 1 = \alpha$$

である(これらの多項式の係数は体 $\mathbb{F}_3$ の元であるから,$1+2=0$ である).いま,$\mathbb{F}$ における α のすべての冪を計算すると,

(9.1.1)
$$\begin{array}{llll} \alpha^2 &= 2\alpha+1 & \alpha^3 &= 2\alpha+2 \\ \alpha^4 &= 2 & \alpha^5 &= 2\alpha \\ \alpha^6 &= \alpha+2 & \alpha^7 &= \alpha+1 \end{array}$$

$\alpha^8 = 1$ である.将来の参考として,この計算は,$\mathbb{F}$ の非零元から成る乗法群は α によって生成される位数 8 の巡回群である,ということも示している.

次のようにして,この例の $\mathbb{F}$ の構成を一般化する.多項式環 $\mathbb{F}_p[x]$ を考え,$g \in \mathbb{F}_p[x]$ を次数 n の既約多項式とする.練習問題 1 から $\langle g \rangle$ は極大イデアルであるので,商環 $\mathbb{F} = \mathbb{F}_p[x]/\langle g \rangle$ は体である.いま,$\mathbb{F}$ の元を $\langle g \rangle$ を法とする次数 $n-1$ 以下の多項式 $a_{n-1}x^{n-1} + \cdots + a_1 x + a_0$ ($a_i \in \mathbb{F}_p$) の剰余類で表す.係数 a_i は任意であるから,$\mathbb{F}$ は p^n の異なる元を含む.

練習問題 2 a. $g = x^4 + x + 1$ が $\mathbb{F}_2[x]$ の既約多項式であることを示せ.体

$\mathbb{F} = \mathbb{F}_2[x]/\langle g \rangle$ には何個の元が存在するか.

b. 上で述べたように, x で表される $\mathbb{F}$ の元を α と表すとき, α の異なる冪全体を計算せよ.

c. $\mathbb{K} = \{0, 1, \alpha^5, \alpha^{10}\}$ は $\mathbb{F}$ に含まれる 4 個の元を持つ体であることを示せ.

d. $\mathbb{F}$ に含まれるちょうど 8 個の元を持つ体は存在するか. 他に部分体は存在するか. (一般的なパターンについては練習問題 10 で扱う.)

有限体の取り得るサイズ(元の数)が幾つであるかを問題にすることは自然である. 次の命題(5.1.2)は必要条件を与える.

(9.1.2) 命題 有限体 $\mathbb{F}$ の元の個数は素数の冪である. すなわち, $|\mathbb{F}| = p^n$ (p は或る素数, $n \geq 1$)である.

証明 体 $\mathbb{F}$ は乗法単位元(1 で表す)を含む. いま, $\mathbb{F}$ は有限なので, 1 は有限の加法位数 p を持つ. 位数 p は $p \cdot 1 = 1 + \cdots + 1 = 0$ (p 個の和)なる最小の正の整数であるから, p は素数である. (もし p が素数でないとすると, $p = mn$ ($m, n > 1$) と表せ, $\mathbb{F}$ において $p \cdot 1 = (m \cdot 1)(n \cdot 1) = 0$ になる. しかし, $\mathbb{F}$ は体であるから, $m \cdot 1 = 0$ または $n \cdot 1 = 0$ である. このことは, p の最小性に矛盾する.) このとき, $m \cdot 1$ ($m = 0, 1, \ldots, p-1$) なる形の $\mathbb{F}$ の元の集合は $\mathbb{F}_p$ と同型な部分体 $\mathbb{K}$ である(練習問題 9).

体の定義から, $\mathbb{F}$ 上の加法演算と $\mathbb{K} \subset \mathbb{F}$ の元による $\mathbb{F}$ の元のスカラー倍を考えると, $\mathbb{F}$ は $\mathbb{K}$ 上のベクトル空間の構造を持つ. 体 $\mathbb{F}$ は有限集合であるから, $\mathbb{F}$ は $\mathbb{K}$ 上のベクトル空間として有限次元である. その次元(任意の基底の元の個数)を n とし, $\{a_1, \ldots, a_n\} \subset \mathbb{F}$ を任意の基底とする. いま, $\mathbb{F}$ のすべての元は線型結合 $c_1 a_1 + \cdots + c_n a_n$ ($c_1, \ldots, c_n \in \mathbb{K}$) として一意的に表すことができる. このような線型結合は p^n 個存在するから, $\mathbb{F}$ の元の個数は p^n 個である. □

有限体を構成するために, 常に商環 $\mathbb{F}_p[x]/\langle g \rangle$ (g は $\mathbb{F}_p[x]$ の既約多項式) を考える. この構成は一般性を欠くことはなく, 実際, すべての有限体はこのようにして得られる(練習問題 11).

次に，固定した次数の $\mathbb{F}_p[x]$ の既約多項式を数えることで，任意の素数 p と任意の $n \geq 1$ についてサイズ p^n の有限体が存在することを示す．まず，$\mathbb{F}_p$ において定数倍することで常に多項式の主係数を 1 にできるので，モニックな多項式を考えれば十分である．多項式環 $\mathbb{F}_p[x]$ には次数 n の相異なるモニックな多項式 $x^n + a_{n-1}x^{n-1} + \cdots + a_1 x + a_0$ はちょうど p^n 個存在する．次数によるこの数え上げに関する**母函数**，すなわち u^n の係数が次数 n のモニックな多項式の個数($= p^n$)に等しい u の冪級数を考える．これは等式 (9.1.3) の左辺である．これを単なる形式的冪級数として扱い，収束についての問題は考えない．形式的等比級数の和の公式から

(9.1.3) $$\sum_{n=0}^{\infty} p^n u^n = \frac{1}{1-pu}$$

を得る．

多項式環 $\mathbb{F}_p[x]$ では，各モニックな多項式はモニックな既約多項式の積に**唯一通り**に因数分解される．多項式環 $\mathbb{F}_p[x]$ における次数 n のモニックな既約多項式の個数を N_n と置く．このとき，$g = g_1 \cdot g_2 \cdots g_m$ (g_i は次数 n_i の既約多項式であるが，相異なる必要はない)なる形の因数分解において，各 i について因子 g_i の取り方は N_{n_i} 個ある．その因子の次数の和は g の全次数である．

練習問題 3 上で述べたような因数分解を数えることで，次数 n のモニックな多項式の個数($= p^n$)も形式的無限積

$$(1 + u + u^2 + \cdots)^{N_1} \cdot (1 + u^2 + u^4 + \cdots)^{N_2} \cdots = \prod_{k=1}^{\infty} \frac{1}{(1-u^k)^{N_k}}$$

(左辺と右辺の間の等号は形式的等比級数の和の公式から従う)の u^n の係数として表されることを示せ．

従って，(9.1.3) と練習問題 3 の結果を組合せると，母函数の恒等式

(9.1.4) $$\prod_{k=1}^{\infty} \frac{1}{(1-u^k)^{N_k}} = \frac{1}{1-pu}$$

を得る．

(9.1.5) 命題 等式 $p^n = \sum_{k|n} kN_k$ が成り立つ. 但し, 和は整数 n の正の約数 k 全体を動く.

証明 形式的に対数微分をし, その結果に u を掛けると, (9.1.4) は
$$\sum_{k=1}^{\infty} \frac{kN_k u^k}{1-u^k} = \frac{pu}{1-pu}$$
なる恒等式になる. 再び, 形式的等比級数を使うと, この等式は
$$\sum_{k=1}^{\infty} kN_k(u^k + u^{2k} + \cdots) = pu + p^2 u^2 + \cdots$$
と書き直せる. この最後の等式の両辺の u^n の係数を比較せよ. □

練習問題 4(初等的な数論の予備知識を持つ読者のために.) 命題 (9.1.5) とメビウスの反転公式を使って, N_n に関する一般公式を求めよ.

すべての $n \geq 1$ について $N_n > 0$ を示す. $n = 1$ について, $x - \beta \ (\beta \in \mathbb{F}_p)$ はすべて既約であるから $N_1 = p$ である. このとき, 命題 (9.1.5) から $N_2 = (p^2 - p)/2 > 0$, $N_3 = (p^3 - p)/3 > 0$, $N_4 = (p^4 - p^2)/4 > 0$ である.

背理法で議論する. いま, 或る n について $N_n = 0$ を仮定する. すると, $n \geq 5$ としてよい. 命題 (9.1.5) から

(9.1.6) $$p^n = \sum_{k|n, 0<k<n} kN_k$$

である. 右辺のサイズを推定し, 次のようにして (9.1.6) の矛盾を得る. いま, A を越えない最大の整数を $\lfloor A \rfloor$ と表す. 定義から, すべての k について $N_k \leq p^k$ であって, n の任意の正の真の約数 k は高々 $\lfloor n/2 \rfloor$ であるので,
$$p^n \leq \lfloor n/2 \rfloor \sum_{k=0}^{\lfloor n/2 \rfloor} p^k$$
である. 等比数列の和の公式を使うと, 右辺は
$$\lfloor n/2 \rfloor (p^{\lfloor n/2 \rfloor + 1} - 1)/(p-1) \leq \lfloor n/2 \rfloor p^{\lfloor n/2 \rfloor + 1}$$
に等しい. 従って,
$$p^n \leq \lfloor n/2 \rfloor p^{\lfloor n/2 \rfloor + 1}$$

である．各辺を $p^{\lfloor n/2 \rfloor}$ で割ると，

$$p^{n-\lfloor n/2 \rfloor} \leq \lfloor n/2 \rfloor p$$

を得る．しかし，すべての p と $n \geq 5$ についてこれは明らかに間違いである．従って，すべての n について $N_n > 0$ である．その帰結として，

(9.1.7) 定理 すべての素数 p と $n \geq 1$ について，$|\mathbb{F}| = p^n$ なる有限体 $\mathbb{F}$ が存在する．

既出の例と定理(9.1.7)の証明から，商環 $\mathbb{F}_p[x]/\langle g \rangle$ を構成する際に使われる，与えられた次数の $\mathbb{F}_p[x]$ の既約多項式は一般に2個以上存在するので，同じサイズの異なる有限体が幾つか存在すると思うかも知れない．しかし，次のような例を考える．

練習問題 5 命題(9.1.5)から，$\mathbb{F}_2[x]$ には $(2^3 - 2)/3 = 2$ 個の次数3のモニックな既約多項式，すなわち，$g_1 = x^3 + x + 1$ と $g_2 = x^3 + x^2 + 1$ が存在する．従って，$\mathbb{K}_1 = \mathbb{F}_2[x]/\langle g_1 \rangle$ と $\mathbb{K}_2 = \mathbb{F}_2[x]/\langle g_2 \rangle$ は8個の元を持つ2つの有限体である．しかし，これらの体は**同型**(isomorphic)であることを示す．

a. $\mathbb{K}_1$ における x の剰余類を α と表す(すると，$\mathbb{K}_1$ において $g_1(\alpha) = 0$)と，$\mathbb{K}_1$ において $g_2(\alpha + 1) = 0$ であることを示せ．

b. この結果を使って $\mathbb{K}_1$ と $\mathbb{K}_2$ の間の同型写像(すなわち，和と積を保つ1対1且つ上への写像)を構成せよ．

練習問題5を一般化すると，

(9.1.8) 定理 有限体 $\mathbb{K}_1$ と $\mathbb{K}_2$ は p^n 個の元から成るとする．このとき，$\mathbb{K}_1$ と $\mathbb{K}_2$ は同型である．

これを証明する1つの方法は練習問題12で考察する．(9.1.8)から位数 p^n の任意の体について同じ記号 $\mathbb{F}_{p^n}$ を使っても誤解はない．本章の残りではこの慣習に従うけれども，$\mathbb{F}_{p^n}$ 上で計算を行うときには，今までの例と同様に常に次数 n の明確なモニックな既約多項式 $g(x)$ を使う．

次に考える一般的な現象も(9.1.1)と既に遭遇した諸例に現れている．

(9.1.9) 定理 有限体 $\mathbb{F} = \mathbb{F}_{p^n}$ の非零元から成る乗法群は位数 $p^n - 1$ の巡回群である.

証明 唯一つの元 0 を除いているので, 乗法群の位数は $p^n - 1$ である. いま, $m = p^n - 1$ と置く. 有限群についてのラグランジュの定理([Her])から, 任意の元 $\beta \in \mathbb{F} \setminus \{0\}$ は方程式 $x^m = 1$ の根であって, それぞれの乗法位数は m の約数である. 証明を完成するためには位数がちょうど m の元が存在することを示せばよい. 整数 m の素因数分解を $m = q_1^{e_1} \cdots q_k^{e_k}$ とし, $m_i = m/q_i$ とする. 多項式 $x^{m_i} - 1$ は体 $\mathbb{F}$ 内に高々 m_i 個の根を持つので, $\beta_i^{m_i} \neq 1$ なる $\beta_i \in \mathbb{F}$ が存在する. このとき, $\gamma_i = \beta_i^{m/q_i^{e_i}}$ の $\mathbb{F}$ における乗法位数はちょうど $q_i^{e_i}$ である(練習問題 6). いま, $q_i^{e_i}$ は互いに素であるので, 積 $\gamma_1 \gamma_2 \cdots \gamma_k$ の位数は m である. □

練習問題 6 定理 (9.1.9) の証明の最後の 2 つの主張を詳しく証明する.

a. 証明の記号を踏襲し, $\gamma_i = \beta_i^{m/q_i^{e_i}}$ の $\mathbb{F}$ における乗法位数がちょうど $q_i^{e_i}$ であること(すなわち, $\gamma_i^{q_i^{e_i}} = 1$ であるが, すべての $k = 1, \ldots, q_i^{e_i} - 1$ について $\gamma_i^k \neq 1$ であること)を示せ.

b. 有限アーベル群の元 γ_1 と γ_2 の位数をそれぞれ n_1 と n_2 とし, n_1 と n_2 は互いに素とする. このとき, 積 $\gamma_1 \gamma_2$ の位数は $n_1 n_2$ に等しいことを示せ.

体 $\mathbb{F}_{p^n}$ の乗法群としての生成元を**原始元**(primitive element)と呼ぶ. (9.1.1)や練習問題 2 で考察した体では, 根が対応する有限体の原始元であるように多項式 g を選んだ. 多項式環 $\mathbb{F}_p[x]$ の与えられた次数 n の既約多項式 g のすべての取り方についてこれが当て嵌まるとは限らない. たとえば,

練習問題 7 多項式環 $\mathbb{F}_3[x]$ の多項式 $g = x^2 + 1$ は既約であるから, $\mathbb{K} = \mathbb{F}_3[x]/\langle g \rangle$ は 9 個の元を持つ体である. しかし, $\mathbb{K}$ における x の剰余類は原始元でないのはなぜか. この元 x の乗法位数は何か.

将来の参考のために, 有限体についての次のような事実にも触れる.

練習問題 8 元 $\beta \in \mathbb{F}_{p^n}$ は 0 でも 1 でもないとする. このとき, $\sum_{j=0}^{p^n-2} \beta^j = 0$ であることを示せ. [ヒント: $(x^{p^n-1} - 1)/(x - 1)$ は何か.]

本節を締め括るために，有限体の算術を Maple で実行する1つの直接的な方法を示す．Maple は多項式の割算や行列についての行の演算，終結式の計算などを有限体上の係数を使って実行できる（mod 演算子による）組み込まれた機能を供給する．商環 $\mathbb{F}_p[x]/\langle g \rangle$ を構成するとき，x の剰余類はその商環における方程式 $g = 0$ の根になる．Maple では，有限体の元を RootOf 表示の多項式（の剰余類）で表すことができる（§2.1 参照）．たとえば，体 $\mathbb{F}_8 = \mathbb{F}_2[x]/\langle x^3 + x + 1 \rangle$ を表すには，

```
alias(alpha = RootOf(x^3 + x + 1))
```

とする．今までと同様に alpha の多項式は体 $\mathbb{F}_8$ の元を表す．有限体上の算術は次のようにして実行される．たとえば，$b^3 + b$ $(b = \alpha + 1)$ を計算するならば，

```
b := alpha + 1;
Normal(b^3 + b) mod 2
```

を入力すると，

$$alpha^2 + alpha + 1$$

を得る．函数 Normal は $b^3 + b$ を α の多項式として展開し，$\mathbb{F}_2$ の係数を使って $\alpha^3 + \alpha + 1$ による割算の余りを求めることで，有限体の元の標準形を計算する．

技術上の注意点：ここでは函数 Normal の名称が**大文字表記**であることに気付いたかも知れない．Maple には表示を代数的に簡単にするために使われる大文字表記でない函数 normal も存在する．しかし，ここではその函数は**必要としない**．なぜなら，我々は函数の呼び出しを，mod で**評価されない**まま通過させて，すべての算術を mod の環境の中で行いたいからである．Maple はこの状況における未評価な函数の呼び出しに対して大文字表記された名称を一貫して使っている．コマンド normal(b^3 + b) mod 2 を用いることは Maple に $b^3 + b$ を簡略化し，それから **mod 2** で**還元**することを命じる．この場合，これは正確な結果を齎さない．試してみよう！

§9.1 の練習問題（追加）

練習問題 9 元の個数が p^n である体 $\mathbb{F}$ は $\mathbb{F}_p$ と同型な部分体

$$\mathbb{K} = \{0, 1, 2 \cdot 1, \ldots, (p-1) \cdot 1\}$$

を持つこと（を命題(9.1.2)の証明で使ったが，それ）を示せ．

練習問題 10 定理(9.1.9)を使って，$\mathbb{F}_{p^n}$ が部分体 $\mathbb{F}_{p^m}$ を含むためには，m が n の約数であることが必要十分であることを示せ．[ヒント：(9.1.9)から部分体 $\mathbb{F}_{p^m}$ の乗法群は乗法巡回群 $\mathbb{F}_{p^n} \setminus \{0\}$ の部分群である．位数 $p^n - 1$ の巡回群の部分群の位数は何か．]

練習問題 11 すべての有限体 $\mathbb{F}$ が（同型を除いて）或る既約多項式 $g \in \mathbb{F}_p[x]$ の商環 $\mathbb{F} \cong \mathbb{F}_p[x]/\langle g \rangle$ として得られることを示す．環準同型の基本定理（たとえば，[CLO, Chapter 5, § 2, Exercise 16] 参照）を必要とする．有限体 $\mathbb{F}$ は p^n 個の元から成るとし，α を $\mathbb{F}$ の原始元とする（(9.1.9)参照）．このとき，

$$\varphi : \mathbb{F}_p[x] \to \mathbb{F}$$
$$x \mapsto \alpha$$

と定義される環準同型を考える．

a. φ が全射でなければならない理由を解説せよ．

b. φ の核は或るモニックな既約多項式 $g \in \mathbb{F}_p[x]$ について $\ker(\varphi) = \langle g \rangle$ となる．これを示せ．（その核のモニックな生成元を $\mathbb{F}_p$ 上の α の**最小多項式**と呼ぶ．）

c. 基本定理を使って

$$\mathbb{F} \cong \mathbb{F}_p[x]/\langle g \rangle$$

を示せ．

練習問題 12 定理(9.1.9)と前の練習問題を使って，定理(9.1.8)の1つの証明を展開する．体 $\mathbb{K}$ と $\mathbb{L}$ はともに p^n 個の元を持つとし，β を $\mathbb{L}$ の原始元，

$g \in \mathbb{F}_p[x]$ を $\mathbb{F}_p$ 上の β の最小多項式とする．すると，$\mathbb{L} \cong \mathbb{F}_p[x]/\langle g \rangle$ である（練習問題 11）．

a. g は $\mathbb{F}_p[x]$ の多項式 $x^{p^n} - x$ を割り切ることを示せ．((9.1.9)を使え．)

b. $x^{p^n} - x$ は $\mathbb{K}[x]$ の 1 次因子に完全に分解され
$$x^{p^n} - x = \prod_{\alpha \in \mathbb{K}} (x - \alpha)$$
となることを示せ．

c. $g = 0$ の根である $\alpha \in \mathbb{K}$ が存在することを示せ．

d. c から $\mathbb{K}$ も $\mathbb{F}_p[x]/\langle g \rangle$ に同型であることを導け．従って，$\mathbb{K} \cong \mathbb{L}$ である．

練習問題 13 素数 p と整数 $n \geq 1$ で $p^n \leq 64$ なるものについて，既約多項式 $g \in \mathbb{F}_p[x]$ で，条件「$\mathbb{F}_p[x]/\langle g \rangle \cong \mathbb{F}_{p^n}$ であり，$\alpha = [x]$ は $\mathbb{F}_{p^n}$ の原始元である」を満たすものを探せ．（注意：本文では $p^n = 8, 9, 16$ の場合を扱った．このような多項式の広範囲な表は符号理論のために構成された．たとえば，[PH] を参照せよ．）

練習問題 14（フロベニウス自己同型）有限体 $\mathbb{F}_q$ と整数 $m \geq 1$ について $\mathbb{F}_q \subset \mathbb{F}_{q^m}$ である（練習問題 10）．写像 $F: \mathbb{F}_{q^m} \to \mathbb{F}_{q^m}$ を $F(x) = x^q$ と定義する．

a. F は 1 対 1 且つ上への写像であって，すべての $x, y \in \mathbb{F}_{q^m}$ について $F(x+y) = F(x) + F(y), F(xy) = F(x)F(y)$ であることを示せ．(換言すると，F は体 $\mathbb{F}_{q^m}$ の**自己同型**(automorphism)である．)

b. $F(x) = x$ であるためには，$x \in \mathbb{F}_q \subset \mathbb{F}_{q^m}$ であることが必要十分であることを示せ．

ガロア理論を熟知している読者のために，フロベニウス自己同型 F は $\mathbb{F}_q$ 上の $\mathbb{F}_{q^m}$ のガロア群，すなわち，位数 m の巡回群を生成する，ということに触れておく．

§9.2 誤り訂正符号

本節では，代数的符号理論の基礎となる幾つかの標準的概念を紹介する．代数的符号理論のより完全な議論は [vLi], [Bla], [MS] に譲る．

情報の伝達は，送られたメッセージに誤りを持ち込む恐れがある"雑音のある"通信路で行われることが多い．たとえば，衛星通信，コンピューターシステム内の情報の移動，テープやコンパクトディスクや他の媒体に情報（数値データ，音楽，映像など）を蓄えて後に使うために回復する過程，等々．これらの状況では，発生した誤りが検出／訂正されるような方法で情報を**符号化**する(encode)ことが望まれる．符号化や**復号**(decode)（符号化されたものから元来の通信を再現）するための効果的な手法の開発とともに，符号計画の設計は符号理論における主な目的の1つである．

或る状況では，受信された通信を設定外の人には解読できないように情報を符号化することが望まれる．機密事項のための符号の構成は**暗号**(cryptography)理論の領域で，本著では**扱わない**．暗号理論は符号理論とは（深く関連するけれども）異なった分野である．きわめて興味深いことに，数論と代数幾何の着想が暗号理論でも主要な役割を担っている．単行本 [Kob] では現代の暗号理論における計算代数幾何の幾つか応用が議論されている．

本章では或る特別な符号を研究する．符号化される情報は固定したアルファベットの文字を使う固定した長さ k の列（または語）から成り，符号化された通信もすべて同じアルファベットを使う固定したブロック長 n の**符号語**(codeword)と呼ばれる列に分割される．誤りの検出と訂正のためには，符号化の過程で**冗長**を伝達することが必要なので，常に $n > k$ である．

電気回路の設計のために，2つの文字 $\{0, 1\}$ から成る二項アルファベットを考え，そのアルファベットと有限体 $\mathbb{F}_2$ を同一視する．§9.1 と同様にして，（次数 $r-1$ の多項式の係数と思った）ビット r の列は体 $\mathbb{F}_{2^r}$ の元を表す．有限体 $\mathbb{F}_{2^r}$ をアルファベットと見なす方が都合のよい場合もある．しかし，いかなる有限体 $\mathbb{F}_q$ をアルファベットと思っても我々が紹介する構成は有効である．

数学的に厳密に述べる，通信の列を符号化する過程とは，1対1の函数 $E : \mathbb{F}_q^k \to \mathbb{F}_q^n$ のことである．像 $C = E(\mathbb{F}_q^k) \subset \mathbb{F}_q^n$ は符号語の集合（簡潔

に, **符号**(code))である. 復号操作は $D \circ E$ が $\mathbb{F}_q^k$ 上の恒等写像となる函数 $D: \mathbb{F}_q^n \to \mathbb{F}_q^k$ のことである. (この定式化は単純化し過ぎであって, 現実には, 復号函数も或る状況では"誤った"値のようなものを戻す.)

原理的には, 符号語の集合は $\mathbb{F}_q^n$ の任意の部分集合でよい. しかし, 符号化や復号に大変都合のよい付加的な構造を持つ符号の類に制限して考察を進める. いわゆる**線型符号**(linear code)の集合である. 線型符号は符号語の集合 C が $\mathbb{F}_q^n$ の次元 k の部分空間となる符号である. 線型符号を扱う際には, 符号化函数 $E: \mathbb{F}_q^k \to \mathbb{F}_q^n$ として, 像が部分空間 C である線型写像を使ってもよい. 領域と標的の標準基底に関する E の行列を E に付随する**生成元行列**(generator matrix) G と呼ぶ.

線型符号に付随する生成元行列を $k \times n$ 行列で表し, $\mathbb{F}_q^k$ の列を**行ベクトル** w と思うことは符号理論における習慣である. 符号化操作は行ベクトルに左から生成元行列を掛けることであって, G の行は C の基底である. いつものように, 線型代数ではいつも, 部分空間 C を n 変数の $n-k$ 個の独立した線型方程式系の解集合として表す. このような方程式系の係数行列を C の**パリティチェック行列**(parity check matrix)と呼ぶ. 2進符号についての単純な誤り検出の仕組みは, すべての符号語が偶数(或いは奇数)個の0でない桁を持つことを要求する, という事実にこの名称は由来する. 1ビットの誤り(実際には, 任意の奇数個の誤り)が送信されるとき, 受信された語にパリティチェック行列 $H = \begin{pmatrix} 1 & 1 & \cdots & 1 \end{pmatrix}^T$ を掛けることでその事実を認識できる. 線型符号のパリティチェック行列はこの着想の拡張であって, パリティチェック行列の積を使って受信された語の確実性についての精密なテストが実施される.

練習問題1 生成元行列

$$G = \begin{pmatrix} 1 & 1 & 1 & 1 \\ 1 & 0 & 1 & 0 \end{pmatrix}$$

を持つ $n=4, k=2$ なる線型符号 C を考える.

a. 線型結合を作る際に使うのはたった2つのスカラー $0, 1 \in \mathbb{F}_2$ であるので, ちょうど4個の C の元

$$(0,0)G = (0,0,0,0), \qquad (1,0)G = (1,1,1,1),$$
$$(0,1)G = (1,0,1,0), \qquad (1,1)G = (0,1,0,1)$$

が存在することを示せ．

b. 行列

$$H = \begin{pmatrix} 1 & 1 \\ 1 & 0 \\ 1 & 1 \\ 1 & 0 \end{pmatrix}$$

が C のパリティチェック行列であることを，すべての $x \in C$ が $xH = 0$ を満たすことから示せ．

練習問題 2 体 $\mathbb{F}_4 = \mathbb{F}_2[\alpha]/\langle \alpha^2 + \alpha + 1 \rangle$ とし，

$$\begin{pmatrix} \alpha & 0 & \alpha+1 & 1 & 0 \\ 1 & 1 & \alpha & 0 & 1 \end{pmatrix}$$

なる生成元行列を持つ $\mathbb{F}_4^5$ の線型符号 C を考える．符号 C の相異なる符号語は幾つ存在するか．それらを求めよ．次に，C にのパリティチェック行列を求めよ．[ヒント：線型代数で周知のように，部分空間を定義する線型方程式系を求めるための行列の演算を使う一般的な手順がある．]

符号の誤り訂正能力を研究するには，$\mathbb{F}_q^n$ の元がどれほど接近しているかという尺度を必要とする．いわゆる**ハミング距離**(Hamming distance)である．いま，$x, y \in \mathbb{F}_q^n$ のハミング距離を

$$d(x,y) = |\{i, 1 \leq i \leq n : x_i \neq y_i\}|$$

と定義する．たとえば，$x = (0,0,1,1,0), y = (1,0,1,0,0) \in \mathbb{F}_2^5$ のとき，x と y の 1 番目と 4 番目のビットだけが異なるので $d(x,y) = 2$ である．

練習問題 3 ハミング距離は $\mathbb{F}_q^n$ 上の**計量**(metric)，或いは**距離関数**(distance function)の性質を持つことを示せ．(すなわち，すべての x, y について $d(x,y) \geq 0$, $d(x,y) = 0$ が成り立つための必要十分条件は $x = y$, す

べての x, y について対称性 $d(x, y) = d(y, x)$ が成り立ち，すべての x, y, z について三角不等式 $d(x, y) \leq d(x, z) + d(z, y)$ が成り立つことを示せ．)

元 $x \in \mathbb{F}_q^n$ があったとき，x を中心とする(ハミング距離で)半径 r の閉球を $B_r(x)$ で表す．

$$B_r(x) = \{y \in \mathbb{F}_q^n : d(y, x) \leq r\}$$

(換言すると，$B_r(x)$ は x とは高々 r 個の成分が異なる $y \in \mathbb{F}_q^n$ の集合である．)

ハミング距離は符号の誤り訂正能力を測る簡単であるが非常に有益な方法である．たとえば，符号 $C \subset \mathbb{F}_q^n$ の異なる符号語のすべての対 x と y が或る $d \geq 1$ について $d(x, y) \geq d$ を満たすと仮定する．符号語の $d-1$ 個の成分を変えたものは，この仮定を維持する限り，別の符号語にはならない．すると，受信された語の $d-1$ 個以下の任意の誤りを**検出**する(detect)ことができる．

更に，或る $t \geq 1$ について $d \geq 2t + 1$ であるとき，三角不等式から任意の $z \in \mathbb{F}_q^n$ について $d(x, z) + d(z, y) \geq d(x, y) \geq 2t + 1$ である．すると，$d(x, z) > t$ または $d(y, z) > t$ であるから，$B_t(x) \cap B_t(y) = \emptyset$ である．従って，$B_t(x)$ に属する符号語は唯一つ(すなわち，x 自身)である．換言すると，送信するときに発生した任意の t 個以下の誤りは**最隣復号函数**(nearest neighbor decoding function)

$$D(x) = E^{-1}(c), \quad \text{但し}, \quad c \in C \text{ は } d(x, c) \text{ を最小化する}$$

で(C に唯一つのもっとも近い元がないときは"誤り"の値で)その誤りを**訂正する**(correct)ことができる．

この議論から明白なように，**最小距離**(minimum distance)

$$d = \min\{d(x, y) : x \neq y \in C\}$$

は符号の重要なパラメーターである．上で述べた結果を要約すると，

(9.2.1) 命題 最小距離 d の符号 C では，受信された語の任意の $d-1$ 個の誤りを検出できる．更に，$d \geq 2t + 1$ ならば，任意の t 個の誤りを最隣復号で訂正することができる．

符号の最小距離は非常に多くの情報を含んでいる．好都合なことに，線型符号については符号語を調べてこのパラメーターを決定することだけが必要である．

練習問題 4 任意の線型符号 C の最小距離 d は非零符号語の非零成分の最小個数 $\min_{x \in C \setminus \{0\}} |\{i : x_i \neq 0\}|$ であることを示せ．[ヒント：符号語の集合はベクトルの和で閉じているので，x, y が何であれ $x - y \in C$ である．]

ハミング符号 (Hamming code) は興味深い誤り訂正能力を持つ有名な族である．(ハミング符号は練習問題 11 で定義する．) ハミング符号の例として，$n = 7, k = 4$ なる $\mathbb{F}_2$ 上の符号でその生成元行列が

$$(9.2.2) \qquad G = \begin{pmatrix} 1 & 0 & 0 & 0 & 0 & 1 & 1 \\ 0 & 1 & 0 & 0 & 1 & 0 & 1 \\ 0 & 0 & 1 & 0 & 1 & 1 & 0 \\ 0 & 0 & 0 & 1 & 1 & 1 & 1 \end{pmatrix}$$

となるものを考える．たとえば，$w = (1, 1, 0, 1) \in \mathbb{F}_2^4$ は左から G を掛けるこで符号化され，$E(w) = wG = (1, 1, 0, 1, 0, 0, 1)$ を齎す．行列 G の最初の 4 個の列の形から，$E(w)$ の最初の 4 個の成分は常に w 自身の 4 個の成分である．

7×3 行列

$$(9.2.3) \qquad H = \begin{pmatrix} 0 & 1 & 1 \\ 1 & 0 & 1 \\ 1 & 1 & 0 \\ 1 & 1 & 1 \\ 1 & 0 & 0 \\ 0 & 1 & 0 \\ 0 & 0 & 1 \end{pmatrix}$$

の階数は 3 で $GH = 0$ を満たす．従って，H はこのハミング符号のパリティチェック行列である (なぜ?)．このハミング符号の 15 個の各非零符号語は少なくとも 3 個の非零成分を含むことを直接示すことは簡単である．すると，

$x \neq y$ のとき $d(x,y)$ は少なくとも 3 である．従って，（たとえば）G の 1 行目にちょうど 3 個の非零成分が存在するので，このハミング符号の最小距離は $d = 3$ である．命題 (9.2.1) から，最隣復号を使って，受信された語の任意の誤りの対を訂正することができる．このハミング符号の別の興味深い性質として

練習問題 5 上で述べたハミング符号の各語を中心とする半径 1 の球は互いに素で，$\mathbb{F}_2^7$ を完全に覆っていることを示せ．（最小距離 $d = 2t + 1$ の符号 C が**完全符号**（perfect code）であるとは，符号語を中心とする半径 t の球の和集合が $\mathbb{F}_q^n$ に等しいときに言う．）

上で述べた生成元行列 (9.2.2) の性質に着目し，一般に，「入力した語の符号がその符号語の或る成分に変化せず現れる」という性質を持つ符号化函数は**系統的符号器**（systematic encoder）として知られている．これらの符号語の（変化せず現れる）成分を**情報位置**（information position）と呼ぶことが習慣である．情報位置以外の残りの成分を**パリティチェック**（parity check）と呼ぶ．情報位置は符号化される語から直接コピーできるので，実践的な観点から系統的符号器が望ましい（パリティチェックだけを計算すればよいから）．復号操作にも対応する倹約が存在する．情報が系統的に符号化され，送信で誤りが生じないとき，その通信の語は単にパリティチェックを取り除くことで受信された語から直接得られる．（我々が考えている符号化の目的は情報伝達の**確実性**であって守秘ではないことにこの時点で再度触れることは無駄ではない．）

練習問題 6 線型符号 C の生成元行列は系統的な形 $G = (I_k \mid P)$（I_k は $k \times k$ 単位行列，P は或る $k \times (n-k)$ 行列）であると仮定する．このとき，

$$H = \begin{pmatrix} -P \\ I_{n-k} \end{pmatrix}$$

は C のパリティチェック行列であることを示せ．

ブロック長 n，次元 k，最小距離 d の線型符号を $[n, k, d]$ 符号と呼ぶ．たとえば，生成元行列 (9.2.2) で与えられるハミング符号は $[7, 4, 3]$ 符号である．

有限体 $\mathbb{F}_q$ 上の符号によってどの3つのパラメーターの組 $[n,k,d]$ が実現されるかを決定することに加え，(実現できるときには) この符号を実際に構成することが符号理論における2つの重要な問題である．考えている応用に有効な符号を選ぶ際に技術者がどのような決定をするか，ということがこれらの問題の直接の動機付けとなる．さて，$[n,k,d]$ 符号は q^k 個の異なる符号語を持っているので，パラメーター k の選び方は送信されるメッセージに現れる語の集合のサイズで決定される．送信が行われる通信路の特徴 (特に，シンボルの送信で誤りが発生する確率) に基づいて，正しく復号されない語を受信する確率が満足できる程度に小さくなることを保証するように d の値を選ぶ．残りの問題は望むパラメーター k と d を持つ符号が実際に存在することを保証するためには，n をどの程度大きく選べばよいかということである．いま，k を固定すると，十分大きな n を選ぶことで望む大きな d を持つ符号を構成できる．(たとえば，我々の符号語は $\mathbb{F}_q^k$ の対応する語の多くの鎖状に連なったコピーから成る．) しかし，通常，結果として得られる符号は余分が過多で実際には役に立たない．"良い" 符号は**情報率**(information rate) $R = k/n$ はあまり小さくないが d は比較的大きいものである．この意味での "良い" 符号の存在を保証する有名なシャノンの定理がある (たとえば，[vLi] 参照)．しかし，"良い" 符号を実際に構成することは符号理論における主要な問題の1つである．

練習問題 7 符号のパラメーターについての様々な範囲を与える幾つかの理論的な結果を紹介する．良い符号を作り出す1つの方法は，ブロック長 n と最小距離 d を固定し，すべての異なる対 $x \neq y$ について $d(x,y) \geq d$ を保つように次々に符号語を選ぶことで k を最大にすることである．

a. 各 $c \in \mathbb{F}_q^n$ について $b = |B_{d-1}(c)|$ は $b = \sum_{i=0}^{d-1} \binom{n}{i}(q-1)^i$ であることを示せ．

b. 正の整数 d を固定する．部分集合 $C \subset \mathbb{F}_q^n$ で，C に属する任意の対 $x \neq y$ について $d(x,y) \geq d$ となる (線型符号とは限らない) ものを考える．任意の $z \in \mathbb{F}_q^n \setminus C$ について $d(z,c) \leq d-1$ なる $c \in C$ が存在すると仮定する．このとき，$b \cdot |C| \geq q^n$ (b は a と同様) を示せ．この結果より，**ギル**

ベルト・ヴァルシャモフ限界の1つの形を得る．[ヒント：$b \cdot |C| < q^n$ のとき，z を適当に選んで $C \cup \{z\}$ の異なる元のすべての対は少なくとも d だけ離れているようにできる，ということは同値である．]

c. k が $b < q^{n-k+1}$ を満たすとき，$[n, k, d]$ 線型符号が存在することを示せ．[ヒント：帰納法を使って，$[n, k-1, d]$ 線型符号 C が存在すると仮定してよい．b を使って，C と z で張られる線型符号 C' を考える．すると，C' では，z から C の任意の語への距離は d 以上である．線型符号 C' の最小距離は依然として d であることを示せ．

d. 他方，任意の線型符号について $d \leq n - k + 1$ を示せ．この結果は**単一限界**(singleton bound)として知られている．[ヒント：$d-1$ 個の成分の一部分が符号語のおのおのから取り除かれるとき，どのような現象が起こるか．]

符号のパラメーター n, k, d に関する上限，下限を含む多くの理論的な結果については，本節の冒頭で挙げた符号理論の教科書に譲る．

符号化および復号操作に進む．最初の結果は，符号化は任意の符号よりも線型符号について実行する方がずっと簡単である，ということである．サイズ q^k のまったく任意の C について，符号化函数を計算するためには，表を眺めて適当な法則を捜しそれを利用する以外にはほとんど得策はない．他方，線型符号については符号化に必要なあらゆる情報は生成元行列（q^k 個の符号語の集合よりむしろ C の k 個の基底ベクトル）に含まれ，符号化に必要なあらゆる演算は線型代数で実行できる．

線型符号を復号することも同様に簡単である．シンドローム復号(syndrome decoding)として知られている一般的な方法は次の結果に基づいている．いま，$c = wG$ が符号語であって，その送信において，或る誤り $e \in \mathbb{F}_q^n$ が伝わるとき，受信された語は $x = c + e$ である．このとき，$cH = 0$ から $xH = (c+e)H = cH + eH = 0 + eH = eH$ である．従って，xH はその誤りのみに依存する．元 $eH \in \mathbb{F}_q^{n-k}$ の取り得る値はシンドローム(syndrome)として知られている．シンドロームは $\mathbb{F}_q^n$ における C の剰余類（または，商空間 $\mathbb{F}_q^n / C \cong \mathbb{F}_q^{n-k}$ の元）に1対1に対応しているので，シンドロームはちょ

うど q^{n-k} 個存在する(練習問題 12).

シンドローム復号は次のように機能する．復号の前に予備的な計算が実行される．シンドローム $s = xH$ の取り得る値を予め記録した表を作成する．剰余類に属する元で非零成分の個数が最小のものをその剰余類の**剰余類先導元**(coset leader)と呼ぶ.

練習問題 8 たとえば $d = 2t + 1$ とする．すると，任意の t 個以下の誤りを訂正できる．いま，C の剰余類の元で t 個以下の非零成分を持つものが存在するとき，このような元は唯一つ存在し，すると，その剰余類の剰余類先導元は唯一つであることを示せ．

さて，$x \in \mathbb{F}_q^n$ が受信されるとき，まずシンドローム $s = xH$ を計算し，我々の表の s に対応する剰余類先導元 ℓ を調べる．唯一つの先導元が存在するとき，x を $x' = x - \ell$ に取り換える．これは C の元である(なぜ?)．($s = 0$ のとき $\ell = 0$ で，$x' = x$ はそれ自身が符号語である．) そうなければ "誤った" 値を記録する．練習問題 8 から，x に t 個以下の誤りが生じたとき，受信された語 x にもっとも近い唯一つの符号語 x' を発見し，$E^{-1}(x')$ を返す．この方法の御陰で，任意の q^k 個の符号語についての $d(x,c)$ を計算することなしに最隣復号を成し遂げたことに注意する．しかし，潜在的に大きな情報の蓄積(q^{n-k} 個の剰余類の剰余類先導元の表)をこの手順を遂行するために維持されなければならない．実際に関心が持たれる状況では，$n-k$ と q が大きく，従って，q^{n-k} が非常に大きいことがある．

練習問題 9 (9.2.2)の [7,4,3] ハミング符号の剰余類先導元の表を計算せよ．シンドローム復号を使って，受信された語 $(1,1,0,1,1,1,0)$ を復号せよ．

今度は体 $\mathbb{F}_4 = \mathbb{F}_2[\alpha]/\langle \alpha^2 + \alpha + 1 \rangle$ 上の線型符号の例を考察する．生成元行列

(9.2.4) $$G = \begin{pmatrix} 1 & 1 & 1 & 1 & 1 & 1 & 1 & 1 \\ 0 & 0 & 1 & 1 & \alpha & \alpha & \alpha^2 & \alpha^2 \\ 0 & 1 & \alpha & \alpha^2 & \alpha & \alpha^2 & \alpha & \alpha^2 \end{pmatrix}$$

で定義される $n = 8, k = 3$ なる $\mathbb{F}_4$ 上の符号 C を考える．行列 G はハミン

グ符号の生成元行列についての上で述べた系統的な形をしていないことに注意する．これは符号化への障害にはならないが，行の還元（ガウス・ジョルダン消去）で C の系統的な生成元行列を得ることができる．これは C の基底変換に対応しており，符号化写像 $E: \mathbb{F}_4^3 \to \mathbb{F}_4^8$ の像は変わらない．この計算を手計算で実行することは有限体の手頃な練習問題であるが，Maple でも実行できる．簡単のために，Maple では α を a と表している．有限体 $\mathbb{F}_4$ 上で研究するために，a を多項式 x^2+x+1 の根と定義する．

```
alias(a=RootOf(x^2+x+1)):
```

生成元行列 G は

```
m:=array(1..3,1..8,[[1,1,1,1,1,1,1,1],
    [0,0,1,1,a,a,a^2,a^2],[0,1,a,a^2,a,a^2,a,a^2]]):
```

として入力される．このとき，コマンド

```
mr := Gaussjord(m) mod 2;
```

は $\mathbb{F}_4$ の元として扱われる係数に対するガウス・ジョルダン消去を実行する．（§9.1 で触れたように，未評価函数の呼び出しについて Maple の大文字化する慣習に注意する．）その結果は

$$\begin{pmatrix} 1 & 0 & 0 & 1 & a & a+1 & 1 & 0 \\ 0 & 1 & 0 & 1 & 1 & 0 & a+1 & a \\ 0 & 0 & 1 & 1 & a & a & a+1 & a+1 \end{pmatrix}$$

になる．ここでは，a^2 はその還元された形である $a+1$ に取り換えられる．

還元された行列では，2 行目は 5 個の非零成分を持つ．従って，この符号の最小距離 d は 5 以下である．（特に，非零符号語の個数 q^k-1 が大きいとき）符号の最小距離を正確に決定することがかなり困難である．§9.5 では，この例に立ち戻って正確な最小距離を決定する．

本節を締め括るために，線型符号の最小距離とその符号のパリティチェック行列の形の間の関係を披露する．

(9.2.5) 命題 パリティチェック行列 H を持つ線型符号 C を考える．行列 H

の任意の $\delta - 1$ 個の異なる行から成る集合が $\mathbb{F}_q^{n-k}$ の線型従属な集合ではないとき，C の最小距離 d は $d \geq \delta$ を満たす．

証明 練習問題4の結果を使う．いま，$x \in C$ を非零符号語とする．このとき，$\mathbb{F}_q^{n-k}$ における方程式 $xH = 0$ から，x の成分は，総和が零ベクトルになる H の行の線型結合の係数である．すると，$\delta - 1$ 個の異なる行のどの集合も線型従属でないとき，x は少なくとも δ 個の非零成分を持たなければならない．従って，$d \geq \delta$ である． □

§9.2 の練習問題（追加）

練習問題 10 集合 $\mathbb{F}_q^n$ 上の形式的内積を

$$\langle x, y \rangle = \sum_{i=1}^{n} x_i y_i$$

と定義する（$\mathbb{F}_q^n \times \mathbb{F}_q^n$ から $\mathbb{F}_q$ への双線型写像であるが，この状況では正定値の概念はない）．線型符号 C があったとき，

$$C^\perp = \{x \in \mathbb{F}_q^n : \text{すべての } y \in C \text{ に対して } \langle x, y \rangle = 0\}$$

を C に直交する $\mathbb{F}_q^n$ の部分空間とする．いま，C が k 次元であるとき，$C^\perp$ は C の**双対符号**（dual code）として知られているブロック長 n，次元 $n - k$ の線型符号である．

a. 行列 $G = (I_k \mid P)$ を C の系統的な生成元行列とするとき，$C^\perp$ の生成元行列を決めよ．その行列は C のパリティチェック行列とどのような関係があるか．（用語上の注意：多くの符号理論の教科書では線型符号のパリティチェック行列を我々がパリティチェック行列と呼んでいるものの転置と定義している．このとき，パリティチェック行列の行が双対符号の基底を構成する．）

b. (9.2.2) のハミング符号と (9.2.4) の符号の双対符号の生成元行列をそれぞれ求め，パラメーター $[n, k, d]$ を決定せよ．

練習問題 11（ハミング符号）素数冪 q と整数 $m \geq 1$ を考える．ベクトル空

間 $\mathbb{F}_q^m$ のベクトルの集合 S が**対毎線型独立**であるとは，S のどの 2 つの元も互いのスカラー倍でないときに言う．包含関係で極大な対毎線型独立な部分集合を，簡単に，**極大対毎線型独立部分集合**と言う．行が $\mathbb{F}_q^m$ の極大対毎線型独立部分集合となるパリティチェック行列 $H \in M_{n \times m}(\mathbb{F}_q)$ を選び，$C \subset \mathbb{F}_q^n$ を線型方程式系 $xH = 0$ の解集合とし，線型符号 C を構成する．たとえば，$q = 2$ のとき，H の行を(どんな順番でも) $\mathbb{F}_2^m$ のすべての非零ベクトルとすることができる．他方，$q = 2, k = 3$ の場合については(9.2.3)を参照せよ．これらのパリティチェック行列で定義される符号を**ハミング符号**と呼ぶ．

a. S が $\mathbb{F}_q^m$ の極大対毎線型独立部分集合であるとき，S はちょうど $(q^m - 1)/(q - 1)$ 個の元を持つことを示せ．（注意：$(q^m - 1)/(q - 1)$ は $\mathbb{F}_q$ 上の射影空間 $\mathbb{P}^{m-1}$ の点の個数である．）

b. $n \times m$ 行列 H で定義されるハミング符号の次元 k は幾つか．

c. $q = 3, k = 2$ なるハミング符号のパリティチェック行列を書き表せ．

d. ハミング符号の最小距離は常に 3 であることを示し，この符号の誤り検出および誤り訂正能力について議論せよ．

e. すべてのハミング符号は**完全な符号**(練習問題 5)であることを示せ．

練習問題 12 符号 C をパリティチェック行列 H を持つ $[n, k, d]$ 線型符号とする．このとき，$yH \in \mathbb{F}_q^{n-k}$ の取り得る値(シンドローム)は $\mathbb{F}_q^n$ における C の剰余類(すなわち，商空間 $\mathbb{F}_q^n/C \cong \mathbb{F}_q^{n-k}$ の元)と 1 対 1 に対応していることを示し，q^{n-k} 個の異なるシンドローム値が存在することを導け．

§9.3 巡回符号

本節では，豊かな構造を持つ線型符号の幾つかの類を考える．我々が展開した記号代数のアルゴリズム的な種々の技巧が符号化をするためにどのように活用できるかを議論する．最初に登場するのは，巡回符号である．巡回符号はいろんな方法で定義されるけれども，もっとも初等的な定義を挙げる．すなわち，**巡回符号**(cyclic code)とは，符号語の集合が $\mathbb{F}_q^n$ のベクトルの成分

の巡回置換で閉じている，という性質を持つ線型符号のことである．簡単な例を使って定義を納得しよう．

ベクトル空間 $\mathbb{F}_2^4$ において生成元行列

(9.3.1) $$G = \begin{pmatrix} 1 & 1 & 1 & 1 \\ 1 & 0 & 1 & 0 \end{pmatrix}$$

を持つ $[4, 2, 2]$ 符号 C を考える（§9.2 の練習問題 1）．線型符号 C は 4 個の異なる符号語を含む．符号語 $(0, 0, 0, 0)$ と $(1, 1, 1, 1)$ はすべての巡回置換で不変である．符号語 $(1, 0, 1, 0)$ は不変でなく，場所を 1 つ左に（または右に）移すと $(0, 1, 0, 1)$ を得る．しかし，これは別の符号語 $(0, 1, 0, 1) = (1, 1)G \in C$ である．同様に，$(0, 1, 0, 1)$ を場所を 1 つ左または右に移すと，再び符号語 $(1, 0, 1, 0)$ を得る．従って，集合 C はすべての巡回シフトで閉じている．

成分の巡回置換で不変であるという性質は興味深い代数的解釈を持つ．いま，$\mathbb{F}_q^n$ と $\mathbb{F}_q$ の元を係数とする次数が高々 $n-1$ の多項式から成るベクトル空間の間の標準的な同型

$$(a_0, a_1, \ldots, a_{n-1}) \leftrightarrow a_0 + a_1 x + \cdots + a_{n-1} x^{n-1}$$

を使うと，巡回符号 C と対応する次数 $n-1$ の多項式の集合を同一視してもよい．このとき，$(a_0, a_1, \ldots, a_{n-1})$ を $(a_{n-1}, a_0, a_1, \ldots, a_{n-2})$ に移す右巡回シフトは多項式 $a_0 + a_1 x + \cdots + a_{n-1} x^{n-1}$ に x を掛け，$x^n - 1$ による割算の余りを取る結果と同じである．

練習問題 1 多項式 $p(x) = a_0 + a_1 x + \cdots + a_{n-1} x^{n-1}$ に x を掛け，$x^n - 1$ による割算の余りを取ることは，係数が $p(x)$ と同じであるが巡回的に 1 つ場所を右に移されている多項式を齎すことを示せ．

練習問題 1 の考察は，巡回符号を扱うときには，次数が高々 $n-1$ の多項式を商環 $R = \mathbb{F}_q[x]/\langle x^n - 1 \rangle$ の元と考えるべきである，ということを示唆している．多項式 $f(x)$ に x を掛けて割算をすると，R における積 $xf(x)$ の標準的な表示を得る，ということがその理由である．以下，巡回符号を R における x の剰余類による積で閉じている環 R の部分空間と考える．根本的結果として，

練習問題 2 部分空間 $C \subset R$ が剰余類 $[x]$ による乗法で閉じているとき, C は任意の剰余類 $[h(x)] \in R$ による乗法で閉じていることを示せ.

練習問題 2 から, 巡回符号は環のイデアルの性質を持つことが従う. すなわち,

(9.3.2) 命題 商環 $R = \mathbb{F}_q[x]/\langle x^n - 1 \rangle$ の部分空間 C が巡回符号であるための必要十分条件は, C が環 R のイデアルになることである.

環 R はその "親" である環 $\mathbb{F}_q[x]$ と良い性質を共有している.

(9.3.3) 命題 非零イデアル $I \subset R$ は単項イデアルで, 次数が $n - 1$ 以下の唯一つの多項式 g の剰余類で生成される. 更に, g は $\mathbb{F}_q[x]$ における $x^n - 1$ の約数である.

証明 商環のイデアルの標準的な特徴付け (たとえば, [CLO, Chapter 5, §2, Proposition 10] 参照) から, R のイデアルは $\langle x^n - 1 \rangle$ を含む $\mathbb{F}_q[x]$ のイデアルと 1 対 1 に対応する. いま, J を I に対応する R のイデアルとする. 1 変数多項式環 $\mathbb{F}_q[x]$ のすべてのイデアルは単項イデアルであるから, J は或る $g(x)$ で生成される. 多項式 $x^n - 1$ は J に属するから, $g(x)$ は $\mathbb{F}_q[x]$ における $x^n - 1$ の約数である. すると, イデアル $I = J/\langle x^n - 1 \rangle$ は R における $g(x)$ の剰余類で生成される. □

十分自然なことだが, 命題 (9.3.3) の多項式 g を巡回符号の**生成元多項式** (generator polynomial) と呼ぶ.

練習問題 3 4 個の元の組 $(a, b, c, d) \in \mathbb{F}_2^4$ と $[a + bx + cx^2 + dx^3] \in R = \mathbb{F}_2[x]/\langle x^4 - 1 \rangle$ を同一視し, 生成元行列 (9.3.1) に対応する $\mathbb{F}_2^4$ の巡回符号を R において $g = 1 + x^2$ の剰余類が生成するイデアルと思うことができる. これを示せ. 次に, R における生成元 $1 + x$ に対する巡回符号の符号語を求めよ.

リード・ソロモン符号 (Reed–Solomon code) は応用上広範囲に渡って使われた特に興味深い巡回符号の類である. たとえば, 1980 年代初めに Philips

が開発したコンパクトディスクのオーディオシステムの録音を再生する際の誤り制御装置に，リード・ソロモン符号の2つを巧妙に組合せたものが使用された．リード・ソロモン符号は優れた**破裂誤り訂正能力**を持ち(練習問題15参照)，効果的な復号アルゴリズムがその符号について利用できる(次節で詳しく議論する)ので，きわめて魅力的である．リード・ソロモン符号を生成元行列で表し，巡回シフトで不変であることを示す．

有限体 $\mathbb{F}_q$ を固定し，次のように構成されるブロック長 $n = q-1$ の符号を考える．いま，α を $\mathbb{F}_q$ の原始元(定理(9.1.9)参照)とし，$k < q$ とする．更に，$L_{k-1} = \{\sum_{i=0}^{k-1} a_i t^i : a_i \in \mathbb{F}_q\}$ を次数が高々 $k-1 < q-1$ の $\mathbb{F}_q[t]$ の多項式から成るベクトル空間とする．ベクトル空間 L_{k-1} に属する多項式を $\mathbb{F}_q$ の $q-1$ 個の非零元で**評価**することで $\mathbb{F}_q^{q-1}$ の語を作る．すなわち，

(9.3.4) $$C = \{(f(1), f(\alpha), \ldots, f(\alpha^{q-2})) \in \mathbb{F}_q^{q-1} : f \in L_{k-1}\}$$

はリード・ソロモン符号であって，これを $RS(k,q)$ で表す．符号 C はベクトル空間 L_{k-1} の線型評価写像

$$f \mapsto (f(1), f(\alpha), \ldots, f(\alpha^{q-2}))$$

の像であるので，C は $\mathbb{F}_q^{q-1}$ の部分空間である．

ベクトル空間 L_{k-1} の任意の基底を選び，対応する符号語を構成するために評価をすることで，リード・ソロモン符号の生成元行列が得られる．単項式基底 $\{1, t, t^2, \ldots, t^{k-1}\}$ がもっとも簡単である．たとえば，$k = 3$ とし $\mathbb{F}_9$ 上のリード・ソロモン符号を考える．ベクトル空間 L_3 の基底 $\{1, t, t^2\}$ を使うと，

(9.3.5) $$G = \begin{pmatrix} 1 & 1 & 1 & 1 & 1 & 1 & 1 & 1 \\ 1 & \alpha & \alpha^2 & \alpha^3 & \alpha^4 & \alpha^5 & \alpha^6 & \alpha^7 \\ 1 & \alpha^2 & \alpha^4 & \alpha^6 & 1 & \alpha^2 & \alpha^4 & \alpha^6 \end{pmatrix}$$

なる生成元行列を得る．行列 G の1行目，2行目，3行目は，それぞれ，$\mathbb{F}_9$ の非零元における $f(t) = 1$, $f(t) = t$, $f(t) = t^2$ の値を与える($\mathbb{F}_9$ において $\alpha^8 = 1$ である)．すべての $k < q$ について，L_{k-1} の単項式基底に関する生成元行列の最初の k 列は非零行列式を持つヴァンデルモンド型の部分行列である．すると，評価写像は1対1であって，対応するリード・ソロモン符号

はブロック長 $n = q-1$, 次元 $k = \dim L_{k-1}$ の線型符号である.

ベクトル空間 L_{k-1} の単項式基底を使って構成される生成元行列もリード・ソロモン符号の巡回性に焦点を置いている. (9.3.5)の行列 G の行の巡回シフトは同じ行のスカラー倍を齎す. たとえば, 3行目を1つ右に巡回的に移すと,

$$(\alpha^6, 1, \alpha^2, \alpha^4, \alpha^6, 1, \alpha^2, \alpha^4) = \alpha^6 \cdot (1, \alpha^2, \alpha^4, \alpha^6, 1, \alpha^2, \alpha^4, \alpha^6)$$

を得る.

練習問題 4 (9.3.5)の行列 G の他の行も, 巡回シフトはその行を同じ行のスカラー倍にするという性質を持つことを示し, このリード・ソロモン符号は巡回符号であることを示せ. 次に, 議論をすべてのリード・ソロモン符号に一般化せよ. [ヒント:巡回符号の定義(すべての巡回シフトで閉じている)を使う. 巡回シフトが $\mathbb{F}_q^n$ 上の線型写像であることを示すことから始めてもよい.]

リード・ソロモン符号が巡回符号であることの別証は後で与え, 更に, 生成元多項式の求め方も示す. しかし, ちょっと道草をし, リード・ソロモン符号の他の興味深い性質に着目する. ベクトル空間 L_{k-1} の多項式は $\mathbb{F}_q$ 内に k 個以上の零点を持つことはないから, C のすべての符号語は少なくとも $(q-1)-(k-1) = q-k$ 個の非零成分を持つ(幾つかの符号語はちょうど $q-k$ 個の非零成分を持つ). §9.2の練習問題4から, リード・ソロモン符号の最小距離は $d = q-k = n-k+1$ である. §9.2の練習問題7のdの単一限界と比較すると, リード・ソロモン符号はブロック長 $q-1$, 次元 k について取り得る最大の値 d を取ることが判る. 文献では, この性質を持つ符号は **MDS 符号**(最大距離分離可能符号, maximum distance separable code)と呼ばれている. すると, リード・ソロモン符号はこの意味で良い符号である. しかし, 固定されたアルファベットのサイズと比較したときの小さなブロック長は, 時として不利益である. 特別な場合としてリード・ソロモン符号を含むが, ブロック長の制限を持たない **BCH 符号**(BCH code)として知られているより大きな巡回符号の類が存在する. 更に, すべての BCH 符号について d に関する適度に簡単な下限が知られている. BCH 符号については練習問題 13 に加え, [MS] または [vLi] を参照せよ.

次に，リード・ソロモン符号が巡回符号であることを示す別の方法(で，多くの仕組みを必要とするが，一般にブロック長 $q-1$ の巡回符号の構造の付加的な情報を齎すもの)を紹介する．ブロック長 $q-1$ の巡回符号の生成元多項式は $x^{q-1}-1$ の約数である(命題(9.3.3))．ラグランジュの定理から，$\mathbb{F}_q$ の $q-1$ 個の非零元はそれぞれ $x^{q-1}-1=0$ の根である．従って，$\mathbb{F}_q[x]$ において

$$x^{q-1}-1 = \prod_{\beta \in \mathbb{F}_q^*}(x-\beta)$$

となる．但し，$\mathbb{F}_q^*$ は $\mathbb{F}_q$ の非零元から成る集合である．すると，$x^{q-1}-1$ の約数は $\prod_{\beta \in S}(x-\beta)$ (但し，S は $\mathbb{F}_q^*$ の部分集合)なる形の多項式である．この事実は巡回符号の別の特徴付けの基礎となる．

練習問題 5 商環 $R = \mathbb{F}_q[x]/\langle x^{q-1}-1\rangle$ における次元 k の線型符号が巡回符号であるためには，符号語(を次数が高々 $q-2$ の多項式と思うとき，それら)が $\mathbb{F}_q^*$ における $q-k-1$ 個の共通零点から成る集合 S を持つことが必要十分である．これを示せ．[ヒント：S の元が符号語の共通零点ならば，すべての符号語は $g(x) = \prod_{\beta \in S}(x-\beta)$ で割り切れる．]

練習問題 5 の御陰でリード・ソロモン符号の生成元多項式が決定できる．いま，$f(t) = \sum_{j=0}^{k-1} a_j t^j$ を L_{k-1} の元とする．各 $i=0,\ldots,q-2$ について，値 $c_i = f(\alpha^i)$ を考える．命題(9.3.2)に至る議論と同様にして，c_i を多項式の係数として使って，対応する符号語を $c(x) = \sum_{i=0}^{q-2} c_i x^i$ と表す．このとき，$c_i = f(\alpha^i)$ を代入し，総和の順序を交換すると，

(9.3.6)
$$\begin{aligned}c(\alpha^\ell) &= \sum_{i=0}^{q-2} c_i \alpha^{i\ell} \\ &= \sum_{j=0}^{k-1} a_j \left(\sum_{i=0}^{q-2} \alpha^{i(\ell+j)}\right)\end{aligned}$$

を得る．$1 \le \ell \le q-k-1$ と仮定する．いま，すべての $0 \le j \le k-1$ について $1 \le \ell+j \le q-2$ である．§9.1 の練習問題 8 から，右辺の内部の和はそれぞれ 0 になるので $c(\alpha^\ell)=0$ である．すると，符号語は共通零点の集合

$S = \{\alpha, \alpha^2, \ldots, \alpha^{q-k-1}\}$ を持つので,練習問題 5 を使うと,リード・ソロモン符号は巡回符号である,ということが従う.更に,

(9.3.7) 命題 次元 k,最小距離 $d = q - k$ の $\mathbb{F}_q$ 上のリード・ソロモン符号 C の生成元多項式は

$$g = (x - \alpha) \cdots (x - \alpha^{q-k-1}) = (x - \alpha) \cdots (x - \alpha^{d-1})$$

なる形をしている.

たとえば,上述の (9.3.5) の行列 G の 3 個の行に対応するリード・ソロモン符号語は $c_1 = 1 + x + x^2 + \cdots + x^7$, $c_2 = 1 + \alpha x + \alpha^2 x^2 + \cdots + \alpha^7 x^7$, $c_3 = 1 + \alpha^2 x + \alpha^4 x^2 + \alpha^6 x^4 + \cdots + \alpha^6 x^7$ である.§9.1 の練習問題 8 を使うと,$\mathbb{F}_9$ における $c_1(x) = c_2(x) = c_3(x) = 0$ の共通根は $x = \alpha, \alpha^2, \ldots, \alpha^5$ であるから,この符号の生成元多項式は

$$g = (x - \alpha)(x - \alpha^2)(x - \alpha^3)(x - \alpha^4)(x - \alpha^5)$$

である.別の観点からのリード・ソロモン符号と関連する符号の考察については練習問題 11 を参照せよ.

命題 (9.3.2) の結果を踏まえ,以下のような巡回符号の一般化を考えることは自然である.環 R は,或る $n_1, \ldots, n_m$ について,

$$R = \mathbb{F}_q[x_1, \ldots, x_m] / \langle x_1^{n_1} - 1, \ldots, x_m^{n_m} - 1 \rangle$$

なる $\mathbb{F}_q[x_1, \ldots, x_m]$ の商環とする.商環 R の任意のイデアル I は任意の $h(x_1, \ldots, x_n) \in R$ による積で閉じている線型符号である.このようにして得られる任意の符号を m **次元巡回符号**と呼ぶ.

集合 $\mathcal{H} = \{x_1^{n_1} - 1, \ldots, x_m^{n_m} - 1\}$ はこれが生成するイデアルのすべての単項式順序に関するグレブナー基底である(たとえば,[CLO, Chapter 2, §9, Theorem 3, Proposition 4]).従って,$\mathbb{F}_q[x_1, \ldots, x_m]$ の割算アルゴリズムを適応し,$\mathcal{H}$ に関する余りを計算することで,R の元の標準的な表示を計算できる.すると,R の元の表示として,各 i について x_i の次数が $n_i - 1$ 以下となる多項式全体を得る.

練習問題 6 ベクトル空間として

$$R = \mathbb{F}_q[x_1, \ldots, x_m]/\langle x_1^{n_1} - 1, \ldots, x_m^{n_m} - 1\rangle \cong \mathbb{F}_q^{n_1 \cdot n_2 \cdots n_m}$$

を示せ．

たとえば，R の元の x_1 による積を，変数の 1 つにおける一種の巡回シフトと見なすことができる．すなわち，符号語 $c(x_1, \ldots, x_n) \in I$ を係数が他の変数の多項式である x_1 の多項式として $c = \sum_{j=0}^{n_1-1} c_j(x_2, \ldots, x_n) x_1^j$ と表し，x_1 倍して $\mathcal{H}$ で割ると，標準的な表示 $x_1 c = c_{n_1-1} + c_0 x_1 + c_1 x_1^2 + \cdots + c_{n_1-2} x_1^{n_1-1}$ を得る．いま，$c \in I$ であるので，このシフトされた多項式も符号語である．同じことは他の変数 $x_2, \ldots, x_m$ についても言える．

たとえば，$m = 2$ の場合，2 次元巡回符号の符号語を 2 変数の多項式，或いは $n_1 \times n_2$ 係数行列と思うことが慣習である．行列で解釈すると，x_1 による積は各行に関する右巡回シフトに対応し，x_2 による積は各列に関する巡回シフトに対応している．これらの各演算をしても符号語の集合は不変である．

練習問題 7 体 $\mathbb{F}_4 = \mathbb{F}_2[\alpha]/\langle \alpha^2 + \alpha + 1\rangle$ を考える．多項式 $g_1(x, y) = x^2 + \alpha^2 xy + \alpha y$ と $g_2(x, y) = y + 1$ で生成されるイデアル $I \subset \mathbb{F}_4[x, y]/\langle x^3 - 1, y^3 - 1\rangle$ は $n = 3^2 = 9$ なる 2 次元巡回符号である．イデアル I の $\mathbb{F}_4$ 上のベクトル空間としての基底を決定し，この 2 次元巡回符号のベクトル空間としての次元 k を決定せよ．（解答：$k = 7$. 定理 (9.3.9) に続く議論も参照せよ．）この符号の最小距離は $d = 2$ である．その理由を述べよ．

m 次元巡回符号を定義するには，イデアル $I \subset R$ の生成元の集合 $\{[f_1], \ldots, [f_s]\} \subset R$ を与えれば十分である．対応する $\mathbb{F}_q[x_1, \ldots, x_m]$ のイデアル J は

$$J = \langle f_1, \ldots, f_s\rangle + \langle x_1^{n_1-1} - 1, \ldots, x_m^{n_m-1} - 1\rangle$$

である．いま，$\mathbb{F}_q[x_1, \ldots, x_m]$ 上の任意の単項式順序を固定する．この順序に関する J のグレブナー基底 $G = \{g_1, \ldots, g_t\}$ があれば，$\mathbb{F}_q[x_1, \ldots, x_m]$ の割算アルゴリズムを使って R の与えられた元が I に属するか否かを決定するために必要な道具はすべて整ったことになる．

(9.3.8) 命題 記号 R, I, J, G を踏襲する．多項式 $h(x_1, \ldots, x_n)$ が R におけ

る I の元を表すための必要十分条件は, G による割算に関して $h(x_1,\ldots,x_n)$ の余りが 0 となることである.

証明 イデアル I と J の関係 $I = J/\langle x_1^{n_1-1} - 1, \ldots, x_m^{n_m-1} - 1 \rangle$ に注意すると, 標準的な同型定理 ([Jac, Theorem 2.6] 参照) から環同型

$$R/I \cong \mathbb{F}_q[x_1,\ldots,x_m]/J$$

を得る. すると, 題意は従う. 詳細は練習問題 14 で考察する. □

命題 (9.3.8) の直接の帰結は, グレブナー基底に関する割算を使った m 次元巡回符号の次のような系統的符号化のアルゴリズムである. (「系統的」については前節の練習問題 5 の直後の段落を復習せよ.) 一般の線型符号と比較すると, m 次元巡回符号の利点の 1 つは, その特別な構造の御陰で符号化関数を大変簡潔に表示できることにある. 系統的符号化を実行するためには, 巡回符号に対応するイデアル J の被約グレブナー基底を知ることだけが必要である. グレブナー基底は一般に I のベクトル空間としての基底より元の個数が少ない. すると, あまり情報を蓄える必要がない. 系統的符号器についての次のような記述では, 符号語の**情報位置**は符号化される $\mathbb{F}_q^k$ の元の成分を複製する k 個の位置に関連している. 情報位置は R の元を表す多項式の係数の或る部分集合に対応し, パリティチェック位置はその補集合に対応している.

(9.3.9) 定理 イデアル $I \subset R = \mathbb{F}_q[x_1,\ldots,x_m]/\langle x_1^{n_1} - 1, \ldots, x_m^{n_m} - 1 \rangle$ を m 次元巡回符号とし, G を対応するイデアル $J \subset \mathbb{F}_q[x_1,\ldots,x_m]$ の或る単項式順序に関するグレブナー基底とする. このとき, 次のようにして構成される I の系統的符号化関数が存在する.

a. 情報位置は各 x_i が高々 $n_i - 1$ の冪で現れる J の標準的でない単項式の係数である. (標準的でない単項式とは $\langle \mathrm{LT}(J) \rangle$ に含まれる単項式である.)

b. パリティチェック位置は標準的な単項式の係数である. (標準的な単項式とは $\langle \mathrm{LT}(J) \rangle$ に含まれない単項式である.)

c. 次のアルゴリズムは I の系統的符号器 E を与える.

Input: the Gröbner basis G for J,

w, a linear combination of nonstandard monomials

Output: $E(w) \in I$

Uses: Division algorithm with respect to given order

$\overline{w} := \overline{w}^G$ (the remainder on division)

$E(w) := w - \overline{w}$

証明 いま，$R/I \cong \mathbb{F}_q[x_1,\ldots,x_m]/J$ であるから，$\mathbb{F}_q$ 上のベクトル空間としての R/I の次元は J の標準単項式の個数に等しい（たとえば，[CLO, Chapter 5, §3, Proposition 4] 参照）．有限体 $\mathbb{F}_q$ 上のベクトル空間としての I の次元 $\dim R - \dim R/I$ は各 x_i が高々 $n_i - 1$ の冪まで現れる，J の標準的でない単項式の個数と同じであるから，これらの単項式は I と同じ次元の R の部分空間を張る．さて，w をこれらの標準的でない単項式のみから成る線型結合とする．割算アルゴリズムの性質から，$\overline{w}$ は標準的な単項式のみから成る線型結合である．すると，$E(w) = w - \overline{w}$ を計算する過程で w からのシンボルは不変である．命題 (9.3.8) から $w - \overline{w}$ はイデアル I に属するので，$w - \overline{w}$ は符号語である．従って，E は I の系統的符号化函数である． □

$m = 1$ の場合，J のグレブナー基底は生成元多項式 g で，通常の1変数多項式の割算で余り $\overline{w}$ が計算される．たとえば，$\mathbb{F}_9 = \mathbb{F}_3[\alpha]/\langle \alpha^2 + \alpha + 2 \rangle$（(9.1.1) から α は原始元）とし，$n = 8, k = 5$ となる $\mathbb{F}_9$ 上のリード・ソロモン符号を考える．命題 (9.3.7) から，この符号の生成元多項式は $g = (x-\alpha)(x-\alpha^2)(x-\alpha^3)$ であって，$\{g\}$ はリード・ソロモン符号に対応する $\mathbb{F}_9[x]$ のイデアル J のグレブナー基底である．定理 (9.3.9) から，系統的符号器の情報位置として，$\mathbb{F}_9[x]/\langle x^8 - 1\rangle$ の元の標準的でない単項式 $x^7, x^6, \ldots, x^3$ の係数を取ることができる．そのパリティチェック位置は標準的な単項式 $x^2, x, 1$ の係数である．たとえば，$w(x) = x^7 + \alpha x^5 + (\alpha + 1)x^3$ なる語を符号化するために，w を g で割って余り $\overline{w}$ を得る．このとき，$E(w) = w - \overline{w}$ である．この計算を実行する Maple のセッションがある．有限体の元を係数とする多項式を扱うた

めに §9.1 と §9.2 で議論した方法を使う．まず，

```
alias(alpha = RootOf(t^2 + t + 2));
g := collect(Expand((x-alpha)*(x-alpha^2)*
    (x-alpha^3) mod 3,x);
```

を使って，上で述べたようなリード・ソロモン符号の生成元多項式を求める．これは

$$g := x^3 + alpha\ x^2 + (1+alpha)x + 2\ alpha + 1$$

なる出力を生む．このとき，

```
w := x^7 + alpha*x^5 + (alpha + 1)*x^3:
(w - Rem(w,g,x)) mod 3;
```

は次のような出力を齎す．

$$x^7 + alpha\ x^5 + (1+alpha)x^3 + 2(2+2\ alpha)x^2 + x + 2.$$

単項式 x^2 の係数を $\alpha+1$ に簡略化すると，この多項式はリード・ソロモン符号語になる．

次に，練習問題 7 の 2 次元巡回符号を考える．多項式 $g_1(x,y) = x^2 + \alpha^2 xy + \alpha y$, $g_2(x,y) = y+1$ で生成される $I \subset R = \mathbb{F}_4[x,y]/\langle x^3-1, y^3-1 \rangle$ を扱った．有限体 $\mathbb{F}_4 = \mathbb{F}_2[\alpha]/\langle \alpha^2 + \alpha + 1 \rangle$ では $-1 = +1$ であることに注意する．従って，x^3-1 は x^3+1 と同じである．上で述べたように，対応する $\mathbb{F}_4[x,y]$ のイデアル

$$J = \langle x^2 + \alpha^2 xy + \alpha y, y+1, x^3+1, y^3+1 \rangle$$

を考える．ブックバーガーのアルゴリズムを適応して，このイデアルに関する被約辞書式グレブナー基底 $(x > y)$ を計算すると，

$$G = \{x^2 + \alpha^2 x + \alpha, y+1\}$$

である．直ちに得られる結果として，商環 $\mathbb{F}_4[x,y]/J \cong R/I$ は $\mathbb{F}_4$ 上 2 次元であるが，R は $\mathbb{F}_4$ 上 9 次元である．従って，I の次元は $9-2=7$ である．多様体 $\mathbf{V}(J)$ にはちょうど 2 つの点が存在する．定理 (9.3.9) から，この符号の情報位置は $x^2, y, xy, x^2y, y^2, xy^2, x^2y^2$ の係数，パリティチェック位置

は $1, x$ の係数である．たとえば，$w = x^2 y^2$ を符号化するために，G による割算の余りを計算する．その余りは $\overline{x^2 y^2}^G = \alpha^2 x + \alpha$ であって，w から余りを引くと $E(w) = x^2 y^2 + \alpha^2 x + \alpha$ を得る．

あいにく，現在のところ Maple で与えられるパッケージ grobner は有限体の係数の計算を支援しない．(Maple V の Release 4 で配給されるパッケージ Domains はグレブナー基底のルーチンを有限体上の多項式に拡張するための基礎を含んでいるので，将来のバージョンではこの特徴が現れるかも知れない．) Axiom, Singular, Macaulay のような他の計算代数システムはこのような計算を扱うことができる．

§9.3 の練習問題 (追加)

練習問題 8 次数 $n-k$ のモニックな生成元多項式 $g(x)$ を持つ $R = \mathbb{F}_q[x]/\langle x^n - 1 \rangle$ の巡回符号 C を考える．すると，C の次元は k である．定理 (9.3.9) の符号化の手続きを $\{x^{n-k}, x^{n-k+1}, \ldots, x^{n-1}\}$ の張る空間から R への線型写像と思い，C の (線型符号としての) 生成元行列を書き表せ．特に，その行列のすべての行は 1 行目 (すなわち像 $E(x^{n-k})$) で決定されることを示せ．この結果は巡回性が符号を記述するために必要な情報量をどのように減らすかを理解する一助となる．

練習問題 9 ブロック長が $q-1$ (或るいは，もっと一般に，ブロック長が $(q-1)^m$) の巡回符号の双対符号を研究する．線型符号の双対符号の定義は §9.2 の練習問題 10 を参照せよ．リード・ソロモン符号の議論と同様にして，$R = \mathbb{F}_q[x]/\langle x^{q-1} - 1 \rangle$ とする．

a. ベクトル空間 R に属する多項式 $f(x) = \sum_{i=0}^{q-2} a_i x^i$ と $h(x) = \sum_{i=0}^{q-2} b_i x^i$ の係数ベクトルの内積 $\langle a, b \rangle$ は，商環 R における積 $f(x)h(x^{-1}) = f(x)h(x^{q-2})$ の定数項と同じであることを示せ．

b. ベクトル空間 R の巡回符号 C の双対符号 $C^\perp$ はすべての $f(x) \in C$ について $f(x)h(x^{-1}) = 0$ (R における積) となる多項式 $h(x)$ の集合に等しいことを示せ．

c. b の結果を踏まえ, $C^\perp$ の生成元多項式を C の生成元多項式 $g(x)$ を使って表せ. [ヒント：命題 (9.3.3) の証明から, $g(x)$ は $x^{q-1} - 1 = \prod_{\beta \in \mathbb{F}_q^*}(x - \beta)$ の約数であることに注意し, $C^\perp$ の生成元多項式も同じ性質を持つことに着目せよ.]

d. 以上の結果を

$$\mathbb{F}_q[x_1, \ldots, x_m]/\langle x_i^{q-1} - 1 : i = 1, \ldots, m\rangle$$

の m 次元巡回符号に拡張せよ.

練習問題 10 ブロック長 $q - 1$ の巡回符号の研究への別のアプローチについて議論し, 練習問題 5 の結果を別の方法で再現する. すなわち, 環 $R = \mathbb{F}_q[x]/\langle x^{q-1} - 1\rangle$ とそのイデアルの構造を次の要領で研究する.

a. 写像

(9.3.10)
$$\varphi : R \to \mathbb{F}_q^{q-1}$$
$$c(x) \mapsto (c(1), c(\alpha), \ldots, c(\alpha^{q-2}))$$

は全単射を定義し, $\mathbb{F}_q^{q-1}$ における乗法の演算として成分ごとの積

$$(c_0, \ldots, c_{q-2}) \cdot (d_0, \ldots, d_{q-2}) = (c_0 d_0, \ldots, c_{q-2} d_{q-2})$$

を導入すると, この写像は**環の同型**になることを示せ. (写像 φ は R における多項式の積を $\mathbb{F}_q^{q-1}$ における成分ごとの積に移すので, **フーリエ変換**の離散類似である.)

b. (成分ごとの積による) 環 $\mathbb{F}_q^{q-1}$ を考える. 添字の集合 $S \subset \{0, 1, \ldots, q-2\}$ に環 $\mathbb{F}_q^{q-1}$ のイデアル

$$I_S = \{(c_0, \ldots, c_{q-2}) : \text{すべての } i \in S \text{ について } c_i = 0\}$$

を付随させる. このとき, $\mathbb{F}_q^{q-1}$ の任意のイデアル I について, $I = I_S$ となる $S \subset \{0, 1, \ldots, q-2\}$ が存在することを示せ.

c. 写像 φ を使って, b と命題 (9.3.2) から, R の巡回符号は部分集合 $S \subset$

$\{0, 1, \ldots, q-2\}$ (すなわち,体 $\mathbb{F}_q$ の非零元の集合 $\mathbb{F}_q^*$ の部分集合)と1対1に対応していることを導け.巡回符号 $C \subset R$ があったとき,対応する $\mathbb{F}_q^*$ の部分集合を C の零の集合と呼ぶ.リード・ソロモン符号の零の集合は $\{\alpha, \ldots, \alpha^{q-k-1}\}$ (α から始まる零の"連続する列")なる形をしている.

練習問題 11 a. (9.3.10)の写像に類似する適当な**変換** φ を構成したりすることで,練習問題 10 の結果をブロック長 $n = (q-1)^m$ の m 次元巡回符号の場合を含むように適切に修正せよ.特に,$\mathbb{F}_q[x_1, \ldots, x_m]/\langle x_1^{q-1} - 1, \ldots, x_m^{q-1} - 1\rangle$ の m 次元巡回符号 I は $(\mathbb{F}_q^*)^m = \mathbf{V}(x_1^{q-1} - 1, \ldots, x_m^{q-1} - 1)$ における零の集合(すなわち,$\mathbf{V}(J)$ の点)を与えることで一意的に明示される.(第2章の読者は §2.2 の有限次元代数の議論と比較すると面白い.)

b. 多項式 $g(x, y) = x^7 y^7 + 1$ で生成される $\mathbb{F}_9[x, y]/\langle x^8 - 1, y^8 - 1\rangle$ の 2 次元巡回符号 I の次元(すなわち,パラメーター k)は幾つか.次に,$(\mathbb{F}_9^*)^2$ における対応する零の集合は何か.

練習問題 12 巡回符号の零とその最小距離の間の関係を探究する.いま,α を $\mathbb{F}_q$ の原始元とする.長さ $q-1$ の $\mathbb{F}_q$ 上の巡回符号 C を考え,α の $\delta - 1$ 個の連続する冪

$$\alpha^\ell, \alpha^{\ell+1}, \ldots, \alpha^{\ell+\delta-2}$$

が C の生成元多項式の異なる根となるような ℓ と $\delta \geq 2$ が存在すると仮定する.

a. (多項式として表される)符号語が満たす方程式系 $c(\alpha^{\ell+j}) = 0$ ($j = 0, \ldots, \delta - 2$)を考えることで,$C$ のパリティチェック行列 H の列としてベクトル

$$(1, \alpha^{\ell+j}, \alpha^{2(\ell+j)}, \ldots, \alpha^{(q-2)(\ell+j)})^T$$

を取ることができることを示せ.

b. (必要ならば,行から共通因子を取り除いた後)列の成分を使って構成される H の $(\delta - 1) \times (\delta - 1)$ 部分行列の行列式はすべてヴァンデルモンド行列式であることを示せ.

c. 命題(9.2.5)を使って，C の最小距離 d は $d \geq \delta$ を満たすことを示せ．

d. c の結果を踏まえ，リード・ソロモン符号の最小距離を再び導け．

練習問題 13（BCH 符号）長さ $q^m - 1$ ($m \geq 1$) の $\mathbb{F}_q$ 上の巡回符号 C を考える．

a. 練習問題 12 の結果を次のように一般化する．すなわち，α を $\mathbb{F}_{q^m}$ の原始元とし，α の $\delta - 1$ 個の連続する冪

$$\alpha^\ell, \alpha^{\ell+1}, \ldots, \alpha^{\ell+\delta-2}$$

が C の生成元多項式 $g(x) \in \mathbb{F}_q[x]$ の異なる根となるような ℓ と $\delta \geq 2$ が存在すると仮定する．このとき，C の最小距離は $d \geq \delta$ であることを示せ．

b. "狭い意味の" q 項 BCH 符号 $BCH_q(m,t)$ とは，その生成元多項式が $\alpha, \alpha^2, \ldots, \alpha^{2t} \in \mathbb{F}_{q^m}$ の $\mathbb{F}_q$ 上の最小多項式（全部で t 個ある）の**最小公倍数**である $\mathbb{F}_q$ 上の巡回符号である．（可換体論で周知のように，$\beta \in \mathbb{F}_{q^m}$ の $\mathbb{F}_q$ 上の最小多項式は根として β を持つ $\mathbb{F}_q[u]$ の最小次数の非零多項式である．） 符号 $BCH_q(m,t)$ の最小距離は少なくとも $2t+1$ であることを示せ．（整数 t を BCH 符号の**デザイン距離**と呼ぶ．）

c. 符号 $BCH_3(2,2)$（$\mathbb{F}_3$ 上の符号）の生成元多項式を構成せよ．この符号の次元は幾つか．

d. BCH 符号の実際の最小距離がそのデザイン距離よりも真に大きいことが有り得るか．たとえば，命題(9.2.5)を使って，2 進 BCH 符号 $BCH_2(5,4)$ の実際の最小距離は，よしんばそのデザイン距離がわずか 9 であっても，$d \geq 11$ を満たすことを示せ．[ヒント：$\beta \in \mathbb{F}_{2^m}$ が多項式 $p(u) \in \mathbb{F}_2[u]$ の根であるとき，$\beta^2, \beta^4, \ldots, \beta^{2^{m-1}}$ も根であることを示すことから始めよ．有限体のガロア理論を熟知している読者は，§9.1 の練習問題 14 で紹介した，$\mathbb{F}_{2^m}$ の $\mathbb{F}_2$ 上のフロベニウス自己同型を繰り返し適応していることに気付くだろう．]

練習問題 14 命題(9.3.8)を証明せよ．

練習問題 15 今では，リード・ソロモン符号は宇宙空間の探険船との通信やCDデジタルオーディオシステムなど，誤りが無作為というよりもむしろ"破裂して"生じる傾向があるような状況で一般に使われる．アルファベット $\mathbb{F}_{2^r}$ ($r > 1$)上のリード・ソロモン符号は，最小距離 d が比較的小さくても，ビットレベルで比較的長い誤りの破裂を訂正できることが1つの理由である．ベクトル空間 $\mathbb{F}_{2^r}$ からのシンボルは r ビットで表されるので，リード・ソロモン符号語は $(2^r - 1)r$ ビットの列として表される．いま，$\mathbb{F}_{2^r}$ の元と考えたとき，$r\ell$ の連続するビットの誤りの破裂は，符号語の成分の高々 $\ell + 1$ しか変えないことを示せ．すると，$\ell + 1 \leq \lfloor (d-1)/2 \rfloor$ のとき，長さ $r\ell$ の破裂誤りは訂正できる．命題(9.2.1)と比較せよ．

§9.4 リード・ソロモンの復号アルゴリズム

§9.2で議論したシンドローム復号法は任意の線型符号を復号するために適応される．しかし，そこで注意したように，余次元 $n - k$ が大きい符号を扱う際には，シンドローム復号を実行するためには莫大な量の情報を蓄えなければならない．本節では，§9.3で紹介したリード・ソロモン符号について利用できるもっと改善された方法，すなわち，リード・ソロモン符号が持つ特別な代数的構造に基づく方法を紹介する．リード・ソロモン符号について，異なるけれども互いに関連する種々の復号アルゴリズムが考案されてきた．1つの周知な方法はBerlekampとMasseyが開発した([Bla] 参照)．適当に修正を施すと，その方法は§9.3で触れたBCH符号というもっと大きな符号の類にも適応され，実際面では一般にその方法が採用されている．2つの多項式のGCDを計算するユークリッドの互除法に類似するアルゴリズムも考案されてきた．我々の紹介はFitzpatrick[Fit1], [Fit2]に従う．これらの論文では必要とする計算の枠組みを設定するために，多項式環上の加群についてのグレブナー基底(第5章参照)がどのように使われるかを示している．同じ着想に基づく m 次元巡回符号の復号アルゴリズムがSakata [Sak] やHeegard–Saints [HeS] などによって考案されてきた．

準備として記号を幾つか導入する．体 $\mathbb{F}_q$ と原始元 α を固定し，次数 $d - 1$ の生成元多項式

$$g = (x-\alpha)\cdots(x-\alpha^{d-1})$$

を持つリード・ソロモン符号 $C \subset \mathbb{F}_q/\langle x^{q-1}-1 \rangle$ を考える．命題(9.3.7)から，C の次元は $k=q-d$，C の最小距離は d である．簡単のため，d を奇数と仮定し，$d=2t+1$ と置く．このとき，命題(9.2.1)から受信された語の任意の t 個以下の誤りは訂正可能である．

いま，$c = \sum_{j=0}^{q-2} c_j x^j$ を C の符号語とする．符号 C は生成元多項式 $g(x)$ を持つから，$\mathbb{F}_q[x]$ において c は g で割り切れる．符号語 c が送信された際に，誤りが幾つか伝えられ，受信された語は $y = c+e$ $(e = \sum_{i \in I} e_i x^i)$ であると仮定する．このとき，I は**誤り添字**(error location)の集合と呼ばれ，係数 e_i は**誤り値**(error value)として知られている．復号するためには，次のような問題を解かなければならない．

(9.4.1) 問題 受信された語 y があったとき，誤り添字の集合 I と誤り値 e_i を決定せよ．このとき，復号函数は $E^{-1}(y-e)$ を返す．

値 $E_j = y(\alpha^j)$ $(j = 1, \ldots, d-1)$ の集合は，一般の線型符号において受信された語のシンドロームと同じ目的に叶う．(しかし，その集合は同じものではなく，シンドロームの直接の類似物は生成元による割算の余りである(練習問題7参照).) さて，E_j の値を計算することで誤りが生じたか否かを決定することができる．すべての $j=1,\ldots,d-1$ について $E_j = y(\alpha^j) = 0$ であるとき，y は g で割り切れる．いま，t 個以下の誤りが生じたと仮定すると，y は送るつもりであった符号語でなければならない．或る j について $E_j \neq 0$ であるとき，誤りが生じており，問題(9.4.1)を解くために E_j に含まれる情報を使うことを試みる．符号語 c は g の倍数であるから，$j = 1, \ldots, d-1$ について E_j は誤り多項式の値，すなわち

$$E_j = y(\alpha^j) = c(\alpha^j) + e(\alpha^j) = e(\alpha^j)$$

である．(§9.3 の練習問題10と同様にして，E_j を誤り多項式の**変換**の一部と思うことができる.) 多項式

$$S(x) = \sum_{j=1}^{d-1} E_j x^{j-1}$$

を y のシンドローム多項式(syndrome polynomial)と呼ぶ．その次数は $d-2$ 以下である．$E_j = e(\alpha^j)$ の定義をすべての冪指数 j に拡張し，形式的冪級数

$$(9.4.2) \qquad E(x) = \sum_{j=1}^{\infty} E_j x^{j-1}$$

を考察することもできる．(等式 $\alpha^q = \alpha$ から，E は周期的であって，その周期は高々 q である．すると，実際には E は x の有理函数の級数展開である((9.4.3)参照)．形式的冪級数 E に現れる係数についての最小位数の循環関係を求めることで復号問題を解くこともできる．このアプローチの基礎に練習問題 6 で触れる．)

いま，t 個以下の誤りを持つ受信された語の誤り多項式 e が知り得たとする．このとき，

$$E_j = \sum_{i \in I} e_i (\alpha^j)^i = \sum_{i \in I} e_i (\alpha^i)^j$$

である．形式的等比級数に展開することで，(9.4.2)の $E(x)$ を

$$(9.4.3) \qquad \begin{aligned} E(x) &= \sum_{i \in I} \frac{e_i \alpha^i}{(1 - \alpha^i x)} \\ &= \frac{\Omega(x)}{\Lambda(x)} \end{aligned}$$

と表す．但し，

$$\Lambda = \prod_{i \in I} (1 - \alpha^i x)$$

$$\Omega = \sum_{i \in I} e_i \alpha^i \prod_{\substack{j \neq i \\ j \in I}} (1 - \alpha^j x)$$

である．多項式 Λ の根は α^{-i} ($i \in I$) である．これらの根から誤り添字が容易に決定できるので，Λ を**誤り探知多項式**(error locator polynomial)と呼ぶ．分子 Ω の次数は

$$\deg(\Omega) \leq \deg(\Lambda) - 1$$

を満たす．更に，

$$\Omega(\alpha^{-i}) = e_i \alpha^i \prod_{j \neq i, j \in I} (1 - \alpha^j \alpha^{-i}) \neq 0$$

である.従って,Ω は Λ と共通の根を持たない.すると,多項式 Ω と Λ は互いに素であるという重要な結果が従う.

同様にして,級数 E の"末尾"を考えると,

(9.4.4)
$$E(x) - S(x) = \sum_{j=d}^{\infty}\left(\sum_{i \in I} e_i(\alpha^i)^j\right)x^{j-1}$$
$$= x^{d-1} \cdot \frac{\Gamma(x)}{\Lambda(x)}$$

である.但し,
$$\Gamma = \sum_{i \in I} e_i \alpha^{id} \prod_{\substack{j \neq i \\ j \in I}}(1 - \alpha^j x)$$

である.多項式 Γ の次数も高々 $\deg(\Lambda) - 1$ である.

(9.4.3)と(9.4.4)を組合せ,$d - 1 = 2t$ と表すと,等式

(9.4.5) $$\Omega = \Lambda S + x^{2t}\Gamma$$

を得る.目的によっては,(9.4.5)を**合同式**(congruence)と思う方が都合が良い.方程式(9.4.5)から,

(9.4.6) $$\Omega \equiv \Lambda S \bmod x^{2t}$$

である.逆に,(9.4.6)が成り立てば,(9.4.5)が成り立つような多項式 Γ が存在する.合同式 (9.4.6)(時にはその明確な表示(9.4.5))を復号の**鍵方程式**(key equation)と呼ぶ.

鍵方程式(9.4.6)を導く際には e が既知であると仮定した.しかし,わずか t 個の誤りが生じたと仮定して,実際の復号問題の状況を考える.受信された語 y があったとき,S が計算される.鍵方程式(9.4.6)を既知の多項式 S, x^{2t} と**未知**の Ω, Λ の間の関係と考える.鍵方程式の解 $(\overline{\Omega}, \overline{\Lambda})$ が求められ,これが**次数条件**

(9.4.7) $$\begin{cases} \deg(\overline{\Lambda}) \leq t \\ \deg(\overline{\Omega}) < \deg(\overline{\Lambda}) \end{cases}$$

を満たし,$\overline{\Omega}, \overline{\Lambda}$ は互いに素であると仮定する.このような解では,$\overline{\Lambda}$ は $x^{q-1} - 1$

の因子であって,$\overline{\Lambda}$ の根は誤り添字の負倍を与える.実際,次のような一意性についての定理が知られている.

(9.4.8) 定理 受信された語 y に t 個以下の誤りが生じると仮定し,S を対応するシンドローム多項式とする.次数条件(9.4.7)を満たし,Ω と Λ が互いに素である(9.4.6)の解 (Ω, Λ) が定数倍を除いて唯一つ存在する.

証明 上で述べたように,誤り探知多項式 Λ と対応する Ω は所期の解の1つである.いま,$(\overline{\Omega}, \overline{\Lambda})$ を他の任意の解とする.すると合同式

$$\overline{\Omega} \equiv \overline{\Lambda} S \bmod x^{2t}$$

$$\Omega \equiv \Lambda S \bmod x^{2t}$$

において,第2式に $\overline{\Lambda}$ を,第1式に Λ を掛け,辺々を引くと,

$$\overline{\Omega} \Lambda \equiv \Omega \overline{\Lambda} \bmod x^{2t}$$

を得る.解の両者が次数条件(9.4.7)を満たすから,この合同式の両辺は実際には次数が高々 $2t-1$ の多項式である.すると

$$\overline{\Omega} \Lambda = \Omega \overline{\Lambda}$$

である.さて,Λ と Ω は互いに素,$\overline{\Lambda}$ と $\overline{\Omega}$ も互いに素なので,Λ は $\overline{\Lambda}$ を割り切り,$\overline{\Lambda}$ は Λ を割り切る.同じことが Ω と $\overline{\Omega}$ についても言える.従って,Λ と $\overline{\Lambda}$ は高々定数倍だけ異なり,Ω と $\overline{\Omega}$ も高々定数倍だけ異なるが,両者の定数は一致する. □

逆に考えると,定理(9.4.8)の条件が満たす(9.4.6)の解があったとき,$\overline{\Lambda}=0$ の $\mathbb{F}_q^*$ 内の根を,従って,誤り添字を決定することができる.すなわち,α^{-i} が根として現れるような,$i \in I$ が誤り添字である.最後に,次の結果より,その誤り値を決定することができる.

練習問題1 多項式の対 (Ω, Λ) を誤り探知多項式 Λ (定数項は 1)が現れる(9.4.6)の解とする.このとき $i \in I$ について,等式

$$\Omega(\alpha^{-i}) = \alpha^i e_i \chi_i(\alpha^{-i})$$

を示せ．但し，$\chi_i = \prod_{j \neq i}(1-\alpha^j x)$ である．従って，誤り添字を知った際に，この等式を e_i について解き，誤り値についての公式が得られる．この公式を**フォーニーの公式**(Forney formula)と呼ぶ．

定理(9.4.8)とその前の議論から，復号問題(9.4.1)を解くことは鍵方程式(9.4.6)を解くことで遂行されるということが納得できる．加群のグレブナー基底の理論を効果的に適応できるのはまさにこの状況である．すなわち，整数 t と $S \in \mathbb{F}_q[x]$ があったとき，(9.4.6)を満たす**すべての**対 $(\Omega, \Lambda) \in \mathbb{F}_q[x]^2$ 全体の集合

$$K = \{(\Omega, \Lambda) : \Omega \equiv \Lambda S \bmod x^{2t}\}$$

を考える．

練習問題 2 集合 K は $\mathbb{F}_q[x]^2$ の $\mathbb{F}_q[x]$ 部分加群であることを示せ．次に，K のすべての元は 2 つの生成元

(9.4.9) $$g_1 = (x^{2t}, 0), g_2 = (S, 1)$$

の(多項式係数の)結合として表されることを示せ．[ヒント：後半部分については，加群

$$\overline{K} = \{(\Omega, \Lambda, \Gamma) : \Omega = \Lambda S + x^{2t}\Gamma\}$$

と $\overline{K}$ の元 $(\Omega, \Lambda, \Gamma) = (x^{2t}, 0, 1), (S, 1, 0)$ を考えることが有益である．]

部分加群 K の生成元(9.4.9)はシンドローム S についての復号問題の**既知な**多項式のみに関係している．Fitzpatrick に従って，(9.4.9)が $\mathbb{F}_q[x]^2$ 上のある単項式順序に関する K のグレブナー基底であることを示す．更に，定理(9.4.8)で得られる特殊解 $(\Lambda, \Omega) \in K$ の 1 つは $\mathbb{F}_q[x]^2$ 上の別の単項式順序に関する K のグレブナー基底に発生するよう保証される．これらの結果は後で示す 2 つの異なる復号法の基礎である．

準備のため，$\mathbb{F}_q[x]^2$ の部分加群と単項式順序についての幾つかの予備的事項を展開することから始める．第 5 章で研究した一般的な状況と比べると，ここでの状況は大変簡単である．商環 $\mathbb{F}_q[x]^2/M$ が $\mathbb{F}_q$ 上のベクトル空間として**有限次元**であるような部分加群 $M \subset \mathbb{F}_q[x]^2$ だけを考える．(9.4.9)のよ

うな生成元を持つ加群 K についての状況はまさにそうである．§2.2 の商環 $k[x_1,\ldots,x_n]/I$ についての有限性定理に酷似する，これらの加群の特徴付けが存在する．

(9.4.10) 命題 任意の体 k と，$k[x]^2$ の部分加群 M を考え，$>$ を $k[x]^2$ 上の任意の単項式順序とする．このとき，次の条件は同値である．

a. ベクトル空間 $k[x]^2/M$ は k 上有限次元である．

b. $\langle \mathrm{LT}_>(M) \rangle$ は $x^u\mathbf{e}_1 = (x^u, 0),\ x^v\mathbf{e}_2 = (0, x^v)\ (u, v \geq 0)$ なる形の元を含む．

証明 イデアルの場合と同様にして，$k[x]^2/M$ の元は $\langle \mathrm{LT}_>(M) \rangle$ の補集合に属する単項式の線型結合である．このような単項式が有限個となるための必要十分条件は，$\langle \mathrm{LT}_>(M) \rangle$ が $\mathbf{e}_1$ と $\mathbf{e}_2$ の倍数を含むことである． □

以下，考えるすべての部分加群は，特に断らなくても，(9.4.10) の同値な条件を満たすと約束する．

復号の際に働く単項式順序は $\mathbb{F}_q[x]^2$ 上の**重み順序**の特別な場合である．"0 から"出発しても大変簡単にこの順序が記述できる．

(9.4.11) 定義 整数 $r \in \mathbb{Z}$ を固定し，次のような規則で全順序 $>_r$ を定義する．まず，$m > n$ 且つ，$i = 1$ または 2 のとき，$x^m\mathbf{e}_i >_r x^n\mathbf{e}_i$ とする．次に，$x^m\mathbf{e}_2 >_r x^n\mathbf{e}_1$ であるための必要十分条件は，$m + r \geq n$ である．

たとえば，$r = 2$ とすると，$k[x]^2$ の単項式は $>_2$ によって

$$\mathbf{e}_1 <_2 x\mathbf{e}_1 <_2 x^2\mathbf{e}_1 <_2 \mathbf{e}_2 <_2 x^3\mathbf{e}_1 <_2 x\mathbf{e}_2 <_2 x^4\mathbf{e}_1 <_2 \cdots$$

と順序付けられる．

練習問題 3 a. 各 $r \in \mathbb{Z}$ について $>_r$ は $k[x]^2$ 上の単項式順序であることを示せ．

b. $>_{-2}$ 順序で $k[x]^2$ の単項式はどのように順序付けられるか．

c. $>_0$ 順序と $>_{-1}$ 順序は(標準基底の異なる順序付けで)第 5 章で紹介した TOP (*term over position*) 順序に一致することを示せ.

d. POT (*position over term*) 順序は $>_r$ 順序の特別な場合であるか否か. 理由を付して述べよ.

$>_r$ 順序に関する部分加群のグレブナー基底は大変特別な形である.

(9.4.12) 命題 部分加群 $M \subset k[x]^2$ と, $r \in \mathbb{Z}$ を固定する. いま, $\langle \mathrm{LT}_{>_r}(M) \rangle$ が $x^u \mathbf{e}_1 = (x^u, 0), x^v \mathbf{e}_2 = (0, x^v)$ $(u, v \geq 0)$ で生成されると仮定する. このとき, 部分集合 $\mathcal{G} \subset M$ が $>_r$ に関する M の被約グレブナー基底であるための必要十分条件は, $\mathcal{G} = \{g_1 = (g_{11}, g_{12}), g_2 = (g_{21}, g_{22})\}$ であって, g_i が次の 2 つの性質を満たすことである.

a. 上で述べた u, v について, $\mathrm{LT}(g_1) = x^u \mathbf{e}_1$ (x^u は g_{11} に現れる), $\mathrm{LT}(g_2) = x^v \mathbf{e}_2$ (x^v は g_{22} に現れる)である.

b. $\deg(g_{21}) < u$, $\deg(g_{12}) < v$.

証明 集合 $\mathcal{G}$ が条件 a と b を満たす M の部分集合であると仮定する. 条件 a より $\mathcal{G}$ の元の主項は $\langle \mathrm{LT}(M) \rangle$ を生成するから, $\mathcal{G}$ は M のグレブナー基底である. 条件 b より g_1 のどの項も g_2 による割算で取り除くことはできず, またその逆も成り立つ. すると, $\mathcal{G}$ は被約である. 逆に, $\mathcal{G}$ が $>_r$ に関する M の被約グレブナー基底ならば, $\mathcal{G}$ はちょうど 2 つの元から成る. 生成元を g_1, g_2 と番号付けると, 条件 a が成り立つ. グレブナー基底 $\mathcal{G}$ が被約ならば, b が成り立つ. 実際, g_1, g_2 の主項を固定すると, 他の成分は $\deg(g_{12}) + r < u$, $\deg(g_{21}) \leq v + r$ を満たす. □

命題(9.4.12)から直ちに従う重要な結果として,

(9.4.13) 系 シンドローム S の復号問題における鍵方程式の解から成る加群 K の生成元 $\mathcal{G} = \{(S, 1), (x^{2t}, 0)\}$ は順序 $>_{\deg(S)}$ に関する K のグレブナー基底である.

さて，$\mathrm{LT}_{>_{\deg(S)}}((S,1)) = (0,1) = \mathbf{e}_2$ から，鍵方程式の解から成る加群は命題(9.4.10)の有限性の条件を満たす．系(9.4.13)の証明は練習問題として読者に委ねる．

我々が知る必要のある最後の一般事項は，グレブナー基底の定義から従う別の結果である．用語を幾つか導入しよう．

(9.4.14) 定義 部分加群 $M \subset k[x]^2$ を考える．単項式順序 $>$ に関する M の**極小元**(minimal element)とは，$\mathrm{LT}(g)$ が $>$ に関して極小になる $g \in M$ を言う．

たとえば，(9.4.13)から

$$\mathbf{e}_2 = \mathrm{LT}((S,1)) <_{\deg(S)} \mathrm{LT}((x^{2t},0)) = x^{2t}\mathbf{e}_1$$

である．すると，$(S,1)$ は $\langle (S,1), (x^{2t},0) \rangle$ において順序 $>_{\deg(S)}$ に関して極小である．他方，順序 $>_{\deg(S)}$ に関して，これらの主項は $\langle \mathrm{LT}(K) \rangle$ を生成する．

練習問題 4 部分加群 $M \subset k[x]^2$ の極小元は非零定数倍を除くと**唯一つ**であることを示せ．

上で述べた例と同様にして，一旦，順序 $>_r$ を固定すると，その順序に関する M の極小元は $>_r$ に関する M のグレブナー基底に現れるように**保証**されている．実際，

(9.4.15) 命題 自由加群 $k[x]^2$ 上の任意の $>_r$ 順序を固定し，M を $k[x]^2$ の部分加群とする．このとき，$>_r$ に関する M のグレブナー基底はすべて $>_r$ に関する M の極小元を含む．

証明は簡単なので読者に委ねる．我々は，いまや主要結果に到達した．定理(9.4.8)が保証する鍵方程式(9.4.6)の特殊解を，適当な順序に関する加群 K の極小元として特徴付けることができる．

(9.4.16) 命題 次数条件(9.4.7)を満たし，$\overline{\Omega}$ と $\overline{\Lambda}$ が互いに素である鍵方程式

の解 $g = (\overline{\Omega}, \overline{\Lambda})$ を考える（定理(9.4.8)から定数倍を除くと唯一つ存在する）.
このとき, g は $>_{-1}$ 順序に関する K の極小元である.

証明 元 $\overline{g} = (\overline{\Omega}, \overline{\Lambda}) \in K$ が $\deg(\overline{\Lambda}) > \deg(\overline{\Omega})$ を満たすための必要十分条件は, $>_{-1}$ に関するその主項が $\mathbf{e}_2$ の倍数になることである. 定理(9.4.8)で得られる K の元はこの性質を持ち, 取り得る最小の $\deg(\Lambda)$ を持つ. 従って, その主項は $\mathbf{e}_2$ の倍数である主項のなかで極小である.

矛盾を導くために, $\overline{g}$ が極小でない（すなわち, $\mathrm{LT}(h) <_{-1} \mathrm{LT}(\overline{g})$ を満たす非零元 $h = (A, B) \in K$ が存在する）と仮定する. このとき, 上で述べた注釈から $\mathrm{LT}(h)$ は $\mathbf{e}_1$ の倍数である. すなわち, $\mathrm{LT}(h)$ は A に現れなければならない. すると,

(9.4.17) $$\deg(\overline{\Lambda}) > \deg(A) \geq \deg(B)$$

である. しかし, h も $\overline{g}$ も鍵方程式

$$A \equiv SB \bmod x^{2t}$$
$$\overline{\Omega} \equiv S\overline{\Lambda} \bmod x^{2t}$$

の解である. 2番目の合同式に B を掛け, 1番目の合同式に $\overline{\Lambda}$ を掛け, 辺々を引くと,

(9.4.18) $$\overline{\Lambda} A \equiv B\overline{\Omega} \bmod x^{2t}$$

を得る. これが上で述べた次数についての不等式に矛盾することを示す. いま, $\deg(\overline{\Lambda}) \leq t$ 且つ $\deg(\overline{\Omega}) < \deg(\overline{\Lambda})$ であること, 従って, $\deg(\overline{\Omega}) \leq t-1$ であることに注意する. (9.4.17)から $\deg(A) \leq t-1$ である. すると, (9.4.18) の左辺の積の次数は高々 $2t-1$ であって, 右辺の積の次数は左辺の積の次数より真に小さい. しかし, それは矛盾である. □

(9.4.16)と(9.4.15)を組合せると, 我々が求めようとしている鍵方程式の特殊解を $>_{-1}$ 順序に関する K のグレブナー基底に求めることができる. すると, 復号を進めるための方法が少なくとも2つ存在する.

1. 部分加群 K の生成集合

$$\{(S,1),(x^{2t},0)\}$$

を使って，ブックバーガーのアルゴリズム（或るいは，1変数多項式環$\mathbb{F}_q[x]$上の加群の特別な性質に適応させた適当な変形）を使って，$>_{-1}$に関するKのグレブナー基底を計算することができる．このとき，復号問題を解く極小元$\bar{g}$はグレブナー基底に現れる．

2. 代わりに，系(9.4.13)に記載した事実を利用することが可能である．集合$\mathcal{G} = \{(S,1),(x^{2t},0)\}$は既に別の順序に関する$K$のグレブナー基底であり，$\mathbb{F}_q[x]^2/M$は$\mathbb{F}_q$上有限次元であるので，§2.3のFaugère–Gianni–Lazard–Mora（FGLM）のグレブナー基底の変換のアルゴリズムの拡張（[Fit2]参照）を使って$\{(S,1),(x^{2t},0)\}$を同じ加群の$>_{-1}$順序に関するグレブナー基底に$\mathcal{G}'$に換えることができる．このとき，アプローチ1と同様にして，Kの極小元は$\mathcal{G}'$の元である．

更に，別の可能性は，$\ell = 1, 2, \ldots, 2t$について順に合同式

$$\Omega \equiv \Lambda S \bmod x^\ell$$

を解いて帰納的に鍵方程式の所期の解を構築することである．このアプローチはBerlekamp–Masseyのアルゴリズムの操作を理解するための1つの方法である．この方法のグレブナー基底による解釈については[Fit1]を参照せよ．

もっと深く分析すると，上で述べた2つのアプローチのなかで，長い符号については最初のアプローチの方が効果的である．しかし，数学的な観点からは両者とも興味深い．本文では2番目のアプローチを議論してこの節を締め括る．練習問題では最初のアプローチがどのように進められるかを議論する．ここで得る1つの結果は，FGLMアルゴリズムの**完全な**類似物を実行する必要がない，ということである．実際，$>_{-1}$順序が大きくなるように次々に$\mathbb{F}_q[x]^2$の単項式を考え，それらの単項式の$\mathcal{G}$による割算に関する余りの間で線型従属になる**最初の**例で止まることだけが必要である．そのアルゴリズムを披露する（[Fit2, Algorithm 3.5]参照）．そのアルゴリズムは単項式uを選び，$>_{-1}$順序でuの次にある$\mathbb{F}_q[x]^2$の単項式を返す*nextmonom*と呼ばれる部分アルゴリズムを使っている．（新しいグレブナー基底の1つの元が得られた後で終了するので，第2章の完全なFGLMアルゴリズムで行ったよ

うに，次の単項式が他の新しい基底の元の主項の倍数であるか否かを調べる必要がない.)

(9.4.19) 命題 次のアルゴリズムは $>_{-1}$ 順序に関する鍵方程式の解から成る加群 K の極小元を計算する.

Input: $\mathcal{G} = \{(S, 1), (x^{2t}, 0)\}$

Output: $(\overline{\Omega}, \overline{\Lambda})$ minimal in $K = \langle \mathcal{G} \rangle$ with respect to $>_{-1}$

Uses: Division algorithm with respect to $\mathcal{G}$, using $>_{\deg(S)}$ order,

$nextmonom$

$t_1 := (0, 1); R_1 := \overline{t_1}^{\mathcal{G}}$

done := false

WHILE done = false DO

$\quad t_{j+1} := nextmonom(t_j)$

$\quad R_{j+1} := \overline{t_{j+1}}^{\mathcal{G}}$

IF there are $c_i \in \mathbb{F}_q$ with $R_{j+1} = \sum_{i=1}^{j} c_i R_i$ THEN

$\quad (\overline{\Omega}, \overline{\Lambda}) := t_{j+1} - \sum_{i=1}^{j} c_i t_i$

done := true

ELSE

$\quad j := j + 1$

練習問題 5 このアルゴリズムは常に終了し，$>_{-1}$ に関する $K = \langle \mathcal{G} \rangle$ の極小元を正確に計算することを証明せよ．[ヒント：定理(2.3.4)の証明を参照せよ．しかし，この状況の方が幾つかの点で簡単である.]

このアルゴリズムに基づく復号法を例で解説する．いま，C を

$$g = (x - \alpha)(x - \alpha^2)(x - \alpha^3)(x - \alpha^4),$$

$d=5$ なる $\mathbb{F}_9$ 上のリード・ソロモン符号とし，符号語の任意の2つの誤りを訂正できると期待する．このとき，

$$c = x^7 + 2x^5 + x^2 + 2x + 1$$

は C の符号語である．この事実は，たとえば，次のような Maple の計算から従う．体を明示した後 (a は $\mathbb{F}_9$ の原始元 α)，c を上で述べた多項式に，g を生成元に等しくすると，

```
Rem(c,g,x) mod 3;
```

は 0 を返す．すると，g は c を割り切る．

いま，c の送信で誤りが生じ，受信された語

$$y = x^7 + \alpha x^5 + (\alpha+2)x^2 + 2x + 1$$

を齎すと仮定する．(どこで誤りが生じたか?) シンドローム S の計算から始める．Maple を使うと，$y(\alpha) = \alpha + 2, y(\alpha^2) = y(\alpha^3) = 2, y(\alpha^4) = 0$ が求まる．たとえば，体を明示し，上で述べたように y を定義し，

```
Normal(subs(x=a,y)) mod 3;
```

を計算することで $y(\alpha)$ の計算を実行できる．すると，

$$S = 2x^2 + 2x + \alpha + 2$$

である．定理(9.4.8)から，鍵方程式

$$\Omega \equiv \Lambda S \bmod x^4$$

の解から成る加群 K を考える必要がある．

系(9.4.13)から，$\mathcal{G} = \{(x^4, 0), (2x^2+2x+\alpha+2, 1)\}$ は順序 $>_2$ に関する K の被約グレブナー基底である．命題(9.4.19)を使うと，

$$t_1 = (0,1) \qquad R_1 = (x^2 + x + 2\alpha + 1, 0)$$
$$t_2 = (1,0) \qquad R_2 = (1,0)$$
$$t_3 = (0,x) \qquad R_3 = (x^3 + x^2 + (2\alpha+1)x, 0)$$
$$t_4 = (x,0) \qquad R_4 = (x,0)$$
$$t_5 = (0,x^2) \qquad R_5 = (x^3 + (2\alpha+1)x^2, 0)$$

が求まる．ここに至り，初めて線型従属

$$R_5 = -(\alpha R_1 + (\alpha+1)R_2 + 2R_3 + (\alpha+1)R_4)$$

を得る．従って，

$$\alpha t_1 + (\alpha+1)t_2 + 2t_3 + (\alpha+1)t_4 + t_5 = (\alpha + 1 + (\alpha+1)x, \alpha + 2x + x^2)$$

は我々が探し求めている K の極小元 $(\overline{\Omega}, \overline{\Lambda})$ である．

誤り添字は

$$\overline{\Lambda(x)} = x^2 + 2x + \alpha = 0$$

を解くことで求まる．定義から，$\Lambda = \prod_{i \in I}(1 - \alpha^i x)$ の定数項は 1 であるので，練習問題 1 のフォーニーの公式を使って，誤り値を決定する際に使う実際の誤り探知多項式と正しい Ω を得るために，定数を調整する必要がある．いま，α で割ると，$\Lambda = (\alpha+1)x^2 + (2\alpha+2)x + 1$ を得る．因数分解，或るいは

```
for j to 8 do
    Normal(subs(x = a^j,Lambda) mod 3;
od;
```

と根を徹底的に探すことで，根は $x = \alpha^3$ と $x = \alpha^6$ であることが判る．逆数の冪指数をとると，誤り添字 $(\alpha^3)^{-1} = \alpha^5$, $(\alpha^6)^{-1} = \alpha^2$ を得るので，x^2 と x^5 の係数に誤りが生じた．（上で述べた符号語 c と受信された語 y を調べ，これが正しいことを確認せよ．）次に，練習問題 1 を使って誤り値を得る．さて，

$$\Omega = (1/\alpha)((\alpha+1)x + \alpha+1) = (\alpha+2)x + \alpha+2$$

である．たとえば，誤り添字 $i = 2$ について $\chi_2(x) = 1 - \alpha^5 x$,

$$e_2 = \frac{\Omega(\alpha^{-2})}{\alpha^2 \chi_2(\alpha^{-2})}$$
$$= \alpha + 1$$

である．（これも確認せよ．）誤り値 $e_5 = \alpha + 1$ も同様に決定される．すると，復号するために y から $e = (\alpha+1)x^5 + (\alpha+1)x^2$ を引く．このとき，正しい符号語が再現される．

後の練習問題では，$>_{-1}$ に関する K のグレブナー基底の直接の計算（の一部）が復号についてどのように使われるかを考える．

§9.4 の練習問題（追加）

練習問題 6 合同式 (9.4.6) の任意の解 $(\overline{\Omega}, \overline{\Lambda})$ を考える．但し，S は或る訂正可能な誤りのシンドローム多項式である．

a. $\overline{\Lambda} = \sum_{i=0}^{t} \Lambda_i x^i$, $S = \sum_{j=1}^{2t} E_j x^{j-1}$ と表すとき，(9.4.6) は $\overline{\Lambda}$ の $t+1$ 個の係数についての t 個の斉次線型方程式から成る次のような方程式系を齎すことを示せ．各 $\ell = 1, \ldots, t$ について

(9.4.20) $$\sum_{k=0}^{t} \Lambda_k E_{t+\ell-k} = 0$$

b. たとえば，添字 I で決まる位置にわずか t 個の誤りが生じたと仮定するとき，t 個以下の非零項を持つ多項式 $e(x)$ について $E_{t+\ell-k} = \sum_{i \in I} e_i \alpha^{i(t+\ell-k)}$ である．(9.4.20) に代入し，整理し直すことで

(9.4.21) $$0 = \sum_{k=0}^{t} \Lambda_k E_{t+\ell-k}$$
$$= \sum_{i \in I} e_i \overline{\Lambda}(\alpha^{-i}) \alpha^{i(t+\ell)}$$

を導け．

c. (9.4.21) の最後の式から，すべての $i \in I$ について $\overline{\Lambda}(\alpha^{-i}) = 0$ であるこ

とを示せ．これは Λ が $\overline{\Lambda}$ を割り切ることの別証となる．[ヒント：(9.4.21) の式を未知数 $e_i\overline{\Lambda}(\alpha^{-i})$ の斉次線型方程式系と思うことができる．その係数行列は注目に値する特別な形である．他方，$e_i \neq 0\ (i \in I)$ である．]

復号問題を解くことは，E_j の列についての最小位数の線型漸化関係(9.4.20)を求めることと換言できる．このとき，係数 Λ_k は誤り探知多項式である．

練習問題 7 リード・ソロモン符号のシンドローム復号の**直接の**類似は受信された語 y の生成元による割算の余りを計算し，$y = c + R$ (c は符号語)なる表示を与えることで始まる．余り R は誤り多項式 e とどのように関係するか．この c は必ず y にもっとも近い符号語であるか．(Welch と Berlekamp によりリード・ソロモン符号についての別の復号法が考案された．シンドローム S よりむしろ R を使う復号法である．それは鍵方程式を解くことと換言でき，鍵方程式を解くためにグレブナー基底が適応される．)

練習問題 8 系(9.4.13)を証明せよ．

練習問題 9 命題(9.4.15)を証明せよ．[ヒント：グレブナー基底の定義を復習せよ．]

練習問題 10 生成元多項式 $g = (x - \alpha)(x - \alpha^2)$ を持つ $\mathbb{F}_9$ 上のリード・ソロモン符号を考える($d = 3, t = 1$)．命題(9.4.19)を使って計算を実行し，受信された語

$$y(x) = x^7 + \alpha x^5 + (\alpha + 2)x^3 + (\alpha + 1)x^2 + x + 2,$$

$$y(x) = x^7 + x^6 + \alpha x^5 + (\alpha + 1)x^3 + (\alpha + 1)x^2 + x + 2\alpha$$

を復号せよ．2 番目の場合，$\Lambda = 0$ の解は何か．復号器はその状況をどのように扱うべきか．

練習問題 11 この練習問題と次の練習問題では，生成集合 $\{g_1, g_2\} = \{(x^{2t}, 0), (S, 1)\}$ から始まる $>_{-1}$ に関する K のグレブナー基底の直接の計算の一部が復号のためにどのように使われるかを議論する．ブックバーガー

のアルゴリズムの第1段階を考える. 多項式 S の次数が $2t-1$ 以下であることに注意する.

a. そのアルゴリズムの第1段階は, 1変数割算アルゴリズムを適応して x^{2t} を S で割り, $x^{2t} = qS + R$ (商 q の次数は1以上, 余り R は0または $\deg S$ より次数が小さい) なる式を齎すことに等しいことを示せ. すると, 式

$$(x^{2t}, 0) = q(S, 1) + (R, -q)$$

を得る.

b. $g_2, g_3 = (R, -q)$ も加群 K を生成し, 従って, グレブナー基底を計算する際には, 実際には g_1 を無視することができることを導け.

c. 多項式の GCD を計算するユークリッドの互除法 (たとえば, [CLO, Chapter 1, § 5] 参照) と同様に進め, **第 1 成分を研究せよ**. たとえば, 次の段階では

$$(S, 1) = q_1(R, -q) + (R_1, q_1 q + 1)$$

なる形の関係が得られる. 新しい加群の元 $g_4 = (R_1, q_1 q + 1)$ において, 第1成分の次数は減少し, 第2成分の次数は増加した. この過程を有限回繰り返すと, 第2成分の次数が第1成分の次数より大きく, その結果, その $>_{-1}$ 主項が $\mathbf{e}_2$ の倍数である加群 K の元 (Ω, Λ) を作り出すことを示せ.

d. このようにして得られる元は $>_{-1}$ に関する K の極小元であることを示せ. [ヒント: この加群の2つの成分に共通する任意の因子を取り除くと極小元が得られる. 鍵方程式 $\Omega = \Lambda S + x^{2t} \Gamma$ の明確な形の解として得られる $(\Omega, \Lambda, \Gamma)$ を調べることで, Ω と Λ は自動的に互いに素になることを示せ.]

練習問題 12 練習問題 11 の方法を本節の本文の終りの復号問題に適応せよ. 得た結果と他の方法の結果を比較せよ. 次に, それぞれを実行するために必要な計算量を比較せよ. 明らかな "勝者" は存在するか.

練習問題 13 練習問題 11 の方法を練習問題 10 の復号問題に適応せよ.

§9.5 代数幾何からの符号

ここ15年，代数幾何は発見者のV. D. Goppaに因んで**幾何学的ゴッパ符号**(geometric Goppa code)と呼ばれる，大変興味深い符号の類の研究に広く応用されてきた．これらの符号の中には大変良いパラメーターを持つものがあり，この事実を確立した1982年の論文 [TVZ] は符号理論の歴史における画期的な出来事であった．本節の目的は，あまり形式にこだわらないアプローチを使って幾何学的ゴッパ符号を紹介することにある．**リード・ミューラー符号**(Reed–Muller code)と呼ばれるやや簡単な符号の族と並行してゴッパ符号を扱う．これら両方の族について紹介する構成法は§9.3でリード・ソロモン符号を構成した方法の一般化と思うことができる．

このようなアプローチを行う理由は，幾何学的ゴッパ符号を完全に理解するには代数曲線や超越次数1の函数体の古典的な理論の多くの概念(因子，線系，微分，リーマン・ロッホの定理，ヤコビ多様体など)を必要とするからである．ゴッパの構成法は有限体上で定義される曲線を使っているので，その理論の数論的，或いは**算術的**な側面も存在する．あいにく，これらの問題は本著の範囲をかなり逸脱している．他方，なんとか初等的に記述できる幾何学的ゴッパ符号の部分類が存在し，本節でもその部分類を考察する．よしんばそれらの符号がもっとも一般的なゴッパ符号でなくても，それらの符号は符号理論家が徹底的に研究した符号に双対性によって関連付く．§9.4のリード・ソロモン復号アルゴリズムの議論と同様の着想の幾つかを使って，これらの双対符号に対する適度に効果的な復号アルゴリズムを構成することができる．たとえば，[HeS] と概説 [HP] を参照せよ．我々は，本節で展開する序論が，読者にとって，この話題を更に追求する契機となることを望んでいる．そのために，参考文献 [Mor] と [vLvG] (両者とも幾何学的ゴッパ符号を曲線の言葉を使って紹介)，或いは [Sti] (1変数函数体の用語をやや単刀直入に使用)を推薦する．

(一般化された，或いは q 項) リード・ミューラー符号を議論する．§9.3のリード・ソロモン符号の構成法を直接に一般化する．すなわち，単に，(9.3.4)でアフィン直線上の点を高次元のアフィン空間の点で，1変数多項式を多変数多項式で取り換えることでこれらの符号を定義する．有限体 $\mathbb{F}_q$ 上の m 次

元アフィン空間の点の或る番号付け $\{P_1, P_2, \ldots, P_{q^m}\}$ を固定する．（ブロック長をできるだけ大きくするために0を座標に持つ点を含めることが慣習である．(9.3.4)においてもこの慣習に従い，いわゆる**拡張されたリード・ソロモン符号**(extended Reed-Solomon code) を定義することができる．）

各 $\nu \geq 0$ について，L_ν を全次数が高々 ν の多項式全体から成る $\mathbb{F}_q[t_1, \ldots, t_m]$ の部分空間とする．§9.3と同様にして，点 P_i の集合で L_ν の**函数を評価し**，符号語を構成する．形式的に評価写像を

$$ev_\nu : L_\nu \to \mathbb{F}_q^{q^m}$$
$$f \mapsto (f(P_1), \ldots, f(P_{q^m}))$$

と表す．このとき，リード・ミューラー符号 $RM_q(m, \nu)$ とは ev_ν の像を言う．各 $m \geq 1$ と各 $\nu \geq 0$ について，$RM_q(m, \nu)$ はブロック長 q^m の $\mathbb{F}_q$ 上の線型写像である．

たとえば，$L_2 \subset \mathbb{F}_3[t_1, t_2]$ の基底 $\{1, t_1, t_2, t_1^2, t_1 t_2, t_2^2\}$ の多項式を

$$P_1 = (0,0),\ P_2 = (1,0),\ P_3 = (2,0),\ P_4 = (0,1),\ P_5 = (1,1),$$
$$P_6 = (2,1),\ P_7 = (0,2),\ P_8 = (1,2),\ P_9 = (2,2)$$

と番号付けた $\mathbb{F}_3^2$ の点で評価すると，リード・ミューラー符号 $RM_3(2,2)$ は生成元行列

(9.5.1)
$$G = \begin{pmatrix} 1 & 1 & 1 & 1 & 1 & 1 & 1 & 1 & 1 \\ 0 & 1 & 2 & 0 & 1 & 2 & 0 & 1 & 2 \\ 0 & 0 & 0 & 1 & 1 & 1 & 2 & 2 & 2 \\ 0 & 1 & 1 & 0 & 1 & 1 & 0 & 1 & 1 \\ 0 & 0 & 0 & 0 & 1 & 2 & 0 & 2 & 1 \\ 0 & 0 & 0 & 1 & 1 & 1 & 1 & 1 & 1 \end{pmatrix}$$

の行で張られる．

練習問題 1 符号 $RM_3(2,2)$ の次元と最小距離は幾つか．

2進（すなわち $q=2$ である）リード・ミューラー符号は最初に（ここで紹介した方法とは異なる方法で）導入されたものである．たとえば，1960年代後

半に発射された火星探査船 *Mariner* と交信するために符号 $RM_2(5,1)$ が使われた．2進リード・ミューラー符号について使うことができる**多数論理復号**(majority logic decoding)と呼ばれる大変簡単な復号アルゴリズムが存在する．しかし，リード・ミューラー符号は，現実には，リード・ソロモン符号とBCH符号のようなもっと強力な符号にその地位を奪われた．

我々が議論する幾何学的ゴッパ符号は，リード・ミューラー符号の或る**部分符号に穴を開ける**ことで得られる．穴を開けるとは，リード・ミューラー符号語の q^m 個の成分の或る部分集合を**取り除き**，より小さいブロック長の新しい符号の語を作ることである．更に，或る ν について部分空間 $L \subset L_\nu$ に属する多項式だけを残りの点で評価する．

簡単な例を挙げる．体 $\mathbb{F}_4$ 上のアフィン平面($m=2$)において，多項式方程式 $t_1^3 + t_2^2 + t_2 = 0$（その平面上の曲線の方程式）を満たす点を考える．このような点はちょうど8個存在する．$\mathbb{F}_4$ の原始元（$\alpha^2 + \alpha + 1 = 0$ の根）を α と表し，その8点を次のように番号付ける．

$$\begin{array}{llll} P_1 &= (0,0) & P_2 &= (0,1) \\ P_3 &= (1,\alpha) & P_4 &= (1,\alpha^2) \\ P_5 &= (\alpha,\alpha) & P_6 &= (\alpha,\alpha^2) \\ P_7 &= (\alpha^2,\alpha) & P_8 &= (\alpha^2,\alpha^2) \end{array}$$

いま，L_1 の多項式 $\{1, t_1, t_2\}$ を上で述べた8個の点 P_i のみで評価することで符号を構成することができる(上で述べたような穴を開けることである)．すると，ブロック長 $n = 8$ の $\mathbb{F}_4$ 上の符号が得られ，その生成元行列

(9.5.2) $$G = \begin{pmatrix} 1 & 1 & 1 & 1 & 1 & 1 & 1 & 1 \\ 0 & 0 & 1 & 1 & \alpha & \alpha & \alpha^2 & \alpha^2 \\ 0 & 1 & \alpha & \alpha^2 & \alpha & \alpha^2 & \alpha & \alpha^2 \end{pmatrix}$$

を得る(これは(9.2.4)の符号と同じである)．この行列の行は線型独立であるから，得られる符号の次元は $k = 3$ である．ベクトル空間 L_ν の任意の部分空間の基底の多項式を評価し，同様の方法で符号を作ることができる．たとえば，$\{1, t_1, t_2, t_1^2\} \subset L_2$ を使うと，リード・ミューラー符号 $RM_4(2,2)$ の部分符号から得られる $n = 8, k = 4$ なる穴開き符号を得る．

函数を評価することで符号を構成するという着想についてのゴッパの根本

的な洞察は，穴開け操作の後で残る点が，$\mathbb{F}_q$ の元を座標に持ち，更に，体 $\mathbb{F}_q$ 上で定義される**代数曲線**(algebraic curve) X (すなわち，次元 1 の多様体) 上に存在するときに特に興味深い符号が得られる，ということであった．これらを X 上の $\mathbb{F}_q$ **有理点**($\mathbb{F}_q$-rational point)と呼び，X 上の $\mathbb{F}_q$ 有理点全体の集合を $X(\mathbb{F}_q)$ と表す．更に，曲線 X に関して定義される函数から成る適当なベクトル空間において評価される函数を選ぶ必要がある．

触れないでおきたい進んだ代数幾何の話題が，一般的な構成法に立ち入ってくるのはまさに今，である．我々の紹介では，リード・ミューラー符号について使われる多項式の状況に留まることができるよう X について強い条件を仮定する．我々が考える曲線や函数の集合についての以下の記述は，主として，代数曲線の一般論についての知識は**豊富である**が，一般の幾何学的ゴッパ符号についての知識を必ずしも有しているとは限らない読者のために用意されている．次の定義やその後の段落は一読して飛ばしても差し障りはない．

(9.5.3) 定義 曲線 X が**特別な位置**(special position)にあるとは，次の条件が満たされるときに言う．

a. $\mathbb{F}_q$ の代数的閉包 $\mathbb{F}$ 上の射影空間 $\mathbb{P}^m$ における X の射影閉包 $\overline{X}$ が**滑らかな**(smooth)曲線であって，更に，$\overline{X}$ の斉次イデアルは $\mathbb{F}_q$ の元を係数とする多項式で生成される．(もっと抽象的に述べると，$\overline{X}$ は体 $\mathbb{F}_q$ 上で定義される．)

b. 射影曲線 $\overline{X}$ は無限遠における超平面 $\mathbf{V}(t_0)$ において唯一つの点 Q を持ち，Q も $\mathbb{F}_q$ の元を座標に持つ．

c. 有理函数 t_i/t_0 の Q における極の位数は，Q のみで極を持つ $\overline{X}$ 上の有理函数全体の Q における極の位数から成る半群を生成する．

たとえば，$\mathbb{F}_4$ の代数的閉包上の $\overline{X} = \mathbf{V}(t_1^3 + t_2^2 t_0 + t_2 t_0^2) \subset \mathbb{P}^2$ (これは上で述べた例で使われた曲線)は特別な位置にある．実際，$\overline{X}$ は $\mathbb{F}_2 \subset \mathbb{F}_4$ 上で定義され，$\overline{X}$ が特異点を持たない．次に，$\overline{X} \cap \mathbf{V}(t_0) = \{(0,0,1)\}$ であるから，$\overline{X}$ は無限遠における直線上に唯一の $\mathbb{F}_4$ 有理点を持つ．更に，X 上の有理函数 t_1/t_0 は $(1,0,0), (1,0,1)$ で零点を，$Q = (0,0,1)$ で位数 2 の極を

持つ．同様に，有理函数 t_2/t_0 は $(1,0,0)$ で位数 3 の零点を，Q で位数 3 の極を持つ．極の位数 2 と 3 で生成される $\mathbb{Z}_{\geq 0}$ に含まれる半群はたった 1 つの整数 1 を省くだけである (1 つの "空隙" しか持たない)．いま，$\overline{X}$ は種数 1 の曲線であるので (後で述べることを参照せよ)，ワイエルシュトラスの空隙定理 (たとえば，[Sti] 参照) から，その半群は Q における極の位数の半群全体と一致する．

以下，特別な位置にある曲線から構成される符号だけを考える．この制限は強いものであるが，最初に思われるほど強くはない．代数幾何の標準的な手法から，任意の点 $Q \in \overline{X}$ について，$\overline{X}$ の別の射影的埋め込みで，Q の像が新しい，双有理的に同型な，像曲線上の無限遠における唯一つの点であるものが存在する．(どのように機能するかを解説する例については練習問題 13 を参照せよ．) いま，$\overline{X}$ をこのような埋め込みの像で取り換えると，Q のみで極を持つ $\overline{X}$ 上の有理函数はアフィン曲線 X に制限した $\mathbb{F}_q[t_1,\ldots,t_m]$ の多項式函数と同一視することができる．(9.5.3) の最初の条件から "1 点" 幾何学的ゴッパ符号 (すなわち，Q において位数 a 以下の極を持ち，他に極を持たない $\overline{X}$ 上の有理函数から成る空間 $L(aQ)$ の 1 つを選んで，その空間に属する函数を評価することで構成される符号) として知られているものの類を得るには，**単項式**の集合で張られる $\mathbb{F}_q[t_1,\ldots,t_m]$ の部分空間だけを考えれば十分である．これらの符号の**双対**は幾何学的ゴッパ符号の特別な類を構成し，符号理論の研究者によって大規模に展開され，比較的良い復号アルゴリズムが存在することが知られている．

いま，$\mathcal{P} = \{P_1,\ldots,P_n\}$ を (特別な位置にある) アフィン曲線 X 上の (すべての座標が $\mathbb{F}_q$ に属する) 点の集合とする．次に，L を $\mathbb{F}_q$ の元を係数とする多項式函数から成る $\mathbb{F}_q$ 上の (或る) ベクトル空間とする．我々の幾何学的ゴッパ符号は評価写像

$$ev_L : L \to \mathbb{F}_q^n, \quad f \mapsto (f(P_1),\ldots,f(P_n))$$

の像として得られる符号である．その (結果得られる) 符号を $C_X(\mathcal{P}, L)$，或るいは曲線 X が文脈から明らかなときは単に $C(\mathcal{P}, L)$ と表す．

これらの符号を興味深いとゴッパが考えた 1 つの理由は，リード・ソロモン符号についてと同様に，任意の符号語の零成分の個数 (X 上の $\mathbb{F}_q$ 有理点に

おける函数の零点の個数)が L における函数の形で強く制限されることである．他方，リード・ソロモン符号についてと同様に，アフィン直線だけでなく一般の曲線上の点で函数を評価することはより大きな n の値，従ってもっと多くの符号語を持つ符号を発見する可能性を与える．

実は，ハッセとベイユの有名な定理(曲線の函数体についてのリーマン仮説の類似)は，$\mathbb{F}_q$ 上の射影曲線上の $\mathbb{F}_q$ 有理点の個数は

$$|\overline{X}(\mathbb{F}_q)| = 1 + q - \sum_{i=1}^{2g} \alpha_i$$

なる形の等式を満たすことを保証する．但し，すべての i について α_i は $|\alpha_i| = \sqrt{q}$ なる $\mathbb{C}$ の代数的数であって，更に，整数 $g \geq 0$ は**種数**(genus)と呼ばれる $\overline{X}$ の不変量である．(ハッセ・ベイユ定理の深い議論は [Mor] または [Sti] に譲る．) すると，

$$|\overline{X}(\mathbb{F}_q)| \leq 1 + q + 2g\sqrt{q}$$

が従う．

滑らかな曲線 $\overline{X} \subset \mathbb{P}^m$ の種数 g の 1 つの定義は次のようなものである．イデアル $I = \mathbf{I}(\overline{X}) \subset R = \mathbb{F}_q[t_0, \ldots, t_m]$ は斉次イデアルであって，§6.4 では**ヒルベルト多項式** $HP_{R/I}(\nu)$ を研究した．十分大きな ν の値について，ヒルベルト多項式は

$$HP_{R/I}(\nu) = \dim_{\mathbb{F}_q}(R/I)_\nu = \dim_{\mathbb{F}_q} R_\nu - \dim_{\mathbb{F}_q} I_\nu$$

を満たす．我々の状況では，$\overline{X} \subset \mathbb{P}^m$ は滑らかな曲線であるから，§6.4 で注意したように，$HP_{R/I}(\nu)$ は $d\nu + e$ なる形をしている．但し，d は $\overline{X}$ の次数(すなわち，$\overline{X}$ と $\mathbb{P}^m$ におけるジェネリックな超平面との共通点の個数)である．このとき，$\overline{X}$ の**種数**は $g = 1 - e$ なる数で定義される．

[CLO] を熟知している読者のために言うが，ここで使われるヒルベルト多項式 $HP_{R/I}(\nu)$ は [CLO, Chapter 9, §3] で議論されるヒルベルト多項式 $HP_I(\nu)$ と同一のものである．

これがどのように機能するかについての例として，$\overline{X}$ を次数 d の滑らかな射影平面曲線と仮定する．すると，$I = \langle f \rangle \subset R = \mathbb{F}_q[t_0, t_1, t_2]$ ($f = 0$ は $\overline{X}$ の定義方程式)である．このとき，f の次数は d であるから，R 加群とし

て $I \simeq R(-d)$ である．従って，完全系列

$$0 \to R(-d) \to R \to R/I \to 0$$

を得る．すると，十分大きな ν について

(9.5.4)
$$\begin{aligned} HP_{R/I}(\nu) &= \binom{\nu+2}{2} - \binom{\nu-d+2}{2} \\ &= d\nu - \frac{d^2-3d}{2} \\ &= d\nu + 1 - \frac{(d-1)(d-2)}{2} \end{aligned}$$

である．従って，次数 d の平面曲線の種数は

(9.5.5)
$$g = \frac{(d-1)(d-2)}{2}$$

である．

第6章を読まずに飛ばした読者のために，第8章で等式(8.2.16)を証明するために使った方法のような，より初等的な方法で(9.5.4)を証明することができることに触れておく．特異点を持つ平面曲線についても上で述べた計算は意味を成すことも指摘すべきである．その場合，$(d-1)(d-2)/2$ なる数を**算術種数**(arithmetic genus)と呼ぶ．

種数は $\mathbb{F}_q$ 有理点の個数に強い影響を及ぼす．たとえば，$\mathbb{F}_4$ 上で種数 0 の曲線は高々 $1+4=5$ 個の有理点を持つことができるが，ハッセ・ベイユ限界によると，種数 1 の曲線は

$$1 + 4 + 2 \cdot 1 \cdot \sqrt{4} = 9$$

個まで $\mathbb{F}_4$ 有理点を持つことができる．なお，$g=1, q=4$ についてはハッセ・ベイユ限界に達する $\mathbb{F}_q$ 上の曲線を常に発見できるとは限らないが，そのような曲線は存在する．実際，射影曲線 $\overline{X} = \mathbf{V}(t_1^3 + t_2^2 t_0 + t_2 t_0^2)$ ((9.5.2)で符号を構成するために使われる多様体の射影閉包)はこのような曲線である．この射影曲線 $\overline{X}$ は次数 3 の滑らかな曲線であって，(9.5.5)の式から $g=1$ である．更に，$\overline{X}$ は上で述べた 8 個の点に $\mathbb{P}^2$ の無限遠における直線上の点 $Q=(0,0,1)$ を加えた 9 個の $\mathbb{F}_4$ 有理点を持つ．

この例の曲線は**エルミート曲線**(Hermitian curve)という族の最初の例で

9.5 代数幾何からの符号 **603**

ある．平方位数の各体 $\mathbb{F}_{m^2}$ 上で定義されるエルミート曲線が存在する．すなわち，$\overline{X}_m = \mathbf{V}(t_1^{m+1} - t_2^m t_0 - t_2 t_0^m)$．練習問題 2 はこれらの曲線の興味深い幾つかの性質を与える．

練習問題 2 a. 射影エルミート曲線 $\overline{X}_m$ が種数 $g = m(m-1)/2$ の滑らかな曲線であることを示せ．

b. アフィン曲線 $X_3 = \mathbf{V}(t_1^4 - t_2^3 - t_2)$ 上の 27 個の $\mathbb{F}_9$ 有理点全体の集合 $\mathcal{P}$ を求め，$L = \{1, t_1, t_2, t_1^2, t_1 t_2\}$ なる符号 $C(\mathcal{P}, L)$ の生成元行列を構成せよ．

c. アフィン曲線 X_{16} 上には何個の $\mathbb{F}_{16}$ 有理点があるか．それらの点を求めよ．

d. すべての m について，射影エルミート曲線 $\overline{X}_m$ は $\mathbb{F}_{m^2}$ 上のハッセ・ベイユ限界

$$|\overline{X}_m(\mathbb{F}_{m^2})| = 1 + m^2 + m(m-1)m = 1 + m^3$$

に達することを示せ．（無限遠における点を忘れるな．）

e. （代数曲線や函数体を熟知している読者に対して．）すべてのエルミート曲線 $\overline{X}_m$ は（定義(9.5.3)の）**特別な位置**にあることを示せ．[ヒント：有理函数 t_1/t_0, t_2/t_0 は $Q = (0, 0, 1)$ においてそれぞれ極の位数 m, $m+1$ を持つことを示せ．更に，ワイエルシュトラスの空隙定理を使って，これらの極の位数は Q における極の位数の半群全体を生成することを示せ．点 Q は高いワイエルシュトラス重みのワイエルシュトラス点である．]

練習問題 3 （クラインの 4 次曲線）体 $\mathbb{F}_8 = \mathbb{F}_2[\alpha]/\langle \alpha^3 + \alpha + 1\rangle$ 上で定義される射影平面上の曲線

$$\overline{K} = \mathbf{V}(t_1^3 t_2 + t_2^3 t_0 + t_0^3 t_1)$$

を考える．

a. $\overline{K}$ が次数 4 の滑らかな曲線であって，$\overline{K}$ の種数は $g = 3$ であることを示せ．

b. 次に，K が 24 個の $\mathbb{F}_8$ 有理点を持つことを示す．まず，
$$Q_0 = (1,0,0), \quad Q_1 = (0,1,0), \quad Q_2 = (0,0,1)$$
なる 3 点は $\overline{K}$ 上の $\mathbb{F}_8$ 有理点であることを示せ．

c. 写像
$$\sigma(t_0, t_1, t_2) = (\alpha^4 t_0, \alpha t_1, \alpha^2 t_2),$$
$$\tau(t_0, t_1, t_2) = (t_1, t_2, t_0)$$
は集合 $\overline{K}(\mathbb{F}_8)$ をそれ自身に移すことを示せ．

d. $\overline{K}(\mathbb{F}_8)$ は Q_ℓ の他に 21 個の点 P_{ij} を含むことを導け．但し，
$$P_{ij} = \tau^i(\sigma^j(P_{00}))$$
$(P_{00} = (1, \alpha^2, \alpha^2 + \alpha) \in K(\mathbb{F}_8))$ である．

e. $|\overline{K}(\mathbb{F}_8)| = 24$ であることを導け．[ヒント：この場合，ハッセ・ベイユ限界はどんなことを言っているか．このとき，c を使え．]

f. 曲線 $\overline{K}$ は定義 (9.5.3) を満たすか，理由を付して述べよ．（練習問題 13 を参照せよ．）

リード・ミューラー符号や幾何学的ゴッパ符号のパラメーター（特に最小距離）を決めることはかなり巧妙であるが，それは我々が展開した幾つかの道具の華麗な応用であるので，詳しく考察する．リード・ミューラー符号について $k = \dim RM_q(m, \nu)$ を理解するために，十分大きな ν について，$\mathbb{F}_q^m$ 上で恒等的に成り立つ多項式関係式 $t_i^q - t_i = 0$ がベクトル $ev_\nu(f)$ ($f \in L_\nu$) の間の線型従属を導くことに注意する．

これらの従属関係を系統的に研究するために，イデアル $I \subset \mathbb{F}_q[t_1, \ldots, t_m]$ のアフィンヒルベルト函数 (affine Hilbert function) を導入する．これは次のように定義される．いま，ν が与えられたとき，I_ν を I の全次数 ν 以下の元

から成るベクトル空間とする．このとき，アフィンヒルベルト函数 $^{a}HF_I(\nu)$ は

$$^{a}HF_I(\nu) = \dim_{\mathbb{F}_q} \mathbb{F}_q[t_1,\ldots,t_m]_\nu - \dim_{\mathbb{F}_q} I_\nu$$

と定義される．但し，$\mathbb{F}_q[t_1,\ldots,t_m]_\nu$ は全次数 ν 以下の**すべての**多項式から成る集合である．アフィンヒルベルト函数は [CLO, Chapter 9, §3] で詳細に研究されている．練習問題 14 では，アフィンヒルベルト函数が本著の第 6 章で議論したヒルベルト函数とどのように関係するかを議論する．

さて，$\dim RM_q(m,\nu)$ が $t_i^q - t_i$ ($1 \leq i \leq m$) で生成されるイデアルのアフィンヒルベルト函数に等しいことは標準的な事実である．すなわち，

(9.5.6) 命題 すべての m と ν について，$RM_q(m,\nu)$ の次元はアフィンヒルベルト函数 $^{a}HF_I(\nu)$ の値に等しい．但し，$I = \langle t_i^q - t_i : i = 1,\ldots,m \rangle$ である．

証明 線型写像 ev_ν の核は $\mathbb{F}_q^m$ のすべての点を零点に持つ全次数 ν 以下の $\mathbb{F}_q[t_1,\ldots,t_m]$ の多項式から成る．この核は I に含まれる全次数 ν 以下の元から成るベクトル空間 I_ν に等しい（練習問題 8）．線型代数の次元定理から，

$$\dim_{\mathbb{F}_q} ev_\nu(L_\nu) = \dim_{\mathbb{F}_q} L_\nu - \dim_{\mathbb{F}_q} I_\nu$$

である．しかし，L_ν は $\mathbb{F}_q[t_1,\ldots,t_m]_\nu$ と定義されるので，アフィンヒルベルト函数の定義から題意の証明が完了する． □

イデアル I の生成元が簡単な形をしているため，任意の単項式順序に関して $\langle \mathrm{LT}(I) \rangle = \langle t_1^q,\ldots,t_m^q \rangle$ は簡単に示せる．[CLO, Chapter 9, §3, Proposition 4] から，イデアルとその主項イデアルのアフィンヒルベルト函数は一致し，その結果

$$^{a}HF_I(\nu) = {}^{a}HF_{\langle \mathrm{LT}(I) \rangle}(\nu) = {}^{a}HF_{\langle t_1^q,\ldots,t_m^q \rangle}(\nu)$$

である．この事実を知ると，$^{a}HF_I$ を計算することができる．各 $i = 1,\ldots,m$ について，$S_i(\nu)$ を t_i^q で割り切れる全次数 ν 以下の $\mathbb{F}_q[t_1,\ldots,t_n]$ の単項式の集合とする．このとき，

$$^aHF_I(\nu) = \binom{m+\nu}{\nu} - \dim I_\nu$$
$$= \binom{m+\nu}{\nu} - |S_1(\nu) \cup \cdots \cup S_m(\nu)|$$

である．おのおのの i について $|S_i(\nu)| = \binom{m+\nu-q}{\nu-q}$，おのおのの対 $i \neq j$ について $|S_i(\nu) \cap S_j(\nu)| = \binom{m+\nu-2q}{\nu-2q}$ である等々に注意すると，([CLO, Chapter 9, §2] で紹介されている) 包除定理 (inclusion-exclusion principle) から，

(9.5.7)
$$^aHF_I(\nu) = \binom{m+\nu}{\nu} + \sum_{j=1}^{m} (-1)^j \binom{m}{j}\binom{m+\nu-jq}{\nu-jq}$$
$$= \sum_{j=0}^{m} (-1)^j \binom{m}{j}\binom{m+\nu-jq}{\nu-jq}$$

である．練習問題 14 では，或るコスツル複体の完全性について，この等式をうまく解釈できることを示す．

たとえば，$m = 2, \nu = 2, q = 3$ とすると
$$\dim RM_3(2,2) = \binom{2}{0}\binom{4}{2} - \binom{2}{1}\binom{4-3}{2-3} + \binom{2}{2}\binom{4-6}{2-6} = 6$$

を得る．(練習問題 1 の結果と一致する．) 練習問題 14 では，母函数を使って，$RM_q(m,\nu)$ の次元を計算する別の方法を議論する．

練習問題 4 商環
$$\mathbb{F}_q[t_1,\ldots,t_m]/\langle t_i^q - t_i : i = 1,\ldots,m \rangle$$
の標準的な基底単項式は，すべての i について $0 \leq \beta_i \leq q-1$ である単項式 t^β 全体から成る．

a. 次数がちょうど ν に等しいこのような単項式 t^β の個数は 1 変数多項式 $(1 + u + \cdots + u^{q-1})^m \in \mathbb{Z}[u]$ を展開したときの u^ν の係数と同じである．これを示せ．

b. この展開で項のように纏めないうちは，各項は $0 \leq \ell_i \leq q-1$ について
$$u^{\ell_0} u^{\ell_1} \cdots u^{\ell_{m-1}}$$

なる形である．いま，ℓ_i を q 進展開の i 桁目の数として使うと，u^ν の係数を q 進展開の各桁に現れる数の和が ν に等しい整数 ℓ (但し，$0 \leq \ell \leq q^m - 1$) の個数として表すことができることを示せ．

c. 次に，$\ell = \sum_i \ell_i q^i$ が整数 ℓ の q 進展開であるとき，各桁に現れる数の和 $\sum_i \ell_i$ を $w_q(\ell)$ と表す．このとき，

$$\dim RM_q(m, \nu) = |\{\ell : 0 \leq \ell \leq q^m - 1 \text{ 且つ } w_q(\ell) \leq \nu\}|$$

を導け．

曲線 X を定義する方程式を考慮しなければならないという点を除くと，同様の方法で幾何学的ゴッパ符号の次元を決定することができる．たとえば，体 $\mathbb{F}_{16}$ 上のエルミート曲線 X_4 について，$\mathcal{P}$ を X_4 上の（或る特定の順序で並べられた）64 個のアフィン $\mathbb{F}_{16}$ 有理点全体から成る集合とし，$L = L_\nu$ (t_1, t_2 の次数 ν 以下の多項式の全体から成るベクトル空間）に関する符号 $C(\mathcal{P}, L)$ を考える．評価写像

$$ev_{L_\nu} : L_\nu \to \mathbb{F}_{16}^{64}$$
$$f \mapsto (f(P_1), \ldots, f(P_{64}))$$

の核は J_ν の元から成る．但し，

$$J = \langle t_1^5 + t_2^4 + t_2, t_1^{16} + t_1, t_2^{16} + t_2 \rangle$$

（有限集合 $X_4(\mathbb{F}_{16})$ のイデアル）である．さて，$t_1 > t_2$ なる辞書式順序に対する J のグレブナー基底は

$$G = \{t_1^5 + t_2^4 + t_2, t_1(t_2^{12} + t_2^9 + t_2^6 + t_2^3 + 1), t_2^{16} + t_2\}$$

である．従って，命題 (9.5.6) と同様にして，イデアル J のアフィンヒルベルト函数を使って，$C(\mathcal{P}, L_\nu)$ の次元を定めることができる．しかし，このアフィンヒルベルト函数は射影曲線 $\overline{X}_4$ のヒルベルト函数と一致する．射影曲線 $\overline{X}_4$ は次数 5，すると (9.5.5) から種数は 6 である．そのヒルベルト函数は $5\nu + 1 - 6 = 5\nu - 5$ である．従って，$C(\mathcal{P}, L_\nu)$ の次元は

$$\dim_{\mathbb{F}_{16}} C(\mathcal{P}, L_\nu) = 5 \cdot \nu - 5$$

である. 特に, $\nu = 6$ のとき, $\dim_{\mathbb{F}_{16}} C(\mathcal{P}, L_6) = 25$ である. その結果生じる符号の基底は, たとえば, 25個の単項式

$$\{1, t_1, t_2, t_1^2, t_1 t_2, t_2^2, t_1^3, \ldots, t_2^3, t_1^4, \ldots, t_2^4, t_1^4 t_2, \ldots, t_2^5, t_1^4 t_2^2, \ldots, t_2^6\}$$

の $\mathcal{P}$ の点における評価写像の像から成る. 単項式 t_1^5 は, G を法として線型結合 $t_2^4 + t_2$ になるので, 含まれないことに注意せよ. さて, $\nu \geq 16$ のとき, $t_i^{16} + t_i$ によっても還元する必要がある. 単項式の集合で張られる L_ν の真の部分空間について, 同様の方法で進め, G による割算の余りを取る. たとえば, 上で述べた計算から, $t_1 t_2^5, t_2^6$ を除く次数 6 以下の単項式全体が張る部分空間 $L \subset L_6$ について, 符号 $C(\mathcal{P}, L)$ の次元は $k = 23$ である.

ベクトル空間 $L = L(aQ)$ の有理函数の評価から得られる 1 点符号について一般に成り立つもっと進んだアプローチは, $L(aQ)$ の次元を決定するためにリーマン・ロッホの定理を使うことである. たとえば, $a \geq 2g - 1$ について, その結果から

$$\dim_{\mathbb{F}_q} L(aQ) = a + 1 - g$$

が従う. ($a \leq 2g - 2$ について, 右辺に加えられる非負補正項も存在する. 詳細については [Sti] を参照せよ.) このとき, $\mathcal{P}$ のすべての点を零点に持つ函数から成る $L(aQ)$ の部分空間の次元(はリーマン・ロッホの定理を使って計算できるが, それ)を引くと $C(\mathcal{P}, L)$ の次元を得る.

次に, リード・ミューラー符号に立ち戻り, 最小距離を決定する問題を議論する. 幾つかの座標が 0 である $\mathbb{F}_q^m$ の点に対応する符号語の成分を取り除くと, その結果生じるブロック長 $(q-1)^m$ の穴開きリード・ミューラー符号は, 適当に成分を順序付け直すと, §9.3 で定義した m 次元巡回符号である.

練習問題 5 幾つかの座標が 0 である $\mathbb{F}_q^m$ の点に対応する符号語の成分が取り除かれ, ブロック長 $(q-1)^m$ の符号語が得られたとき, m 個の 1 変数巡回シフトのすべてでその穴開き符号が不変になるためには, リード・ミューラー符号の符号語の残りの成分をどのように順序付けたらよいか.

多くの自己同型を持つ曲線から得られる幾何学的ゴッパ符号について, この結果の類似物が存在する. 簡単な例については練習問題 12 を, 系統的な議

9.5 代数幾何からの符号

論については [HLS] を参照せよ。以下の議論では、原点に対応する成分だけを取り除くことで得られる符号を $RM_q(m,\nu)^*$ で表すことにする。穴開き符号 $RM_q(m,\nu)^*$ は興味深い性質を持つ。実際,

(9.5.8) 定理 符号語の成分を適当に順序付け直すと、$RM_q(m,\nu)^*$ はブロック長 $q^m - 1$ の巡回符号である。

符号理論の教科書では、定理 (9.5.8) は「$RM_q(m,\nu)^*$ は巡回符号と**同値である**」と述べることが多い。ブロック長 n の2つの符号が同値であるとは、一方の符号を別の符号に移す、長さ n のベクトルの成分の或る固定した置換が存在することである。

証明 §9.1 の結果から、各 $m \geq 1$ について次数 m の $\mathbb{F}_q[u]$ の既約多項式が存在する。換言すると、$\mathbb{F}_q$ を含む位数 q^m の有限体 $\mathbb{F}_{q^m}$ が存在する。有限体 $\mathbb{F}_{q^m}$ の原始元 α を選び、α の $\mathbb{F}_q$ 上のモニックな最小多項式を

$$(9.5.9) \qquad f(u) = u^m + c_{m-1}u^{m-1} + \cdots + c_1 u + c_0$$

と表す。冪 $1, \alpha, \alpha^2, \ldots, \alpha^{m-1}$ は $\mathbb{F}_q$ 上のベクトル空間としての $\mathbb{F}_{q^m}$ の基底である。すると、写像

$$(9.5.10) \qquad \begin{aligned} \varphi : \mathbb{F}_q^m &\to \mathbb{F}_{q^m} \\ (a_0, \ldots, a_{m-1}) &\mapsto a_0 + a_1\alpha + \cdots + a_{m-1}\alpha^{m-1} \end{aligned}$$

は $\mathbb{F}_q$ 上のベクトル空間の同型写像である。いま、φ を経由し、$\mathbb{F}_q^m$ と $\mathbb{F}_{q^m}$ を同一視する。このとき、原点と異なる点は体 $\mathbb{F}_{q^m}$ の非零元に対応する。

多項式 (9.5.9) の $m \times m$ コンパニオン行列

$$A = \begin{pmatrix} 0 & 1 & 0 & \cdots & 0 \\ 0 & 0 & 1 & \cdots & 0 \\ \vdots & \vdots & \vdots & \ddots & \vdots \\ 0 & 0 & 0 & \cdots & 1 \\ -c_0 & -c_1 & -c_2 & \cdots & -c_{m-1} \end{pmatrix}$$

を考える。このとき、すべての行ベクトル $x \in \mathbb{F}_q^m$ について、$\varphi(xA) =$

$\alpha\varphi(x)$ (右辺は $\mathbb{F}_{q^m}$ における積である) である (練習問題 9). 従って, A^{q^m-1} は $m \times m$ 単位行列である. 特に, A は可逆だから, $P \neq (0,\ldots,0)$ ならば $PA \neq (0,\ldots,0)$ である.

いま, $\mathbb{F}_q^m \setminus \{(0,\ldots,0)\}$ の元を P_i $(0 \leq i \leq q^m - 2)$ と並べ換え, すべての i について $\varphi(P_i) = \alpha^i \in \mathbb{F}_{q^m}$ となるようにする. それに応じて, 穴開きリード・ミューラー符号語の成分を順序付ける. このとき, 各符号語 $(f(P_0),\ldots,f(P_{q^m-2})) \in RM_q(m,\nu)^*$ について, 語 $(f(P_0 A),\ldots,f(P_{q^m-2}A))$ は左巡回シフトに過ぎない. いま, 変数のベクトル $t = (t_1,\ldots,t_m)$ を考える. ベクトル tA の成分は t_i の斉次線型多項式であるから, 各 $f \in L_\nu$ について, 多項式 $f(tA)$ も L_ν に属する. 以上の結果, $\mathbb{F}_q^{q^m-1}$ 上の巡回シフトで $RM_q(m,\nu)^*$ は不変である. 従って, 上で述べたように符号語の成分の順序を付け直すと, $RM_q(m,\nu)^*$ は巡回符号である. □

§9.3 の練習問題 12 から, 巡回符号の生成元多項式の根を分析すると, 最小距離についての下限が得られる. 符号 $RM_q(m,\nu)^*$ の生成元多項式の根を認識するためには, §9.1 の練習問題 8 の結果が必要である. すなわち,

(9.5.11) 補題 全次数が $m(q-1)$ より小さい多項式 $f \in \mathbb{F}_q[t_1,\ldots,t_m]$ について,

$$\sum_{x \in \mathbb{F}_q^m} f(x) = 0 \in \mathbb{F}_q$$

である.

証明 線型性から, f が単項式, すなわち $f = t^\beta$ $(\beta = (\beta_1,\ldots,\beta_m))$ のときに証明すれば十分である. 或る i について $\beta_i = 0$ であるとき, 結果は自明である. (実際, $\mathbb{F}_q$ に属する任意の元 y の q 個の和 $qy = y + \cdots + y$ は $\mathbb{F}_q$ において 0 である.) いま, 任意の i について $\beta_i > 0$ と仮定する. すると,

(9.5.12)
$$\sum_{x \in \mathbb{F}_q^m} x^\beta = \sum_{x \in (\mathbb{F}_q^*)^m} x^\beta$$

であるから, 零成分を持つベクトル x を無視することができる. 単項式 t^β の全次数は $m(q-1)$ より小さいので, 或る β_i は $q-1$ より小さい. いま, α

を $\mathbb{F}_q$ の原始元とする.このとき,$\alpha^{\beta_i} \neq 0, 1$ であるから,§9.1 の練習問題 8 を使って

$$\sum_{x_i \in \mathbb{F}_q^*} x_i^{\beta_i} = \sum_{j=0}^{q-2} (\alpha^j)^{\beta_i}$$
$$= \sum_{j=0}^{q-2} (\alpha^{\beta_i})^j$$
$$= 0$$

を得る. □

リード・ソロモン符号の根を決定する際に使った議論と同様の議論から,$RM_q(m,\nu)^*$ の根が求まると思われる((9.3.6) の周辺の議論を参照せよ).いま,各符号語を $\mathbb{F}_q[x]/\langle x^{q^m-1} - 1\rangle$ における多項式の剰余類として表す.

(9.5.13) $\quad (f(P_0), f(P_0 A), \ldots, f(P_0 A^{q^m-2})) \leftrightarrow \sum_{j=0}^{q^m-2} f(P_0 A^j) x^j$

次に,$RM_q(m,\nu)^*$ の生成元多項式 $g(x)$ の根を表示する.準備として,おのおのの整数 ℓ について,$w_q(\ell)$ を ℓ の q 進展開における各桁に現れる数の和とする.すなわち,$\ell = \sum_{i=0}^{N} \ell_i q^i$(但し,$0 \leq \ell_i \leq q-1$)ならば $w_q(\ell) = \sum_{i=0}^{N} \ell_i$ である.

(9.5.14) **命題** 整数 ν, m, q は $\nu < m(q-1)$ を満たすとし,α を $\mathbb{F}_{q^m}$ の原始元とする.このとき,α^ℓ が $RM_q(m,\nu)^*$ の生成元多項式の根であるための必要十分条件は,$0 \leq \ell < q^m - 1$ 且つ $0 < w_q(\ell) \leq m(q-1) - \nu - 1$ となることである.

証明 (9.5.10) による $\mathbb{F}_q^m$ と $\mathbb{F}_{q^m}$ の同一視から,元 $\alpha^j \in \mathbb{F}_{q^m}$ を内積を使って $\alpha^j = \langle P_0 A^j, b\rangle$ ($b = (1, \alpha, \ldots, \alpha^{m-1}) \in \mathbb{F}_{q^m}^m$)と表す($P_0$ は $1 \in \mathbb{F}_{q^m}$ に対応している).従って,$\sum_{j=0}^{q^m-2} f(P_0 A^j) x^j$ が穴開きリード・ミューラー符号語の多項式の表示ならば,

$$\sum_{j=0}^{q^m-2} f(P_0 A^j)(\alpha^\ell)^j = \sum_{j=0}^{q^m-2} f(P_0 A^j)\langle P_0 A^j, b\rangle^\ell$$

$$= \sum_{t\neq 0 \in \mathbb{F}_q^m} f(t)\langle t,b\rangle^\ell$$

$$= \sum_{t\neq 0 \in \mathbb{F}_q^m} f(t)\langle t,b\rangle^{\sum_i \ell_i q^i}$$

$$= \sum_{t\neq 0 \in \mathbb{F}_q^m} f(t) \cdot \prod_i \left(\sum_{s=1}^m t_i b_i^{q^i}\right)^{\ell_i}$$

である. 但し, 最後の式は $\mathbb{F}_q^m$ の点において $t_i^q = t_i$ であるという事実を使っている. 最後の行の和の中にある項の積は全次数 $\sum_i \ell_i = w_q(\ell)$ の t_i の多項式である. 従って, $f(t)$ との積は全次数 $\nu + w_q(\ell)$ ($\leq m(q-1)-1$ (ℓ に関する仮定から)) の多項式である. すると, 補題(9.5.11)から和は 0 になる.

従って, $RM_q(m,\nu)^*$ の生成元多項式(と, すべての符号語の多項式)は $\mathbb{F}_{q^m}[x]$ において $h(x) = \prod_\ell (x-\alpha^\ell)$ (但し, ℓ は $q^m - 1$ より小さく, $0 < w_q(\ell) \leq m(q-1) - \nu - 1$ を満たす整数全体を動く)で割り切れる. 実際, $h(x)$ の根を q 番目の冪に持ち上げる($\mathbb{F}_{q^m}$ の $\mathbb{F}_q$ 上のフロベニウス自己同型を適応する)ことは根の集合を置換する. すると, $h(x)$ は $\mathbb{F}_q$ の元を係数とする多項式である. 生成元多項式 $h(x)$ を持つ符号は $RM_q(m,\nu)^*$ を含む. その次元 $q^m - 1 - \deg h$ は, 「$u = 0$ または $w_q(u) > m(q-1) - \nu - 1$」を満たし $0 \leq u \leq q^m - 2$ なる範囲に属する整数 u の個数である. この個数は $RM_q(m,\nu)^*$ の $\mathbb{F}_q$ 上の次元と一致する(練習問題 11). 従って, $h(x)$ は $RM_q(m,\nu)^*$ の生成元多項式である. 以上で証明が完成する. □

命題(9.5.14)と§9.3の練習問題 12 から, 次の系(9.5.15)が従う.

(9.5.15) 系 整数 ν, m, q は $\nu < m(q-1)$ を満たすとし, r と s をそれぞれ ν の $q-1$ による割算の商と余りとする. すると, $\nu = r(q-1) + s$, $0 \leq s < q-1$ である. このとき, 穴開きリード・ミューラー符号 $RM_q(m,\nu)^*$ の最小距離 d は $(q-s)q^{m-r-1} - 1$ 以上である. 非穴開き符号 $RM_q(m,\nu)$ の最小距離は $(q-s)q^{m-r-1}$ 以上である.

証明 いま, $0 < w_q(\ell) < m(q-1) - \nu$ のとき, $\nu = r(q-1) + s$ を代入すると, $w_q(\ell) < (m-r-1)(q-1) + (q-1-s)$ を得る. 次に, $w_q(i_0) = (m-r-1)(q-1) + (q-1-s)$ なる最小の整数 i_0 は

(9.5.16)
$$i_0 = (q-1-s)q^{m-r-1} + \sum_{j=0}^{m-r-2}(q-1)q^j$$
$$= (q-1-s)q^{m-r-1} + q^{m-r-1} - 1$$
$$= (q-s)q^{m-r-1} - 1$$

である. (9.5.14)から, 連続する冪 $\alpha, \alpha^2, \ldots, \alpha^{i_0-1}$ はすべて $h(x)$ の根である. すると, 最小距離は i_0 以上である(§9.3 の練習問題 12). このとき, (9.5.16)の最後の等式から, 所期の結果が従う. □

最小距離 d に関する下限はぴったり正確である. (9.5.15)の記号を踏襲すると,

練習問題 6 元 a_i $(i = 1, \ldots, s)$ を $\mathbb{F}_q$ の任意の $s < q-1$ 個の異なる非零元とする.

a. 多項式

$$f(t_1, \ldots, t_m) = (t_1^{q-1} - 1) \cdots (t_r^{q-1} - 1)(t_{r+1} - a_1) \cdots (t_{r+1} - a_s)$$

は L_ν に属し, $\mathbb{F}_q^m$ の原点以外のちょうど $(q-s)q^{m-r-1} - 1$ 個の点で 0 でないことを示せ.

b. 多様体 $V = \mathbf{V}(f) \subset \mathbb{F}_q^m$ は何か. ((9.5.15)から, 多様体 $\mathbf{V}(g)$ (但し, $g \in L_\nu$)のなかで V は $\mathbb{F}_q$ 有理点の個数が最大である.)

c. 符号 $RM_q(m, \nu)^*$ の最小距離はちょうど $(q-s)q^{m-r-1} - 1$ であることを示せ.

d. 非穿開き符号 $RM_q(m, \nu)$ の最小距離はちょうど $(q-s)q^{m-r-1}$ であることを導き出せ.

たとえば, 符号 $RM_3(2, 1)$ を考える. この符号のブロック長は $n = 9$, $\mathbb{F}_3$

上の次元は $k = 3$ である．(9.5.14)から，巡回符号 $RM_3(2,1)^*$ の生成元多項式の根は α^ℓ (但し, $0 \le \ell < 8$, $0 < w_3(\ell) \le m(q-1) - \nu - 1 = 2(3-1) - 1 - 1 = 2$) である．すると，$\ell = 1, 2, 3, 4, 6$ を得る．最長の連続する α の冪の長さは 4 であるから，最小距離は $d = 5$ である．

幾何学的ゴッパ符号の最小距離は一層取り扱い難い．実際，§9.2 の練習問題 7 の単一限界を補足する下限を除くと，一般的な下限はほとんど知られていないのが現状である．いま，C が種数 g の曲線 X から得られるブロック長 n，次元 k の幾何学的ゴッパ符号であるとき，

$$n + 1 - k - g \le d \le n + 1 - k$$

である．証明は [Sti] に譲る．その証明は難しくないが，リーマン・ロッホの定理と，射影曲線上の有理函数 f の零点の個数は f の極の(重複を込めた)個数と同じであるという基本的な事実を使っている．

幾何学的ゴッパ符号の最小距離 d を正確に決定する際には，L に属する函数が X 上の $\mathbb{F}_q$ 有理点において何個の零点を持ち得るかという微妙な問題が伴う．すると，幾何学的であり算術的でもある問題に取り組む必要がある．どんなことが生じているかを幾何だけで十分に理解できる簡単な例を紹介するに留める．

(9.5.2)の生成元行列に付随する $\mathbb{F}_4$ 上のエルミート符号を考える．構成から，各列の成分は，斉次方程式 $t_1^3 + t_2^2 t_0 + t_2 t_0^2 = 0$ で定義される 3 次曲線上の $\mathbb{F}_4$ 有理点の斉次座標 $(1, t_1, t_2)$ を与える．最小距離を研究するためには，起こり得るすべての非零符号語を考えなければならない．すると，(9.5.2)の 3 個の行の一般的な線型結合を考えなければならない．このような線型結合のおのおのの成分は $a + bt_1 + ct_2$ (但し, $a, b, c \in \mathbb{F}_4$, $(t_1, t_2) \in X(\mathbb{F}_4)$) なる形である．これらの中で何個が 0 に成り得るか．おのおのの $(a, b, c) \ne (0, 0, 0)$ について，方程式

$$t_1^3 + t_2^2 + t_2 = 0$$
$$a + bt_1 + ct_2 = 0$$

は $\mathbb{F}_4$ 内に高々 3 個の共通解を持つ．実際，b が 0 でないとき，2 つの方程式の間で t_1 を消去し，t_2 の 3 次方程式が得られる．同様に，$b = 0$ であるが

$c \neq 0$ のとき, t_2 を消去し, t_1 の3次方程式が得られる. 他方, $b = c = 0$ のとき $a \neq 0$ で, すべての成分が0でない符号語を得る. 従って, すべての非零符号語は高々3個の零成分と少なくとも5個の非零成分を持つ. すると, C は $\mathbb{F}_4$ 上の $[8, 3, 5]$ 符号である. 命題 (9.2.1) から, 送信された語の任意の2つの誤りを最隣復号で訂正することができる.

もちろん, ここで行ったことは, **ベズーの定理**を適応し, 符号語の零成分の個数についての上限を与えることと同じである. いま, X は3次曲線であるので, おのおのの直線 $\mathbf{V}(a + bx + cy)$ と高々3点で交わる. このことは上で述べた $d = 5$ であることの由来を解説している. しかし, この上限が取り得るもっとも良い制限ではないこともある.

符号理論で幾何学的ゴッパ符号がこのように大変発達した理由について簡単に触れることでこの節を締め括る. ゴッパがこの符号を導入した数年後, Tsfasman–Vladut–Zink [TVZ] が飛躍的な進展を齎した. すなわち, パラメーター $[n, k, d]$ がギルベルト・ヴァルシャモフ限界 (§9.2 の練習問題 7) に改良を加えるように幾何学的ゴッパ符号を構成することができると気付いたのである. 符号のパラメーター n と d があったとき, k はどれほど大きくなり得るか, と尋ねることができる. いま,

$$A_q(n, d) = \max\{q^k : \text{パラメーター } [n, k, d] \text{ の符号が存在する}\}$$

とする. 各符号語は他の符号語を含まないハミング距離で半径 $d - 1$ の球の中心でなければならない. すると,

(9.5.17) $$A_q(n, d) \geq q^n / B(n, d - 1)$$

である. 但し, $B(n, d-1) = \sum_{i=0}^{d-1} \binom{n}{i} (q - 1)^i$ は $\mathbb{F}_q^n$ における半径 $d - 1$ の球に含まれる語の個数である. このとき, $\delta = d/n$ と置き, 対数を取り, $n \to \infty$ とすると, $R = k/n$ についての "漸近的な最良の値"

$$\alpha_q(\delta) = \limsup_{n \to \infty} \frac{1}{n} \log_q A_q(n, \delta n)$$

を得る. スターリングの公式を使うと, $n \to \infty$ とした極限において限界 (9.5.17) は不等式

$$\alpha_q(\delta) \geq 1 - H_q(\delta)$$

を導く．但し，

$$H_q(\delta) = \delta \log_q(q-1) - \delta \log_q(\delta) - (1-\delta)\log_q(1-\delta)$$

はエントロピー函数(entropy function)と呼ばれるものである．(9.5.17)の漸近的な形から，起こり得るもっとも良い符号の率は $R \geq 1 - H_q(\delta)$ である．直交座標系において，情報率 $R = k/n$ を相対最小距離 $\delta = d/n$ と対比してプロットすると，グラフ $R = 1 - H_q(\delta)$ は減少且つ上に凹で，$R = 1$ で R 軸と，$\delta = (q-1)/q$ で δ 軸と交叉する．他方，Tsfasman-Vladut-Zink [TVZ] は，或る固定した体 $\mathbb{F}_q$ 上の曲線の列 X_i から，$n \to \infty$ とすると対応する点 (R_i, δ_i) が直線 $R + \delta = 1 - \frac{1}{\sqrt{q-1}}$ 上の或る点に収束するような幾何学的ゴッパ符号の列 C_i が構成できることを示した．いま，$q \geq 49$ とすると，この直線は或る区間の δ についてグラフ $R = 1 - H_q(\delta)$ 上にある．この発展の前は，多くの符号理論の研究者は，ギルベルト・ヴァルシャモフ限界が長い符号について起こり得るもっとも良い漸近的な下限であると信じていたに相違ない．しかし，[TVZ] の結果は，（大きな q と n について）従来からもっとも良く知られていた下限よりも優れた符号が存在することを示している．換言すると，幾何学的ゴッパ符号は長い符号について "現在の優勝者" である．

この結果の元来の証明は $\mathbb{F}_q$ 上の**モジュラー曲線**(modular curve)$X_0(\ell)$ の列を使っている．モジュラー曲線は有限体上の多くの有理点を持つ曲線の類で，数論において長い血統を持っている．最近，Garcia-Stichtenoth [GS] は，漸近的ギルベルト・ヴァルシャモフ限界を超える符号を産出する曲線の族のもっと初等的な構成を報告した．

§9.5 の練習問題（追加）

練習問題 7 符号 $RM_3(2,2)^*$ の生成元多項式の根を求め，この符号とその非穴開き符号の最小距離を決定せよ．

練習問題 8 この練習問題では，命題(9.5.6)の証明を完成する．体 $\mathbb{F}$ を $\mathbb{F}_q$ を含む代数的閉体とし，有限集合 $\mathbb{F}_q^m \subset \mathbb{F}^m$ を考える．環 $\mathbb{F}[t_1, \ldots, t_m]$ において $t_i^q - t_i$ が生成するイデアルを $\overline{I}$ とする．他方，$\mathbb{F}_q[t_1, \ldots, t_m]$ において $t_i^q - t_i$ が生成するイデアルを I とする．

a. $\mathbf{V}(\overline{I}) = \mathbb{F}_q^m$ を示せ.

b. 等式
$$\dim_{\mathbb{F}} \mathbb{F}[t_1,\ldots,t_m]/\overline{I} = q^m = |\mathbf{V}(\overline{I})|$$
を示せ.

c. イデアル $\overline{I}$ は根基イデアルであることを証明せよ. 次に, $\overline{I} = \mathbf{I}(\mathbb{F}_q^m)$ であることを導け. [ヒント:定理(2.2.10)を参照せよ. その定理は体 $\mathbb{C}$ について述べられているが, その証明は $\mathbb{C}$ が代数的閉包で零点定理強形が適応されるということだけに依存している.]

d. すべての ν について
$$\overline{I}_\nu \cap \mathbb{F}_q[t_1,\ldots,t_m] = I_\nu$$
を導け.

練習問題 9 行列 A が $\mathbb{F}_{q^m}$ の原始元の $\mathbb{F}_q$ 上の最小多項式のコンパニオン行列であって, φ が (9.5.5) の写像であるとき, すべての行ベクトル $x \in \mathbb{F}_q^m$ について, $\varphi(xA) = \alpha\varphi(x)$ (右辺は $\mathbb{F}_{q^m}$ における積) を示せ.

練習問題 10 a. リード・ミューラー符号 $RM_q(m,\nu)$ は,
$$T : \mathbb{F}_q^m \to \mathbb{F}_q^m$$
$$x \to xA + b$$
なる形の行ベクトル x 上の変換全体から成る全アフィン群 (affine group) $\mathrm{Aff}(m,\mathbb{F}_q)$ の作用で不変であることを示せ. 但し, A は $\mathbb{F}_q$ の元を成分とする $m \times m$ 可逆行列, b は $\mathbb{F}_q^m$ の行ベクトルである.

b. 符号 $RM_q(m,\nu)$ が ($\mathbb{F}_q^m$ の原点に対応する位置だけでなく) 任意の 1 つの位置で穴開けされるとき, 得られる符号はブロック長 $q^m - 1$ の巡回符号であることを導け.

練習問題 11 a. $0 \leq u \leq q^m - 1$ とする. $w_q(u) + w_q(q^m - 1 - u) = m(q-1)$ を示せ. [ヒント: $q^m - 1$ の q 進展開は何か.]

b. $u=0$ または $w_q(u) > m(q-1)-\nu-1$ を満たし,$0 \leq u \leq q^m-2$ なる範囲に属する整数 u の個数は,$w_q(v) \leq \nu$ なる整数 v (但し,$0 \leq v \leq q^m-2$) の個数と同じであることを示せ.

c. b と同様の整数 v の個数は $RM_q(m,\nu)^*$ の次元と一致することを示せ.[ヒント:練習問題 2 を使え.]

練習問題 12 (この練習問題は第 5 章を読破した読者のために設けた.) 生成元行列 (9.5.2) を一瞥しても明らかではないが,(9.5.2) を生成元行列とする $\mathbb{F}_4$ 上の $[8,3,5]$ 符号 C の符号語は,性質「列 (3,5,7) のブロックと列 (4,6,8) のブロックが同じ巡回置換で同時に置換されるが,1 列と 2 列は不変なまま残るとき,その結果は別の符号語である」を持つ.生成元行列 (9.5.2) の 2 行目を c_2 とする.たとえば,各ブロック内で右に 1 つ移すと,c_2 は次のようになる.

$$(0\ 0\ 1\ 1\ \alpha\ \alpha\ \alpha^2\ \alpha^2) \to (0\ 0\ \alpha^2\ \alpha^2\ 1\ 1\ \alpha\ \alpha)$$

その結果は $\alpha^2 \cdot c_2 \in C$ である.いま,$S = \mathbb{F}_4[t]/\langle t^3-1 \rangle$ と置く.

a. C の符号語について上で述べた不変性を証明せよ.[ヒント:生成元行列の他の 2 つの行を考えよ.]

b. 上で述べた不変性に着目し,本文で巡回符号について行ったことに従い,C の符号語を C が環 S (或るいは $\mathbb{F}_4[t]$) 上の**加群**になるように 4 個の多項式の組として書き直す方法を探せ.得た加群において $t \in S$ を乗ずることは,上で述べた成分のブロックについての巡回置換と同じになるはずである.

もっと一般に,この例のように,m 個の可換なブロック毎 (に) 巡回 (させる) 置換の集合で不変な任意の符号は m 変数多項式環上の加群と考えることができる.更に,加群のグレブナー基底 (第 5 章参照) を使って,系統的符号器を構成することができる.代数的な幾何学的ゴッパ符号の多くについて系統的符号器もこの方法で構成することができる.詳細は [HLS] に譲る.

練習問題 13 この練習問題は代数曲線についての予備知識,特に,リーマン・

9.5 代数幾何からの符号

ロッホの定理とともに，因子の線系が射影空間への曲線の埋め込みを定義するためにどのように使われるかということを既知とする．練習問題3のクラインの4次曲線 K を再び埋め込み，特別な位置に置き，多項式を評価することで1点幾何学的ゴッパ符号を構成する方法を示す．いま，$\mathbb{F}_8$ 上の $\mathbb{P}^2$ における $\overline{K} = \mathbf{V}(t_1^3 t_2 + t_2^3 t_0 + t_0^3 t_1)$ 上の点 $Q_2 = (t_0, t_1, t_2) = (0, 0, 1)$ を考える．

a. $\overline{K}$ 上の有理関数 $x = t_1/t_0$, $y = t_2/t_0$ の因子は何か．(x, y は平面内の通常のアフィン座標に過ぎないことに注意する．)

b. $\{1, y, xy, y^2, x^2 y\}$ が，Q_2 で位数7以下の極を持ち，他に極を持たない $\overline{K}$ 上の有理関数から成るベクトル空間 $L(7Q_2)$ の基底であることを示せ．

c. 線系 $|7Q_2|$ で定義される有理写像は $\overline{K}$ の $\mathbb{P}^4$ への埋め込みであることを示せ．[ヒント：点と接ベクトルを分離することを示せ．]

d. b から，具体的に述べると，c の写像は
$$\psi : \overline{K} \to \mathbb{P}^4$$
$$(t_0, t_1, t_2) \mapsto (u_0, u_1, u_2, u_3, u_4) = (t_0^3, t_2 t_0^2, t_1 t_2 t_0, t_2^2 t_0, t_1^2 t_2)$$
によって曲線 $\overline{K}$ 上で定義される．このとき，ψ の像は多様体 $\overline{K}' =$
$$\mathbf{V}(u_0 u_3 + u_1^2, u_2^2 + u_1 u_4, u_0 u_2 + u_3^2 + u_2 u_4, u_1 u_2 u_3 + u_0^2 u_4 + u_0 u_4^2)$$
($\overline{K}$ と同型な $\mathbb{P}^4$ の次数7，種数3の曲線) であることを示せ．

e. $\overline{K}'$ が特別な位置にあることを示せ．[ヒント：$\overline{K}' \cap \mathbf{V}(u_0)$ は何か．]

f. $\overline{K}'$ 上の関数 $1, u_1/u_0, \ldots, u_4/u_0$ が張るベクトル空間 L_1 と $\mathcal{P} = \psi(\overline{K}(\mathbb{F}_8)) \setminus \{Q_2\}$ を使って，幾何学的ゴッパ符号 $C(\mathcal{P}, L_1)$ を構成せよ．この符号のパラメーターは何か．(元来のクラインの4次曲線の観点では，この符号は1点符号 $C(\overline{K}(\mathbb{F}_8) \setminus \{Q_2\}, L(7Q_2))$ である．)

練習問題 14 命題 (9.5.6) のイデアル $I = \langle t_i^q - t_i : 1 \leq i \leq m \rangle \subset \mathbb{F}_q[t_1, \ldots, t_m]$ は斉次でないので，第6章で展開したヒルベルト関数の理論は適応されない．これを改善するために，
$$\overline{I} = \langle t_i^q - t_i t_0^{q-1} : 1 \leq i \leq m \rangle \subset R = \mathbb{F}_q[t_0, t_1, \ldots, t_m]$$

なる斉次イデアルを導入する．第6章と同様にして，$\overline{I}_\nu$ は次数 ν の I の斉次多項式から成るベクトル空間を表す．

a. いま，
$$f(t_1,\ldots,t_m) \mapsto t^\nu f(t_1/t_0,\ldots,t_m/t_0)$$
と定義される写像 $I_\nu \to \mathbb{F}_q[t_0,t_1,\ldots,t_m]$ を考える．この写像の像は $\overline{I}_\nu$ であることを示し，命題(9.5.6)のアフィンヒルベルト函数 ${}^a HF_I$ は第6章で定義したヒルベルト函数 $H_{R/\overline{I}}$ に等しいことを示せ．[ヒント：$t_i^q - t_i$ が I のグレブナー基底であるので，$f \in I_\nu$ が $f = \sum_{i=1}^m g_i \cdot (t_i^q - t_i)$ (但し，$\deg g_i \leq \nu - q$) と表される理由を解説せよ．(a を証明する別の方法は，$\overline{I}$ が I の斉次化([CLO, Chapter 8, §4])であることを示すことである．更に，[CLO, Chapter 9, §3, Theorem 12] からヒルベルト函数の等式が従う．)]

b. 第6章の方法を使って，$R/\overline{I}$ のヒルベルト函数を定義するには，$\overline{I}$ の自由分解を必要とする．我々が使う分解は**コスツル複体**である．これは §6.2 の練習問題 10 で(特別な場合に)議論されている．その複体のおのおのの段階で使われるねじりを入念に辿ることで，イデアル $\overline{I}$ のコスツル複体を書き表せ．

c. b のコスツル複体から $\overline{I}$ の分解が得られることを証明するには，もっと進んだ概念を必要とする．(多項式 $t_i^q - t_i t_0^{q-1}$ は**正則列**(regular sequence)を成し，正則列のコスツル複体は分解である．[Eis, Chapter 17] を参照せよ．) コスツル複体の完全性を仮定して，本文の公式(9.5.7)を直接導け．

参考文献

[Act] F. Acton. *Numerical Methods That Work*, MAA, Washington DC, 1990.

[AL] W. Adams and P. Loustaunau. *An Introduction to Gröbner Bases*, AMS, Providence RI, 1994.

[AG] E. Allgower and K. Georg. *Numerical Continuation Methods*, Springer-Verlag, New York, 1990.

[AMR] M. Alonso, T. Mora and M. Raimondo. *A computational model for algebraic power series*, J. Pure and Appl. Algebra 77 (1992), 1–38.

[AGV] V. Arnold, S. Gusein-Zade and V. Varchenko. *Singularities of Differential Maps, Volumes 1 and 2*, Birkhäuser, Boston, 1985 and 1988.

[Art] M. Artin. *Algebra*, Prentice-Hall, Englewood Cliffs NJ, 1991.

[AM] M. Atiyah and I. Macdonald. *Introduction to Commutative Algebra*, Addison-Wesley, Reading MA, 1969.

[AS] W. Auzinger and H. Stetter. *An elimination algorithm for the computation of all zeros of a system of multivariate polynomial equations*, in: *Proc. International Conference on Numerical Mathematics*, International Series in Numerical Mathematics, volume 86, Birkhäuser, Basel, 1988, 12–30.

[BGW] C. Bajaj, T. Garrity and J. Warren. *On the applications of multi-equational resultants*, Technical Report CSD-TR-826, Department of Computer Science, Purdue University, 1988.

[BC] V. Batyrev and D. Cox. *On the Hodge structure of projective hypersurfaces*, Duke Math. J. 75 (1994), 293–338.

参考文献 2

[BW] T. Becker and V. Weispfenning. *Gröbner Bases*, Springer-Verlag, New York, 1993.

[BKR] M. Ben-Or, D. Kozen and J. Reif. *The complexity of elementary algebra and geometry*, J. of Computation and Systems **32** (1986), 251–264.

[Ber] D. Bernstein. *The number of roots of a system of equations*, Functional Anal. Appl. **9** (1975), 1–4.

[Bet] U. Betke. *Mixed volumes of polytopes*, Archiv der Mathematik **58** (1992), 388–391.

[Bil1] L. Billera. *Homology of smooth splines: Generic triangulations and a conjecture of Strang*, Trans. AMS **310** (1988), 325–340.

[Bil2] L. Billera. *The algebra of continuous piecewise polynomials*, Advances in Math. **76** (1989), 170–183.

[BR1] L. Billera and L. Rose. *Groebner Basis Methods for Multivariate Splines*, in: *Mathematical Methods in Computer Aided Geometric Design* (T. Lyche and L. Schumaker, eds.), Academic Press, Boston, 1989, 93–104.

[BR2] L. Billera and L. Rose. *A Dimension Series for Multivariate Splines*, Discrete Comp. Geom. **6** (1991), 107–128.

[BR3] L. Billera and L. Rose. *Modules of piecewise polynomials and their freeness*, Math. Z. **209** (1992), 485–497.

[BS] L. Billera and B. Sturmfels, *Fiber polytopes*, Ann. of Math **135** (1992), 527–549.

[Bla] R. Blahut. *Theory and Practice of Error Control Codes*, Addison Wesley, Reading MA, 1984.

[BoF] T. Bonnesen and W. Fenchel. *Theorie der Konvexen Körper*, Chelsea, New York, 1971.

[BH] W. Bruns and J. Herzog. *Cohen-Macaulay Rings*, Cambridge U. Press, Cambridge, 1993.

[Bry] V. Bryant. *Aspects of Combinatorics*, Cambridge U. Press, Cambridge, 1993.

[BE] D. Buchsbaum and D. Eisenbud. *Algebra structures for finite free resolutions and some structure theorems for ideals of codimension 3*, Amer. J. Math. **99** (1977), 447–485.

[BZ] Yu. Burago and V. Zalgaller, *Geometric Inequalities*, Springer-Verlag, New York, 1988.

[BuF] R. Burden and J. Faires. *Numerical Analysis*, 5th edition, PWS Publishing, Boston, 1993.

[Can1] J. Canny. *Generalised characteristic polynomials*, J. Symbolic Comput. **9** (1990), 241–250.

[Can2] J. Canny. *Some algebraic and geometric computations in PSPACE*, in: *Proc. 20th Annual ACM Symposium on the Theory of Computing*, ACM Press, New York, 1988, 460–467.

[CE1] J. Canny and I. Emiris. *An efficient algorithm for the sparse mixed resultant*, in: *Applied Algebra, Algebraic Algorithms and Error-correcting codes (AAECC-10)* (G. Cohen, T. Mora and O. Moreno, eds.), Lecture Notes in Computer Science **673**, Springer-Verlag, New York, 1993, 89–104.

[CE2] J. Canny and I. Emiris. *A subdivision-based algorithm for the sparse resultant*, preprint, 1996.

[CKL] J. Canny, E. Kaltofen and Y. Lakshman. *Solving systems of nonlinear polynomial equations faster*, in: *Proceedings of International Symposium on Symbolic and Algebraic Computation*, ACM Press, New York, 1989.

[CM] J. Canny and D. Manocha. *Multipolynomial resultant algorithms*, J. Symbolic Comput. **15** (1993), 99–122.

[CT] P. Conti and C. Traverso. *Buchberger algorithm and integer programming*, in: *Applied Algebra, Algebraic Algorithms and Error-correcting codes (AAECC-9)* (H. Mattson, T. Mora and T. Rao, eds.), Lecture Notes in Computer Science **539**, Springer-Verlag, New York, 1991, 130–139.

[Cox] D. Cox. *The homogeneous coordinate ring of a toric variety*, J. Algebraic Geom. **4** (1995), 17–50.

[CLO] D. Cox, J. Little and D. O'Shea. *Ideals, Varieties, and Algorithms*, 2nd edition, Springer-Verlag, New York, 1996. (邦訳：『グレブナ基底と代数多様体入門』D. コックス, J. リトル, D. オシー著, 落合啓之・示野信一・西山亨・室政和・山本敦子訳, シュプリンガー・フェアラーク東京)

[CSC] D. Cox, T. Sederberg and F. Chen. *The moving line ideal basis of planar rational curves*, preprint, 1997.

[Dev] R. Devaney. *A First Course in Chaotic Dynamical Systems*, Addison-Wesley, Reading MA, 1992.

[Dim] A. Dimca. *Singularities and Topology of Hypersurfaces*, Springer-Verlag, New York, 1992.

参考文献 4

- [Dre] F. Drexler. *A homotopy method for the calculation of zeros of zero-dimensional ideals*, in: *Continuation Methods* (H. Wacker, ed.), Academic Press, New York, 1978.

- [Eis] D. Eisenbud. *Commutative Algebra with a View Toward Algebraic Geometry*, Springer-Verlag, New York, 1995.

- [EH] D. Eisenbud and C. Huneke, eds. *Free Resolutions in Commutative Algebra and Algebraic Geometry*, Jones and Bartlett, Boston, 1992.

- [Emi1] I. Emiris. *On the complexity of sparse elimination*, Journal of Complexity **14** (1996), 134–166.

- [Emi2] I. Emiris. *A general solver based on sparse resultants*, in: *Proc. PoSSo (Polynomial System Solving) Workshop on Software*, Paris, 1995, 35–54.

- [EC] I. Emiris and J. Canny. *Efficient incremental algorithms for the sparse resultant and the mixed volume*, J. Symbolic Comput. **20** (1995), 117–149.

- [ER] I. Emiris and A. Rege. *Monomial bases and polynomial system solving*, in: *Proceedings of International Symposium on Symbolic and Algebraic Computation*, ACM Press, New York, 1994, 114–122.

- [Ewa] G. Ewald. *Combinatorial Convexity and Algebraic Geometry*, Springer-Verlag, New York, 1996.

- [Far] G. Farin. *Curves and Surfaces for Computer Aided Geometric Design*, 2nd edition, Academic Press, Boston, 1990. (邦訳:『CAGDのための曲線・曲面理論　実践的利用法』G. Farin 著, 山口泰監訳, 共立出版)

- [FGLM] J. Faugère, P. Gianni, D. Lazard and T. Mora. *Efficient computation of zero-dimensional Gröbner bases by change of ordering*, J. Symbolic Comput. **16** (1993), 329–344.

- [Fit1] P. Fitzpatrick. *On the key equation*, IEEE Trans. on Information Theory **41** (1995), 1290–1302.

- [Fit2] P. Fitzpatrick. *Solving a multivariable congruence by change of term order*, preprint, 1995.

- [FM] J. Fogarty and D. Mumford. *Geometric Invariant Theory*, Second Edition, Springer-Verlag, Berlin, 1982

- [FIS] S. Friedberg, A. Insel and L. Spence. *Linear Algebra*, 3rd edition, Prentice-Hall, Englewood Cliffs, NJ, 1997.

- [Ful] W. Fulton. *Introduction to Toric Varieties*, Princeton U. Press, Princeton NJ, 1993.

[GS] A. Garcia and H. Stichtenoth. *A tower of Artin-Schreier extensions of function fields attaining the Drinfeld-Vladut bound*, Invent. Math. **121** (1995), 211–222.

[GKZ] I. Gelfand, M. Kapranov and A. Zelevinsky. *Discriminants, Resultants and Multidimensional Determinants*, Birkhäuser, Boston, 1994.

[Grä] H.-G. Gräbe. *Algorithms in Local Algebra*, J. Symbolic Comput. **19** (1995), 545–557.

[GGMNPPSS] H. Grassmann, G.-M. Greuel, B. Martin, W. Neumann, G. Pfister, W. Pohl, H. Schönemann and T. Siebert. *Standard Base, syzygies, and their implementation in SINGULAR*, available as LaTeX source at URL:
http://www.mathematik.uni-kl.de/~zca/Singular/.

[HLS] C. Heegard, J. Little and K. Saints. *Systematic Encoding via Gröbner Bases for a Class of Algebraic-Geometric Goppa Codes*, IEEE Trans. on Information Theory **41** (1995), 1752–1761.

[HeS] C. Heegard and K. Saints. *Algebraic-geometric codes and multidimensional cyclic codes: Theory and algorithms for decoding using Gröbner bases*, IEEE Trans. on Information Theory **41** (1995), 1733–1751.

[Her] I. Herstein. *Topics in Algebra*, 2nd edition, Wiley, New York, 1975.

[Hil] D. Hilbert. *Ueber die Theorie der algebraischen Formen*, Math. Annalen **36** (1890), 473–534.

[Hir] H. Hironaka. *Resolution of singularities of an algebraic variety over a field of characteristic zero*, Ann. of Math. **79** (1964), 109–326.

[HP] T. Høholdt and R. Pellikaan. *On the Decoding of Algebraic Geometric Codes*, IEEE Trans. on Information Theory **41** (1995), 1589–1614.

[HuS1] B. Huber and B. Sturmfels. *A Polyhedral Method for Solving Sparse Polynomial Systems*, Math. of Computation **64** (1995), 1541–1555.

[HuS2] B. Huber and B. Sturmfels. *Bernstein's theorem in affine space*, Discrete Comput. Geom. **17** (1997), 137–141.

[HV] B. Huber and J. Verschelde. *Polyhedral end games for polynomial continuation*, Report TW254, Department of Computer Science, Katholieke Universiteit Leuven, 1997.

[Jac] N. Jacobson. *Basic Algebra I*, W. H. Freeman, San Francisco, 1974.

[Jou] J. Jouanolou. *Le formalisme du résultant*, Advances in Math. **90** (1991), 117–263.

参考文献 6

[KSZ] M. Kapranov, B. Sturmfels and A. Zelevinsky. *Chow polytopes and general resultants*, Duke Math. J. **67** (1992), 189–218.

[Kho] A.G. Khovanskii. *Newton polytopes and toric varieties*, Functional Anal. Appl. **11** (1977), 289–298.

[Kir] F. Kirwan. *Complex Algebraic Curves*, Cambridge U. Press, Cambridge, 1992.

[Kob] N. Koblitz. *An Introduction to Cryptography and Polynomial Algebra*, manuscript, 1997.

[Kus] A.G. Kushnirenko. *Newton polytopes and the Bézout theorem*, Functional Anal. Appl. **10** (1976), 233–235.

[Lei] K. Leichtweiss. *Konvexe Mengen*, Springer-Verlag, Berlin, 1980.

[LW] T. Li and X. Wang. *The BKK root count in $\mathbb{C}^n$*, Math. of Computation, to appear.

[LS] A. Logar and B. Sturmfels. *Algorithms for the Quillen-Suslin Theorem*, J. Algebra **145** (1992), 231–239.

[Mac1] F. Macaulay. *The Algebraic Theory of Modular Systems*, Cambridge U. Press, Cambridge, 1916. Reprint with new introduction, Cambridge U. Press, Cambridge, 1994.

[Mac2] F. Macaulay. *On some formulas in elimination*, Proc. London Math. Soc. **3** (1902), 3–27.

[MS] F. MacWilliams and N. Sloane. *The Theory of Error-Correcting Codes*, North Holland, Amsterdam, 1977.

[Man1] D. Manocha. *Algorithms for computing selected solutions of polynomial equations*, in: *Proceedings of International Symposium on Symbolic and Algebraic Computation*, ACM Press, New York, 1994.

[Man2] D. Manocha. *Efficient algorithms for multipolynomial resultant*, The Computer Journal **36** (1993), 485–496.

[Man3] D. Manocha. *Solving systems of polynomial equations*, IEEE Computer Graphics and Applications, March 1994, 46–55.

[Mey] F. Meyer. *Zur Theorie der reducibeln ganzen Functionen von n Variabeln*, Math. Annalen **30** (1887), 30–74.

[Mil] J. Milnor. *Singular Points of Complex Hypersurfaces*, Princeton U. Press, Princeton, 1968.

[Mis] B. Mishra. *Algorithmic Algebra*, Springer-Verlag, New York, 1993.

[Möl] H. Möller. *Systems of Algebraic Equations Solved by Means of Endomorphisms*, in: *Applied Algebra, Algebraic Algorithms and Error-correcting codes (AAECC-10)* (G. Cohen, T. Mora and O. Moreno, eds.), Lecture Notes in Computer Science **673**, Springer-Verlag, New York, 1993, 43–56.

[MPT] T. Mora, A. Pfister and C. Traverso. *An introduction to the tangent cone algorithm*, Advances in Computing Research **6** (1992), 199–270.

[Mor] C. Moreno. *Algebraic Curves over Finite Fields*, Cambridge U. Press, Cambridge, 1991.

[PW] H. Park and C. Woodburn. *An algorithmic proof of Suslin's stability theorem for polynomial rings*, J. Algebra **178** (1995), 277–298.

[Ped] P. Pedersen. Lecture at AMS-IMS-SIAM Summer Conference on Continuous Algorithms and Complexity, Mount Holyoke College, South Hadley, MA, 1994.

[PRS] P. Pedersen, M.-F. Roy and A. Szpirglas. *Counting real zeros in the multivariate case*, in: *Computational Algebraic Geometry* (F. Eyssette and A. Galligo, eds.), Birkhäuser, Boston, 1993, 203–224.

[PS1] P. Pedersen and B. Sturmfels. *Mixed monomial bases*, in: *Algorithms in Algebraic Geometry and Applications* (L. Gonzalez-Vega and T. Recio, eds.), Birkhäuser, Boston, 1996, 307–316.

[PS2] P. Pedersen and B. Sturmfels. *Product formulas for resultants and Chow forms*, Math. Z., **214** (1993), 377–396.

[PR] H.-O. Peitgen and P. Richter. *The Beauty of Fractals*, Springer-Verlag, Berlin, 1986. (邦訳:『フラクタルの美 複素力学系のイメージ』H.-O. パイトゲン, P. H. リヒター著, 宇敷重広訳, シュプリンガー・フェアラーク東京)

[PH] A. Poli and F. Huguet. *Error correcting codes*. Prentice Hall International, Hemel Hempstead, 1992.

[Qui] D. Quillen. *Projective modules over polynomial rings*, Invent. Math. **36** (1976), 167–171.

[Rob] L. Robbiano. *Term orderings on the polynomial ring*, in: *Proceedings of EUROCAL 1985*, Lecture Notes in Computer Science **204**, Springer-Verlag New York, 513–517.

[Roj1] J. M. Rojas. *A convex geometric approach to counting roots of a polynomial system*, Theoretical Computer Science **133** (1994), 105–140.

参考文献 8

[Roj2] J. M. Rojas. *Toric generalized characteristic polynomials*, MSRI preprint 1997-017.

[Roj3] J. M. Rojas. *Toric intersection theory for affine root counting*, J. Pure and Appl. Algebra, to appear.

[Roj4] J. M. Rojas. *Toric laminations, sparse generalized characteristic polynomials, and a refinement of of Hilbert's tenth problem*, in: *Foundations of Computational Mathematics, Rio de Janeiro, 1997* (F. Cucker and M. Shub, eds.), Springer-Verlag, New York, to appear.

[Roj5] J. M. Rojas. *Where do resultants really vanish? Applications to Diophantine complexity*, preprint, 1997.

[RW] J. M. Rojas and X. Wang. *Counting affine roots of polynomial systems via pointed Newton polytopes*, Journal of Complexity **12** (1996), 116–133.

[Ros] L. Rose. *Combinatorial and Topological Invariants of Modules of Piecewise Polynomials*, Advances in Math. **116** (1995), 34–45.

[Sak] S. Sakata. *Extension of the Berlekamp-Massey algorithm to n dimensions*, Inform. Comput. **84** (1989), 207–239.

[Sal] G. Salmon. *Lessons Introductory to the Modern Higher Algebra*, Hodges, Foster and Co., Dublin, 1876.

[SS] H. Schenck and M. Stillman. *Local cohomology of bivariate splines*, J. Pure and Applied Alg. **117/118** (1997), 535–548.

[Schre1] F.-O. Schreyer. *Die Berechnung von Syzygien mit dem verallgemeinerten Weierstrass'chen Divisionssatz*, Diplom Thesis, University of Hamburg, Germany, 1980.

[Schre2] F.-O. Schreyer. *A Standard Basis Approach to syzygies of canonical curves*, J. reine angew. Math. **421** (1991), 83–123.

[Schri] A. Schrijver. *Theory of Linear and Integer Programming*, Wiley-Interscience, Chichester, 1986.

[SC] T. Sederberg and F. Chen. *Implicitization using moving curves and surfaces*, in: *Computer Graphics Proceedings, Annual Conference Series*, 1995, 301–308.

[SSQK] T. Sederberg, T. Saito, D. Qi and K. Klimaszewski. *Curve implicitization using moving lines*, Computer Aided Geometric Design **11** (1994), 687–706.

[Ser] J.-P. Serre. *Faisceaux algébriques cohérents*, Ann. of Math. **61** (1955), 191–278.

[Sha] I. Shafarevich. *Basic Algebraic Geometry*, Springer-Verlag, Berlin, 1974.

[Sta1] R. Stanley. *Combinatorics and Commutative Algebra*, 2nd edition, Birkhäuser, Boston, 1996.

[Sta2] R. Stanley. *Invariants of finite groups and their applications to combinatorics*, Bull. AMS **1** (1979), 475–511.

[Ste] H. Stetter. *Multivariate polynomial equations as matrix eigenproblems*, preprint, 1993.

[Sti] H. Stichtenoth. *Algebraic Function Fields and Codes*, Springer-Verlag, Berlin, 1993.

[Stu1] B. Sturmfels. *Algorithms in Invariant Theory*, Springer-Verlag, Vienna, 1993.

[Stu2] B. Sturmfels. *Gröbner Bases and Convex Polytopes*, AMS, Providence RI, 1996.

[Stu3] B. Sturmfels. *On the Newton polytope of the resultant*, J. Algebraic Comb. **3** (1994), 207–236.

[Stu4] B. Sturmfels. *Sparse elimination theory*, in: *Computational Algebraic Geometry and Commutative Algebra* (D. Eisenbud and L. Robbiano, eds.), Cambridge U. Press, Cambridge, 1993, 264–298.

[SZ] B. Sturmfels and A. Zelevinsky. *Multigraded resultants of Sylvester type*, J. Algebra **163** (1994), 115–127.

[Sus] A. Suslin. *Projective modules over a polynomial ring are free*, Soviet Math. Dokl. **17** (1976), 1160–1164.

[Tho] R. Thomas. *A geometric Buchberger algorithm for integer programming*, Mathematics of Operations Research, to appear.

[TVZ] M. Tsfasman, S. Vladut and T. Zink. *Modular Curves, Shimura Curves, and Goppa Codes Better than the Varshamov-Gilbert Bound*, Math. Nachr. **109** (1982), 21–28.

[vdW] B. van der Waerden. *Moderne Algebra, Volume II*, Springer-Verlag, Berlin, 1931. English translations: *Modern Algebra, Volume II*, F. Ungar Publishing Co., New York, 1950; *Algebra, Volume 2*, F. Ungar Publishing Co., New York 1970; and *Algebra, Volume II*, Springer-Verlag, New York, 1991. The chapter on Elimination Theory is included in the first three German editions and the 1950 English translation, but all later editions (German and English) omit this chapter. (邦訳：『現代代数学』ファン・デル・ヴェルデン著，銀林浩訳，東京図書)

参考文献 10

[vLi] J. van Lint. *Introduction to Coding Theory*, 2nd edition, Springer-Verlag, Berlin, 1992.

[vLvG] J. van Lint and G. van der Geer. *Introduction to Coding Theory and Algebraic Geometry*, Birkhäuser, Basel, 1988.

[VGC] J. Verschelde, K. Gatermann and R. Cools. *Mixed volume computation by dynamic lifting applied to polynomial system solving*, Discrete Comput. Geom. **16** (1996), 69–112.

[VVC] J. Verschelde, P. Verlinden and R. Cools. *Homotopies Exploiting Newton Polytopes for Solving Sparse Polynomial Systems*, SIAM J. Numer. Anal. **31** (1994), 915–930.

[Wil] J. Wilkinson. *The evaluation of the zeroes of ill-conditioned polynomials, part 1*, Numerische Mathematik **1** (1959), 150–166.

[WZ] J. Weyman and A. Zelevinski, *Determinantal formulas for multigraded, resultants*, J. Algebraic Geom. **3** (1994), 569–597.

[Zie] G. Ziegler, *Lectures on Polytopes*, Springer-Verlag, New York, 1995.

索 引

凡例：太字で表記されているページは本巻に所収されている．

事項

■ A
$\mathcal{A}$ 次数 **425**
$\mathcal{A}$ 斉次 **425**

■ B
BCH 符号 **568**
BKK 限界 **452**
bottom down 順序 284

■ C
C^∞ 級函数 **516**
C^r 級函数 **516**
C^r 級スプライン **517**

■ E
écart 222

■ M
MDS 符号 **568**
μ 基底 **370**
μ 定数 241
μ^* 定数 241

■ N
NP 完全 **467**

■ P
POT 単項式順序 273
#P 完全 **467**

■ Q
QR アルゴリズム 75

■ R
R^m の標準基底 252
R 加群 243

■ S
S 多項式 18

■ T
top down 順序 272, 284
TOP 単項式順序 272

■ U
u 終結式 150

■ あ行
跡 87
穴開き符号 **598**

索引 2

アフィン
　——群　**617**
　——多様体　**24**
　——超平面　**394**
　——半空間　**520**
　——ヒルベルト函数　**604**
　——部分空間の次元　**400**
余り　**12**
　——の一意性　**17**
　——の算術　**48**
誤り
　——添字　**580**
　——多項式　**580**
　——値　**580**
　——探知多項式　**581**
　——の検出　**553**
　——の訂正　**553**
　破裂——訂正　**567**
アルゴリズム
　QR——　**75**
　加群に対するモラの——　**302**
　局所割算——　**212, 236**
　ブックバーガーの——　**17, 19**
　モラの正規形——　**217**
　割算——　**5**
アレクサンドロフ・フェンチェル不等式　**466**
暗号　**553**
安定商　**236**

イーゴン・ノースコット複体　**359**
1点符号　**608**
1変数スプライン　**516**
一般化された固有空間　**203**
一般化された固有ベクトル　**83, 203**
一般化されたコンパニオン行列　**173**
一般化された特性多項式　**143**
イデアル　**4**
　——の基底　**5**
　——の共通部分　**8**
　——の根基　**4**
　——の商　**8**
　——の積　**8**
　——の多様体　**27**
　——の標準基底　**224**
　——の和　**7**

　——極大　**7**
　——ゴレンシュタイン余次元3の——　**388**
　——根基　**4**
　——主項　**16**
　——準素　**203**
　——消去　**7, 34**
　——小行列式　**309**
　——素　**6**
　——斉次　**343**
　——生成される——　**4**
　——零化　**261**
　——0次元　**50**
　——多様体の——　**27**
　——単項——整域　**52**
　——単項式　**16**
　——トーリック——　**512**
　——フィッティング——　**310**
　——余極大　**201**
遺伝的多面体的複体　**520**
陰函数定理　**456**
因子(代数曲線上の)　**619**
陰伏化　**110**

ヴァンデルモンド行列　**567**
ヴァンデルモンド補間　**143**
内向き法線　**395**

エルミート曲線　**602**
エルミート符号　**614**
円錐曲線　**358**
エントロピー函数　**616**

オイラー指標　**540**
オイラーの公式　**144**
重み　**135**
　——単項式順序　**21, 495**
　——付斉次多項式　**240**
　——付単項式　**389**
　混合消去——単項式順序　**501**
　単項式の——付次数　**389**
　ワイエルシュトラス——　**603**
隠密変数　**156**

■か行
解析函数の芽　**187**

ガウス・ジョルダン消去 **562**
カオス **46**
可換環 **2**
可換図式 *160*
鍵方程式 **582**
核 *250*
拡張されたリード・ソロモン符号 **597**
拡張定理 *34*
確率的補間 *143*
加群
 R—— *243*
 ——の基底 *251*
 ——準同型 *249*
 ——における線型独立元 *251*
 ——に対するモラのアルゴリズム *302*
 ——の階数 *313*
 ——の局所化 *300*
 ——のグレブナー基底 *276*
 ——の斉次元 *342*
 ——の直和 *247*
 ——の同型 *251*
 ——の表現 **320**
 局所環上の—— *299*
 局所環上の——の標準基底 *302*
 次数付—— *342*
 次数付自由—— **343**
 次数付部分—— **344**
 シフトした—— **344**
 射影—— *263, 311*
 自由—— *252*
 主項の—— *276*
 商—— *248*
 (第1)シチジー—— *256*
 単項式部分—— *269*
 同値な— *295*
 ねじれ—— **344**
 部分—— *244*
 部分——の共通部分 *260*
 部分——の商 *261*
 部分——の和 *260*
 部分——メンバーシップ *267*
 有限生成—— *248*
括弧 *125*
可約多様体 *232*

ガロア群 **552**
ガロア理論 **543**, **552**
環
 可換—— *2*
 ——準同型 *71*
 ——の積 *59*
 局所—— *180*
 局所——上の加群 *299*
 局所——上の加群の標準基底 *302*
 形式的冪級数—— *181*
 コーエン・マコーレー—— **336**
 次数付部分—— **378**
 収束冪級数—— *181*
 ——同型 *59*
 商—— *48*
 多項式—— *2*
 ネーター— *257*
 付値—— *184*
 不変式—— **378**
 面—— **542**
函数
 C^∞ 級—— **516**
 C^n 級—— **516**
 アフィンヒルベルト—— **604**
 陰——定理 **456**
 エントロピー—— **616**
 解析——の芽 *187*
 基本対称—— *130*
 距離—— **555**
 区分的多項式—— **515**
 クーラン—— **542**
 形式的陰——定理 *185*
 最隣復号—— **556**
 収益 - **484**
 対数微分—— **547**
 超越次数1の有理——体 **596**
 同値な解析—— *187*
 特性—— **378**
 ヒルベルト—— **360**
 母—— **388**
 有理—— *2*
 有理——体 **341**
完全系列 *318*
完全系列の局所化 **339**
完全交叉 **367**
完全符号 **558**

索引 4

緩和変数 **488**

木 **535**
幾何学的ゴッパ符号 **596**
記号的計算 76
基底
 μ— **370**
 イデアルの—— 5
 加群の—— 251
 加群のグレブナー—— 276
 ——単項式 48
 グレブナー—— 16
 グレブナー——の特殊化 **442**
 グレブナー——変換 62
 混合単項式—— **476**
 ジェネリックな多項式に対する単項
  式—— 165
 双対—— 59
 動直線—— 370
 被約グレブナー—— 20
 ヒルベルト—— **505**
 ヒルベルトの——定理 5
 モニックなグレブナー—— 20
 モニックなグレブナー——の一意性
  20
基本格子平行体 **430**
基本対称函数 130
基本定理
 準同型の—— 71
 代数学の—— **446**
 不変式論の第 1—— 126
 不変式論の第 2—— 126
既約
 ——因子 136
 ——多項式 109
 ——多様体 30
 多様体の——成分 117
行還元 **562**
共線 **364**
共通部分
 イデアルの—— 8
 多様体の—— 24
 部分加群の—— 260
局所
 加群の——化 300
 完全系列の——化 **339**

——消去定理 235
——化 *180*
——環 *180*
——環上の加群 299
——環上の加群の標準基底 302
——単項式順序 206
——的な交叉の重複度 189
——割算アルゴリズム 212, 236
 準同型の——化 **339**
 >に関する——化 209
極小
 ——元(単項式順序に関する) **587**
 ——表現行列 307
 ——分解 **348**
 生成元の——数 303
曲線
 因子(代数——上の) **619**
 エルミート—— **602**
 円錐—— 358
 クラインの 4 次—— **603**
 射影—— **599**
 代数—— **599**
 等高—— **486**
 特異—— **602**
 滑らかな—— **599**
 モジュラー—— **616**
 有理正規—— 359
極大イデアル 7
 余—— 201
極の位数 **599**
距離函数 **555**
ギルベルト・ヴァルシャモフ限界
 560
キレン・ススリンの定理 254

区間算術 86
区分的多項式函数 **515**
クラインの 4 次曲線 **603**
グラフ
 ——のサイクル **532**
 ——の頂点 **532**
 ——の辺 **532**
 ——の有向辺 **532**
 双対—— **532**
 連結—— **532**
クラメルの公式 130

クーラン函数 **542**
グレブナー基底 **16**
　加群の── **276**
　──の特殊化 **442**
　──変換 **62**
　被約── **20**
　モニックな── **20**
　モニックな──の一意性 **20**
群
　アフィン── **617**
　ガロア── **552**
　巡回── **544**
　乗法── **544**
　半──単項式順序 **207**
　有限アーベル── **549**

計算機支援幾何デザイン **368**
形式的
　──陰函数定理 **185**
　──冪級数 **181**
　──冪級数環 **181**
　──無限積 **546**
形状補題 **84**
系統的生成元行列 **558**
系統的符号化 **558**
系統的符号器 **558**
計量 **555**
ケーリー・ハミルトンの定理 **72**
限界
　BKK── **452**
　ギルベルト・ヴァルシャモフ── **560**
　単一── **560**
　ハッセ・ベイユ── **602**
　ベズー── **445**
原始内向き法線 **396**
原始元 **549**

項 **2**
格子 **430**
　基本──平行体 **430**
　──多面体 **393**
高次のシチジー **323**
コーエン・マコーレー環 **336**
5次デルペッゾ曲面 **388**
コスツル関係 **309**

コスツル複体 **340**
固定点 **45**
固定点反復 **45**
固有空間 **79**
　一般化された── **203**
固有値 **69**
　優勢── **75**
固有ベクトル **78**
　一般化された── **83**, **203**
　左── **78**
　右── **79**
孤立
　──解 **189**
　──特異点 **200**
ゴレンシュタイン余次元3のイデアル **388**
根基イデアル **4**
混合
　──消去重み単項式順序 **501**
　──疎終結式 **460**
　──体積 **434**
　──単項式基底 **476**
　──単項式順序 **210**
　──分割 **463**
　──胞体 **464**
　正規化──体積 **435**
　非──胞体 **465**
コンパニオン行列 **105**

■さ行
最小多項式 **72**
最大距離分離可能符号 **568**
最適化 **486**
最隣復号函数 **556**
ザリスキー閉包 **31**, **405**
3次スプライン **517**
算術種数 **602**

ジェネリック **148**
　──な多項式に対する単項式基底 **165**
　──に成り立つ **148**, **444**
始系 **455**
次元
　ゴレンシュタイン余──3のイデアル **388**

——定理 *330*
射影—— *336*
0——イデアル *50*
多面体の—— *392*
多様体の—— *364*
符号の—— *558*
符号の余—— *579*
支持超平面 *395*
辞書式
——順序 *10*
次数逆——順序 *10*
反次数付逆——単項式順序 *207*
反次数付——単項式順序 *206*
次数
A—— *425*
——逆辞書式順序 *10*
——付加群 *342*
——付行列 *346*
——付自由加群 *343*
——付準同型 *345*
——付同型 *350*
——付部分加群 *344*
——付部分環 *378*
——付分解 *347*
——反両立単項式順序 *205*
全—— *2*
多重—— *209*
多様体の—— *364*
単項式の重み付 *389*
超越——1 の有理函数体 *596*
反——付逆辞書式単項式順序 *207*
反——付辞書式単項式順序 *206*
反——付単項式順序 *205*
部分——付分解 *355*
下側ファセット *466*
シチジー *256, 268*
高次の—— *323*
斉次—— *271*
(第 1)——加群 *256*
第 2—— *323*
ヒルベルトの——定理 *332*
実行可能領域 *485*
シフトした加群 *344*
自明なスプライン *516*
自明な分解 *355*
射影

——拡張定理 *117*
——加群 *263, 311*
——曲線 *599*
——空間 *116*
——次元 *336*
——像の法則 *415*
——多様体 *116*
——的埋め込み *600*
——閉包 *599*
シャノンの定理 *559*
収益函数 *484*
重確率行列 *515*
自由加群 *252*
終結式 *97*
u—— *150*
混合疎—— *460*
——の消去性 *98*
——のシルベスター行列式 *375*
——の整多項式性 *98*
疎—— *112, 402*
多重多項式—— *107*
稠密—— *407*
ディクソン—— *412*
収束冪級数環 *181*
自由分解 *323*
自由分解の長さ *323*
縮小写像定理 *45*
主係数 *209*
主項 *12*
——イデアル *16*
——の加群 *276*
主軸定理 *88*
受信語 *580*
種数 *601*
算術—— *602*
主単項式 *209*
シュライエルの定理 *288*
ジュリア集合 *46*
巡回
——群 *544*
——シフト *565*
——置換 *509*
——符号 *564*
順序
bottom down—— *284*
POT 単項式—— *273*

top down―― 272, 284
TOP 単項式―― 272
重み単項式―― 21, **495**
極小元(単項式――に関する) **587**
局所単項式―― 206
混合消去重み単項式―― **501**
混合単項式―― 210
辞書式―― 10
次数逆辞書式―― 10
次数反両立単項式―― 205
消去―― 235
整列―― 9
積単項式―― 21
全―― 9
単項式―― 9
適合単項式―― **493**
半群単項式―― 207
反次数付逆辞書式単項式―― 207
反次数付辞書式単項式―― 206
反次数付単項式―― 205
準素イデアル 203
準素分解 195
準同型
　加群―― 249
　環―― 71
　次数付―― **345**
　――の基本定理 71
　――の局所化 339
純な多面体的複体 **520**
商加群 248
商環 48
消去
　ガウス・ジョルダン―― **562**
　局所――定理 235
　混合――重み単項式順序 **501**
　終結式の――性 98
　――イデアル 7, 34
　――順序 235
　――定理 21
小行列式イデアル 309
情報
　――位置 **558**
　――率 **559**
乗法群 **544**
剰余類 47
剰余類先導元 **561**

初期値問題 **456**
除去可能特異点 45
シンドローム **560**
　――多項式 **581**
　――復号 **560**

スクエアフリー部 52
スターリングの公式 **615**
スツルムの定理 94
スツルム列 94
スプライン **515**
スペクトル定理 88

正規化混合体積 **435**
正規化体積 **430**
正規形 17
斉次
　A―― **425**
　重み付――多項式 240
　加群の――元 **342**
　――イデアル **343**
　――シチジー **271**
　――多項式 3
　双――多項式 **427**
　分解の――化 **348**
整数行演算 **458**
整数計画 **484**
　――問題の標準形 **489**
生成元
　系統的――行列 **558**
　――行列 **554**
　――多項式 **566**
　――の極小数 303
生成されるイデアル 4
正則分割 **466**
正則列 **620**
整列順序 9
積単項式順序 21
セグレ写像 **416**
接錘 230
接続系 **455**
セール予想 312
零化イデアル 261
0次元イデアル 50
零点定理強形 28
線型計画 **486**

索引 8

線型符号　*554*
全次数　*2*
全順序　*9*

素イデアル　*6*
像　*251*
双線型曲面媒介変数表示　***402***
双斉次多項式　***427***
双線型写像　***563***
双対基底　*59*
双対グラフ　***532***
双対空間　*58*
双対符号　***563***
疎終結式　*112, **402***
素体　***543***
疎多項式　***402***
外向き法線　***396***
疎補間　*143*

■た行
体
　素——　***543***
　代数的閉——　*28*
　——の自己同型　***552***
　——の同型　***548***
　超越次数 1 の有理函数——　***596***
　有限——　***543***
　有理函数——　***341***
(第 1) シチジー加群　*256*
対角化可能行列　*79*
対称双一次形式　*87*
　——の階数　*88*
　——の符号数　*88*
対称魔方陣　***515***
代数　*48*
　因子 (——曲線上の)　***619***
　——学の基本定理　***446***
　——曲線　***599***
代数的
　——数　***601***
　——閉体　*28*
　——閉包　***599***
対数微分函数　***547***
体積
　混合——　***434***
　正規化混合——　***435***

正規化　***430***
第 2 シチジー　***323***
多項式　*2*
　S——　*18*
　誤り——　***580***
　誤り探知——　***581***
　一般化された特性——　*143*
　重み付斉次——　*240*
　既約——　*109*
　区分的——函数　***515***
　最小——　*72*
　ジェネリックな——に対する単項式基底　*165*
　終結式の整——性　*98*
　シンドローム——　***581***
　斉次——　*3*
　生成元——　***566***
　双斉次——　***427***
　疎——　***402***
　——環　*2*
　——の位数　*222*
　多重——終結式　*107*
　稠密——　***428***
　等重——　*135*
　特性——方程式　*74*
　ヒルベルト——　***364***
　"普遍"——　*115*
　ローラン——　***399***
多重次数　*209*
多重多項式終結式　*107*
多数論理復号　***598***
多面体
　遺伝的——的複体　***520***
　格子——　***393***
　純な——的複体　***520***
　——的複体　***520***
　——の次元　*392*
　——の頂点　***396***
　——の表面積　***439***
　——のファセット　***396***
　——の辺　***396***
　——のミンコフスキー和　***427***
　——の面　*394*
　——分割　***463***
　凸——　*392*
　ニュートン——　***397***

隣接する—— **520**
多様体
  アフィン—— **24**
  イデアルの—— **27**
  可約—— **232**
  既約—— **30**
  射影—— **116**
  ——のイデアル **27**
  ——の既約成分 **117**
  ——の共通部分 **24**
  ——の次元 **364**
  ——の次数 **364**
  ——の和集合 **24**
  トーリック—— **414**
  ヤコビ—— **596**
単一限界 **560**
単項イデアル整域 **52**
単項式 **2**
  POT——順序 **273**
  TOP——順序 **272**
  重み——順序 **21, 495**
  重み付—— **389**
  基底—— **48**
  極小元(——順序に関する) **587**
  局所——順序 **206**
  混合消去重み——順序 **501**
  混合——基底 **476**
  混合——順序 **210**
  ジェネリックな多項式に対する——
    基底 **165**
  次数反両立——順序 **205**
  主—— **209**
  積——順序 **21**
  ——部分加群 **269**
  ——イデアル **16**
  ——順序 **9**
  ——の重み付次数 **389**
  頂点—— **419**
  適合——順序 **493**
  半群——順序 **207**
  反次数付逆辞書式——順序 **207**
  反次数付辞書式——順序 **206**
  反次数付——順序 **205**
  被約—— **138**
  被約——(トーリック) **425**
  ローラン—— **399**

単根 **45**
短縮不能 **303**
単体 **393**
単体的複体 **535**
単模行 **254**

置換行列 **508**
チャウ形式 **414**
中間値の定理 **42**
中国剰余定理 **142**
稠密
  ——始系 **457**
  ——終結式 **407**
  ——多項式 **428**
  ——補間 **143**
チュリナ数 **201**
超越次数1の有理函数体 **596**
頂点
  グラフの—— **532**
  多面体の—— **396**
  ——単項式 **419**
重複度 **189**
超平面 **86**
超魅了2サイクル **46**

通常2重点 **204**

ディクソン終結式 **412**
定数
  μ—— **241**
  μ^*—— **241**
ディックソンの補題 **66**
テイラー級数 **187**
デカルトの符号法則 **90**
適合単項式順序 **493**
テシエ μ^* 不変式 **241**

同型
  加群の—— **251**
  次数付—— **350**
  環—— **59**
  体の自己—— **552**
  体の—— **548**
  ——写像 **251**
  ——定理 **262**
フロベニウス自己—— **552**

分解の—— **350**
等高曲線 **486**
合同式 **582**
等重多項式 **135**
同値な解析函数 **187**
同値な加群 **295**
同値な行列 **267**
同値な符号 **609**
動超平面 **377**
動直線 **369**
動直線基底 **370**
特異曲線 **602**
特異点 **200**
　孤立—— **200**
　除去可能—— **45**
特性
　一般化された——多項式 **143**
　　——函数 **378**
　　——多項式方程式 **74**
特別な位置 **599**
凸
　——結合 **391**
　——集合 **391**
　——多面体 **392**
　——閉包 **391**
トーリック
　——イデアル **512**
　——多様体 **414**
　被約単項式（——） **425**

■な行
中山の補題 **304**
滑らかな曲線 **599**

二項式 **500**
二項定理 **73**
2次スプライン **517**
ニュートン多面体 **397**
ニュートン・ラプソン法 **38**

ねじれ
　——加群 **344**
　——たチャウ形式 **479**
ネーター環 **257**

■は行
媒介変数表示 **180**
ハッセ・ベイユ限界 **602**
ハッセ・ベイユの定理 **601**
ハミング距離 **555**
ハミング符号 **557**
パリティチェック **558**
パリティチェック行列 **554**
破裂誤り訂正 **567**
半群単項式順序 **207**
反次数付
　——逆辞書式単項式順序 **207**
　——辞書式単項式順序 **206**
　——単項式順序 **205**
反転問題 **404**
判別式 **458**

非共線 **365**
非混合胞体 **465**
非自明解 **102**
左固有ベクトル **78**
被約
　——グレブナー基底 **20**
　——単項式 **138**
　——単項式（トーリック） **425**
ビュイズー展開 **446**
評価写像 **597**
表現行列 **257**
標準
　R^m の——基底 **252**
　イデアルの——基底 **224**
　局所環上の加群の——基底 **302**
　整数計画問題の——形 **489**
　——曲線 **368**
　——単項式 **48**
ヒルベルト函数 **360**
ヒルベルト基底 **505**
ヒルベルト級数 **380**, **388**
ヒルベルト多項式 **364**
ヒルベルトの基底定理 **5**
ヒルベルトのシチジー定理 **332**
ヒルベルト・ブルハの定理 **336**

ファセット
　下側—— **466**
　多面体の—— **396**

——変数　*417*
フィッティング
　　——イデアル　*310*
　　——同値　*267*
　　——不変量　*310*
フォーニーの公式　*584*
復号　*553*
　　最隣——函数　*556*
　　シンドローム——　*560*
　　多数論理——　*598*
複体
　　イーゴン・ノースコット——　*359*
　　遺伝的多面体的——　*520*
　　コスツル——　*340*
　　純な多面体的——　*520*
　　多面体的——　*520*
　　単体的——　*535*
符号　*554*
　　BCH——　*568*
　　MDS——　*568*
　　穴開き——　*598*
　　1点——　*608*
　　エルミート——　*614*
　　拡張されたリード・ソロモン——　*597*
　　完全——　*558*
　　幾何学的ゴッパ——　*596*
　　系統的——化　*558*
　　系統的——器　*558*
　　最大距離分離可能——　*568*
　　巡回——　*564*
　　線型——　*554*
　　双対——　*563*
　　対称双一次形式の——数　*88*
　　デカルトの——法則　*90*
　　同値な——　*609*
　　ハミング——　*557*
　　——化　*553*
　　——語　*553*
　　——の最小距離　*556*
　　——の次元　*558*
　　——のパラメーター　*559*
　　——のブロック長　*553*
　　——の余次元　*579*
　　リード・ソロモン——　*566*
　　リード・ミューラー——　*596*

付値環　*184*
ブックバーガーのアルゴリズム　*17, 19*
ブックバーガーの判定法　*18*
部分解　*34*
部分加群　*244*
　　次数付——　*344*
　　単項式——　*269*
　　——の共通部分　*260*
　　——の商　*261*
　　——の和　*260*
　　——メンバーシップ　*267*
部分次数付分解　*355*
部分モノイド　*505*
不変式環　*378*
不変式論
　　——の第1基本定理　*126*
　　——の第2基本定理　*126*
"普遍"多項式　*115*
フロベニウス自己同型　*552*
分解
　　極小——　*348*
　　次数付——　*347*
　　自明な——　*355*
　　自由——　*323*
　　自由——の長さ　*323*
　　準素——　*195*
　　部分次数付——　*355*
　　——の斉次化　*348*
　　——の同型　*350*
分割
　　混合——　*463*
　　正則——　*466*
　　多面体——　*463*
分裂完全系列　*331*

平行移動　*400*
閉包
　　ザリスキー——　*31, 405*
　　射影——　*599*
　　代数的——　*599*
　　凸——　*391*
ベクトル
　　一般化された固有——　*83, 203*
　　固有——　*78*
　　左固有——　*78*

右固有—— 79
ベズー限界 445
ベズーの公式 128
ベズーの定理 123
ベルンシュタインの定理 446
ベロネーゼ曲面 387
ベロネーゼ写像 415
辺
　グラフの—— 532
　グラフの有向—— 532
　多面体の—— 396
変数
　1——スプライン 516
　隠密—— 156
　緩和—— 488
　媒介——表示 180
　ファセット—— 417

ポアソンの公式 125
包除定理 606
胞体 463, 520
　混合—— 464
　非混合—— 465
補間
　ヴァンデルモンド—— 143
　確率的—— 143
　疎—— 143
　稠密—— 143
　——問題 81, 85
　ラグランジュの——公式 55
母函数 388
ホモトピー
　——系 455
　——接続法 455
ホールの結婚定理 515

■ま行
魔方陣 502

右固有ベクトル 79
ミルナー数 200
ミンコフスキー和 427

無関係な因子 135

メビウスの反転公式 547

面環 542

モジュラー曲線 616
モニックなグレブナー基底 20
モニックなグレブナー基底の一意性 20
モノイド 505
モラの正規形アルゴリズム 217
モリン級数 379
モリンの定理 382

■や行
ヤコビアン 112
ヤコビ多様体 596

有限
　——アーベル群 549
　——生成加群 248
　——性定理 50
　——体 543
　——要素法 515
優勢固有値 75
有理
　超越次数1の——函数体 596
　——函数 2
　——函数体 341
　——正規曲線 359
　——正規スクロール 387
　——点 599

余核 264
余極大イデアル 201

■ら行
ラグランジュの定理 549
ラグランジュの補間公式 55

離散付値 184
リード・ソロモン符号 566
リード・ミューラー符号 596
リーマン仮説 601
リーマン・ロッホの定理 608
隣接する多面体 520

累乗法 75
累積誤差 76

連結グラフ　*532*

ローラン多項式　*399*
ローラン単項式　*399*

■わ行
ワイエルシュトラス重み　*603*
ワイエルシュトラス点　*603*
ワイエルシュトラスの空隙定理　*600*
割算
　局所——アルゴリズム　*212, 236*
　——アルゴリズム　*5*

人名

■A
Abel, N.　*36*
Acton, F.　*38, 44, 74*
Adams, W.　*iii, 6, 12, 13, 16–20, 28, 35, 50, 236, 273, 275, 483*
Allgower, E.　*455*
Alonso, M.　*229, 234, 237*
Arnold, V.　*240*
Artin, M.　*312*
Auzinger, W.　*174*

■B
Bajaj, C.　*139*
Batyrev, V.　*421*
Becker, T.　*iii, 6, 13, 16–20, 35, 50, 62, 69, 86, 94, 236*
Ben-Or, M.　*91*
Bernstein, D.　*446, 452*
Betke, U.　*465*
Billera, L.　*vi, 466, 516, 528, 535, 540, 542*
Blahut, R.　*vi, 553, 579*
Bonnesen, T.　*vi, 427, 432, 436*
Bruns, W.　*383*
Bryant, B.　*515*
Buchsbaum, D.　*vi, 388*
Burago, Yu.　*427*
Burden, R.　*vi, 38, 44, 74*

■C
Canny, J.　*142, 143, 154–156, 162, 436, 466, 467, 472–474, 480, 481*
Chen, F.　*369, 370, 375–377*
Colley, S.　*vii*

Conti, P.　*483, 488, 499, 500*
Cools, R.　*455, 457*
Cox, D.　*iii, iv, vi, 5, 6, 12–14, 16–23, 26, 28, 31, 35, 46, 47, 50–52, 66, 71, 99, 100, 110, 116, 117, 197, 202, 203, 226, 229, 231–233, 236, 238, 239, 270, 271, 275, 287, 299, 343, 361, 364, 368, 370, 375–380, 383, 384, 390, 405, 415, 421, 422, 442, 458, 490, 491, 494–496, 502, 511, 537, 551, 566, 570, 573, 595, 601, 605, 606, 620*

■D
Dürer, A.　*502, 503*
Devaney, R.　*46*
Devlin, K.　*vii*
Dickenstein, A.　*vii*
Dimca, A.　*240*
Dixon, A.　*412*
Drexler, F.　*455*

■E
Eisenbud, D.　*vi, 336, 340, 355, 359, 368, 383, 388, 620*
Emiris, I.　*vii, 166, 169, 174, 411, 436, 466, 467, 472–474, 476, 477, 479–481*
Ewald, G.　*427, 432, 436, 466*

■F
Faires, J.　*vi, 38, 44, 74*
Farin, G.　*515*

Faugère, J. 62, 76, **589**
Fenchel, W. *vi*, **427**, **432**, **436**, **466**
Fitzpatrick, P. *vii*, **579**, **584**, **589**
Fogarty, J. **421**
Friedberg, S. 203
Fulton, W. **414**, **421**, **427**, **435**, **436**, **452**, **466**, **502**

■ G
Galois, E. 36
Garcia, A. **616**
Garrity, T. *vii*, 139
Gatermann, K. **457**
Gelfand, I. 103, 109, 118, 121, 128, 139, **406**, **407**, **410**, **411**, **414**, **427**, **452**, **461**, **462**, **474**
Georg, K. **455**
Gianni, P. 62, 76, **589**
Goppa, V. **596**
Gräbe, H. 215, 234
Grassmann, H. 215
Green, M. **368**
Greuel, G.-M. *vii*, 215
Gusein-Zade, S. 240

■ H
Høholdt, T. **596**
Heegard, C. **579**, **596**, **609**, **618**
Herstein, I. 36, 72, 88, **549**
Herzog, J. **383**
Hilbert, D. *vi*, **355**, **360**, **364**, **378**, **380**, **388**
Hironaka, H. 229
Huber, B. **436**, **452**, **454**, **457**, **465**, **466**
Huguet, F. **552**
Huneke, C. **368**, **383**

■ I
Insel, A. 203

■ J
Jacobson, N. **572**
Jouanolou, J. 121–123, 126, 128, 130

■ K
Kaltofen, E. 142
Kapranov, M. 103, 109, 118, 121, 126, 128, 139, **406**, **407**, **410**, **411**, **414**, **427**, **452**, **461**, **462**, **474**
Khovanskii, A.G. **452**, **453**
Kirwan, F. 197
Klimaszewski, K. **369**
Koblitz, N. **553**
Kozen, D. 91
Kushnirenko, A.G. **452**

■ L
Lakshman, Y. 142
Lazard, D. 62, 76, 215, 227, 238, **589**
Leichtweiss, K. **427**, **432**, **436**
Li, T. **454**
Little, J. *iii*, *iv*, *vi*, 5, 6, 12–14, 16–23, 26, 28, 31, 35, 46, 47, 50–52, 66, 71, 99, 100, 110, 116, 117, 197, 202, 203, 226, 229, 231–233, 236, 238, 239, 270, 271, 275, 287, 299, **343**, **361**, **364**, **368**, **378**–**380**, **383**, **384**, **390**, **405**, **415**, **442**, **458**, **490**, **491**, **494**–**496**, **502**, **511**, **537**, **551**, **566**, **570**, **573**, **595**, **601**, **605**, **606**, **609**, **618**, **620**
Logar, A. 254
Loustaunau, P. *iii*, 6, 12, 13, 16–20, 28, 35, 50, 236, 273, 275, **483**

■ M
Möller, H. 74
Macaulay, F. *vi*, 135, 137–139
MacMahon, P. **514**
MacWilliams, F. **553**, **568**
Manocha, D. 142, 143, 154–156, 162, 174, **479**
Martin, B. *vii*, 215
Meyer, F. **377**, **378**
Milnor, J. 200
Mishra, B. 86

索引 | 15

Mora, T. 62, 76, 215, 218, 229, 234, 237, **589**
Moreno, C. **596**, **601**
Mumford, D. **421**

■ N
Neumann, W. 215

■ O
O'Shea, D. iii, iv, vi, 5, 6, 12–14, 16–23, 26, 28, 31, 35, 46, 47, 50–52, 66, 71, 99, 100, 110, 116, 117, 197, 202, 203, 226, 229, 231–233, 236, 238, 239, 270, 271, 275, 287, 299, **343**, **361**, **364**, **368**, **378–380**, **383**, **384**, **390**, **405**, **415**, **442**, **458**, **490**, **491**, **494–496**, **502**, **511**, **537**, **551**, **566**, **570**, **573**, **595**, **601**, **605**, **606**, **620**
Ostebee, A. vii

■ P
Park, H. 254
Pedersen, P. vii, 85, 87, 89–91, 166, **411**, **467**, **475**, **476**
Peitgen, H.-O. 44, 46
Pellikaan, R. **596**
Pfister, A. 215, 229
Pohl, W. 215
Poli, A. **552**

■ Q
Qi, D. **369**
Quillen, D. 254, 263, 312, 313

■ R
Raimondo, M. 229, 234, 237
Rege, A. 166, **476**, **479**
Reif, J. 91
Reisner, G. **542**
Richter, P. 44, 46
Robbiano, L. 208
Rojas, J.M. vii, **414**, **452**, **454**, **460**, **479**
Rose, L. **516**, **528**, **532**, **533**, **535**

Roy, M.-F. 85, 87, 89–91
Ruffini, P. 36

■ S
Saints, K. **579**, **596**, **609**, **618**
Saito, T. **369**
Sakata, S. **579**
Salmon, G. 113, 139
Schönemann, H. 215
Schenck, H. **516**, **536**
Schmale, W. vii
Schreyer, F.-O. 286, **368**, **383**
Schrijver, A. **483**
Sederberg, T. **369**, **370**, **375–377**
Serre, J.-P. 254
Shafarevich, I. 117, 120, 123, 128
Shurman, J. vii
Siebert, T. 215
Singer, M. vii
Sloane, N. **553**, **568**
Speder, J.-P. 241
Spence, L. 203
Stanfield, M. vii
Stanley, R. **381–383**, **502**, **513**, **541**, **542**
Stetter, H. 74, 174
Stichtenoth, H. **596**, **600**, **601**, **608**, **614**, **616**
Stillman, M. **516**, **536**
Strang, G. **535**, **540**
Sturmfels, B. vi, vii, 112, 126, 161, 166, 254, **382**, **383**, **410–412**, **414**, **436**, **452**, **454**, **457**, **462**, **465**, **466**, **474–476**, **479**, **483**, **502**, **506**, **507**, **513**
Suslin, A. 254, 263, 312, 313
Sweedler, M. vii
Szpirglas, A. 85, 87, 89–91

■ T
Thomas, R. **483**
Traverso, C. 215, 229, **483**, **488**, **499**, **500**
Tsfasman, M. **596**, **615**, **616**

索引 16

■ V
van der Geer, G.　*596*
van der Waerden, B.　*100, 109, 149*
van Lint, J.　*553, 559, 568, 596*
Varchenko, V.　*240*
Verlinden, P.　*455, 457*
Verschelde, J.　*455, 457*
Vladut, S.　*596, 615, 616*

■ W
Wang, X.　*454, 460*
Warren, J.　*139*
Weispfenning, V.　*iii, 6, 13, 16–20, 35, 50, 62, 69, 86, 94, 236*
Weyman, J.　*462*
White, J.　*vii*
Wilkinson, J.　*40, 41*
Woodburn, C.　*254*

■ Z
Zalgaller, V.　*427*
Zelevinsky, A.　*103, 109, 118, 121, 126, 128, 139, 161, **406**, **407**, **410**, **411**, **414**, **427**, **452**, **461**, **462**, **474***
Ziegler, G.　*392*
Zink, T.　*596, 615, **616***

プログラム

Axiom　*52*, **575**

CoCoA　*280, 297*, **325**

Macaulay　*52, 280, 281, 282, 282, 283, 296, 297*, **325**, *325*, **346**, *348*, **348**, **492**, **501**, *508*, **539**, *575*
　commands　*281*
　hilb　**539**
　mat　*283*
　nres　**348**
　putstd　*283*
　res　*152*, **325**, **327**, **348**
　<ring　*282*
　ring　*282*
　std　*283*
　syz　*296*

Maple　*13, 14, 19, 20, 24, 29, 35, 37, 39, 39, 49, 51, 52, 54, 60, 61, 74, 75, 77, 78, 85, 91, 100, 152, 155, 163, 196, 227, 280–282*, **442**, **501**, **550**, *550*, *550*, *550*, *562*, *562*, *573*, **575**, *575*, **591**, *591*
　alias　**550**, *562*, **574**
　array　*92*, **562**

charpoly　*93*
collect　**574**
Domains　*575*
eigenvals　*78*
Expand　**574**
expand　*41*
factor　*196*
finduni　*52, 61*
fsolve　*39, 42, 43, 155, 163*
Gaussjord　**562**
gbasis　*19, 20*
getform　*91*
getmatrix　*85, 92, 102, 125*
grobner　*13, 19, 52*, **575**
implicitplot3d　*29*
kbasis　*61, 77*
minpoly　*74*
mod　**550**
Normal　**550**
normal　**550**
normalf　*13, 14, 19*
Rem　**574**, *591*
resultant　*100*
RootOf　**550**
simplify　*54, 62*
solve　*37*
subs　*36, 40*, **591**, *592*
zdimradical　*61*

Mathematica 75, 227, 280, **501**

REDUCE 53, 227, 280, **325**
  CALI 227, 280, 297, 302, **325**, **327**

Singular 53, 215, 227, 228, 233, 240, 241, 283, **325**, **327**, **337**, **337**, **492**, **497**, **501**, **575**
  ideal 227, 232, **327**, **337**, **497**
  milnor 240

module 284
poly 233, **497**
reduce 233
res 152, **325**, **327**, **348**
ring 282
sres **337**
std 283
syz 296
vdim 228
vector 284

【著者】
D. コックス (David Cox)
Department of Mathematics and
Computer Science
Amherst College
Amherst, MA 01002-5000, USA

J. リトル (John Little)
Department of Mathematics
College of the Holy Cross
Worcester, MA 01610-2395, USA

D. オシー (Donal O'Shea)
Department of Mathematics, Statistics,
and Computer Science
Mount Holyoke College
South Hadley, MA 01075-1493, USA

【訳者】
大杉 英史 (おおすぎ ひでふみ)
1996年 大阪大学理学部数学科卒業
大阪大学大学院理学研究科博士課程
専門分野：計算幾何と可換代数

北村 知徳 (きたむら とものり)
1999年 大阪大学理学部数学科卒業
大阪大学大学院理学研究科修士課程
専門分野：応用代数

日比 孝之 (ひび たかゆき)
1981年 名古屋大学理学部数学科卒業
1985年 名古屋大学理学部助手
1991年 北海道大学理学部助教授
大阪大学大学院理学研究科教授・理学博士
専門分野：組合せ論
主　著：『数え上げ数学』（朝倉書店），『可換代数と組合せ論』（シュプリンガー東京），"Algebraic Combinatorics on Convex Polytopes" (Carslaw)

グレブナー基底2

平成24年 3月30日　発　　行
令和 6年 3月10日　第3刷発行

訳　者　　大　杉　英　史
　　　　　北　村　知　徳
　　　　　日　比　孝　之

編　集　　シュプリンガー・ジャパン株式会社

発行者　　池　田　和　博

発行所　　丸善出版株式会社
　　　　　〒101-0051 東京都千代田区神田神保町二丁目17番
　　　　　編集：電話(03)3512-3263／FAX(03)3512-3272
　　　　　営業：電話(03)3512-3256／FAX(03)3512-3270
　　　　　https://www.maruzen-publishing.co.jp

© Maruzen Publishing Co., Ltd., 2012

印刷・製本／大日本印刷株式会社

ISBN 978-4-621-06578-5　C3041　　　　Printed in Japan

本書の無断複写は著作権法上での例外を除き禁じられています。

本書は，2000年10月にシュプリンガー・ジャパン株式会社より出版された同名書籍を再出版したものです。